# 陶瓷工业实用干燥技术与实例

曾令可　税安泽　等编著

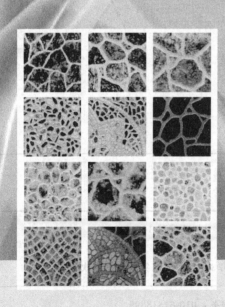

 化学工业出版社

·北京·

**图书在版编目（CIP）数据**

陶瓷工业实用干燥技术与实例/曾令可等编著．—北京：化学
工业出版社，2008.5（2023.8 重印）
ISBN 978-7-122-02836-5

Ⅰ．陶…　Ⅱ．曾…　Ⅲ．陶瓷工业-干燥-技术　Ⅳ．TQ174.6

中国版本图书馆 CIP 数据核字（2008）第 062556 号

责任编辑：朱　彤　　　　　　　　　　　　文字编辑：王　琪
责任校对：陶燕华　　　　　　　　　　　　装帧设计：周　遥

出版发行：化学工业出版社（北京市东城区青年湖南街 13 号　邮政编码 100011）
印　　装：北京科印技术咨询服务有限公司数码印刷分部
787mm×1092mm　1/16　印张 21½　字数 528 千字　　2023 年 8 月北京第 1 版第 3 次印刷

购书咨询：010-64518888　　　　　　　　售后服务：010-64518899
网　　址：http：//www.cip.com.cn

定　　价：68.00 元　　　　　　　　　　　　　　　　版权所有　违者必究

# 前　言

自有陶瓷制作之日就有陶瓷坯体干燥的问题，干燥工艺上联成型工艺，下联烧成工艺，还有其他干燥过程如粉体的干燥等。干燥工艺直接影响陶瓷生产的质量、能源消耗以及环境污染等问题，干燥这一环节在陶瓷工业中占有极其重要的地位，干燥过程控制的优劣直接关系到陶瓷产品的质量和生产成本。因此，干燥技术的发展也日益受到广泛关注。在高新技术飞速发展的今天，陶瓷工业也在不断得到发展，相应的干燥技术和设备也在不断推陈出新。到目前为止，涉及干燥技术的技术书籍不少，但是没有一本针对陶瓷干燥技术进行较为全面、系统、科学的理论分析以及对计算机模拟及干燥过程的机理进行介绍的图书，加上在陶瓷工业生产中仍存在干燥技术使用不合理，以及操作人员凭借自身经验进行干燥操作，造成干燥过程中能源大量浪费及对环境造成污染等现象，故笔者决定编写本书以满足广大读者的实际需要。

本书介绍了干燥技术的基本原理及在陶瓷工业各领域的使用现状和发展前景，笔者还本着科学性、时效性和系统性的原则，吸收了国内外先进经验和成果并结合笔者从事陶瓷工业多年的教学、科研经验以及最新研究成果和生产实践经验编写而成。

由于各种类型的陶瓷所用干燥技术基本相同，为避免重复罗列每一品种的陶瓷干燥技术，故侧重把有关技术在相应章节进行重点介绍，如将空气快速干燥放在卫生陶瓷干燥部分进行介绍，辊道干燥放在墙地砖干燥部分进行介绍，喷雾干燥和微波干燥则设单独部分进行介绍。

本书由曾令可提出总体设想与思路，税安泽、邓伟强、胡动力、饶培文、宋婧、王书媚、王慧、程小苏、刘艳春、刘平安、夏海斌、戴武斌等参加了本书的资料收集和编写工作。曾令可、税安泽负责全书修改、统稿、定稿等工作。

由于干燥技术发展迅速，新的干燥设备不断涌现，这给本书的编写带来了一定难度。虽然笔者力求将最新的干燥技术奉献给广大读者，但是由于水平有限，资料的搜集尚欠详尽，本书难免存在许多不足之处，恳请广大读者不吝指正。

编　者

2008 年 4 月

# 目 录

# 第1章 绪 论

## 1.1 干燥的概念及方法

干燥对于人类而言，是不可缺少的一部分。干燥是一种古老的单元操作之一，是一种高能耗的操作，据资料统计在发达国家高达12%的工业能耗用于干燥，在中国干燥能耗占工业总能耗的10%。广义上的干燥，指的是受热体水分（或液体）减少到使用标准为止的过程。而狭义上的干燥指的是水分（或液体）的加热蒸发工艺过程，由于它直接影响产品质量和生产成本，所以正确地选择和使用干燥操作，是保持产品质量的重要手段之一。干燥操作个性问题多，共性问题少。被干燥物料的种类、要求五花八门，差别甚大，有的年产量可达数万吨，有的只有几十千克。因此干燥设备的种类、规格非常庞杂，操作方法也各有所异。随着中国国民经济的高速发展和科学技术的不断进步，干燥技术在国民经济中占有越来越重要的地位，应用范围也不断扩大，如粮食、燃料、矿物、肥料、木材、药品、食品、牧草、纸张、橡皮、建筑材料、电工制品、陶瓷坯体、织物、合成化学品、绝缘材料等。要进行干燥的，既有年产量数千万吨的大批量物料，也有年产量仅几十千克的贵重物料。被干燥物料的规格，从纳米材料起大至机床、车厢、农机等大型设备。

### 1.1.1 被干燥物料的性质
常见物料有以下几种状态。
① 溶液和泥浆状物料，如盐类溶液和陶瓷泥浆等。
② 溶胶、凝胶状物料，如二氧化钛胶体、二氧化硅凝胶等。
③ 冻结物料，如生物材料、食品、医药制品等。
④ 膏糊状物料，如活性污泥、压滤机滤饼和抛光砖磨料滤泥等。
⑤ 粉粒状物料，如二氧化钛粉粒、陶粒、陶瓷原料、干法制粉的陶瓷微球等。
⑥ 块状物料，如墙地砖、砖坯、日用陶瓷坯体、电瓷绝缘坯体、电子陶瓷的器件坯体等。
⑦ 棒状物料，如陶瓷球磨机用瓷棒、辊道窑用辊棒、磁性陶瓷的磁棒等。
⑧ 短纤维状物料，如陶瓷棉、石棉、碳纤维、玻璃纤维等。
⑨ 不规则形状的物料，如卫生陶瓷、艺术陶瓷坯体等。
⑩ 连续的薄片状物料，如流延法制备的陶瓷薄片、轧膜机轧出的陶瓷膜片等。
⑪ 多孔状物料，如多孔陶瓷、蜂窝陶瓷、发泡陶瓷坯体等。
⑫ 零件及设备的涂层，如机械产品的涂层、漆膜等。

### 1.1.2 物料的物化性质
被干燥物料的物化性质是决定干燥介质种类、干燥方法和干燥设备的重要因素，因此，必须对物料的物化性质有更全面了解。
① 物料的化学性质。如毒性、可燃性、氧化还原性、酸碱性、腐蚀性、吸水性以及组成和反应产物等。
② 物料的物理性质。如热敏性（软化点、熔点、沸点、分解点）、假密度、真密度、比

热容、热导率、摩擦带电性、黏度、浓度、含水量、表面张力、粒度和粒度分布等。

③ 其他性质，如膏糊状物料的黏附性、触变性（即膏糊状物料在振动场中或在搅动条件下，物料可从塑性状态过渡到具有一定流动性的性质），这些性质在设计干燥器及加料器时可加以利用。

### 1.1.3  物料与水分结合的性质

物料与水分结合的方式是多种多样的，如物料表面附着的水分，多孔性物料孔隙中滞留的水分，物料所带的结晶水分以及透入物料细胞内的溶胀水分等。物料与水结合的方式不同，除去水分的方法也不尽相同。例如，物料表面附着的水分和大缝隙（或孔隙）中的水分，是普通干燥方法可以除去的，但化学结合水不属于普通干燥的范围，经一般的干燥后，它仍残存在物料中。

干燥的主要目的是为了满足企业生产需求，将原料半成品、产品或制品通过干燥工艺使其水分减少，以致达到企业生产要求。

① 为了便于运输，将原料或制品干燥为固体。如液体原料、泥浆、食盐等，将其干燥为颗粒固体，便于包装和运输。

② 为了便于储藏，将原料或产品干燥为可保存要求。如食品，由于水分的存在，有利于微生物的繁殖，易霉烂、虫蛀或变质，这类物料经过干燥便于储藏。又如生物化学制品，陶瓷的色料、釉料产品，若含水量超过规定标准，易于变质，影响使用期限，所以需要经干燥后储藏。

③ 为了便于使用。例如，多孔陶瓷坯体的干燥，当其含水率＞2％时，物料由于水分含量多，对于采用梭式窑来烧成势必会产生大量裂缝。因此，将其干燥到含水率＜2％，有利于提高多孔陶瓷的烧成合格率。

④ 为了便于加工。例如，陶粒的生产由于加工工艺要求，需要粉碎（或造粒）到一定的粒度范围和含水率，以利于加工和利用。又如，催化剂半成品的造粒干燥，可使其保持一定含水率和粒度范围，有利于压片成型等。

⑤ 为了提高产品质量。某些化工产品，如减水剂、坯体增强剂、防腐剂等，其质量的高低与含水量有关。物料经过干燥处理，水分除去后，有效成分相应增加，产品质量也得到提高。

### 1.1.4  干燥机理

干燥就是利用热能使物料中的水分汽化，并将所形成的蒸汽排至外部环境中的过程。湿物料的干燥受到外部环境条件和物料本身结构的影响。

在干燥过程中，一方面是表面汽化过程，热量从周围环境传递至物料表面，使表面湿分蒸发；另一方面，物料的内部也同时发生着热量传递和水分向外部的扩散和迁移，这种表面汽化和内部扩散的过程是同时进行的。干燥的目的不仅要使表面水分汽化，还必须使内部水分不断地向外扩散。当物料由内部扩散到表面的水分大于从表面蒸发的水分时，物料表面仍保持湿润，产生强烈的水分散发，且传给物料的热量几乎全部消耗于水分的蒸发，物料表面温度近似等于干燥介质的湿球温度，此时干燥速率恒定，处于恒速干燥阶段。在恒速干燥阶段，干燥速率的快慢取决于物料表面水分的蒸发速率，受外部条件的控制。

随着干燥过程的进行，物料含水率逐渐下降，当达到某一临界水分点 $C_0$ 时，物料表面的蒸汽分压下降，内部的水分扩散速率小于表面汽化速率，由于水分不能及时向外扩散，造成物料表面首先干燥，蒸发表面向内部转移，热能一部分用于干燥所必需的传热和传质；另一部分则使物料升温，干燥速率开始下降，进入降速干燥阶段。降速干燥阶段的干燥速率主要受物料内部水分扩散速率的影响。

显然，临界水分点 $C_0$ 是一个关键点，它是等速与降速干燥阶段的分界点。到临界点后，物料内部水分向表面的迁移速率已赶不上物料表面水分的汽化速率。由于物料结构、形状及大小等因素的不同，物料具有不同的水分迁移速率，而干燥介质的操作条件又将使物料有不同的表面汽化速率。因此，临界湿含量与物料的特性和干燥介质等条件有关。如若恒速干燥阶段的干燥速率太快，或料层较厚，则易使水分由内部迁移至表面的速率在物料湿含量较高时就小于表面水分的汽化速率，这样物料的临界含水量就必然较高。

因此，从干燥技术的角度出发，十分重要的一点是尽可能地降低物料的临界湿含量，使干燥过程最大限度地处于恒速干燥阶段以缩短所需的干燥时间，避免物料温度过高，使物料发生变质或造成过大的能耗，从而得到在较低温度下干燥的高质量产品。

当物料中存在有湿含量分布时，其临界湿含量的值是该分布的平均值。若该物料的厚度为 $L$，其局部湿含量以 $C$ 来表示，则临界湿含量 $w_c$ 为：

$$w_c = \frac{1}{L} \int C \mathrm{d}l \tag{1-1}$$

式中，$w_c$ 为临界湿含量；$C$ 为局部湿含量；$L$ 为物料的厚度。

决定 $w_c$ 数值大小的两个重要参数是干燥表面的局部湿含量 $C$ 及其分布函数 $C = f(l)$。

即使相同的物料，也会由于其状态不同（如散粒状态或聚集状态），而使其临界湿含量的数值有较大差别。例如，陶瓷原料二氧化硅（或砂粒）聚集成砂层时，砂层被干燥后的临界湿含量是 0.12%，而其表面湿含量约为 0.06%；但当砂粒处于分散状态时，则临界湿含量仅为 0.01%。另外，当物料的湿含量分布趋于平坦时，临界湿含量 $w_c$ 值也将变小。

由此可知，临界湿含量的值不只由物料的特性所决定，同时也取决于物料的堆积状态、所使用的干燥方法等。

气流干燥可以拓宽恒速干燥阶段的水分范围。在气流干燥管内气固悬浮物中，由于高速气流的作用，黏结的物料被打散，相当于 $L$ 在减小，而物料的每个颗粒其全部表面都将参与水分蒸发，使得临界湿含量下降，使之更加接近于物料的平衡水分，在最大限度内保持颗粒表面的均匀排湿，使干燥过程尽量处于恒速干燥阶段。气流干燥器以高温、高速气流作为干燥介质来强化干燥过程，气固相间接触时间极短，所以一般仅能适用于物料进行表面蒸发的恒速干燥阶段，物料中所含水分应以润湿水、孔隙水或较粗管径的毛细管水为主。在这种水分与物料结合状态下的湿物料均可在气流干燥器中干燥，最终获得水分为 0.3%～1% 的干物料。对于吸附性或细胞质物料，则很难将其干燥到含水量在 2%～3% 以下，而那些水分在物料内部的迁移以扩散为主的湿物料则不适合于气流干燥。

### 1.1.5  干燥方法

目前，工业中的干燥方法有三类：机械除湿法、加热干燥法、化学除湿法。

(1) 机械除湿法  如球磨后的泥浆，是用压榨机对湿物料加压，将其中的一部分水挤出。物料中除去的水分含量主要取决于施加压力的大小。物料经机械除湿后仍保留很高的水分，一般在 40%～60% 左右，有的仍高达 70%～80%。粒状物料或不允许受压的物料可用离心机脱水，经过离心机除去水分后，残留在物料中的水分在 5%～10% 左右。另外，还有各种类型的过滤机，也是机械除湿法常用的设备。机械除湿法只能除去物料中的部分自由水分，结合水分仍残留在物料中。因此，物料经过机械除湿后含水量仍然较高，一般不能达到陶瓷工艺要求的较低的含水量。

（2）加热干燥法 是陶瓷工业中常用的干燥方法，如日用陶瓷工艺中的烘房、建筑陶瓷中的辊道式干燥器等，它借助于热能加热物料，汽化物料中的水分，是用热空气或热烟气来干燥物料的。空气预先被加热送入干燥器，将热量传给物料，同时汽化物料中的水分形成水蒸气，水蒸气随空气而带出干燥器。物料经过加热干燥，能够除去物料中的结合水分，达到工艺上所要求的含水量。

（3）化学除湿法 是利用吸湿剂除去气体、液体和固体物料中少量水分的方法。由于吸湿剂的除湿能力有限，仅用于除去物料中的微量水分，工业生产中应用极少。

在陶瓷工业中固体物料的干燥，一般是先用机械除湿法除去物料中大量的非结合水分，再用加热干燥法除去残留的部分水分（包括非结合水分和结合水分）。

### 1.1.6 干燥技术的应用

干燥技术在不同领域被大量采用，其干燥效果明显，已成为不同领域不可缺少的一项工艺环节。

在一系列工业部门中，干燥过程起着重要作用。例如，在燃料工业中，随着所开采固体燃料量的不断增加，干燥方法和干燥装置的作用也在增加，悬浮状态颗粒燃料的干燥装置获得了相当规模的推广。

在化学工业中，经常干燥块状、粒状、液体、膏糊状物料，最为广泛的是颗粒物料，特别是结晶物料。这些物料可能是有机的，也可能是无机的。干燥颗粒物料时，广泛采用滚筒式、带式、涡旋式、流动层、悬浮层和振动液化层干燥装置。

在微生物工业中，细菌制剂脱水问题具有决定性意义。在这种企业的工艺过程中，干燥费用占到一半左右。该行业一般采用高效喷雾干燥设备。

在制药工业中，对于制剂厂而言，干燥在生产过程中占有很大比重，制剂质量在一定程度上取决于干燥质量。国外最近研制了沸腾层和脉冲流动层联合干燥方法，可大大强化传热传质过程，从根本上改变劳动条件，改进物料质量。

在建筑陶瓷生产中，得到广泛应用的是厢式干燥装置（多次循环）。在这种装置中混合上升和下降的气流可强化干燥过程。在陶瓷行业中，还研制了不少新型干燥器。如喷射式干燥器，可保证干燥的高度均匀性；逆流隧道式干燥器，特别是能分区调节规定参数的结构，可加速制品干燥过程；喷射隧道式干燥器，安装有喷射装置后可建立载热体的内部循环。此外，当陶瓷制品要求在短期内干燥时，一般采用传送带式干燥器，其做成两个平行移动的链，并在其上吊挂盛有被干燥物料的吊篮。在干燥陶瓷原料时，用得最广的是回转式干燥窑，有的也用喷射式干燥装置和喷雾干燥器。

在造纸工业中，干燥是主要工艺过程之一。目前纸张的主要干燥方法是接触干燥。现代造纸机的干燥部分仍是笨重设备，使用不便，难以自动化。为了提高过程效率，还采用了供热至物料表面的联合干燥方法。

干燥木材是个耗能量大的工艺过程，一般采用对流供热的连续作业室，室中载热体是蒸汽、水或烟气。木材在作业室中把湿分降至运输时的要求水平。

最近十余年中，金属用量不大的无线电仪表制造业及其相关部门发展很快，其发展特点是各种工艺过程的机械化和自动化水平高，因而也必须在原有的基础上研制干燥设备，保证迅速而连续地完成各种物料，特别是聚合物覆层或细薄物料的干燥。

在农业生产中，干燥不仅是保证长时间保存产品的手段，目前还成为提高物料味道质量和商品质量的极重要方法。对于粮食作物的干燥，国内基本上采用翻晒，但国外已投产有每小时生产 50t 的大功率废气再循环干燥器。必须引起注意的是，在研究新的干燥方法时，应特别防止落入致癌化合物。

在人工干燥饲料方面，国外有资料报道，人工干燥饲料草几乎可全部保存其中所含的营养成分和维生素，而在普通自然干燥时一般要损失 60%～80%。此外，采用草粉不仅可大大减少精饲料的消耗，而且能使牲畜的饲料成分更为完全、合理。草的干燥一般使用鼓形干燥器，但生产能力有限，不会超过 500kg/h，所以近来也采用更大功率的干燥器。

## 1.2 干燥技术发展概况

干燥技术发展到今天已经经历了漫长的时间，从常规的干燥方法到新的干燥方法的出现，都不断地推动干燥技术的快速发展。目前，干燥技术发展形式多样，如冷冻干燥法、微波干燥法、热风干燥法、气流干燥法等。

### 1.2.1 冷冻干燥技术

纳米粉体的制备是无机功能纳米粉体材料应用的基础。冷冻干燥法作为纳米粉体材料的制备方法之一，在最近几年来备受关注。其原因是采用冷冻干燥法制备纳米粉体，具有粉体形状规则、粒径小且均匀、化学纯度高、化学均匀性好、烧结温度低，可制得高密度块体陶瓷，以及制备方法可靠、具有可操作性、重复性好等优点。溶液冷冻干燥法可制备成分复杂的粉体材料，适合用于生产具有特殊光、电、磁、热等性能的纳米功能材料，同时特别适于制备易燃、易爆、有毒、易氧化等特殊的粉体材料。冷冻干燥法制备的功能纳米粉体在航天、电子、军事、生物等领域展现出广阔的应用前景。

#### 1.2.1.1 冷冻干燥法制备纳米粉体的工艺过程

冷冻干燥法属于制备纳米粉体液相法中的溶剂蒸发法。冷冻干燥法作为真空技术与低温技术的结合，在制备纳米粉体方面应用时，其过程可简述如下：将所期望制备粉体成分或其前驱体成分的溶液或溶胶，在低温的环境下降温冻结成固溶体或凝胶，再使固溶体或凝胶处于低温并且低压的环境中。由于低压条件可使固溶体或凝胶中的溶剂成分的蒸气压升高，可在保持冻结状态而不经过液态的前提下，使冻结物中的溶剂升华，只留下难挥发的成分，从而得到干燥的粉体，必要时再通过热处理制得所期望成分的纳米粉体。所以，一般采用冷冻干燥法制备纳米粉体要经过四个步骤，即前驱体溶液或溶胶的制备、前驱体溶液或溶胶的冻结、冻结物的冷冻干燥和干燥物的热处理。

#### 1.2.1.2 冷冻干燥法的最近研究进展

冷冻干燥作为粉末制备技术，是由 F. J. Schnettler 等人在 1968 年首次引进到陶瓷粉末制备工艺中的。通常沉淀物的干燥会导致硬团聚，而且在煅烧成氧化物的过程中，硬团聚会进一步增多。而在冷冻干燥沉淀物的过程中，只形成带有很多细孔的软团聚，煅烧过程中，在较低的温度下就能达到很高的相对密度。由于冷冻干燥法制备粉体在粉体颗粒尺寸和成分均匀性方面的优点，使人们认识到了冷冻干燥技术在制备金属及陶瓷粉体领域的广阔应用前景，并开始了尝试性的研究。

Schnettler 等人用冷冻干燥法制备出了均匀分布的陶瓷粉体，他们发现用这种方法可以很好地控制粉体的尺寸和性质，用这些陶瓷粉体可以制造出高密度，具有特殊光、电、磁等性质的陶瓷产品。

20世纪80年代对金属氧化物类精细、功能陶瓷的研究成为材料科学的一个新的热点，各种具有特殊光、电、磁、微波、超导性质的功能陶瓷材料，甚至用于半导体器件基片及封装材料用的精细结构陶瓷的开发，都普遍要求提供颗粒小、表面活性强、粉体团聚弱、烧结温度低的高品质粉体材料。冷冻干燥法，恰好能够满足这些要求，冷冻干燥制备纳米陶瓷等非金属材料使颗粒的粒径在1～100nm之间，制得的微粉非常纯净，所以受到研究者的青睐而得以迅速发展。

Gelles和Roehrig以及Fabio通过冷冻干燥法制备了金属、合金氧化物以及化合物的粉体。他们制备的氧化镁颗粒直径在10～50nm之间，并认为冷冻干燥法能够获得开放式微观结构的粉体，而且能够控制粉体的尺寸和分散性。

Chuei-Tang等人认为通过醇盐喷雾干燥获得粉体是薄壁空壳的结构，在烧结过程中会导致孔隙的形成，从而降低块体材料的密度。而冷冻干燥技术能够解决上述问题，用冷冻干燥醇盐前驱体，获得了颗粒直径为50nm的尖晶石粉体。

中国科技大学的陈祖耀等人从1988年就开展了冷冻干燥法制备陶瓷超导材料的研究。用喷雾冷冻干燥的方法合成了Ba-Pb-Cu-O体系的超微粉末，颗粒直径在30nm左右，并认为冷冻干燥法制备的陶瓷材料超导电性与传统陶瓷工艺合成的材料接近，而且不需要长时间的研磨，与共沉淀法相比，无须严格控制沉淀条件就能保证化学计量组成。

L. Mancic等人在2001年用冷冻干燥法制备了BET比表面积为$2.5m^2/g$、平均晶粒尺寸为231nm、理想晶相的Bi-Pb-Sr-Ca-Cu-O超导体粉体。

20世纪90年代后期，纳米材料技术的兴起给真空冷冻干燥制粉技术的研究与应用带来了又一个发展高峰。杨卓如等人将用于录像带粉体的包钴氧化铁磁粉分散在表面活性剂溶液中，研磨后快速喷雾冷冻干燥，制备了超细磁粉，并研究了冷冻干燥过程的工艺问题。

李革胜以四氯化钛为原料进行水解得到$Ti(OH)_4$，再进行冷冻干燥，最后煅烧制备出无定形的、有较大活性的$TiO_2$纳米微粉，并与真空干燥、加热干燥工艺进行了对比，发现冷冻干燥法制备的粉体团聚少、形状规则、尺寸小、烧结活性好。

Wenming Zeng等人用$AlCl_3 \cdot 6H_2O$和氨水作原料，在水溶液中生成沉淀，在控制温度为80℃的条件下，用硝酸将沉淀转化为透明的溶胶，溶胶冷冻干燥并煅烧后得到了平均颗粒直径为42nm的$Al_2O_3$粉体。

赵惠忠控制溶液的pH值在9.0附近，采用共沉淀-真空冷冻干燥方法，制得粒径小、比表面积大的$MgO-Al_2O_3$二元混合纳米粉体，且其起始尖晶石化温度在600℃，经过1000℃、2h处理后，已全部转变成粒径在50nm左右的纳米尖晶石，比传统制备镁铝尖晶石的温度低500～600℃。

连进军以溶胶-凝胶法为基础，采用冷冻干燥法取代传统干燥方法，有效地阻止了粉体的团聚，制得粒度分布均匀、形状规则、粒径在10nm以内的$SnO_2$粉体：pH值为4时制备的SnO粉体粒径较小；起始$Sn^{4+}$浓度在0.1～0.5mol/L范围内变化对产品粒径影响不大；随焙烧温度的升高，粉体粒径逐渐增大；经过焙烧后粉体颜色显淡黄色，且随焙烧温度的升高颜色逐渐加深。用液氮作为冷媒，冷冻速率快，颗粒团聚少，粒径分布更均匀。

薛军民通过柠檬酸盐冷冻干燥法制备了微波介质材料——$Ba_2Ti_9O_{20}$粉体。在1200℃保温4h条件下，获得了只含$Ba_2Ti_9O_{20}$和$BaTiO_4$相的粉体。粉体经压片成型后，在1340℃保温4h的烧结条件下，可获得较为致密的陶瓷样品。

M. A. Akbas 制备了有镧掺杂的钛酸铅锆陶瓷粉（PLZT），粉体粒径为微米级的，粉体的烧结温度比其他方法制备的粉体的烧结温度低。

刘继富先将分散在纯 $Mg(NO_3)_2$ 溶液中的氢氧化锆胶体经雾化喷嘴喷到液氮中进行快速冷冻，然后移至真空干燥系统中进行升华干燥，所得氢氧化锆粉末在 800℃煅烧 1h 即得 ZrO 超细粉末。粉末颗粒形状规则，大小均匀，颗粒尺寸约为 $0.04\mu m$。该粉末经等静压成型，在 1600℃、2h 烧成后，试样的相对体积密度达到了 95% 以上，比共沉淀法制备的粉末烧结的体积密度明显要高。这个工艺在物料较多时仍能适用，故实用性较强。

Nagai 和 Nishino 通过喷雾到液氮中，冷冻了 $K_2CO_3$、$Na_2CO_3$、$MgSO_4$ 和 $Al_2(SO_4)_3 \cdot 18H_2O$ 溶液，并在 -100℃条件下，用 2~3 天的时间冻干了冷冻的液滴。干燥的产品由直径为 $150\sim200\mu m$ 的中空和多孔球组成，必须将其在球磨机上研磨 16h 以使之可用。煅烧的产品是直径 $0.1\mu m$ 的球形或 $0.2\sim2\mu m$ 的圆盘形。

Torikai 等人将 $Mn^{2+}$、$Co^{2+}$ 和 $Ni^{2+}$ 盐溶液喷雾到液氮中，制造出均匀的球形颗粒，并将其置于一个瓶中在 -80℃冻干。瓶子与两个液氮冷阱、一个扩散泵和一个前级泵相连，冻干约 10g 粉体花费了 2~3 天的时间。形成 $Mn_3Co_2Ni(SO_4)_6 \cdot (15\sim16)H_2O$ 的干燥产品，在 900~1000℃下烧结 1h，能被转化为细尖晶石粉末。

Nikolic 等人通过分别将溶液喷雾到液氮中，合成出 ZnO 和 $Bi_{1.8}Pb_{0.2}Sr_2Ca_2Cu_3O_x$（Bi）粉体。液滴的平均尺寸分别为 $70\mu m$ 和 $61\mu m$。冻干机中搁板温度在 -30~-20℃之间，压力为 0.13~0.2mbar[●]，ZnO 粉在 275℃空气环境中热处理了 2h。Bi 前驱体放入炉中预热到 200℃，并在温度高达 840℃时分解。得到的氧化锌粉末有很高的活性，在 275℃下即发现软化并伴随有硬团聚形成。团聚尺度为 $15\sim20\mu m$，氧化锌微晶的平均尺度为 25.9nm。Bi 的粉体含有 2212 相和 2223 相。用 BET 法测得的比表面积为 $2.5m^2/g$，平均微晶尺度为 231nm。

Milnes 和 Mostaghaci 对比了不同干燥方法对升华 Ti 悬浮物的密度、烧结速率和微观结构的影响。在小型烘箱中和辐射加热时的水蒸发都导致强键团聚，而冷冻干燥只造成弱键团聚。冻干粉体烧结 2h 得到理论密度的 98%，而其他干燥方法得到的粉末需要两倍的干燥时间，并且产品的微观结构也不够好。

Ito 等人分别冻干镱、钡、铜的碳酸盐和硝酸盐溶液，制造出了具有超导性的 $YBa_2Cu_3O_{7-\delta}$ 和 $YBa_2Cu_3O_{7-x}$ 陶瓷盘。煅烧和烧结后，小陶瓷盘的尺度接近 $2\mu m \times 5\mu m \times 20\mu m$，不用压制就能形成高的体密度，具有与单晶 $YBa_2Cu_3O_{7-x}$ 相同的超导性。

Kondou 等人对比了由 $TiO_2$、$ZrO_2$ 和 PbO 间固相反应制取的 $Pb(Zr_xTi_{1-x})O_2$（PZT）和由冷冻干燥硝酸盐制取的产物。固相反应要求 1100℃的高温，但冷冻干燥硝酸盐的转化温度只有 580℃。并且冷冻干燥的产品与固相反应产物 PZT 相比，有更好的烧结性及在居里温度下高两倍的介电常数。

Sofie 和 Dogan 将以叔丁醇（TBA）（熔点为 25℃，在 25℃时的蒸气压为 55mbar）为溶剂的铅镧锆钛酸盐悬浊液注模成型。与水性悬浊液相比，叔丁醇作溶剂的优点在于：由于在冷冻过程中水发生膨胀，要获得高的密度很困难，并且易造成固相物质与溶剂分离（注：由于冷冻慢）。冻结 TBA 的微晶结构在烧结过程中不用高的固体负荷就能得到高致密度微观结构。

<hr />

● $1bar = 10^5 Pa$。

### 1.2.2 微波干燥技术

微波干燥亦称介电干燥，起源于 20 世纪 40 年代，到 60 年代国外才大量应用。由于微波干燥的独特优点使得其发展很快。国外已在轻工业、食品工业、化学工业、农业和农产品加工等方面得到应用。由于微波对水有选择性加热的特点，使得粮食、油料作物、茶叶、蚕茧、木材、纸张及烟草等含水物质均可用微波进行干燥。70 年代以来，国外微波干燥的应用范围还在继续扩大。而中国微波干燥技术的应用始于 70 年代初期，到目前已应用于轻工、化工及农产品加工等方面，是一项很有发展前途的技术。同时经过 20 余年的发展，中国在微波加热设备方面已经完全能够国产化，磁控管的寿命和质量大大提高，整机生产技术已经过关，并能向国外出口。相对来说，微波干燥的研究要滞后一些，为此，这方面还有大量的工作要做，只有加快研究和开发的步伐，才能使微波能的应用取得更大的经济和社会效益。

#### 1.2.2.1 微波原理

微波是波长为 0.001～1m，频率为 300～300000MHz，具有穿透性的电磁辐射波。凡低于 $3 \times 10^8$ Hz 的，即指通常所说的无线电波，包括长波、中波和超短波。凡高于 $3 \times 10^{12}$ Hz 的，则属于红外线或可见光等。

根据电磁波在真空中的传播速度 $C$ 与频率 $f$、波长 $\lambda$ 之间的关系：

$$C = f\lambda \tag{1-2}$$

相对于 $3 \times 10^8 \sim 3 \times 10^{12}$ Hz 的微波频率范围的微波波长范围为 1mm 到 1m 左右。由此可见微波频率很高，波长很短，所以称为微波。

传统的加热方法如蒸汽、热风、电等加热是利用热传导、对流、辐射的原理将热量从外部传到物料内部，由表及里需要一定的时间，物料的热传导性能越差所需的时间就越长，因此加热速率慢且受热不均匀，能耗较高。微波加热是使被加热物体本身成为发热体，故称为内部加热方法，微波从四面八方穿过物料，物料内外同时加热，既不需要传热介质，也不利用对流，物料内外温度同时上升，加热速率快而均匀，仅需传统加热方法的几分之一或几十分之一，并能较好保留物料原有的性能。微波加热造就物料内热源的存在，改变了常规加热干燥过程中某些迁移势和迁移势梯度方向，形成了微波干燥的独特机理。由于物料中的水分介质损耗较大，能大量吸收微波能并转化为热能，因此物料的升温和蒸发是在整个物体中同时进行的。在物料表面，由于蒸发冷却的缘故，使物料表面温度略低于里层温度，同时由于物料内部产生热量，以至于内部蒸汽迅速产生，形成压力梯度。如果物料的初始含水率很高，物料内部的压力非常快地升高，则水分可能在压力梯度的作用下从物料中排除。初始含水率越高，压力梯度对水分排除的影响越大，也即有一种"泵"的效应，驱使水分流向表面，加快干燥速率。由此可见，微波干燥过程中，温度梯度、传热和蒸汽压迁移方向均一致，从而大大改善了干燥过程中的水分迁移条件。同时由于压力迁移动力的存在，使微波干燥具有由内向外的干燥特点，即对物料整体而言，将是物料内层首先干燥，这就克服了在常规干燥中因物料外层首先干燥而形成硬壳板结阻碍内部水分继续外移的缺点。物料的传热方向、蒸汽压迁移方向、压力梯度、温度梯度的方向一致，也即传热和传质的方向一致，热阻碍小。而且物料吸收能量和排湿并不完全依赖于干燥介质和自身的热导率，从而大大提高了传热效率和干燥速率。

介电（微波）加热原理：微波加热技术是利用电磁波将能量传播到被加热物体内部，加热达到生产所需要的一种技术。物料中的极性分子吸收了微波能以后，在微波的作用下呈方向性排列的趋势，改变了其原有的分子结构。当电场方向发生变化时，就会引起极性分子的转动，使分子间频繁碰撞而产生了大量的摩擦热，以热的形式在物料内表现出来，从而导致物料在短时间内温度迅速升高、加热，使得物料中的水分通过毛细管，从物料内部蒸发到表面，进而扩散到外表面。

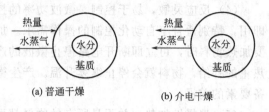

图 1-1　介电干燥与普通干燥传热传质机理比较

从图 1-1 中可以看出，介电干燥与普通干燥过程中热量传递方向和水分迁移方向有明显的区别。普通干燥时，水分从表面开始蒸发，内部的水分慢慢地扩散到表面，而能量是由物料外部向内部传递，传热的推动力是温度梯度，通常需要很高的外部温度才能形成所需的温度差，传质的推动力是物料内部和表面之间的浓度差。而介电干燥时，水分从物料的内部通过毛细管扩散到物料表面，产生了液态水及水蒸气的迁移，而能量是由物料内部向外部扩散，传热的推动力也是温度梯度，并且逐步向外扩散热量，可见，普通干燥中传热和传质方向相反，而介电干燥中传热和传质方向相同。

#### 1.2.2.2　微波干燥的特点

（1）加热速率快　热传导、对流、热辐射是人们经常采用的常规加热方式。要使物料的温度都达到所需的温度，就必须经过一段热传导时间，由于其传热的手段不同，其产生的速率也不同。一般而言，将热量首先传递给被加热物料的表面，再通过热传导逐步使中心温度升高，并在一定时间内使中心部位达到所需的温度。而微波加热则是内部加热方式，具有很强的穿透性，频率很高，物料中水分子几乎同时受热汽化，干燥速率很快。

（2）加热均匀，产品质量高　采用普通的加热方式，由于热量是通过外部逐渐传递到物料内部，所以必须需要很大的温度梯度才能在较短的时间内将物料整体温度保持一致。由于受热面与外部接触不一致，以至于受热效果明显存在差异，导致受热不均匀，容易使陶瓷坯料出现破裂或产生气泡。而微波加热则不论形状如何，微波都能均匀渗透，产生热量，且可以将温度控制在一定的温度范围之内，因此均匀性大大改善，干燥陶瓷坯体的质量也会明显提高。

（3）节能高效　在众多陶瓷干燥技术中，微波干燥技术日益受到关注。在微波干燥中微波可以穿透至物料内部，使内外同时受热，蒸发时间比常规加热大大缩短，可以最大限度地加快干燥速率，极大地提高生产效率。由此节约了大量的能源消耗，且微波能源利用率高，运行成本比传统干燥低。通过表 1-1 传统干燥与微波干燥在干燥时间与能耗方面的比较，可以从中看出微波干燥的优越性。

表 1-1　传统干燥与微波干燥在干燥时间与能耗方面的比较

| 项　目 | 传　统　干　燥 | 微　波　干　燥 |
| --- | --- | --- |
| 干燥时间/min | 480～600 | 15～20 |
| 功率/kW | 44 | 43 |
| 产量/(kg/h) | 41 | 99 |
| 能耗/(kW·h/kg) | 1.07 | 0.43 |

在相同的功率下，传统干燥时间是微波干燥的 30～32 倍，能耗为 2.5 倍，而生产能力则约为一半。

（4）反应灵敏，易于控制　微波功率的控制是由开关、旋钮调节，预热时间很短，即开即用，特别适合于自动化控制的操作需求。加上物料吸收微波能量即刻转换为热量，当不需要加热物料时，可立即断开电路停止微波的产生，即切断消除加热源头，使物料得不到热源热量的补给，物料就会停止继续升温。产生微波的瞬时性和无热惯性，构成自动控制要求必备要素的前提。

（5）选择性加热　并不是所有的物料都可以采用微波来加热，使其产生热损耗，进而产生大量的热量，蒸发大量的水分，而是有选择性地进行加热。因此，在采用微波加热时，必须考虑到物料是否含有微波所需要的物质，这对微波干燥过程有利。因为水分子对微波的吸收损耗最大，所以含水量较高的部位吸收微波功率多于含水量较低的部位，从而干燥速率趋势一致。

（6）环保无公害　微波加热不产生烟尘和有害气体，噪声小，既不污染所加热的物料，也不污染环境。通常，微波是在金属制成的封闭加热室和波导管中工作的，所以能量泄漏很小，大大低于国家标准，十分安全可靠。

### 1.2.2.3　真空微波干燥

通过对微波加热机理和微波加热与物料类型关系的分析可知：在进行微波干燥时，应选择合适的微波强度，而且要与被干燥的湿介质相匹配；而在真空微波干燥过程中，干燥过程还受物料中湿介质的传热传质的传热机理和控制阻力的影响，据此通常将真空微波干燥过程分为以下三个阶段。

（1）均匀加热阶段　在此阶段微波能转变为热能，使物料的温度随时间线性增加到该真空度下水的饱和温度。这一过程持续的时间很短，一旦物料的温度达到水的饱和温度，物料内部的水分即开始蒸发。

（2）恒温或恒速干燥阶段　在此阶段物料内部各点的温度相同，即温度均匀分布。物料所吸收的微波能基本上消耗于水分汽化所需的汽化潜热，物料内任一点水分的蒸发速率取决于该点吸收的微波能。

（3）快速升温或降速干燥阶段　此阶段物料内部的水分已较少，虽然随着水分的减少，物料的介电损耗角正切减小，吸收的微波能也有所减少，但总的吸收的微波能还是大于蒸发水分所需要的能量，导致物料的温度上升，甚至于过热。

至于微波/真空技术，则是把微波干燥和真空干燥两项技术结合起来，充分体现微波干燥和真空干燥各自优点的一项综合干燥技术。真空干燥随着工作压强的降低，水分扩散速率加快，物料的沸点温度也降低，因而可使物料处在低温状态下进行脱水，较好地保护物料中的成分。微波是为真空干燥提供热源，克服真空状态下常规对流方式热传导速率慢的缺点，对物料进行整体加热，使温度迅速升高，加快干燥速率。此项技术最适合热敏性物料的加工处理。

微波干燥系统经常与热风干燥相联合，可以提高干燥过程的效率和经济性。因为热空气可以有效地排除物料表面的自由水分，而微波干燥提供了排除内部水分的有效方法，这样就可以发挥各自的优点使干燥成本下降。微波与普通方法联合一般有三种方式：一为预热，首先用微波能对物料进行预热，然后用普通干燥器进行干燥；二为增速干燥，当干燥速率进入升温阶段时将微波能引入普通干燥器，此时物料表面是干的，水分都在内部，引入的微波能使物体内部产生热量和蒸汽压，并把水分驱至表面并迅速被排除；三为终端干燥，普通干燥器在接近干燥终了时效率最低，也许有 2/3 的干燥时间花费在排除最后 1/3 的水分上。在普通干燥器的出口处加一个微波干燥器，可提高普通干燥器的处理量。

### 1.2.2.4　微波干燥研究状况

目前，国外微波干燥技术已在轻工业、食品工业、化学工业、农业和农产品加工等领域得到广泛应用，具体是在造纸、陶瓷、木材、食品、沥青、污水处理、表面活性剂、香料、矿石、药物、混凝土、涂料等方面进行研究和应用。

德国的 J. Suhm 对微波干燥陶瓷等材料进行了研究。他认为由于被干燥物料能量吸入各不相同，干燥过程各异。物料湿度大于 15% 时则没有实质性的不同。在这种情况下，水分决定着干燥过程。湿度在 5%～15% 之间时，被干燥物质起重要作用。如果物料本身能够吸收微波能，则其温度可以升高。此时介电常数的温度相关性起着决定性作用。对某些化学品来说，可以脱去化学结合水。进行必要的材料试验可以确定能够达到所需温度。湿度低于 5% 干燥过程趋于缓和。其得出确定微波干燥所需功率的一条经验规律是这样的：微波输入功率每增加 1kW 可在 1h 内多蒸发掉 1kg 的水分，只要开始时水分含量充分，这条经验规律就可行。微波干燥技术在国外的发展非常迅速，该技术在以上领域的应用大都达到了工业应用的程度。

南京大学的郭学峰博士等人制造纳米级催化剂 $FePO_4$ 的过程中就利用微波进行了处理。

杭州电子工业学院的胡建人等人研究了微波快速烘干硅胶的生产工艺。将微波干燥过程分为三个阶段（快速驱除硅胶内部水分，逐步蒸发硅胶表面水分和高温驱湿脱去化合水）。经过这三个阶段的处理，硅胶呈强烈的深蓝色，可立即封闭保存。整个过程大约需要 90～120min，远短于热力驱湿的 24～48h，节省时间 15～30 倍。

太原工业大学的赵庆玲等人对微波干燥煤的情况进行了总结，认为随着煤等级的上升，其介电常数和介电损耗角正切是下降的，这是由于煤中固有的水分随着煤等级的下降而增加的结果。煤的电导率也是随着等级的提高而下降的。对于同等级的煤来说，随着湿度的提高，其介电常数和介电损耗角正切增加，则干燥速率也就越快。她们对微波干燥褐煤的情况研究结果表明，微波干燥比对流干燥快 1～2 个数量级。

清华大学同方研究中心的马国远和西安交通大学的郁永章共同研究了热泵微波联合干燥系统。他们先建立了一个数学模型得出各干燥参数的预测值，再利用设计系统对泡沫橡胶进行干燥试验，以试验值与预测值进行比较从而得出结论：与热泵干燥相比，热泵微波联合干燥可以提高产量，但单位能耗除湿量降低。通过精心设计，热泵微波联合干燥在能量消耗方面可以做到与传统对流干燥相当。

### 1.2.2.5　微波干燥技术与设备

微波干燥能对物体进行整体加热。由于微波拥有光速一样的传播速度，当微波源开启后它能立即渗透到物体内部进行加热，当微波源关闭后，加热立即停止，不需要预热和冷却的过程。加热时由于物体外表面和环境接触，温度反而低于内部，且物体内部各个质点的温度呈一定的梯度变化。通常，加热时能够在内部进行能量转化的材料本身可以看成加热器，也可以看成热源，微波加热器仅仅是为了防止微波能量损失以及微波辐射对人体造成的危害，目前用于微波化学实验的微波炉大多是家用微波炉，或是家用微波炉的简单改装。用于工业连续生产的微波装置多是穿透式微波炉，即皮带传送式微波炉，间歇生产用功率相对较小的箱式微波炉。

### 1.2.2.6　微波健康防护

微波辐射的生物效应是指其照射生物体时由于生物体与微波相互作用而产生的各种各样

的生理影响。它是全身性的综合反应，它涉及各个系统及各个组织，既有各组织器官的病理和生理功能性的变化，也有通过中枢神经系统发射和神经体液途径所引起的症状和变化，而微波的物理化学作用是其生物效应的基础。微波辐射对人的生物效应，根据照射的强度、辐射频率、受照射时间及照射重复的间隔和次数，可分为急性整体损伤、慢性整体损伤和局部伤害三种，职业辐射常发生慢性损伤。基于微波辐射的生物效应，对微波设备的作业人员必须采取有效的安全防护措施。微波防护措施的基本原则是：减弱辐射源的直接辐射，屏蔽辐射源及附近的工作位置，采用个人防护措施。在辐射源周围植树造林，让植物吸收电磁波，以减少对人体的危害。受到微波辐射危害的人员平时应多吃新鲜蔬菜和水果，增强对电子烟雾的抵抗力。

### 1.2.3 热风干燥

热风干燥又称"瞬间干燥"，是使加热介质（空气、惰性气体、燃气废气或其他热气体）和待干燥固体颗粒直接接触，并使待干燥固体颗粒悬浮于流体中，因而两相接触面积大，强化了传热传质过程，广泛应用于散粒状物料的干燥单元操作。气流干燥由于气流速度高，粒子在气相中分散良好，可以把粒子的全部表面积作为干燥的有效面积，因此，干燥的有效面积大大增加。同时，由于干燥时的分散和搅动作用，使汽化表面不断更新，因此，干燥的传热传质过程强度较大。在工业干燥生产中，热风干燥具有如下一些特点。

① 气固两相传热传质的表面积大　固体颗粒在气流中高度分散呈悬浮状态，这样使气固两相之间的传热传质表面积大大增加。由于采用较高气速，使得气固两相间的相对速度也较高，不仅使气固两相具有较大的传热面积，而且体积传热系数也相当高。由于固体颗粒在气流中高度分散，使得物料的临界湿含量大大下降。

② 热效率高，干燥时间长，处理量大　气流干燥采用气固两相并流操作，这样可以使用高温的热介质进行干燥，且物料的湿含量愈大，干燥介质的温度可以愈高。

③ 气流干燥器结构简单，生产能力大，操作方便，气体干燥器的设备投资费用较小　在气流干燥系统中，把干燥、粉碎、筛分、输送等单元过程联合操作，流程简化并易于自动控制。

热风干燥不足之处：热风干燥系统的流动阻力较大，必须选用高压或中压通风机，动力消耗较大。气流干燥所使用的气速高，流量大，经常需要选用尺寸大的旋风分离器和袋式除尘器，造成设备体积大，占地面积大。气流干燥对于干燥载荷很敏感，固体物料输送量过大时，气流输送就不能正常操作。

传统的干燥方法包括热风和真空干燥，在干燥过程中的最高温度及其温度分布是可以预示的。热风干燥过程中物料的最高温度由热风的温度所控制，表面温度最高并且接近热风的温度，而物料内部的温度要比表面低，温度梯度方向是由表向内；传统的真空干燥过程中物料的温度主要由加热板和真空度控制，与加热板接触部分的物料温度最高并与加热板的温度接近，远离加热板部分的物料温度最低并与该真空度下的水的饱和温度接近。

### 1.2.4 气流干燥

气流干燥是对流干燥的一种，湿物料的干燥是由传热和传质两个过程所组成的。当湿物料与热空气相接触时，干燥介质（热空气）将热能传递至湿物料表面，再由表面传递至物料的内部，这是一个热量传递过程。与此同时，湿物料中的水分从物料内部以液态或气态扩散到物料表面，由物料表面通过气膜扩散到热空气中去，这是一个传质过程。

在气流干燥中，除一般使用干燥介质为不饱和热空气外，在高温干燥时可采用烟道气。

为避免物料被污染或氧化，可采用过热水蒸气。对含有机溶剂的物料干燥，也可采用氮或溶剂的过热蒸气作干燥介质。

据有关资料介绍，直管气流干燥是国内使用较早的流化干燥设备。数年来的生产实践认为，气流干燥对散粒状物料，特别是热敏性物料的干燥，还是比较理想的，它无论在产量、占地面积等方面均比烘箱干燥优越，因此，目前在制药、塑料、食品、化肥等工业部门使用得更加广泛。但气流干燥还存在热利用率较低、设备要求较高、气固相相对速度较低等缺点。近年来，又创新研制了脉冲气流、旋风气流、短管气流等新型气流设备，克服了直管气流干燥的缺点。短管气流干燥设备，除可降低设备高度外，还扩大了气流干燥器的使用范围，使易氧化的物料能用空气作为干燥介质，既降低了干燥动力消耗，又提高了产品的数量和质量，此外，还采用了多级气流干燥流程和组合气流干燥流程，如上海某药用辅料厂的二级流程使载体的热利用率提高到 75% 左右。

### 1.2.5　干燥器类型

随着工农业的迅猛发展，干燥工业正不断成熟和壮大，成为机械工业中具有蓬勃生机的新兴行业。要进行干燥的既有数千万吨的大批量物料，也有年产量仅几十千克的贵重物品；既有一些大型干燥设备以适应独特的工艺要求和生产能力，又有一些中小型通用干燥设备。干燥设备广泛应用于化工、建材、食品、药物及生化等行业。根据干燥设备的工作原理可以将干燥设备分为以下类型。

#### 1.2.5.1　振动流化床干燥机

振动流化床干燥机是由振动电机产生激振力使机器振动，物料在这给定方向的激振力作用下跳跃前进，同时床底输入热风使物料处于流化状态，物料颗粒与热风充分接触，进行剧烈的传热传质过程，此时热效率最高。该干燥机的上腔处于微负压状态，湿空气由引风机引出，干料由排料口排出，从而可以达到较理想的干燥效果。该干燥机流化均匀，无死角，温度分布均匀，热效率高，振动力平稳，可调性强，适用于颗粒、粉、条、丝、梗状物料干燥。但是，振动流化床的设备比较庞大，一次性投入高。

#### 1.2.5.2　气流干燥机

(1) 带式穿流干燥机　物料由加料器均匀地铺在网带上，网带采用不锈钢丝网，由传动装置拖动在干燥机内移动。干燥机由若干单元组成，每一单元热风独立循环，部分尾气由专门排湿风机排出，废气由调节阀控制，热气由下往上或由上往下穿过铺满物料的网带，完成热量与质量传递的进程带走物料水分。该干燥机网带缓慢移动运行，速度可根据物料湿度自由调节，干燥后的成品连续落入收料器中。

(2) 脉冲气流干燥机　脉冲气流干燥机是利用高速热气流，使被干燥物料悬浮其中，物料与热空气充分接触，形成导热、对流和热辐射的复杂热交换过程，从而使物料达到干燥目的。由于变化截面风管，使气流的速度不断变化，物料与热气之间产生剧烈的相对运动，使汽化表面和干燥介质不断更新，达到快速干燥效果，其干燥强度和容积换热系数极大，被干燥物料温度一般不超过 50℃，热敏性物料也较适宜使用。

气流干燥的缺点是：操作气速高，物料与管壁的磨损较大，流动阻力较大，动力消耗高。优点是：干燥效率较高，可以准确控制成品的湿含量。

#### 1.2.5.3　喷雾干燥机

(1) 离心喷雾干燥机　空气通过过滤器，经过加热器加热，产生的热空气从干燥室顶部蜗壳通道，经热风分配器产生均匀旋转的气流进入干燥室内。物料通过高速旋转的雾化盘或高压喷嘴产生分散形成微细的料雾，料雾与旋流的热空气接触，水分迅速蒸发，在极短的时间内物料得到干燥。该干燥装置通过对料液雾化，比表面积大，湿分瞬间蒸发快，十几秒即可干燥，并可调节颗粒大小。

（2）压力喷雾干燥机　压力喷雾工作过程为料液通过隔膜泵，高压输入，喷出雾状液滴，然后同热空气并流下降。大部分粉粒由塔底排料口收集，废气及其微小粉末经旋风分离器分离。废气由抽风机排出，粉末由设在旋风分离器下端的收粉筒收集，设备还可装备二级除尘装置，物料回收率在96%～98%以上。

该装置干燥速率快，料液经雾化后比表面积大大增加。在热风气流中，瞬间就可蒸发95%～98%的水分，完成干燥的时间仅需十几秒到数十秒，特别适用于热敏性物料的干燥。但是，当加热温度低于150℃时，设备容积传热系数低，装置需要较大的容积，热效率较低，气固物料分离要求高，一般需要二级除尘。

### 1.2.5.4　气流式喷雾干燥机

利用压缩空气（或水蒸气）高速从喷嘴喷出并与另一通道输送的料液混合，借助空气（或蒸汽）与料液两相间相对速度不同产生的摩擦力，把料液分散成雾滴。根据喷嘴的流体通道数及其布局，气流式雾化器又可以分为二流体外混式、二流体内混式、三流体内混式、三流体内外混式以及四流体外混式、四流体二内一外混式等。气流式雾化器的结构简单，处理对象广泛，但能耗大。

### 1.2.5.5　热风循环烘箱

热风循环烘箱采用蒸汽或电为热源，用离心风机热交换器强制换热的方式加热空气，热空气层流经过烘盘与物料进行传热传质。新鲜空气不断地从进风口进入烘箱进行补充，再从排湿口排出，这样可以保持烘箱内适当的相对湿度。该烘箱最大特点是大部分热风在箱内进行循环，从而增强了传热，节约了能源；而且它利用强制通风的作用，减小了上下温差。同时，烘箱一般可以设置分风装置，使用者可在使用前进行风叶调节，使上下温差处于最佳状态。但该装置设备投入大，热容量系数小，热效率较低。

### 1.2.5.6　沸腾床干燥机

物料从床身侧面加入，热风从底部加入，并穿过多孔分布板与一定料层厚度的物料接触，然后以一定的气流速度使物料呈流化、沸腾状态，物料在气流中上下翻动，互相混合与碰撞，气固之间接触面积大，传热传质十分剧烈，从而可以较大地提高干燥效率，是一种比较理想的干燥设备。

### 1.2.5.7　转筒干燥机

由于处理量大，适应性好，操作费用少，有些成品单价较低、产量又大的产品如碳酸钙、烧黏土、烘干矿渣、煤等均普遍采用。目前转筒干燥机已成功地用于溶液物料的造粒干燥中，如陶粒造粒。

### 1.2.5.8　自动翻板带式干燥器

对于解决难干燥和干燥过程中有刺激性气体逸出的物料的干燥问题，具有不少优点，但尚存在热空气与物料接触机会少、热利用率不高的缺点。

### 1.2.5.9　间歇厢式干燥器

间歇厢式干燥器，也称盘式干燥器，是最古老的干燥器之一，目前仍然被广泛地应用。此类干燥器多数属于古老的落后形式，传热效果差，干燥时间长，热能浪费大。据了解，国内厢式干燥器有三种类型：①加热管装在厢内三个壁面上，中间放置干燥盘，排气孔用风机排风或自然通风；②加热管横放在厢内，分若干层安装，其上放干燥盘，排气孔用引风机排风或自然通风；③空气经加热器加热后，进入厢内，一次经过物料表面进行干燥，在后部装有引风机，负压操作。前两种效果最差，但多数仍属此类。热效率只有10％左右。第③种没有部分废气循环，干燥后期，热量浪费很大。

### 1.2.5.10 旋转闪蒸干燥机

旋转闪蒸干燥机属于对流干燥设备的一种，是麦安海达诺（Anhydro）雾化公司1983年改进后的产品。国内是辽宁铁岭精工（集团）股份有限公司于20世纪90年代在消化吸收国外先进技术基础上，在中国首次开发出来的。旋转闪蒸干燥机是按干燥过程的作用，把干燥机分成流化段、干燥段、分级段三个部分。①它能干燥膏状、滤饼状等物料；因是闪蒸，瞬间完成干燥过程，可干燥热敏性物料，保证产品质量；因有搅拌器，同时在高速热气流中干燥，可处理细粉微黏物料。②颗粒在热气流中高速分散，干燥时间短、速度快、热效率高。③设备结构紧凑，占地面积小，集干燥、粉碎、分级为一机，是旋流技术、流化技术、喷动技术及对流传热技术有机的结合，干燥后不需再粉碎、筛分，简化了生产工艺，节省了动力和设备费用。④机内搅拌齿上设置刮板，可及时将粘在机壁上的物料刮掉，避免粘壁，保证设备运转正常，稳定可靠。⑤连续化操作，加料量用无级调速电机控制，搅拌轴转速可根据不同产品粒度调整，热风温度也可调节，从而保证干燥物料的各项技术指标。⑥在干燥过程中，物料不用稀释打浆，减少了水分蒸发量，节能效果显著。⑦干燥过程全封闭，而且在负压下操作，物料不外泄，对环境无污染，安全，卫生，因此已在许多行业广泛应用。

### 1.2.5.11 盘式连续干燥器

盘式连续干燥器是一种高效节能的连续干燥设备，它是在间歇搅拌传导干燥器的基础上，综合了一系列先进技术，经过不断改进和开发研制成的一种多层固定空心圆盘、转耙搅拌、立式安装的连续接触干燥装置。盘式连续干燥器操作弹性大，性能好，干燥效率高，运转连续可靠，劳动强度小，操作条件好，是一种新颖、高效、节能的干燥设备，其主要特点如下。

① 热效率高　一般可达60％以上，总传热系数60～100W/(m²·K)，能耗小（单位蒸汽消耗量为1.3～1.6kg蒸汽/kg水），干燥时间短（一般为5～60min）。

② 用途广　可借助于改变圆盘层数、搅拌耙叶的回转速度来自由调节物料在加热盘上的滞留时间，以得到均一的干燥产品，适用于作为最终产品的干燥器。

③ 对物料破坏小　耙叶的回转速度低，对被干燥物料的破坏性小。

④ 操作密闭　无杂质混入，无物料飞散，故作为兼有湿分回收时的干燥设备最有利。

⑤ 无振动和噪声　重量轻，立式安装，占地面积小。

⑥ 各层加热盘内的载热体温度可调　适用的载热体范围广，根据干燥要求，可采用蒸汽、热水、导热油或烟道气等多种载热体。

⑦ 其他　运转稳定，操作简便。

### 1.2.5.12 喷动床干燥

喷动床干燥工艺是一种起步较早的干燥工艺。它是在20世纪50年代初期由加拿大国家自然研究院的Mathur和Gisher为干燥小麦等一些颗粒状的谷类物料而设计的。鉴于喷动床技术的直接和潜在的应用价值，他们又进一步对喷动床的气体、固体流动形态，颗粒尺寸及尺寸分布等对喷动现象的影响进行了一系列基础研究。

1967 年底，加拿大英属哥伦比亚大学（简称 UBC）的 Norman Epstein 教授与 Mathur 合作，在 UBC 建成了世界上最大的喷动床研究中心。美国及前苏联的学者们也对喷动床的发展做了很多的工作。时至今日，随着能量集中型的干燥过程被新改进的能源供给所替代，对于喷动床领域的研究进展也获得了明显的进步。但是目前国内对于这方面的研究很少。企业家们对喷动床的发展和现状也缺乏全面的了解，基本没有工业上的应用。

相对于传统的干燥设备，喷动床具有相当多的优点和一定的局限性。由于类似谷类等的物料的颗粒过于粗大而不能被稳定地流化，因此喷动床在干燥这一类物料方面显示出了比流化床更多的优越性。而且因为喷动床要求物料在喷动阶段停留的时间很短，所以喷动床能够用于干燥热敏性的物料如食物、药品和塑料等。现代改进的喷动床设计能够保证物料良好的混合、可控的停留时间、最小磨损量以及其他一些令人满意的品质。并且，包衣、造粒、冷却、混合等操作均可以通过改变操作参数而由同一台设备完成。如果加入惰性粒子，喷动床也可以成功地干燥粉状和糊状的物料。

### 1.2.5.13  管束干燥机

GZG 型管束干燥机是目前大部分发达国家使用最广泛、最先进的干燥设备之一，其最大优点是高效节能、安装方便、操作简单。该机是间接加热接触式干燥机，既可逆流也可并流操作，广泛应用于化工、轻工、食品、油脂和粮食、饲料等行业的松散类物料。

该机结构的主要优越性是：①采用管束作为干燥器主件，可把热源直接通入机内，从而可减少一道中间换热设备，除减少设备投资外，至少可节约能源 10%～15%。②该机热源不与物料接触，从而能较好保证产品质量，热源可使用蒸汽、热水和热油，还能使用经过除尘的高温烟道气，因而热源来源较多。③该机热源与物料不接触，因此其排出物的热量就很容易回收，所以大大提高了热量的利用率，使其低能耗指标居于世界干燥行业前列。④该机由于排放物少，排放物中含粉尘少，因此污染极少，从而大大节约了环保费用，更适合于现代化大规模生产的需要。⑤国内样机和国外样机相比，在机械结构方面进行了较大的改造，首先是改进了传动系统，国外采用齿轮传动，制造费用高，易受磨损，不易更换，因此改为链传动，就目前使用来看传动更可靠，磨损小，制造费用低，效果很好。⑥出料机结构也进行了改进，使之更趋灵活。

### 1.2.5.14  微波干燥

如前所述，微波干燥的特点是：①干燥速率快，干燥时间短。由于微波能够深入到物料内部而不是靠物体本身的热传导进行加热，所以加热时间非常短，干燥时间可缩短 50% 或更多。②产品质量高。微波加热温度均匀，表里一致，干燥产品可以做到水分分布均匀。由于对水有选择加热的特点，可以在较低温度下进行干燥，而不使产品中的干物质过热而损坏，而且微波加热还可以产生一些有利的物理或化学作用。③反应灵敏，易于控制。通过调整微波输出功率，物料的加热情况可以瞬间改变，便于连续生产和实现自动化控制，提高劳动生产率，改善劳动条件。④热能利用率高，节省能源，没有公害，设备占地面积小。微波加热设备本身不耗热，热能绝大部分（＞80%）都作用在物料上，热效率高，所以节约能源，一般可节电 30%～50%；对环境温度几乎没有影响。而且微波干燥设备可以做得较小一些。

### 1.2.5.15  冷冻干燥

由于冻干过程是在真空低温状态下进行，因而冻干干燥具有其他干燥不可比拟的优点：①能最大限度地保持原新鲜食品的色、香、味和营养成分。②能保持原新鲜食品的外观形状。③复水性好。④保存性好，不需要复杂的冷冻，可在常温下储存 3～5 年。⑤成品重量轻，便于运输。

### 1.2.5.16　沸腾干燥

沸腾干燥是最近几年发展起来的。几年来的生产实践证明，它有很多优越性，能实现小设备大生产，由于热容量系数较大，以及停留时间可任意调节，故对含表面水和需经升温干燥阶段的物料均适用，特别适用于散粒状物料。目前已工业化的形式，大体有单层圆筒型、多层圆筒型、振动沸腾床、卧式多室沸腾干燥器，其中以卧式多室沸腾干燥器发展比较迅速，已广泛应用于制药、化肥、食品、塑料、石油化工等工业部门。经过数年的实践，沸腾干燥无论在操作方面还是在设备结构方面都已比较成熟。从使用情况看，卧式多室沸腾干燥器由于结构简单，操作方便而稳定，物料适应性强，既可获得干燥程度均匀的产品，动力消耗又少，是流化干燥散粒状物料的较理想设备。

### 1.2.5.17　热风穿透干燥（TAD）技术

热风穿透干燥（TAD）技术正在迅速发展，已步入成熟期。消费者对优质卫生纸及纸巾产品的期望在继续增长，而 TAD 技术是生产这些产品最实用的工艺。近来已投入使用的 TAD 纸机的不断增加，证明此技术正在成熟并成为卫生纸生产中的一种主要设备。最近两年以来，美卓公司（Metso）所提供的已安装纸机生产能力的 80％采用了 TAD 技术，它占世界卫生纸生产能力的 33％。

在蒸发速率（干燥速率）上，热风穿透干燥比其他任何方法都更有效。与其他的干燥技术比较，由于热风穿过纸幅，在热风和纤维之间的直接接触增多，物质与热量之间的交换传递要更快。这种差别使得 TAD 烘缸能达到的干燥速率比一般扬克烘缸的高一倍。为了应对这种需热蒸发的过多水量，添加 TAD 烘缸可获得足够的干燥能力，而纸机的长度增加很少。

### 1.2.5.18　气流换向干燥设备

气流换向干燥设备主要由燃烧室、铸铁管簇式换热器、气流换向阀门、干燥室、风机、省煤器以及配套的单片机控制系统等组成。采用单片机控制干燥设备的生产过程可提高干燥设备的自动化程度，减轻劳动强度，易于保证干燥质量。干燥室采用房式结构，固定平床，床面积 40m²，避免了金属构件干燥机易于锈蚀损坏的缺点，且闲置时可用作烤种室或储藏室，做到了一机多用。燃烧室采用炉灶式结构，可用煤、木材或用秸秆作燃料，燃料来源丰富，适应性强。

气流换向干燥设备可以改变热空气进入固定平床式干燥室内的方向，从而可以均衡干燥室内的温度场，进而可以保证物料的干燥质量，因而得到了广泛的应用。

### **1.2.6　干燥的发展方向**

#### 1.2.6.1　干燥技术的发展方向

（1）加强物料特性研究　在进行干燥设备的设计时，必须掌握干燥物料和干燥介质的基础特性。如物料的热物理特性（包括比热容、热导率、允许受热温度）、介质的空气动力特性（包括比表面积、临界风速、物料层的空气阻力）。在干燥辅助设备设计时，还要掌握物料的物理特性（包括粒子尺寸、摩擦系数等），目前中国在这方面的试验研究还很少，准确度不高，限制了干燥设备质量的提高。

（2）采用新技术，开发新产品　干燥设备的主要要求是保证获得必需的质量指标（如含湿量、物料结构、力学性能等），保证最好的单位能耗指标。因此，采用现代新技术制造低能耗、高生产率的干燥设备，具有巨大的经济意义。

（3）加强设计理论的研究　干燥设计要进行大量热量质量衡算，计算复杂，有时按照初始取值经计算，不能满足要求，需多次反复。因此，可把各种干燥工艺所对应设计的设计步骤、方法以及计算用线图、表格全部输入计算机，采用计算机辅助设计，建立专家系统，从而减少设计时间，提高设计效率。

#### 1.2.6.2　干燥设备的发展方向

由于物料的特性各异，干燥要求不同，干燥设备的种类繁多。近几年来，干燥设备一般向以下几个方向发展。

① 为降低投资及操作费用，向超大型化发展，如喷雾干燥塔。

② 开发新型的干燥设备，如对撞流干燥设备、流化床喷雾造粒设备等。

③ 改进原有的干燥设备，强化干燥过程。通过改善设备内物料的流动状况，增添附属装置来强化和改善干燥过程。改善干燥器的操作，扩大干燥器的使用范围。

④ 应用联合干燥技术，采用两种以上不同的干燥设备串联使用以取长补短，如气流-流化、喷雾-流化、微波-热风、滚筒-远红外线等。

⑤ 采用物理新技术，比如高频干燥、微波干燥、红外线干燥等。

⑥ 开发新型节能干燥技术，如卧式快速辊道式干燥器、少空气室式快速干燥器等。

# 1.3　干燥在陶瓷生产中的重要性

几乎在生产每一件产品时，干燥都是最重要的工艺环节之一，而正确组织和完成干燥，不仅可保持而且可改善产品质量，陶瓷也不例外。在陶瓷生产中，干燥始终扮演着承上启下的作用。

### 1.3.1　坯体水分

陶瓷坯体的含水率一般在 5%～25%之间。坯体与水分的结合形式，物料在干燥过程中的变化以及影响干燥速率的因素是分析和改进干燥器的理论依据。当前某些特种成型可以做到颗粒状、粉料水分在 3%左右，常压成型在 6%左右，塑性成型可在 20%左右，注浆成型在 32%左右。如果设定坯体入窑水分在 1%以下，干燥去除水分将为 10%～30%，通常是 5%～28%。当坯体与一定温度及湿度的静止空气相接触，势必释放或吸收水分，使坯体含水率达到某一平衡数值。只要空气的状态不变，坯体中所达到的含水率就不再因接触时间增加而发生变化，此值就是坯体在该空气状态下的平衡水分。而到达平衡水分的湿坯体失去的水分为自由水分。也就是说，坯体水分由平衡水分和自由水分组成，在一定的空气状态下，干燥的极限就是使坯体达到平衡水分。

### 1.3.2　陶瓷坯体干燥原理

在陶瓷坯体中，颗粒与颗粒之间形成空隙。这些空隙形成了毛细管状的网，水分在毛细管内可以移动。在干燥过程中，一方面是表面汽化过程，热量从周围环境传递至陶瓷坯体表面，使表面水分蒸发；另一方面，陶瓷坯体内部也同时发生着热量传递和水分向外部的扩散和迁移，这种表面汽化和内部扩散的过程是同时进行的。坯体的水分蒸发被介质带走，同时降低了坯体表面的水分浓度，此时表面水分浓度与内部水分浓度形成了一定的湿度差，内部水分就会通过毛细管作用扩散到表面。直到坯体中所有机械结合水全部被除去为止。

### 1.3.3　陶瓷干燥的重要性

陶瓷的干燥是陶瓷生产工艺中非常重要的工序之一，陶瓷产品的质量缺陷有很大部分是因干燥不当而引起的。干燥不当主要体现在干燥速率，陶瓷坯体的干燥速率又取决于干燥时内扩散与外扩散条件。如果干燥速率过快，将会出现陶瓷坯体里外收缩不一，易产生破坏应力，导致开裂、色差、变形等缺陷，机械强度降低等问题。陶瓷坯体内扩散受含水率、坯体组成与结构等影响；而陶瓷坯体外扩散则受气体介质、坯体表面温度、气体介质流速等影响。因此，合理地控制干燥速率，也就是合理地控制内、外扩散条件，将会减少干燥中出现的缺陷。

陶瓷工业的干燥工艺经历了自然干燥、室式烘房干燥，到现在的各种热源的连续式干燥器、远红外线干燥器、太阳能干燥器和微波干燥技术。干燥是一个技术相对简单，应用却十分广泛的工业过程，不但关系着陶瓷的产品质量及成品率，而且影响陶瓷企业的整体能耗及经济效益。据统计，干燥过程中的能耗占工业燃料总消耗的 15% 左右，而在陶瓷行业中，用于干燥的能耗占燃料总消耗的比例远不止此数，有的高达 20%，故干燥过程的节能是关系到企业节能的大事。陶瓷的干燥快速度、节能、优质、无污染等是 21 世纪对干燥技术的基本要求。

陶瓷工业干燥工序的变化：从晒场、烘房、室内干燥器，进化到隧道式干燥器、链式干燥器直至辊道式干燥器，连续式微波干燥器充分体现了陶瓷工业从手工业作坊生产到半机械化、全机械化直至连续化生产的发展历程。这是陶瓷工业的技术进步，也是中国陶瓷工业发展历程的写照。

### 1.3.4　陶瓷干燥的趋势

过去的陶瓷干燥普遍存在能源消耗大、效率低、污染大、占地多、成本高等特点。现在能源趋于紧张，在全球能源危机的推动下，陶瓷干燥技术势必往节能方向发展。

目前，在陶瓷干燥节能方面，已经取得了一定成绩，为社会的可持续发展做出了重要的贡献。

（1）优化干燥空气的循环　优化热空气的流动，采用更复杂的通风技术和体系控制基本参数，如相对湿度、温度、空气流动度、干燥器内压力等。

（2）余热利用　利用窑炉冷却带抽出的干净热空气作干燥介质，不少墙地砖企业甚至利用窑头抽出的废烟气送进干燥窑的进窑端作为干燥介质，有可能提供干燥器 100% 的热能。故目前绝大多数的辊道式干燥器均不再用热风炉塔加热源，即可满足制品干燥要求。

（3）卧式快速辊道式干燥器　卧式辊道式干燥器与立式干燥器相比，能更好地控制产品的干燥曲线。在快速干燥器，干燥时间可缩短 10min，产品含水量为 0.4%～0.6%。单层卧式辊道式干燥器比立式干燥器节能 0.2MJ/kg，节能率 20%～40%，现已取代立式干燥器。近年来发展起来的多层卧式辊道式干燥器能有效缩短干燥器的长度，便于与其他工艺配置，形成连续性自动化工艺线。

在中国广泛使用卧式辊道干燥器，原为单层，现有三层、五层甚至七层，可缩短干燥器长度，充分地利用干燥介质的热量，干燥的热耗为 0.42～0.51MJ/kg 坯。可以利用辊道窑的余热为热源，现在绝大多数辊道式干燥器没必要补充热风炉的热能，均能实现连续生产，热效率远高于室式干燥器。

（4）少空气干燥与控制除湿　在传统的干燥器中，气流使坯体中水分蒸发，大量热的水蒸气被排放到大气中，造成很大的浪费。少空气干燥器就利用这种排出气流的能量作为干燥器的非直接加热，用此气流为热交换媒介，从而减少干燥时间和能量消耗，这用于干燥的超热流的热量是空气（作干燥介质）的两倍，而且有更高的热传导性。此外，干燥器控制除湿，除了排出潮湿的空气外，干燥器是完全封闭的，可控除湿系统能更有效地利用资源。基于此两项改进的少空气干燥器可以减少干燥时间到原来的1/3，节省20%～50%的热能。

(5) 超热间断热空气干燥　提高干燥气流温度，在干燥器隧道内引进一横向、局部、间歇性的干燥热气流，而不是在长度上持续的气流，使得湿气有足够的时间从坯体中心转移到表层，这一方法可使普通辊道式干燥器中 40min 的干燥周期减少到超热气流干燥的 10min。

(6) 微波干燥　微波干燥时热能从湿坯体内部产生，使得湿气能在坯体中更自由移动。这种由内而外的加热方式使得坯体被加热而干燥通道仍是冷的，被用来加热通道的热节省了。同时这使坯体与环境间有更合适的温差，因此干燥过程加速。水是极性分子，比坯体更快地被加热，然后被排出。微波干燥使干燥时间显著缩短（从 7min 到 30min 不等），而且能更有效地利用能量。

(7) 红外线干燥　红外源（燃气加热的放射管）放射的红外线加热物体很薄的一个表层，通过从外到内的热源传导加速能源利用。仅用于形状简单的半干压砖坯，如用于卫生陶瓷之类不规则形状的坯体，易造成坯体开裂。

(8) 超快干燥　第一种方法是利用"间歇"热空气而不是持续的热气流，第二种方法是利用微波或红外线放射，加速干燥周期，产生超快干燥。

(9) 喷雾干燥　大型喷雾干燥塔的单位电耗省，国外最大为 20000 型。国内的喷雾干燥塔从 1000～3200 型发展到 6000～7000 型，大型喷雾干燥塔的单位电耗较省，如 6000 型喷雾干燥塔比 3200 型单位电耗节省 10%左右。提高喷雾干燥塔泥浆的浓度（加入高效的减水剂来实现）可显著降低喷雾干燥热耗，如将喷雾干燥泥浆的浓度从 60%提高到 65%，可节省单位热耗 21%，如浓度从 60%提高到 68%，则可节省能耗 33%。

在最常用的湿法制粉工艺中：喷雾干燥制粉热耗为 1.34～2.01MJ/kg 粉，折算到成品约为 1.42～2.13MJ/kg 成品；坯体干燥热耗为 0.42～0.63MJ/kg 坯，折算到成品约为 0.44～0.67MJ/kg 成品（也有干燥热源全用生产余热的）；烧成热耗为 1.67～5.85MJ/kg 成品（一次烧成至多次烧成）。

在一次烧成炻质地砖，坯体干燥全用辊道窑余热时，喷雾干燥制粉的燃耗可占到生产总燃耗的 40%～50%，由此表现出干法制粉的节能意义。在采用干法制粉时（采用过湿干燥工艺，以提高成粒性能）如不计球黏土预干燥耗热，干法制粉的热耗仅为 0.376MJ/kg 粉，折合约 0.397MJ/kg 成品，节能显著。

(10) 卫生陶瓷干燥器　20 世纪 80 年代国产的三通道卫生陶瓷隧道干燥室（用于隧道窑余热）干燥周期 24h，单位热耗为 15466kJ/kg 水。20 世纪 90 年代，引进的带旋转风机的卫生陶瓷坯体干燥室干燥周期 12～16h，单位热耗 5726.6～7733kJ/kg 水。国内开发的干燥介质可调自控室式干燥器的单位热耗与此相近。

国内开发的新型干燥器——少空气室式快速干燥器，可用于卫生陶瓷、电瓷、日用陶瓷、石膏模、耐火材料等的干燥。用于卫生陶瓷坯体时，干燥周期 5～5.5h，单位能耗仅为 3344～5016kJ/kg 水，现正在推广中。

卫生陶瓷坯体在敞开式（带空气调节）车间中干燥需要消耗 14MJ/kg 水，相当于约 2.9MJ/kg 坯或 3.07MJ/kg 成品的热耗；在室式干燥器中干燥，卫生陶瓷坯体一般需 8.3MJ/kg 水或 1.73MJ/kg 坯、1.83MJ/kg 成品热耗；在带旋转风机的先进的室式干燥器中，只需 5.7MJ/kg 水的热耗；在隧道式干燥器中，视干燥器的先进程度热耗为 3.97～

8.36MJ/kg 水。在国内已开发的先进的少空气室式干燥器中，干燥热耗仅需 3.34～5.06MJ/kg 水。

（11）微波干燥器  在众多陶瓷干燥技术中，微波干燥技术日益受到关注。在微波干燥器中微波可以穿透至物料内部，使内外同时受热，蒸发时间比常规加热大大缩短，可以最大限度地加快干燥速率，极大地提高生产效率。由此节约了大量的能源消耗，且微波能源利用率高，运行成本比传统干燥低。如应用于多孔蜂窝陶瓷干燥的连续式干燥窑，应用于日用陶瓷烘干石膏模的连续式干燥窑以及应用于墙地砖釉面干燥的连续式烘干窑等。

### 1.3.5  陶瓷干燥技术的研究方向

根据所要干燥陶瓷的特点和工艺需要，围绕大型化、高效化、智能化趋势，嫁接现代机电技术、信息技术、自动化技术，研制、开发、推广新设备，提高设备技术水平和稳定可靠性，促进产业结构调整和优化升级，淘汰落后工艺设备。这是陶瓷干燥竞争发展的必然，也是更有效地利用资源、能源，提高产品效益。

利用相关学科如计算机、材料、机械等新成果，积极推动陶瓷干燥过程进行新技术、新能源、新工艺、新设备的研究工作，加深对模型、模拟领域的研究如微观孔级模型的建立、多相流模型、CFD 模拟、ANSYS 模拟、激光检测技术等。

在基础学科研究成果的推动下，进行干燥机理、干燥动力学、干燥模型、干燥传递过程机理的基础研究，以改善干燥过程理论滞后于应用的现状；并建立起一整套干燥信息库，避免重复性研究，有利于节约有限的资源和新技术、新设备的研发。与此同时，在追求干燥过程的整体效益最大化前提下，进行复合干燥条件、组合干燥器及自动控制操作等方面的研究。

积极寻求新型干燥技术、设备的研究，力图在陶瓷干燥领域进行干燥技术革命的同时，着重满足工程中已出现的新材料干燥要求，如纳米材料、生物技术材料等，开发专门的干燥工艺及设备。

### 1.3.6  陶瓷干燥技术的可持续性

中国是陶瓷生产大国，多年来建筑卫生陶瓷、日用陶瓷产量稳居世界第一。虽然中国陶瓷产量在世界上遥遥领先，但总体上存在产品档次低、能耗高、资源消耗大、综合利用率低、生产效率低等问题。陶瓷工业所消耗的能源，大部分用于烧成和干燥工序，两者的能耗约占 80％以上。据报道，陶瓷工业的能耗中约有 61％用于烧成工序，干燥工序能耗约占 20％。从中可以看出，干燥也是高能耗工序。为促进陶瓷工业稳定与可持续发展，减少干燥所消耗的能源，除了研究开发新型干燥设备外，还应积极开发与利用新能源，并使之呈现出多元化与广谱化的局面，如太阳能、潮汐能、风能和水能等的开发利用。

## 参 考 文 献

[1]  张煜. 古龙酸脉冲气流干燥器的设计与应用 [D]. 辽宁：东北大学硕士毕业论文，2006.
[2]  张勇. 旋转闪蒸干燥机工艺参数与温度自动控制研究 [D]. 辽宁：东北工学院硕士毕业论文，1995.
[3]  胡瑾. 气流、旋风干燥器的数学模型研究 [D]. 上海：华东理工大学硕士毕业论文，2005.
[4]  徐成海，邹惠芬，张世伟. 真空冷冻干燥技术的现状和发展趋势 [J]. 真空与低温，2000，6（2）：71-74.
[5]  ［德］厄特延 G W，黑斯利 P 著. 冷冻干燥 [M]. 徐成海，彭润玲，刘军等译. 北京：化学工业出版社，2005：34.
[6]  程江，涂伟萍，杨卓如. 粉体真空冷冻干燥制备技术的应用与进展 [J]. 真空，2001，（2）：21-24.

[7] 奕伟玲，高镰，郭景坤. 纳米粉体干燥方法的研究 [J]. 无机材料学报，1997，12 (6)：835-839.

[8] 田明原，施尔畏，郭景坤等. 纳米陶瓷与纳米陶瓷粉末 [J]. 无机材料学报，1998，13 (2)：129-137.

[9] 宋桂明，周玉，白后善. 纳米陶瓷粉体的制备技术及产业化 [J]. 矿冶，2001，10 (2)：55-60.

[10] 田春霞. 纳米粉末制备方法综述 [J]. 粉末冶金工业，2001，11 (5)：19-24.

[11] 刘军. 真空冷冻干燥法制备无机功能纳米粉体的研究 [D]. 辽宁：东北大学博士毕业论文，2006.

[12] Schnettler F J, Monforte F R, Rhodes WW. A cryochemical method for preparing ceramic materials [J]. Sci. Ceram., 1968, 4：79.

[13] 徐成海，刘军，王德喜. 发展中的真空冷冻干燥技术 [J]. 真空，2003，(5)：1-7.

[14] Gelles S H, Roehrig F K. Freeze-drying metals and ceramics [J]. Journal of Metals, 1972, 6：23-24.

[15] Fabio F Machado, Eric J Fodran. Preparation of zinc oxide nanopowder by freeze-drying [J]. Journal of Metastable and Nanocrystalline Materials, 2001, 4：71-76.

[16] Chuei Tang Wang, Lang-Sheng Lin, Sheng-Jen Yang. Preparation of MgAl$_2$O$_4$ spinet powders via freeze-drying of alkoxide precursors [J]. J. Am. Ceram. Soc., 1992, 75 (8)：2240-2243.

[17] 陈祖耀，钱逸泰，万岩坚等. 低温冷冻干燥超微粉制备陶瓷超导材料 [J]. 低温物理学报，1988，3：8-11.

[18] Mancic L, Marinkovic Z, Milosevic O. Synthesiso f Bi-baseds upper conducting powders through the freeze drying [J]. Materials Chemistry and Physics, 2001, 67：288-290.

[19] 杨卓如，程江，涂伟萍等. 冷冻干燥制备超细磁粉实验研究 [J]. 化学工程，1999，(3)：19-20.

[20] 李革胜. 静态冷冻干燥技术制备 TiO$_2$ 微粒子 [D]. 沈阳：中国科学院金属研究所学位论文，1994：2.

[21] Wenming Zeng, Adriano A Rabelo, Roberto Tomasi. Synthesis of Al$_2$O$_3$ nanopowder by sol-freeze drying method [J]. Key Engineering Materials, 2001, 1 (89)：16-20.

[22] 赵惠忠，葛山，张鑫等. Sol-Gel 冷冻干燥法制备纳米莫来石 [J]. 无机材料学报，2004，(19)：471-476.

[23] 连进军，李先国，冯丽娟. 溶胶-凝胶-冷冻干燥技术制备纳米二氧化锡及其表征 [J]. 化学世界，2004，(4)：171-174.

[24] 薛军民，李承恩，赵梅瑜. 柠檬酸盐溶液冷冻干燥法制备 Ba$_2$Ti$_9$O$_{20}$ 粉体 [J]. 功能材料，1997，28 (2)：161-164.

[25] Akbas M A, Lee W E. Synthesis and sintering of PLZT powder made by freeze/alcohol drying or gelation of citrate solutions [J]. Journal of the European Ceramic Society, 1995, 15：5763.

[26] 刘继富，吴厚政，谈家琪. 冷冻干燥法制备 MgO-ZrO$_2$ 超细粉末 [J]. 硅酸盐学报，1996，(2)：105-108.

[27] Nagai M, Nishino T. Alumina ceramics fabricated by the spray-froze/freeze-drying method [J]. International Institute of Refiigeration, 1985, 6：186-190.

[28] Torikai N, Mejuro T, Nakayama H. Preparation of fine particles of spineltype Mn-Co-Ni oxides by freeze-drying, alumina ceramics fabricated by the spray-froze/freeze-drying method [J]. International Institute of Refrigeration, 1985, 6：177-183.

[29] Nikolic N, Mancic L, Marinkovic Z. Preparation of fine oxide ceramic powders by freeze drying [J]. Arm. Chim., 2001, 26：35-41.

[30] Milnes S J, Mostaghaci H. The influence of different drying conditions on powder properties and processing characteristics [J]. Mater. Sci. Eng., 1990, 130：263-271.

[31] Ito T, Kimura Y, Hiraki A. High-quality yttrium barium copper oxide ceramics prepared from freeze-dried nitrates [J]. Appl. Phys., 1991, 30：1253-1255.

[32] Kondou S, Kakojawo K, Sasaki Y. Synthesis if Pb (Zr$_x$Ti$_{1-x}$) O$_3$ by freeze drying method [J]. Nippon Kagaku Kaishi, 1990, 7：753-758.

[33] Sofie S, Dogan F. Cennic shape forming by freeze-drying of aqueous and non-aqueouss lurries [J]. Ceram. Trans., 2000, 10 (8)：235-243.

[34] 崔政伟. 微波真空干燥的数学模拟及其在食品加工中的应用 [D]. 江苏：江南大学硕士毕业论文，2004.

[35] 杜春林. 织物真空微波干燥的实验研究 [D]. 辽宁：东北大学硕士毕业论文，2006.

[36] Suhm J. Rapid wave microwave technology for drying sensitive products [J]. Am. Ceram. Soc. Bull., 2000, (5)：69-71.

[37] 郭学峰. 纳米级 Fe-P-O（FePO$_4$）催化剂的制备与表征 [J]. 燃料化学学报, 2000, (5)：385-387.

[38] 胡建人. 微波快速烘干硅胶的生产工艺研究 [J]. 包装工程, 1999, 20 (1)：14-17.

[39] 赵庆玲. 微波能在煤炭加工中的应用前景 [J]. 煤炭转化, 1993, 16 (4)：35-39.

[40] 马国远. 热泵微波联合干燥系统研究 [J]. 化学工程, 2000, 28 (2)：27-30.

[41] 金钦汉等. 微波化学 [M]. 北京：科学出版社, 1999：1-3.

[42] 王进华. 聚四氟乙烯分散树脂的微波干燥研究 [D]. 浙江：浙江大学硕士毕业论文, 2006.

[43] 王喜鹏. 微波真空干燥过程的特性及应用研究 [D]. 辽宁：东北大学硕士毕业论文, 2006.

[44] 王喜忠, 阎红. 中国干燥技术及设备的发展概况 [J]. 化工设备与防腐蚀, 2001, (4)：15-18.

[45] 刘相臣. 国内外干燥设备的现状与发展趋势 [J]. 化工装备技术, 2000, 21 (6)：13-14.

[46] 阎红, 王维. 干燥设备的最新进展 [J]. 化工装备技术, 1999, 20 (6)：13-17.

[47] 刘广文. 国外干燥技术及设备最新进展 [J]. 天津化工, 1993, (1)：3-6.

[48] 邹盛欧. 国外新型干燥设备及其技术 [J]. 沈阳化工, 1993, (2)：31-37.

[49] 孟巍, 孟祥春. 气流式旋转闪蒸干燥器 [J]. 化工装备技术, 1998, 19 (3)：37-39.

[50] Satija S, Zucker I L. Drying Technology, 1996, 4 (1)：19.

[51] Bryan J Ennis. Powder Technology, 1991, 65：257-272.

[52] 黄为民. 化工设备和系统的设计优化 [M]. 北京：高等教育出版社, 1998.

[53] 童景山. 流化床干燥工艺与设备 [M]. 北京：科学出版社, 1996.

[54] 邹龙贵. 喷雾干燥制粒技术与设备 [J]. 制药机械, 1998, (7)：1-4.

[55] 卓震, 黄宇新. 高速混合制粒机理与流场研究 [J]. 化工装备技术, 1995, 16 (5)：1-4.

[56] 王喜忠. 传统厢式干燥器的改造 [J]. 化工装备技术, 1989, 10 (1)：20.

[57] 王志坚. 旋转闪蒸干燥技术及其应用 [J]. 辽宁化工, 1996, (2)：51-53.

[58] 樊丽华, 董伟志. 扩散理论与盘式连续干燥器 [J]. 河北工业大学学报, 1996, (25)：29.

[59] 李文曲, 叶京生. 喷动床干燥工艺综述 [J]. 医药工程设计杂志, 2001, 22 (5)：45.

[60] 姜昭芬. 高效节能的干燥机——管束干燥机 [J]. 中国油脂, 2001, 26 (1)：60-61.

[61] 杨洲, 段洁利. 微波干燥及其发展 [J]. 粮油加工与食品机械, 2000, (3)：5-8.

[62] 张新毅. 冷冻干燥技术在食品工业上的应用 [J]. 中外食品, 2002, (9)：59.

[63] 热风穿透干燥（TAD）技术面临的挑战和机遇 [J]. 生活用纸, 2003, (6)：47-49.

[64] 冯能莲, 王德义, 胡又新. 气流换向干燥设备设计 [J]. 包装与食品机械, 2002, (1)：13.

# 第2章 干燥的基础理论

干燥的目的是为了使物料便于运输、加工处理、储存和使用。陶瓷工业中的干燥通常指陶瓷粉料的干燥和坯体的干燥。干燥是将热量加于湿物料并排除挥发性湿分，而获得一定湿含量固体产物的过程。其湿分为水，干燥介质一般采用空气或烟气。干燥过程原理主要指湿物料和干燥介质在热干燥中所表现的热力学、物理特性及其变化规律；湿物料内部以及与干燥介质间的传热和传质机理；干燥过程动力学原理；干燥器的设计与计算。湿物料在热力干燥时通常会相继经历以下两个主要阶段：①恒速干燥过程；②降速干燥过程。

干燥的基础理论研究的是干燥体系以及它们所遵循的规律；干燥过程中含湿物质内部及外部的湿分与热量传递机理以及它们的规律；干燥器内部干燥物料与干燥介质的流体动力学特性等问题。

## 2.1 湿空气的性质

干燥中经常用加热的空气作为干燥介质。干燥过程的进行和空气的性质有很大的关系。而这种空气是干气体和水蒸气的混合物，称为湿空气。在干燥过程中，湿空气首先经过预热，然后进入干燥器中与湿物料进行热量和质量的交换，湿物料中的水分蒸发而进入湿空气中。

在干燥过程的设计计算中，通常把温室气体看成干气体与湿分蒸汽的二元混合物，并且服从理想气体定律。

### 2.1.1 湿空气的主要性质

(1) 相对湿度 $\Phi$　液体与热气体接触时，液体就要逐渐汽化到干气体中去。湿气体中液体的蒸汽分压越大，表示湿气体中蒸汽的含量就越高。随着干燥过程的进行，湿分不断地从湿物料进入干气体中。气体中所含的湿分就越来越多，其分压就相应越来越大。湿气体中蒸汽分压的最大值应该等于液体在同温度下饱和蒸汽压。干气体与饱和蒸汽混合物称为饱和湿气体。液体的饱和蒸汽压为干空气能够溶解的液体蒸汽的量。在干燥过程中，只有干燥介质的液体蒸汽没有达到饱和状态的时候才可以溶解更多的液体蒸汽。相对湿度用来表示液体蒸汽压偏离饱和的程度。相对湿度反映了干燥介质溶解更多液体蒸汽的能力。相对湿度越低，则能吸收液体蒸汽的能力就越大。

在一定总压下，湿空气中水汽的分压 $p_i$ 与同温度下水的饱和蒸汽压 $p_s$ 之比，称为湿空气的相对湿度，用 $\Phi$ 表示。

$$\Phi = \frac{p_i}{p_s} \tag{2-1}$$

式中　$p_i$——水汽的分压，Pa；

　　　$p_s$——水的饱和蒸汽压，Pa。

对于绝干气体，$\Phi$ 等于 0，而对于饱和湿气体，$\Phi=1$，这种情况下不可用于干燥。当湿气体的温度处于总压下液体的沸点时，饱和蒸汽压就等于总压，干气体的分压将等于 0。

（2）湿含量 $x$　湿含量 $x$ 指的是湿空气中水汽的质量与相应的绝干空气质量之比。

$$x=\frac{nM_H}{n_gM_g}=\frac{p_iM_H}{p_gM_g}=\frac{p_iM_H}{(p-p_i)M_g} \tag{2-2}$$

式中　$n$、$n_g$——液体蒸汽和绝干气体的分子数；

　　$M_H$、$M_g$——液体蒸汽和绝干气体的分子量；

　　$p_i$、$p_g$——液体蒸汽和绝干气体的分压，Pa；

　　　　$p$——湿气体的总压，Pa。

因为 $p_i=\Phi p_s$，所以：

$$x=\frac{M_H}{M_g}\times\frac{\Phi p_s}{p-\Phi p_s}$$

对于空气-水汽系统，$M_H=18$，$M_g=29$。

$$x=0.622\frac{\Phi p_s}{p-\Phi p_s} \tag{2-3}$$

在一定的总压和温度下，式(2-3)表明湿含量的数值随温度和相对湿度而改变。

相对湿度是湿空气中含水分的相对值，表示湿空气中水分偏离饱和的程度，用来表示吸收水分的能力。湿含量则是单位绝干空气含有的水汽量。

（3）热含量 $I$　含有1kg绝干气体的湿气体所具有的热含量称为湿气体的干基热含量。热含量等于干空气的热含量与水蒸气的热含量之和。以1kg的绝干气体为基准，湿气体的重量为 $1+x$kg。

则湿空气的热含量为：

$$I=C_gt+xi \tag{2-4}$$

而　　　　　　　　　　　　　$i=\gamma_0+C_vt$

故　　　　　　　　　$I=(C_g+C_vx)+\gamma_0x \tag{2-5}$

式中　$C_g$——干气体的比热容，kJ/(kg·K)；

　　$C_v$——湿分蒸汽的比热容，kJ/(kg·K)；

　　　$t$——湿气体的温度，℃；

　　　$i$——在 $t$ 时，湿分蒸汽的热含量，kJ/kg；

　　$\gamma_0$——在 $t$ 时，湿分蒸汽的汽化潜热，kJ/kg。

（4）比热容 $C_H$　常压下，把单位质量干空气和所带水蒸气升高（降低）1℃所吸收（放出）的能量称为比热容。

$$C_H=C_g+C_vx \tag{2-6}$$

式中　$C_H$——湿空气的比热容，kJ/(kg·K)。

$C_g=1.005$kJ/(kg·K)，$C_v=1.926$kJ/(kg·K)。

所以　　　　　　　　　$C_H=1.005+1.926x \tag{2-7}$

其数值只与湿含量 $x$ 有关。

（5）露点 $t_d$　饱和状态到达以前，将湿气体冷却时，其湿含量 $x$ 不变化，总压恒定时湿分蒸汽的分压 $p_i$ 也不变。随着温度的继续下降，湿分蒸汽的分压 $p_i$ 与饱和蒸汽相等时，此时湿分蒸汽达到饱和状态，湿分蒸汽将立即析出。

在总压及湿含量保持不变的情况下，将不饱和空气冷却至饱和状态即有水珠滴出，这时的温度，称为该空气的露点（$t_d$）。

当温度降到露点时，它的相对湿度 $\Phi=100\%$，这时有：

$$x=0.622\frac{p_s}{p-p_s}\tag{2-8}$$

也即是

$$p_s=\frac{xp}{0.622-x}$$

上式可知 $p_s$ 跟 $x$ 有关，只要知道湿含量 $x$ 就可以算出 $p_s$，再在空气的饱和水蒸气表查到这种饱和蒸汽压下的温度。这个温度就是它的露点。

(6) 干球温度  在空气中用普通温度计测得的温度，称为干球温度，也就是空气的真实温度，用℃表示，在国际单位制中用 K 表示。它们的关系为：

$$T_g=t_g+273.15$$

式中  $t_g$——摄氏温度，℃；

　　　$T_g$——热力学温度，K。

(7) 湿球温度 $t_w$  将温度计的水银球用纱布包裹，纱布下端浸在水中，由于毛细管的作用，纱布总是被水润湿。这个湿度计称为湿球温度计，它测得的温度称为湿球温度（$t_w$）。

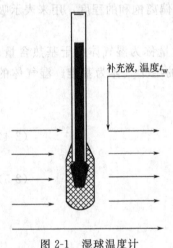

图 2-1  湿球温度计

当不饱和空气流过包裹在湿球温度计水银球外的湿纱布表面时，如图 2-1 所示。由于不饱和空气中水蒸气的分压要小于纱布表面上水蒸气分压，所以湿纱布表面水分就要汽化到空气中去，而水汽化需要吸收热量导致湿纱布处水温下降。当水温下降到低于空气干球温度时，热量将由空气传入到湿纱布。湿纱布从空气吸收一定的热量来维持水分的蒸发。当由空气传入湿纱布的传热速率，恰好等于从纱布表面汽化水分所需的传热速率时，湿纱布中水温即保持稳定，此时达到平衡状态，相当于恒速干燥阶段。这时水的温度就称为空气的湿球温度。湿球温度不是空气的真实温度，而只是表明空气状态的一个参数。对于饱和空气，湿球温度和干球温度是相同的。

(8) 绝热饱和温度 $t_{as}$  绝热饱和过程中，气、液两相最终达到的平衡温度称为绝热饱和温度。不饱和气体在与外界绝热的条件下和大量液体接触，若时间足够长，使传热传质趋于平衡，则最终气体被液体蒸汽所饱和，气体与液体温度相等，此过程称为绝热饱和过程。

如图 2-2 所示为绝热饱和器示意图。当与外界没有热交换时，假定有不饱和空气连续通入，同时喷洒大量水，水在空气中汽化，汽化所需要的潜热来自空气的显热，结果空气的温度下降，而湿度增加。在绝热过程中，空气的热含量不变，因为水汽化变成水蒸气而将所吸收的热量带回到空气中。随着水分的不断蒸发，空气被水汽所饱和时，水不再汽化，空气的温度不再下降，达到一个平衡状态。此时的温度称为该空气的绝热饱和温度，用 $t_{as}$ 表示。可以近似认为绝热饱和温度和湿球温度在数值上相等的。利用这个关系就可以沿绝热饱和线在 $I$-$x$ 图或 $t$-$x$ 图找到空气的湿球温度。

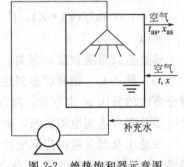

图 2-2  绝热饱和器示意图

在绝热条件下，空气放出的显热全部变为水分汽化的潜热返回气体中，对 1kg 干空气来说，水分汽化的量等于其湿度差，由于这些水分汽化时，除潜热外，还将温度为 $t_{as}$ 的显热也带至气体中。所以，绝热饱和过程终了时，气体的焓比原来增加了 $4.187t_{as}(x_{as}-x)$。但此值和气体的焓相比很小，可忽略不计，故绝热饱和过程又可当作等焓过程处理。

湿球温度和绝热饱和温度都不是湿气体本身的温度，但都和湿气体的温度 $t$ 和湿含量 $x$ 有关。对于空气和水的系统，两者在数值上近似相等。

$t_{as}$ 是由热平衡得出的，是空气的热力学性质；$t_w$ 则取决于气、液两相间的动力学因素——传递速率。$t_{as}$ 是大量水与空气接触，最终达到两相平衡时的温度，过程中气体的温度和湿度都是变化的；$t_w$ 是少量的水与大量的连续气流接触，传热传质达到稳态时的温度，过程中气体的温度和湿度是不变的。绝热饱和过程中，气、液间的传递推动力由大变小，最终趋近于零；测量湿球温度时，稳定后的气、液间的传递推动力不变。

对于不饱和空气，干球温度 $t$，湿球温度 $t_w$，露点 $t_d$，绝热饱和温度 $t_{as}$ 四者大小关系为干球温度最高，湿球温度次之，露点最低，绝热饱和温度等于湿球温度。

（9）湿比容 $V$　湿气体的湿比容是含有 1kg 绝干气体为基准的湿气体所具有的体积，其单位是 $m^3/kg$。湿气体的容积等于绝干气体的容积加上液体蒸汽的容积。

绝干气体的比容为：

$$V_g=\frac{1}{M_g}\Big(22.4\times\frac{101330}{p}\times\frac{273+t}{273}\Big) \tag{2-9}$$

液体蒸汽的比容如式(2-10) 所示：

$$V_H=\frac{1}{M_H}\Big(22.4\times\frac{101330}{p}\times\frac{273+t}{273}\Big) \tag{2-10}$$

以 1kg 绝干气体为基准时，设 $x$ 为湿气体的湿含量，湿气体的总质量为 $1+x$kg。所以湿气体的湿比容应为：

$$V=V_g+V_Hx=22.4\Big(\frac{1}{M_g}+\frac{x}{M_H}\Big)\Big(\frac{273+t}{273}\Big)\Big(\frac{101330}{p}\Big)$$

其中，$M_g=29$，$M_H=18$。则：

$$V_H=(0.772+1.244x)\Big(\frac{273+t}{273}\Big)\Big(\frac{101330}{p}\Big) \tag{2-11}$$

### 2.1.2　湿空气的湿度图及其应用

由上面所分析的各种参数及其方程可以看出，表示湿空气性质的各参数的关系，用数学式计算是比较烦琐的，如果将各参数如水汽分压、湿含量、相对湿度、温度及空气的热含量的关系绘制成图表，在一张图表中表示出来。那么使用起来就会方便得多，这种图表称为空气湿度图。图 2-3 为湿空气的湿度图，它是用热含量 $I$ 和湿含量 $x$ 作为基本坐标的，所以通常也称为湿空气的 $I$-$x$ 图。也可以用温度 $t$ 和湿含量 $x$ 作为基本坐标的，称为 $t$-$x$ 图。

图 2-3 是根据总压 $p=760$mmHg❶ 为基础来绘制的，为了使各种关系曲线分散开，采用两坐标轴交角为 135°的斜角坐标系。为了便于读取湿度数据，将横轴上湿含量 $x$ 的数值投影到与纵轴正交的辅助水平轴上。图中共有五种曲线，分别说明如下。

① 等湿含量线　等湿含量线或称等湿度线，即等 $x$ 线，它们是一系列平行于纵轴的直

---

❶　1mmHg=133.322Pa。

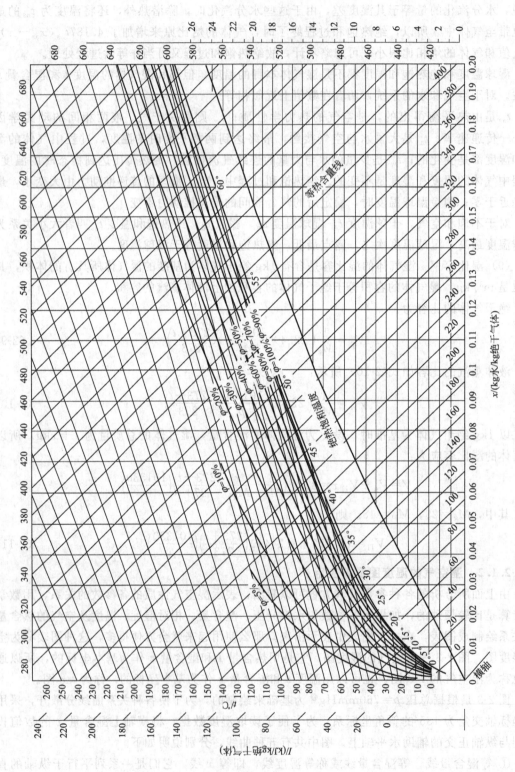

图 2-3 湿空气的 $I$-$x$ 图

线。在同一条等 $x$ 线上不同的点都具有相同的湿度值，其值在辅助水平轴上读出。

② 等热含量线　等热含量线，即等 $I$ 线，等热含量线是一组与斜轴平行的直线。在同一条等 $I$ 线上不同的点所代表的湿空气的状态不同，但都具有相同的焓值，其值可以在纵轴上读出。

③ 等温度线　等温度线，即等 $t$ 线。式(2-4)可改写为：

$$I=0.24t+(0.46t+595)x$$

上式中，如 $t$ 为定值，则 $I$ 和 $x$ 呈直线关系。因此在 $I$-$x$ 图中对应不同的 $t$，可作出许多条等 $t$ 线。各等温度线相互之间是不平行的。

④ 等相对湿度线　根据式(2-8)，有：

$$x=0.622\frac{p_s}{p-p_s}$$

可知当总压 $p$ 一定时，对于任意规定的 $\Phi$ 值，上式可简化为 $x$ 和 $p_s$ 的关系式，而 $p_s$ 又是温度的函数，因此对应一个温度 $t$，就可根据水蒸气表查到相应的 $p_s$ 值，计算出相应的湿含量 $x$，将上述各点 $(x, t)$ 连接起来，就构成等相对湿度线。

$\Phi=100\%$ 的等 $\Phi$ 线为饱和空气线，此时空气完全被水汽所饱和。饱和空气线以上（$\Phi<100\%$）为不饱和空气区域。当空气的湿含量 $x$ 为一定值时，其温度 $t$ 越高，则相对湿度 $\Phi$ 值就越低，其吸收水汽的能力就越强。故湿空气进入干燥器之前，必须先经预热以提高其温度 $t$。目的除了为提高湿空气的焓值，使其作为载热体外，也是为了降低其相对湿度而提高吸湿力。$\Phi=0$ 时的等 $\Phi$ 线为纵坐标轴。

⑤ 水汽分压线　压力与湿度的关系，有如式(2-12)所示关系：

$$p=\frac{p_x}{0.622+x} \tag{2-12}$$

当总压 $p$ 一定时，水汽分压随湿含量 $x$ 而变化，一般 $x$ 值远小于 0.622，所以 $p$ 与 $x$ 近似呈线性关系。

$I$-$x$ 图上这五种曲线可用来确定湿空气的状态或性质，并可以进行干燥器的物料衡算和热量衡算。

在陶瓷工业中常用烟道气作干燥介质，烟道气与空气的比热容差异很小，也可以采用图 2-3 进行衡算。

根据空气任意两个独立参数，可先在 $I$-$x$ 图上确定该空气的状态点，然后可以查出其他性质。干球温度、绝热饱和温度（湿球温度）及露点都是由等 $t$ 线确定的：露点是在湿空气湿度不变的条件下冷却至饱和时的温度，因此，通过等 $x$ 线与 $\Phi=100\%$ 的饱和空气线交点的等 $t$ 线所示的温度即为露点。对于水蒸气-空气系统，绝热饱和温度与湿球温度近似相等，因此通过空气状态点的等 $I$ 线与 $\Phi=100\%$ 的饱和空气线交点的等 $t$ 线所示的温度即为 $t_w$ 或 $t_{as}$；具体计算各组分比例时，可以使用杠杆规则。

## 2.2　湿物料的性质

湿物料通常是由各种类型的骨架和湿分构成的物料。不同的物料及物料与湿分的结合方式决定了干燥的工艺。

湿物料的种类繁多，按照它们干燥过程中的除水性质可以分为以下几种。

① 胶体物料。干燥过程中有明显的收缩，但不会失去弹性。除去水分后，物料尺寸变化很大（如凝胶、琼脂等）。

② 毛细多孔物料。经干燥过程后这类物质会轻微收缩，失去弹性，明显变脆，可轻易被碾碎（如沙、木炭等物质）。

③ 胶体毛细多孔材料。它们同时具有上述两种物料的性质，即干燥后它们会变脆但仍具有弹性，吸湿后膨胀（如绝大多数的植物组织、皮革等物质）。工业上需要进行干燥处理的湿物料大都属于此类。

还可以从物料内部湿分所处的状态，分为非收湿性物料、半收湿性物料和收湿性物料。非收湿性物料指的是不存在结合水的物料。半收湿性物料指的是那些具有较大孔道，尽管内部还是结合水分，所承受的蒸汽压低于纯水的蒸汽压。收湿性物料其孔道多为微孔，内为结合水。

### 2.2.1 物料的湿含量

湿含量 $x$ 是单位质量的绝干物料所含湿分的质量。湿含量是以绝干物料的质量作为基准的，如式(2-13)所示。

$$x = \frac{W}{G_d} = \frac{W}{G - W} \times 100\% \qquad (2\text{-}13)$$

式中，$W$、$G$、$G_d$ 分别为湿分、物料、绝干物料的质量。

另一种是以湿物料为计算基准，称为湿基水分或相对水分，以 $v$（%）表示：

$$v = \frac{W}{G} = \frac{W}{G_d + W} \times 100\% \qquad (2\text{-}14)$$

式中，$W$、$G$、$G_d$ 分别为湿分、物料、绝干物料的质量。

### 2.2.2 湿分与物料的结合方式

湿物料的性质主要取决于其中湿分与骨架的结合方式。评价湿分与物料结合方式的正确方法是测定结合能的数值，结合能可以通过计算湿物料除去 1mol 的湿分所消耗的能量得到。可以根据它们结合能的大小把它们分成几类。

物料与湿分的结合方式有表面水、非结合水和结合水。表面水是由于表面张力的作用，以液膜存在于物料表面的水分。非结合水一般指自由水，物料与水分接触时，物料吸收的水分就属于自由水。是为了使泥料易于成型而加入的水，它分布在固体颗粒之间，自由水与物料结合松弛，因此，很容易排除。干燥工艺就是要排除自由水，而且在自由水的排除过程中坯体体积发生收缩，甚至产生干燥缺陷，因此在干燥过程中要特别注意。结合水所承受的蒸汽压低于同温度下纯水的蒸汽压，跟物料结合能比较大，包括化学结合水、吸附结合水和毛细管结合水。

（1）化学结合水　包括离子结合和结晶水。从化学结合能来看，湿分与物料间的离子或分子结合能为 5000J/mol。一般的干燥过程中很难除去化学结合水，只有通过化学反应或高温煅烧的情况下才能除去。

（2）吸附结合水　其结合能约为 3000J/mol。通过物理吸附或化学吸附在物料内部。通过加热后变成蒸汽可将之除去。

（3）毛细管结合水　毛细管中的水分属于此类，是由于表面张力的作用。根据毛细管吸附水的 Kelvin 定律得出排除此类湿分的能量约为 100J/mol，比较容易除去。

陶瓷坯体干燥中自由水占有很大的比例，也是干燥时最容易除去的水分。

### 2.2.3  湿物料的吸湿平衡

绝干物料位于空气中，绝干物料表面的蒸汽压为 0，空气中的水分在物料表面凝结，物料的湿度会不断增大。这个过程称为吸湿。达到平衡后，此物料的湿含量即为该湿度下的平衡湿含量。吸湿要一直进行到它的湿含量等于它的平衡湿含量。平衡湿含量是个界限值，大于此值的水分可以在干燥过程中除去，而少于此值则不能被除去。在恒定的温度下，对平衡湿含量与湿度作图可以得到吸附曲线。如果从平衡状态开始不断降低湿度，则物料的平衡湿含量不断降低。对此湿含量与湿度作图可以得到解吸曲线。对于胶体来说，吸附曲线与解吸曲线并不重

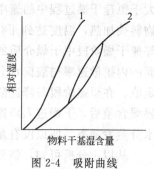

图 2-4  吸附曲线
1—毛细管多孔物体；2—胶体

合，存在一定的滞后效应。滞后现象受到物质结构、表面张力、湿分扩散等因素的影响，使得解吸过程中的湿含量稍大于吸附过程的湿含量。吸附曲线如图 2-4 所示。

## 2.3  干燥速率

干燥过程的动力学特性可以用待干燥物料的平均湿含量-干燥时间以及平均温度-干燥时间的曲线图来表示。一般的干燥过程主要可以分为恒速干燥阶段和降速干燥阶段。两个阶段的分界点称为临界点，此时物料的湿含量称为临界湿含量。

在等速干燥阶段，能量从周围环境传递至物料表面使其表面湿分蒸发。液体蒸汽以近似不变的速率从物料表面排除，物料温度则维持在湿球温度左右。此过程的干燥速率可以由水蒸气通过环绕气膜的扩散速率来确定。此过程也称为外部条件控制过程。

在降速干燥阶段，物料表面的水分不足以维持表面蒸发，多余的热量会通过热传导至物料内部，使物料内部温度上升，并在其内部形成温度梯度；而湿分则由内部向表面迁移至物料表面后被不饱和的干燥介质带走，此时的干燥速率会低于恒速干燥阶段的干燥速率。降速干燥阶段又可以分为两个小阶段。第一个阶段中，坯体内毛细管中水分蒸发；第二个阶段，坯体的一切毛细管内水分蒸发完毕，此时坯体内部开始蒸发水分，坯体的温度将逐渐升高。此时的坯体水分与周围空气介质之间达到平衡态。一直进行到坯体干燥到表面水分达到平衡水分时，表面干燥速率降为零。因为表面蒸发与吸湿达到动态平衡，平衡水分的多少取决于坯体的性质以及周围介质的温度和湿度。这时坯体的水分称为干燥最终水分。

### 2.3.1  干燥曲线

在陶瓷坯体的干燥过程中，一般会先经历一个升速干燥阶段，然后是等速干燥阶段和降

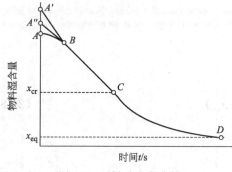

图 2-5  干燥动力学曲线

速干燥阶段。图 2-5 中，*AB* 段为初始的升速阶段，*BC* 段为等速阶段，*CD* 段为降速阶段。*AB* 段也称为加热阶段，坯体表面被加热升温，水分不断蒸发，直到表面温度达到干燥介质的湿球温度，坯体吸收的热量与蒸发水分所消耗的热量达成动态平衡。*AB* 段斜率较小，这是因为干燥初期物料的温度低于空气湿球温度，物料所吸收的部分热量用来加热使物料升温。但是如果物料一开始的温度就高于空气湿球温度，则蒸发速率将

大于恒速干燥过程中的速率，此过程为 $A'B$。对于大多数干燥过程来讲，这个过程较短。当物料被加热，温度达到干燥条件下的空气湿球温度时，此时达到等速干燥阶段（$BC$ 段）。等速干燥阶段中干燥介质的条件如温度、湿度、速率等恒定不变，水分由坯体内部迁移到表面的内扩散速率与表面水分蒸发扩散到介质中的外扩散速率相等。$BC$ 段斜率变大，为一恒定值。在恒速阶段与降速阶段的临界点 $C$，物料的平均湿含量 $x_{cr}$ 称为临界湿含量。达到临界湿含量后，干燥进入降速干燥阶段（$CD$ 段）。由于此时内部水分向表面的迁移速率低于水分蒸发速率，所以没有足够的水分可供蒸发，因而多余的热量导致物料温度的上升。

从以上分析可知，临界湿含量 $x_{cr}$ 具有重要的意义。临界湿含量 $x_{cr}$ 过大，物料便会过早地进入降速阶段的干燥。使得降速阶段的干燥时间延长。临界湿含量是与物料的性质、厚度、干燥速率有关的量。一般无孔的物料 $x_{cr}$ 比多孔物料的要大，越厚的物料，$x_{cr}$ 值也越大。了解物料的湿含量有利于干燥过程的控制。一般陶瓷原料及坯体的临界湿含量为10%～30%（干基）。

定义干燥强度 $N$ 为单位时间湿度的变化量，可以表达为式(2-15)。

$$N = -\frac{dx}{dt} \tag{2-15}$$

而干燥速率，即单位时间通过单位干燥表面积的水分质量为：

$$\omega_D = -\frac{G_d}{A} \times \frac{dx}{dt} = \frac{G_d}{A}N \tag{2-16}$$

式中　$A$——物料的蒸发表面积；

　　　　$G_d$——绝干固体的质量；

　　　　$x$——物料的平均湿含量；

　　　　$t$——时间。

### 2.3.2　干燥时间计算

从干燥曲线和干燥速率曲线可以看出，干燥过程大体上可以分为两个阶段。物料的干燥时间也就是湿含量从初始湿含量 $x_1$ 到最终湿含量 $x_2$ 变化所需要的时间。

(1) 等速阶段干燥速率的计算　在等速阶段，干燥速率为常量。在此阶段，湿物料的表面温度等于空气的湿球温度 $t_w$，物料表面的水的蒸汽压等于 $t_w$ 下水的饱和蒸汽压。湿球温度下的饱和蒸汽压与空气的实际蒸汽压的差值构成干燥的驱动力。湿物料的内部水分的传递速率与湿物料表面水分的汽化速率达到平衡，湿物料表面能够保持润湿状态。所以湿球温度下的饱和蒸汽压与空气的实际蒸汽压的差值能够保持一个恒定的值。

其干燥速率可以表示为：

$$\omega_{DI} = k_H(x_w - x) \tag{2-17}$$

式中　$k_H$——以湿度差为迁移动力的传质系数；

　　　　$x_w$——湿球温度下的饱和蒸汽压；

　　　　$x$——空气的实际蒸汽压。

则干燥速率为：

$$t_I = \frac{G_d}{A\omega_{DI}}(x_1 - x_{cr}) \tag{2-18}$$

式中　$x_1$——初始物料含量；

　　　　$x_{cr}$——临界物料湿含量；

　　　　$\omega_{DI}$——干燥速率。

（2）降速阶段干燥速率的计算　湿含量从初始湿含量 $x_1$ 到最终湿含量 $x_2$ 变化所需要的时间可以表示为：

$$\int_0^t \mathrm{d}t = -\frac{G_\mathrm{d}}{A}\int_{x_1}^{x_2}\frac{1}{\omega_\mathrm{DII}}\mathrm{d}x \qquad (2\text{-}19)$$

对于降速阶段，其干燥速率逐渐下降，其变化规律无法确定。干燥速率与湿含量之间的函数关系不确定，无法通过式（2-19）来求取降速阶段干燥时间。通常都是通过下述两种近似的方法来确定降速阶段的干燥时间。

① 图形积分法。把 $1/\omega_\mathrm{DII}$ 和对应的 $x$ 绘图，得出 $1/\omega_\mathrm{DII}$-$x$ 的曲线，测量出曲线从 $x_\mathrm{cr}$ 到 $x_2$ 的积分面积 $\Delta S$。$\omega_\mathrm{DII}$ 为降速阶段干燥速率，则降速阶段干燥时间为：

$$t_\mathrm{II} = \frac{G_\mathrm{d}}{A}\int_{x_2}^{x_\mathrm{cr}}\frac{1}{\omega_\mathrm{DII}}\mathrm{d}x = \frac{G_\mathrm{d}}{A}\Delta S \qquad (2\text{-}20)$$

② 线性法。将降速阶段较复杂的干燥曲线简化为直线。因此，对于这类情况，可由试验数据得出 $\omega_\mathrm{DII}$ 与湿度的关系。

$$\omega_\mathrm{DII} = ax + b$$

代入式（2-19）中积分后可得：

$$t_\mathrm{II} = \frac{G_\mathrm{d}}{A}\int_{x_2}^{x_\mathrm{cr}}\frac{1}{ax+b}\mathrm{d}x = \frac{G_\mathrm{d}}{A}\ln\frac{ax_\mathrm{cr}+b}{ax_2+b} \qquad (2\text{-}21)$$

## 2.4　干燥过程分析

### 2.4.1　干燥阶段

陶瓷坯体中含有各种水分，而干燥过程主要是指除去坯体内部的自由水的过程。干燥过程包括四个阶段。干燥过程曲线如图 2-6 所示。

（1）升速阶段（$O \rightarrow A$）　这一阶段也称为加热阶段，坯体表面被加热升温，水分不断蒸发，直到表面温度达到干燥介质的湿球温度，坯体所吸收的热量等于水分蒸发所需要的热量，达到平衡，表面温度不再上升，此后进入等速干燥阶段。这个过程比较短，排出的湿分不多。

（2）等速干燥阶段（$A \rightarrow B$）　在这个阶段中，能量从干燥介质传递至物料表面，使其表面温度

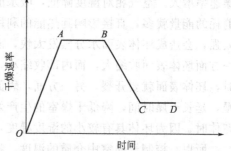

图 2-6　干燥过程曲线

上升到一定温度，表面湿分蒸发。湿分蒸汽以相同的速率从物料表面排除，物料温度维持在湿球温度左右。此过程的干燥速率主要取决于干燥介质的温度、湿度、流速、表面积以及压力等外部条件。干燥速率可以由水蒸气通过环绕气膜的扩散速率来确定。此过程也被称为外部条件控制过程。

（3）降速干燥阶段（$B \rightarrow C$）　当干燥进行到一定阶段后，物料的湿含量达到临界湿含量，物料表面不再有充足的水分供表面蒸发。多余的热量会通过热传导至物料内部，使物料温度上升，并在其内部形成温度梯度。而湿分则由内部向表面迁移至物料表面后被不饱和的干燥介质带走，此时的干燥速率会低于恒速干燥阶段的干燥速率。湿物料内部的热量和质量的传递速率主要取决于物料性质以及自身的温度和湿含量等因素。此过程又称为内部条件控

制过程。

(4) 平衡阶段（$C \rightarrow D$）　降速阶段一直进行到坯体干燥到表面水分达到平衡水分时，表面干燥速率降为零。此时为平衡阶段。因为表面蒸发与吸湿达到动态平衡，平衡水分的多少取决于坯体的性质以及周围介质的温度和湿度。这时坯体中的水分称为干燥最终水分。

### 2.4.2　干燥制度的确定

干燥制度是根据陶瓷坯体的品质要求来确定干燥方法，干燥过程中各阶段的干燥速率，及影响干燥速率的因素（干燥介质的类别、温度、湿度、流量及流速）。干燥制度包括温度制度、湿度制度、干燥介质的流量和流速等。干燥制度调整的目的在于低的废品率，少的干燥时间，少的能源消耗，高的生产效率。确定合理的干燥参数，才能保证合理的干燥制度和良好的干燥质量。影响陶瓷制品表面水分蒸发速率的因素很多，如空气的温度以及水分的温度、空气的湿度、空气的流速等。它们之间的关系是空气的温度越高，通风越快，湿度越低，水分的温度越高，则表面水分的蒸发也就越多；反之则蒸发就少；空气的湿度越高，虽然温度较高，它们蒸发越慢；反之空气的湿度越低，则蒸发速率越快；空气的流速越快，蒸发速率也越快；反之则越慢。

(1) 调整干燥介质温度　干燥介质的温度直接影响干燥速率的快慢。但是温度并不是越高越好。要充分考虑到坯体所能承受的温度和干燥速率以及干燥介质热能的充分利用。各种物料都有一个允许的最高温度，这个温度通常称为干燥的极限温度。陶瓷坯体的导热性差，干燥中容易产生温度梯度，导致干燥收缩不一致，最终产生变形开裂等废品。对于一些形状复杂或薄壁件，如卫生洁具，干燥速率不宜过快。而对于墙地砖，可以提高干燥介质的温度，缩短干燥时间。干燥介质温度的高低对干燥速率有直接影响，同时与产品质量又有很大关系。从提高干燥速率考虑，温度越高，水分在物料内部迁移速率加大，同时空气的饱和蒸汽压增大，则空气饱和蒸汽压与空气的实际蒸汽压之间的差值增大，干燥的驱动力增大，干燥速率增大。空气相对湿度降低，吸水能力可以提高。这对干燥是有利的。但是温度高，所消耗的能量就多，直接影响到热能的利用效率。另外，干燥介质温度过高，带走水分的能力太强，会造成坯体表面水分蒸发太快，而内部水分移动速率小于表面水分蒸发速率。这样，一方面坯体表面收缩大，而内部收缩小，造成内部对表面产生张力，当表面强度小于此张力时，坯体表面就要开裂。另一方面，表面干得快，表面的蒸汽压就要降低，表面蒸发速率减慢，延长干燥时间，降低干燥室的生产效率。如果较高温度、较高湿度的干燥介质用于干燥坯体时，因为坯体具有较小的湿度梯度，坯体不但不易开裂，而且干燥速率还可以加快。

所以，控制干燥室中介质的温度，特别是临界点以前的温度，使其脱水能力适中，可以提高干燥质量。当干燥进行到临界点以后，就可以采用高温、低湿的热介质加快干燥速率，提高干燥室的生产效率。

(2) 调整干燥介质湿度　干燥介质要有合适的湿度，才能保证坯体的干燥质量，干燥介质的湿度也是合理干燥制度的重要因素之一。如果介质湿度太高，脱水能力较低，坯体干燥速率减慢。干燥介质的湿分没有及时排除，积累到一定程度，坯体的湿分就很难蒸发到干燥介质中去。处理不当时，还可能在坯体表面出现凝露现象，致使坯体回潮。如果湿度过低，脱水能力强，干燥速率快，坯体在干燥中收缩而产生开裂。因此调整干燥介质的湿度可以调整干燥速率和坯体的收缩开裂问题。它对保证干燥质量、降低废品率、减少干燥介质消耗和热量耗损有很大影响。在实际生产中，在坯体湿分达到临界点以前，严格控制干燥介质的湿度，控制脱水速率，以免产生开裂；而在临界点以后，可用高温、低湿的介质进行干燥，加快坯体脱水速率提高干燥室的生产效率。必要的时候采用分段处理的方法。降低空气相对湿度的方法有升温、通风除湿、液体除湿、冷冻除湿、干式转轮除湿、固体除湿及混合除湿等。生产中常用的方法是提高空气的温度，温度提高则其饱和蒸汽压高，在湿含量不变的情况下，降低其相对湿度。

总之，干燥介质的湿度既不能太高，也不能太低。根据物料的性质和干燥工艺条件进行调节。

(3) 调整干燥介质的流速　当温度和湿度受到限制时，可以调节干燥介质的流速。陶瓷坯体表面的干燥速率与干燥介质流速有很大关系。提高干燥介质的流速实际上是提高外扩散的速率。干燥介质的流速越大，坯体表面水分的蒸发速率也越快。干燥介质的流速越小，坯体表面水分的蒸发速率也越慢。但是在保证干燥质量的前提下，才能增大流速，缩短干燥周期，提高干燥室的生产效率。当干燥进入降速阶段后，坯体的湿含量在临界点以下，可以增大干燥介质的流速对坯体进行干燥。因为这时坯体不会产生干燥裂纹，也不会回潮。

(4) 调整干燥室零压点的位置　干燥室零压点是干燥室内正压和负压的过渡点。在正常生产情况下，零压点的位置应当维持固定不变。零压点位置的变化表示送、排风量发生了变化。送、排风量的变化则会引起干燥制度的变化。从而影响干燥质量和干燥室的生产效率。零压点的位置随着送风压力和排潮压力的变化而变化。在正压端，干燥室内的热气体会向外逸出，而在负压端，外界的冷空气会被吸入到干燥室中。在干燥过程中要防止零压点的变化。排风量减少、送风量增大会造成零压点向进车端漂移。排风量减少会造成进车端相对湿度增大，脱水速率减慢。送风量增大，结果造成进车端温度升高，相对湿度降低，坯体进入干燥室后脱水过快而产生裂纹。送风量减少、排风量增大则会造成零压点向出车端移动，同样会使坯体产生裂纹，并降低干燥质量。

(5) 依据临界点的位置调整干燥室　在坯体干燥过程中，干燥临界点是一个重要的指标。临界点是区分等速干燥和降速干燥的标志。在干燥临界点以前，也就是等速干燥过程中，坯体脱去每一滴水，都会造成收缩，都有可能引起坯体缺陷。在这个过程中干燥介质温度要控制好不宜过高，干燥速率不宜过快。在临界点以后，坯体不再收缩，不容易产生干燥裂纹。可以使用高温、高流速的热空气进行干燥，提高干燥速率。

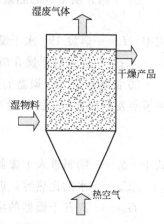

图 2-7　物料平衡示意图

### 2.4.3　物料衡算与热量衡算

目前在工业上应用最普遍的干燥工艺为对流干燥。对流干燥过程中使用空气作为干燥介质。在干燥过程中，干燥器每小时水分的蒸发量及干燥物料的产量，相应空气的消耗量，能源的消耗量等都需要对干燥过程进行物料衡算和热量衡算（图 2-7）。

2.4.3.1　物料衡算

(1) 物料中湿分的表示方法　湿含量（干基水分）是单位质量的绝干物料所含湿分的质量，如式(2-13) 所示。

另一种是以湿物料为计算基准，称为湿基水分，以 $v$ 表示，如式(2-14) 所示。

(2) 干燥过程中水分蒸发量的计算

① 用干基水分表示　每小时干燥器蒸发的水分 $m_w$ 为：

$$m_w = (x_1 - x_2)G_d \qquad (2\text{-}22)$$

式中  $x_1$——干燥前的干基水分；

$\quad\quad x_2$——干燥后的干基水分。

② 用湿基水分计算  令 $G_{w1}$ 和 $G_{w2}$ 为干燥前、后的湿物料量（kg/h），相应的湿基水分为 $\nu_1$、$\nu_2$。则每小时的水分蒸发量 $m_w$ 为：

$$m_w = G_{w1} - G_{w2} \tag{2-23}$$

因为干燥前、后的绝干物料量是相等的。故：

$$G_d = (1-\nu_1)G_{w1} = G_{w2}(1-\nu_2) \tag{2-24}$$

$$\frac{G_{w2}}{G_{w1}} = \frac{1-\nu_1}{1-\nu_2}$$

则

$$G_{w2} = G_{w1}\frac{1-\nu_1}{1-\nu_2}$$

代入式(2-23)，得：

$$m_w = G_{w1}\frac{\nu_1-\nu_2}{1-\nu_2} = G_{w2}\frac{\nu_1-\nu_2}{1-\nu_1} \tag{2-25}$$

#### 2.4.3.2  热量衡算

对干燥过程进行热量衡算，可以得到干燥过程中所消耗的热能，以及确定干燥器的规格尺寸等。

通常以蒸发 1kg 的水分及摄氏零度为计算基准。以下标 1、2 表示进入及离开干燥器的物料和干燥介质的状态。则干燥器的热平衡项目如下所示。单位为 kJ/kg 水。

进入干燥器的热量如下。

① 干燥介质带入的热量 $q_1$

$$q_1 = LI_1 \tag{2-26}$$

式中  $L$——蒸发 1kg 水干燥介质的用量，kg/kg 水；

$\quad\quad I_1$——进入时干燥介质的热含量，kJ/kg。

② 湿物料带入干燥器的热量 $q_{m1}$  此部分的热量由两部分组成：一部分是在干燥过程中可被蒸发的水分携带的热量 $C_w\theta_1$；另一部分是脱水物料带入的热量。则：

$$q_{m1} = C_w\theta_1 + \frac{G_{w2}}{m_w}C_{m1}^w\theta_1 \tag{2-27}$$

式中  $\theta_1$——物料进入干燥器时的温度，℃；

$\quad\quad C_w$——水的比热容，近似等于 4.19kJ/(kg·℃)；

$\quad\quad G_{w2}$——离开干燥器的物料量，kg/h；

$\quad\quad C_{m1}^w$——湿基水分在 $\nu_2$（%），温度为 $\theta_1$（℃）时物料的比热容，kJ/(kg·℃)。

物料可以看成由绝干物料和部分未蒸发的水分组成。其比热容值为绝干物料的比热容 $C_m$ 和相应水分比热容的加权平均值，即：

$$C_{m1}^w = C_{m1}(1-\nu_2) + C_w\nu_2 \tag{2-28}$$

③ 在干燥器中对干燥介质的补充热量 $q_{ad}$  在干燥器中加热元件或其他方式对系统热量的补充。

#### 2.4.3.3  干燥器中热量支出项目

干燥系统的总热量消耗于废气余热、物料带走的热量、运输设备带走的热量和干燥器向环境传输的热量。

(1) 废气带走的余热

$$q_2 = LI_2 \tag{2-29}$$

式中　$L$——蒸发1kg水干燥介质的用量，kg/kg 水；

　　　$I_2$——废气带走的热含量，kJ/kg。

(2) 物料离开干燥器时带走的热量

$$q_{m2} = \frac{G_{w2}}{m_w} C_{m2}^w \theta_2 \tag{2-30}$$

式中　$\theta_2$——物料离开干燥器时的温度，℃；

　　　$C_{m2}^w$——物料离开干燥器时的比热容，kJ/(kg·℃)。

(3) 运输设备在干燥器中吸收的热量

$$q_c = \frac{G_c}{m_w} C_c (t_{c2} - t_{c1}) \tag{2-31}$$

式中　$G_c$——运输设备的质量，kg；

　　　$C_c$——运输设备的平均比热容，kJ/(kg·℃)；

　　　$t_{c1}$、$t_{c2}$——运输设备进入、离开干燥器时的温度，℃。

(4) 干燥器向环境的散热量 $q_L$：

$$q_L = 3.6 \frac{kA\Delta t}{m_w} \tag{2-32}$$

式中　$k$——干燥器向环境的传热系数，W/(m²·℃)；

　　　$\Delta t$——干燥器与环境的温差，℃；

　　　$A$——干燥器的外表面积，m²。

干燥器的热量平衡为热量收入＝热量支出，即：

$$q_1 + q_{m1} + q_{ad} = q_2 + q_{m2} + q_c + q_L \tag{2-33}$$

或

$$q_1 - q_2 = (q_{m2} - q_{m1}) + q_c + q_L - q_{ad} \tag{2-34}$$

令 $q_m = q_{m2} - q_{m1}$ 为物料从干燥器得到的净热量；令 $\Delta = q_1 - q_2 = L(I_1 - I_2)$，则：

$$\Delta = q_m + q_c + q_L - q_{ad} \tag{2-35}$$

① 当 $\Delta = 0$ 的实际干燥过程　$\Delta = 0$ 时，表示在干燥过程中热补充等于热损耗，干燥介质的热含量是不变的，此干燥过程称为理论干燥过程。

② 当 $\Delta < 0$ 的实际干燥过程　$\Delta < 0$ 时，表示在干燥器中补充的热量大于热损耗的热量。此时干燥介质离开干燥器时其温度高于进入时的温度。

③ 当 $\Delta > 0$ 的实际干燥过程　$\Delta > 0$ 时，表示热损耗大于补充的热量，有热损失，或干燥器无热补充。这时干燥介质离开干燥器时的温度低于进入时的温度。大多数干燥器属于这种情况。

## 2.5　热传递

热传递可以通过三种方式来实现：对流、辐射和传导。对于陶瓷窑炉的干燥来说，大部分的热传递通过对流来实现。

恒定的对流干燥条件下，干燥介质从湿物料表面流过，将本身的热量传递给湿物料，同时又将湿物料蒸发出来的水分带走，降低物料的湿含量，达到干燥的目的。温度为 $T_g$ 的干燥介质与表面温度为 $T_s$ 的湿物料接触后（$T_g > T_s$），会使物料的表面层的干燥介质的温度降低，形成一个与物料接触的边界层，该层具有温度梯度和湿度梯度。内界的温度为物料的温度，外界的温度为干燥介质的温度，这种梯度产生热量的交换。边界层的对流换热强度只取决于物料外部的干燥介质的温度、湿度、流速等，其换热速率由对流换热方程计算。热辐射不需要介质进行热量传递，发热体将热能转变为辐射能而发出热射线。当物料吸收辐射而转变成热量，达到升温的目的。热传导是热量从物体温度较高处传递到较低处，物料内部的热传导只与物料本身的热物性有关，而与外部条件无关，其换热速率由导热方程计算。

### 2.5.1 对流传热

在稳定的条件下，边界层内的传热方程如下：

$$q = h(T_s - T_g) \tag{2-36}$$

式中　$h$——对流传热系数，$kJ/(m^2 \cdot h \cdot ℃)$；

　　　$T_s$——湿物料表面温度，℃；

　　　$T_g$——热空气的温度，℃。

对流传热系数 $h$ 可以通过干燥介质流体的动量、热量和质量传递方程组来求解，但计算非常复杂。在实际应用中，大都利用相似理论，通过实验和数据分析，归纳成若干准数方程来求解。当描述这个过程的基本方程相同，表征现象的一切物理量的场都相同，同名物理量成同一比例，如几何相似、速度相似、温度相似等，称为相似现象。彼此相似的现象，同名的相似准数必定相等。

努塞尔数 $Nu$ 表示对流换热量与导热量的关系。

$$Nu = \frac{hl}{\lambda}$$

雷诺数 $Re$ 表示惯性力与摩擦力之比，确定了绕流物体的流体力学条件。

$$Re = \frac{ul}{\nu} = \frac{lu\rho}{\mu}$$

普朗特数 $Pr$ 表示速度场与温度场之比。

$$Pr = \frac{\nu}{a}$$

格拉斯霍夫数 $Gr$ 表示在一个气体里黏滞力与浮力的比值。

$$Gr_H = \frac{gl^3\rho^2}{\mu^2}\beta\Delta T \tag{2-37}$$

式中　$g$——重力加速度；

　　　$\mu$——运动黏性系数；

　　　$l$——定型尺寸；

　　　$\beta$——流体体积膨胀系数；

　　　$\Delta T$——壁面与远离壁面的流体之间的温差。

在垂直于流体运动方向上的物质传递，必然影响边界层的状态。在相同的流体力学条件下，对流干传热与对流湿传热是不同的。采用对流换热并使液体从自由表面或多孔表面汽化时，湿传热系数比干传热系数大。这是因为液体微粒进入边界层汽化的结果，称为容积汽化。因此在热交换准数关系中引入 Gukhman 数。

$$Gu = \frac{T_g - T_w}{T_g} \tag{2-38}$$

式中　$T_g$——干燥介质温度，℃；

　　　$T_w$——绝热汽化温度，℃。

对流传热中强制对流时：

$$Nu = f_1(Re, Pr, Gu) \tag{2-39}$$

自由对流时：

$$Nu = f_2(Gr, Pr) \tag{2-40}$$

（1）自由表面的蒸发　气体通过自由表面发生强制对流时的热质传递，其准数关系为：

$$Nu = ARe^m Pr^{0.33} Gu^{0.175} \tag{2-41}$$

根据气体的流动状态，常数 $A$、$m$ 的取值如下：

**表 2-1　常数 $A$、$m$ 的取值**

| $Re$ | $A$ | $m$ |
|---|---|---|
| $< 3.15 \times 10^3$ | 1.07 | 0.48 |
| $3.15 \times 10^3 \sim 2.2 \times 10^4$ | 0.51 | 0.61 |
| $2.2 \times 10^4 \sim 3.15 \times 10^6$ | 0.027 | 0.9 |

（2）气体与单个颗粒间的热质传递　强制对流下液滴表面的液体蒸发过程（$Re = 1 \sim 200$）：

$$Nu = 2 + 1.05 Re^{0.5} Pr^{0.33} Gu^{0.175} \tag{2-42}$$

### 2.5.2　辐射传热

一切物体只要温度大于 1K，就能以辐射形式给出热量。辐射线接触物体时一部分被反射，一部分吸收，另一部分则透过物体。物体吸收系数最大为 1，称为绝对黑体。自然界绝对黑体的物质是没有的。辐射的特点为：① 辐射过程中，不需要任何介质，在真空中也能传播。② 在传递过程中，有两次能量形式转换。辐射时，热能转变成辐射能，物体接收辐射能时则又转化成热能。③ 任何物体都在不断发射和接收辐射能，高温物体辐射能更多，总的结果是高温物体向低温物体输送能量。

在垂直于绝对黑体表面的方向上，辐射强度正比于热力学温度的 4 次方：

$$Q = 4.9 \varepsilon \left( \frac{T}{100} \right)^4 \tag{2-43}$$

式中，$\varepsilon$ 为物体的黑度，黑度定义为实际物体的辐射能力与同温度下绝对黑体辐射能力的比值。对于两物体之间的辐射换热为：

$$Q = 4.9 \varepsilon_{1,2} \left[ \left( \frac{T_1}{100} \right)^4 - \left( \frac{T_2}{100} \right)^4 \right] F_{1,2} \tag{2-44}$$

式中，$\varepsilon_{1,2}$ 为相对黑度；$F_{1,2}$ 为两者的换热面积。

对于平行板物体：

$$\frac{1}{\varepsilon_{1,2}} = \frac{1}{\varepsilon_1} + \frac{1}{\varepsilon_2} - 1 \tag{2-45}$$

式中，$\varepsilon_1$、$\varepsilon_2$ 分别为两物体的黑度。

### 2.5.3　传导传热

计算传导热量，需要知道物体内部温度分布。物体内的温度分布是指温度随空间和时间变化的关系：

$$t = f(x, y, z, \tau) \tag{2-46}$$

式中，$x$、$y$、$z$ 代表三个空间坐标；$\tau$ 代表时间。

如果温度不随时间变化，此时的温度场称为稳定温度场，此类导热现象称为稳态导热。稳态无热源的导热微分方程为：

$$\frac{\partial^2 t}{\partial x^2}+\frac{\partial^2 t}{\partial y^2}+\frac{\partial^2 t}{\partial z^2}=0 \tag{2-47}$$

平壁的导热为一维稳态导热。其传导方程可以简化为：

$$q=\lambda(T_1-T_2) \tag{2-48}$$

式中　$q$——热通量，W/m²；

　　　$\lambda$——热导率，W/(m·K)；

$T_1-T_2$——两点间的温差，K。

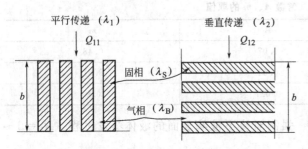

图 2-8　两种极端的多孔介质的传热传质方式

物质热导率 $\lambda$ 的数值能在相关文献中查到。对于干燥对象为多孔介质时，连续介质模型不适用。多孔物料内部同时分布着固相（骨架）和气相。此时可以看成是固相和气相的组合传热。如图2-8所示，当热量与多相层平行方向传递，热导率为固相和气相的加权平均值。热量与多相层垂直方向传递，可以看成是并联的热量流动模式。

平行传递时其传热系数为：

$$\lambda_1=(1-\varepsilon)\lambda_S+\lambda_B \tag{2-49}$$

垂直传递时其传热系数为：

$$\lambda_2=\frac{1}{\dfrac{1-\varepsilon}{\lambda_S}+\dfrac{\varepsilon}{\lambda_B}} \tag{2-50}$$

式中　$\lambda_S$、$\lambda_B$——固相和气相的热导率，W/(m·K)；

　　　　$\varepsilon$——孔隙率；

　　　$\lambda_1$、$\lambda_2$——平行、垂直热流的热导率，W/(m·K)。

实际的物料可以看成两者的混合物，传热系数为：

$$\lambda=\frac{1}{\dfrac{1-z}{\lambda_1}+\dfrac{z}{\lambda_2}} \tag{2-51}$$

式中，$z$ 为物料中垂直部分的厚度总和。

热流率为：

$$Q=\frac{A\lambda(T_1-T_2)}{b} \tag{2-52}$$

式中　$Q$——热流量，W；

　　　$A$——截面积，m²；

　　　$b$——导热长度，m。

## 2.6　水分在物料中的运动

物料的干燥过程实际上是一个热量和质量的传递过程：一方面，物料从干燥介质吸收热量，即热量由外往里进行传递；另一方面，物料内的水分由里向外传递，物料的含水量逐渐降低，达到干燥的目的。陶瓷工业中被干燥固体物料大部分都属于多孔介质。含湿多孔介质内部热质传递问题广泛存在于化工、冶金、建筑、食品、地质和水文等领域之中。因此多孔介质成为干燥研究的主要内容之一。20 世纪初，就有人已经开始对固体物质内部的质量传递过程进行研究。研究含湿多孔介质内部热质耦合同时传递规律不仅能丰富传热传质理论，深入了解多孔介质的结构及物理和化学性能，而且有广泛的实用价值，对节约能源、控制产品质量等具有重要的意义。多孔介质内部的复杂性决定了其内部热质传递的复杂性。传递过程的物理机制不清晰，且其影响因素繁多，过程观察困难等诸多原因，迄今为止还没有一种理论模型能满意地描述干燥过程中多孔介质内部的湿分传递机理。然而，正如 De Vries 在一篇回顾性文章中指出的那样，存在两个方面的原因促使人们对含湿多孔介质内部热质传递规律进行研究：其一，存在着广泛的应用背景；其二，目前还缺少满意的理论。

　　研究表明，含湿多孔物料在干燥过程中存在着 5 种可能的湿分迁移机制，它们分别为：

① 湿分（液体和蒸汽）在浓度梯度作用下的扩散迁移；
② 毛细管力（表面张力）引起的液体在毛细管内的流动迁移；
③ 湿分在压力梯度作用下在多孔介质空隙中的渗流迁移；
④ 由于物料内部温度梯度而引起的湿分热扩散迁移；
⑤ 湿分在毛细通道中蒸发与冷凝所引起的湿分迁移。

### 2.6.1　液态扩散理论

Lewis 提出，干燥时固体物料内水分的迁移是以液体浓度梯度为驱动力，以液态扩散形式进行迁移的。他们假设扩散系数为常数或与温度或浓度线性相关，在物料内部各向同性的基础上，应用 Fick 方程进行描述。这种理论认为液体扩散是水分迁移的唯一方式，这一点广受质疑。Hougen 等人指出，在某些情况下如果采用可变扩散系数，计算结果会更好。他们还认为：① 在物料的平衡水分含量低于大气饱和点时，扩散方程能用于黏土、淀粉、面粉、织物、纸张和木材的干燥。② 对于固液互溶的单相固体系统，扩散方程能用于肥皂等物料的干燥。

　　Babbit 则认为，物体内扩散的动力不应该是湿分的浓度梯度而是压力梯度。而且由于吸附和解吸的复杂性，浓度和压力之间一般也不会是线性关系。扩散理论并未考虑收缩、表面硬化等因素，在应用中除了浓度和温度，与扩散系数有关的其他因素被忽略。因此它的物理有效性很值得怀疑。然而，并不能否定液态扩散会造成湿分迁移，同时由于它的形式简单明了、使用方便，迄今仍被许多人应用。

### 2.6.2　毛细管理论

毛细管现象是指由于液体和固体之间存在相互吸引力而产生的在固体缝隙中的液体流动现象。Buckingham 最先对这种现象进行了分析，毛细管理论认为颗粒状物料干燥时，其内部的质传递并非是由扩散决定的，而是由毛细流动决定的。Ceaglske 和 Hougen 指出，颗粒物体干燥时，水分的流动完全由毛细管力决定，与水分浓度无关。试验证明，湿分甚至可以在浓度增加的方向上流动。Miller 等人认为其原因在于驱动力是表面张力梯度，而表面张力和黏性流动都与压力有关。只有在均匀介质，并不考虑自重的情况下，表面张力才与湿分含量成正比。当存在连续的孔道时，物体缝隙中的湿分在重力和毛细管力的作用下发生迁移。因此，Hougen 等人得出结论，毛细流动方程在干燥中可用于：① 水分含量高于饱和点的物料的干燥，如织物、皮革和纸张的干燥。② 水分含量大于大气饱和点的平衡水含量的颜料、矿物、黏土、土壤等细微粉末或颗粒物料的干燥。对于低湿含量的物料，毛细管力的作用已不明显，不再适用毛细管理论。

### 2.6.3　蒸发冷凝理论

该理论认为多孔介质中的湿分是以气相形式进行传输的，介质内的气相传输是蒸发-冷凝的结果，驱动力为温度梯度。Henry 在研究棉花包吸水问题时，研究了一种物质通过孔道在另一种物质内的扩散。虽然他的理论认为蒸汽不是唯一的扩散物质，但他的基于此假设的湿分传递方程均假设湿分只以气态的形式扩散。Henry 理论考虑了热量、质量的同时扩散过程，并将固体内的孔道假设成均匀、连续的网络。为数学计算方便，他更进一步假设：物体内蒸汽量与蒸汽浓度和温度呈线性关系，扩散系数为常数。Gurr 等人证实，存在蒸汽形式的湿分迁移。他们通过试验发现，土壤等非饱和多孔材料在温度梯度下无液态流动，水分只以蒸汽形式进行迁移。然而，当存在压力梯度时，全部是液态湿分迁移。Harmathy 对 Henry 的模型进行了改进。他提出不饱和状态下的多孔系统热质传递理论。除了有与蒸发冷凝理论相同的假设之外，该理论还假定多孔介质有很微细的相分布，因而宏观上是一个准单相系统。

Hougen 等人提出，存在温度梯度时，将产生物体内部到表面的蒸汽压力梯度，因此湿分可以在物体内以蒸汽扩散的形式迁移。蒸发和蒸汽扩散可用于任何一侧加热、另一侧干燥的物体以及水分被颗粒所隔离的物体的干燥。

### 2.6.4　Luikov 理论

前苏联著名学者 Luikov 在 1954 年就认识到温度对水分迁移过程的影响，他根据不可逆热力学、宏观质量、能量守恒定律，并引入迁移势概念，认为热传递不仅取决于热传导，而且还取决于湿组分的再分布；质传递不仅取决于湿扩散，还取决于热扩散。从而，他导出一组热质耦合偏微分方程。Luikov 应用了不可逆热力学并做了如下假设。

① 蒸汽、空气和水分的分子和质量传输同时发生。蒸汽和空气以扩散、渗流以及存在压力梯度时的质量传输等形式进行。液体的传递被假设以扩散、毛细吸附和渗流的形式进行。

② 不考虑收缩和变形。

③ 各向同性。

④ 忽略松弛系数。

此模型的优点在于综合了各种干燥机理，比较真实地反映了在多孔介质中的湿分迁移过程。在 Luikov 理论中，一切物料特性都包含在四个综合系数里。系数随着干燥条件不同而不同，该模型中的系数很难确定，影响了它的实用性。如何确定这些系数已成为多孔介质传热传质理论发展和应用的一大难点。

### 2.6.5　Philip 与 De Vries 理论

Philip 和 De Vries 研究土壤中热质传递时分别导出了多孔介质内同时存在水分梯度和温度梯度时的水分和热量传递方程。该模型认为，湿含量的迁移可分为液体的毛细流动和蒸汽的扩散渗透，并把多孔介质处理成连续介质，从而导出一组偏微分方程。该模型在地质、水文和石油等学科领域内应用较多。

### 2.6.6　Krischer 与 Berger 以及 Pei 理论

Krischer 对许多多孔介质的热质传递进行了研究，其工作为许多干燥理论打下了基础。Krischer 假设，干燥时湿分能通过毛细作用以液体形式迁移，还能在蒸汽浓度梯度下以蒸汽形式迁移。Berger 和 Pei 指出，Krischer 模型采用了整个湿含量范围内的吸收等温线和第一类表面边界条件，这使得其应用存在着问题。Berger-Pei 模型是 Krischer 模型的扩充，它基于以下假设。

① 液态迁移由毛细流动和浓度梯度引起；蒸汽扩散则由蒸汽压力梯度引起。

② 内部热传递主要包括多孔介质骨架的热传导和相变潜热。

③ 在材料内部的任意点，液体含量、蒸汽分压和温度达到平衡。

④ 对于液体含量大于最大吸收量时，蒸汽压等于饱和压。

⑤ 所有热质传递参数均为常数。

⑥ Fick 定律有效。

### 2.6.7　Whitaker 体积平均理论

所有上述的迁移理论中，均未能计入被干燥物质内不同孔道结构对质量传输过程的影响。而人们往往想了解干燥中多孔介质孔道内的湿分在热空气的作用下是如何穿过内部孔道而到达外部表面的。人们可以获得在单一孔道中的气液传输方程，但如果针对整个多孔介质，解一系列的此类方程往往由于实际多孔介质的复杂而难以实现。体积平均方法就是一种可以从多孔介质这样的复杂多相系统中巧妙地获得连续方程的方法。Whitaker 从单相（固体、液体、气体）的热质平衡方程出发，将多孔介质内部不同各相通过体积平均方法，得到多孔介质热质传递连续方程组。尽管最终的方程形式与 Liukov 以及 Philip 和 De Vries 的迁移方程具有完全相同形式，但应用体积平均方法可以通过对描述孔道微观结构"代表区域"的方程求解来确定"有效传输参数"，使这些参数的确定不再必须依赖试验条件成为可能。另外，该方程组是基于从孔道等级上获得的数据经过空间平滑技巧而建立的宏观方程，因此有着更为严格的理论基础，更富有说服力。

### 2.6.8　孔道网络干燥理论

孔道网络干燥理论是新近发展起来的理论，它是一种完全离散化的方法，可将被干燥物质微观结构的影响直接考虑到模型中。目前基于孔道网络的干燥理论研究可分为两类：一类是针对单元体上的孔道网络研究；另一类就是基于产品等级上孔道网络研究。Nowicki 等人首先尝试在一个从被干燥物质上划定的、具有整体代表性的"表征性体积单元"（REV）上利用孔道网络进行多孔介质干燥的研究。将 REV 内部的孔道空间用孔道网络表述，认为多孔介质干燥过程中孔道空间中流体及气相的流动及分布可以用"统计参数意义上的等效"规则孔道网络来描述，并应用分子动力学方法计算平均体积单元上的有效传输参数，如压力驱动下的相对渗透率，分子扩散时的有效扩散度等。建立起孔道网络后，进一步建立气、液相在孔道内的迁移模型，通过计算确定干燥过程中弯月面的位置，即干燥前沿的位置，从而获得关于干燥的其他特性参数及数据。Nowicki 等人的研究给出了用孔道网络方法研究多孔介质干燥的新途径，为干燥研究的进一步发展指明了新方向。

综上所述，湿分在多孔介质内部的迁移有多种迁移机理。所以，前述的各种单一型模型如液态扩散、毛细流动、蒸发冷凝等理论均不能较好地反映实际情况。Liukov、Philip、De Vries 等人的干燥质量传递机理都是基于连续性假设。分析中不涉及具体的传递过程，而把微观结构等因素都归结到它们之间的传输系数上。Whitaker 利用表征性体积单元法，可以从多孔介质这样的复杂多相系统中巧妙地获得连续方程，得到了与 Luikov、Philip、De Vries 等人相似的干燥理论模型，使这些参数的确定不再必须依赖试验条件成为可能。

## 2.7 干燥缺陷分析

### 2.7.1 传统干燥方法干燥缺陷分析

当陶瓷坯体干燥过快或不均匀时，其内外层或各部位收缩不一致，则产生内应力。当内应力大到一定程度后，坯体开始变形，当内应力进一步增加时坯体开始开裂，特别是那些大件、厚件和形状复杂的坯体极易产生缺陷。坯体在排除自由水的阶段是干燥过程中坯体发生较大收缩的阶段，其收缩率与坯体泥料的含水量有关，含水量越大，收缩率也越大。各向同性的坯体干燥时，坯体的收缩($\beta$)和线收缩($\alpha$)理论上的关系为$\beta = 3\alpha$。但实际上在干燥大型制品与托板相接触的部位因摩擦的关系，其收缩受到阻碍，有时会造成裂损，收缩不均匀的则发生变形。

#### 2.7.1.1 影响陶瓷变形与开裂的因素

(1) 原料与配料的组成  配料中加入过多的黏土质原料，收缩率就会过大，假如收缩不均匀，则引起变形。黏土颗粒越细，可塑性越好，收缩率越大。收缩率还与水分排出后颗粒能达到的紧密程度有关。如果混合得不够均匀，就会造成坯体结构不均匀，从而产生不均匀的应力，引起变形或开裂。$SiO_2$是陶瓷坯体中的主要化学成分，它可以对泥料的可塑性起调节作用，在干燥时能降低收缩率，缩短干燥时间并防止坯体的变形。

(2) 阳离子的影响  黏土的阳离子交换能力、黏土片状颗粒定向排列等对坯体的收缩率也有影响，通常阳离子交换能力大的黏土其收缩率也大。用$Na^+$离子作稀释剂时，可促使黏土颗粒作平行排列，因此，$Na^+$离子的黏土矿物的收缩率大于$Ca^{2+}$离子的黏土矿物。

(3) 坯体的含水率  坯体含水率越大，干燥过程中需要排除的水分越多，则干燥收缩大，更容易变形或开裂。采用注浆成型的坯体所含水分高，干燥收缩大。而采用干压法、半干压法生产的陶瓷坯体所含水分少，干燥收缩小。

(4) 练泥  压滤后的泥饼内层常比外层含有较多的水分和较多的大颗粒，即泥饼中的水分和颗粒分布是不均匀的，不均匀的泥饼经过练泥机练出来的泥段仍具有不均匀性；又由于泥料中颗粒多为非圆体，练泥时在泥刀挤压下泥料中颗粒会作定向排列，也就是练泥机练出的泥条在同一断面上的颗粒定向排列。水分分布和密度分布这三个方面是不均匀的，泥段中潜伏一定的不均匀应力，这些应力在干燥时释放出来，使坯体各部位呈不均一性收缩从而引起坯体变形。

(5) 成型方法  采用注浆成型的坯体所含水分高，干燥收缩大。而采用干压法、半干压法生产的陶瓷坯体所含水分少，干燥收缩小。可塑法要求泥料具有良好的塑性，坯体中所含的塑性黏土则干燥收缩大。挤压成型存在着颗粒定向排列，挤出泥段径向与轴向的干燥收缩不一致，容易导致变形。注浆法生产的坯体靠近石膏模的一端致密，另一侧则疏松，而且两端的含水率也因密度的不一致而不同，这种不均匀容易导致干燥过程中的收缩不一致。

(6) 坯体的形状  对于形状复杂的坯体、大件、薄件等，干燥不均匀，容易导致各部位收缩不一致。

(7) 干燥工艺的影响  要充分认识干燥过程的三个阶段的特点。对于等速干燥阶段，干燥收缩大，干燥速率不宜大，否则容易导致开裂。临界湿度以后则可以加快干燥速率，确定合理的干燥温度曲线。排湿控制不好，干燥器内各段的湿度控制不合理，造成干燥器内温差严重，在某些地方存在热冲击。因而坯体受热不均匀，干燥不均匀，不平稳。这样，产生的热应力就会对坯体产生破坏从而引起坯裂。

### 2.7.1.2 开裂

开裂可分为两大类：机械性裂和非机械性裂。非机械性裂又可分为：原料工艺性裂和干燥性裂。机械性裂是由于坯体受到碰撞、振动而引起的。一般情况下，机械性裂的方向性、位置特征比较明显，裂纹较长、清晰可见。非机械性裂主要由干燥引起。检验机械性裂的方法是进干燥器前，把坯体转动 90°看其裂纹的方位是否跟着转动，是则为机械性裂，否则为干燥性裂。

干燥性裂的各种类型及其表现特点如下。

(1) 整体开裂 当坯体沿着整个体积产生不均匀的收缩，应力可能导致坯体的完全破裂。这种开裂一般出现在干燥的初始阶段。当坯体沿厚度方向的水分尚未呈抛物线分布时，由于干燥速率过快，使湿含量差达到临界值，坯体厚、水分大、干燥速率快容易发生这种开裂情况。

(2) 左右边裂 干燥器内温度不够，干燥器内靠两边的温度低时，发生的概率大。干燥器两边热风入口进风速率大，产生热冲击，也会造成左右边裂。解决的方法有：提高干燥器前段温度，干燥器前端 2～3m 位置，温度应控制在 100～140℃左右；干燥器内截面的水平温差应能基本控制在 10℃左右，上下温差尽可能小一些；干燥升温要平缓，该段一般以微压为宜；防止和克服热风直接冲击两边砖坯的左、右两边。

(3) 前后边裂 干燥器内某些区域升温过急、温度太高往往会造成这种类型的坯裂。解决的方法有：防止局部地方的热风喷出量太大造成升温过急，产生热冲击对砖坯的破坏；减小干燥器内每排坯体之间的距离，使热气流分布均匀；检查一排中各坯体开裂程度的差别，相应调整热风流向及大小；适当减小某部位区域的排湿量，必要时排湿风机的总风量亦适当减小。

(4) 心裂 干燥器前段（入口至 15～20m 左右）温度过低，后段温度高，升温过急，排湿太快所致。对于大规格的地板砖来说（500mm×500mm 以上），砖坯心部的水分是较难排除的。往往边围已经干燥完全，心部仍含有较多的水分。若干燥前段约 15m 左右区域温度较低，压力控制不合理，排湿量过大，心裂的现象就比较容易产生。解决的方法有：适当减小排湿风机的总排湿量，使干燥器入口处处于微正压状态；适当提高干燥器前端的温度，在一般情况下，温度控制在 140～150℃左右；控制升温速率，使之平稳，这样坯体容易均匀受热且升温较快，但排湿干燥并不急促。

处理干燥开裂时需仔细地了解、分析，根据具体情况，不同类型的坯裂采用不同的方法处理。特别要注意检测同排中，各坯体含水率的差别；检测坯体各个边角及中心含水率的差别。这样将大大有利于实现准确的判断。对于同一类型的坯裂，还要准确、及时地判断是高温时产生的裂还是低温时产生的裂，这样，才能合理地把握干燥过程的温度控制、湿度控制、压力控制及热气流的控制，才能真正有效克服坯体裂纹的产生。

### 2.7.2 微波干燥缺陷分析

微波干燥是近年发展起来的新的干燥方法，传统的干燥方法一般是采用热空气或烟气作为干燥介质，把热量传给待干燥的坯体，使其内部的水分受热而蒸发，同时把蒸发出来的水蒸气带走。这种热量由外向坯体内部传递而水蒸气从内向外的逆向传递为其基本特征。由这个基本特征决定了被干燥的坯体内部温度不易均匀，易产生不一致的收缩而导致产品的变形或开裂。

在微波干燥技术中所用的微波是一种波长极短、频率非常高的电磁波，波长在1mm～1m之间，其频率在300MHz～300GHz之间。微波作用于材料是通过空间高频电场在空间不断变换方向，使物料中的极性分子随电场作高频振动，由于分子间的摩擦挤压作用，使得物料迅速发热。可见，此种加热干燥方式与传统的干燥方法是完全不同的。

因为陶瓷坯体中不同组分的物料分子的极性是不同的，导致对微波吸收的程度不一样。一般来说，物料分子极性越强，越容易吸收微波。水是分子极性非常强的物质，其对微波的吸收能力远高于陶瓷坯体中的其他成分，所以水分子首先得到加热。物料含水量越高，其吸收微波的能力就越强。当物料的含水量有差异时，含水量较高的部分会吸收较多的微波，温度高，蒸发快，因此在所干燥的物体内将起到一个能量自动平衡作用，使物料平均干燥。

微波干燥产生坯体变形与开裂的原因如下。

(1) 材料吸收微波的能力取决于材料的介电常数、介电损耗、微波电磁场中频率的大小、电场的强弱、微波辐射频率($f$)、电场强度（$E$）等。当微波的场强不均匀和材料内部的介电常数、介电损耗不同时导致发热不均匀，产生热应力。

(2) 微波具有穿透性，其穿透深度的计算公式为：

$$D = \frac{9.65 \times 10^7}{f \sqrt{\varepsilon_r} \times \tan\delta} \tag{2-53}$$

式中　$f$——微波频率，Hz；

　　　$\varepsilon_r$——相对介电常数；

　　　$\tan\delta$——介电损耗因子。

当频率接近微波加热范围时，渗透深度相应地减少，尤其当材料很湿时，它比 $D$ 大许多倍，并且在温度分布方面产生不能接受的不均匀性。

(3) 对于物料在 $t$ 秒内所能承受的最大不均匀度即温差 $\Delta T$ 有如下公式：

$$\frac{\Delta T}{t} = \frac{0.556 \times 10^{-10} \varepsilon'' f E^2}{\rho C_p} \tag{2-54}$$

式中　$\varepsilon''$——包括电导效应在内的有效损耗因子；

　　　$\rho$——材料的密度，kg/m³；

　　　$C_p$——比热容，J/(kg·℃)。

当材料的密度与比热容的乘积（$\rho C_p$）越大，材料所能承受的温差就越小，较小的不均匀度就可能引起材料的破坏。

(4) 从热和质量的转移来看，微波加热的能量是通过湿物料的体积而被吸收的，因此会在材料中产生一体积热源。高频电磁能的体积吸收在适当的条件下会导致湿物料的温度达到液体的沸点。过大的能量耗散对于干燥高密度、无空隙及易碎的物料是不利的，因为黏滞阻力阻止了水分向表面迁移，在极端情况下，内部沸腾可以产生很高的内部压力足以使材料破裂。

根据以上理论分析可以看出，影响微波干燥的因素很多。从材料内部看有混料不均匀，含水率太高，材料密度太大，比热容太大，混入金属颗粒杂质以及材料的介质特性。从外部来看有微波选择不当，微波不均匀，微波功率控制不当，外界气流过快等原因。

微波干燥产生的缺陷可以通过以下方法得到解决：① 对于陶瓷原料要尽量粉碎，混合均匀，尤其是介电常数大的物料，其颗粒不能太大。② 对于含水率过高的陶瓷材料可以考虑先采用传统干燥方法，当材料降到一个临界湿度时再用微波干燥。③ 避免混入金属杂质。

④ 选用合适的微波频率。

微波频率的选择考虑以下几个因素：① 物料的体积与厚度。体积大，厚度大，将导致微波不能透入物料内部，导致内外温差过大而破坏材料。② 物料的含水率及介电损耗因子。③ 投资成本。频率、功率越高，微波设备就越昂贵。

(5) 正确选择微波设备的类型　微波干燥腔体装置有以下三种形式：行波加热器、多模炉式加热器、单模谐振腔式加热器。行波加热器应用较少，而多模炉式加热器应用最广泛，用于陶瓷研究的微波加热器都采用这种方式。单模谐振腔式加热器具有易于控制和调整、场分布简单、稳定、在相同的功率下比另外两种加热器具有更高的电场等优点，所以适合于加热低介电损耗的材料。但其加热区太小，比较适合于小型试件样品的微波干燥。

(6) 改善微波干燥的不均匀性　对于如何解决多模炉式加热器存在的最重要的问题即微波场的不均匀性，目前人们大多采用两种方法：一是在微波干燥的过程中不断地移动样品；二是采用模式搅拌器，周期性地改变腔体工作模式，改善均匀性。

(7) 适当延长干燥时间，降低干燥速率　因为过快的加热速率会在材料内部形成很大的温度梯度，因热应力过大而引起材料的开裂。

(8) 严格控制微波功率　由于微波加热具有响应快的特性，微波加热的时滞极短，加热与升温几乎是同时的。功率的增大会导致材料的升温过快。

(9) 适当控制外界气流的速度　当气流速度过快时，物料表面的水蒸气被迅速带走，表面收缩过快产品易变形或开裂。

### 2.7.3　两种干燥方式的比较

从以上分析来看，产品的变形与开裂都是因为产品的加热不一致导致温差过大或收缩不均匀造成的。其影响因素既有内部因素又有外部因素。两者的差异体现在以下几个方面。

(1) 产生温差的本质不同　传统的干燥是由于热流从物体外部向内部流入，其温度从外部到内部有一个明显的梯度。由于陶瓷坯体一般为热的不良导体，这个温差在整个过程中都难以消除。对于微波干燥来说，它的温差是由于局部材料对微波吸收不一致导致的，这种温差是局部的，对于混料均匀的物料温度可以重新达到平衡。传统干燥所涉及的主要是热传导机理，而微波干燥却是极性分子对微波吸收机理。由于这个本质上的不同可以看到，为了使物料在干燥过程中不开裂或变形，传统的干燥速率受到限制。而微波干燥中微波可以穿透至物料的内部，使内外同时受热，蒸发时间比常规加热大大缩短，可以最大限度地加快干燥速率，极大地提高生产效率。从而节约了大量的能源消耗，并且微波能源利用率高，对设备及环境不加热，仅对物料本身加热，运行成本比传统干燥低。

(2) 干燥方式对内在的影响不同　传统干燥中引起坯体干燥不均匀的内因主要是坯体中塑性黏土的比例不当，泥料太细或太粗，颗粒级配不合理，混合不均匀等造成干燥变形和开裂。而微波干燥与这些没有关系，主要是与物料内部极性分子的分布有关系。

(3) 外在的因素影响不同　解决产品的变形或开裂在外部控制因素上，传统干燥是热空气或烟气的温度、湿度、流速等的影响。微波干燥考虑的是微波的功率、场分布、极性分子的分布等。

(4) 对形状因素的影响不同　传统干燥中坯体的形状、尺寸对干燥缺陷有很大的影响，形状越复杂，尺寸越大，越容易产生变形与开裂。而微波干燥则不存在这种情况。

## 2.8 干燥技术与设备

在陶瓷工业中应用较多的干燥方法有：对流干燥、红外线干燥、微波干燥等。按干燥制度是否连续分为间歇式干燥器和连续式干燥器。连续式干燥器又可按干燥介质与坯体的运动方向不同分为顺流、逆流和混流；按干燥器的外形不同分为室式干燥器、隧道式干燥器等。

### 2.8.1 对流干燥

对流干燥利用热空气的对流作用，将热传递给坯体，使坯体内部的水分蒸发，得到干燥的方法。其设备简单，热源易于获得，温度和流速易于控制。对流干燥时坯体表面的温度高于内部温度，而表面水分低于心部水分。热扩散与湿分扩散的方向相反，不利于干燥速率的提高。需要采用高温或高流速的干燥介质来加快水分的扩散和蒸发。根据干燥制度的不同可以分为间歇式和连续式两类。

#### 2.8.1.1 间歇式干燥器

室式干燥器为典型的间歇式干燥器。干燥介质一般为热空气，也可以利用窑炉余热。坯体分批进入干燥器后，关闭炉门，开始送风和抽风。控制阀门开度可以控制干燥介质的温度、湿度和速度等参数。干燥过程的各个阶段对干燥参数有不同的要求，为了减少误差和劳动强度需要对干燥介质的温度、湿度和流速进行程序自动控制。室式干燥器产量低、热耗大、干燥不均匀、劳动强度大，但设备简单，易于改变干燥制度，适用于小批量的生产。

#### 2.8.1.2 连续式干燥器

连续式干燥器的特点是坯体连续不断地进入干燥器，在干燥器的不同区段与不同的温度和湿度的干燥介质对流换热，蒸发水分来完成干燥的各个阶段。

(1) 隧道式干燥器　陶瓷工业所用的隧道式干燥器，一般都是按逆流方式工作的，一般由数条隧道并联而成，内设有轨道。坯体按照一定的装码规则码放在专用的干燥车上，沿轨道自隧道的一端推入，而从另一端推出。干燥介质则由尾部鼓入而由头部抽出，干燥介质的流动方向与坯体运动方向相反。干燥器头部的干燥介质温度较低，湿度较高。坯体刚进入时干燥速率慢，不易产生开裂等废品。在进入减速干燥阶段后，尾部的干燥介质温度较高而相对湿度较低。与坯体相遇，坯体被加热到较高温度，水分快速蒸发，有利于提高干燥速率。进入隧道式干燥器的干燥介质温度一般不超过200℃，尾气排出隧道式干燥器时，其温度应该高于其露点，以防止水分在坯体表面凝露，并可防止干燥设备受到腐蚀。在隧道式干燥器中干燥介质平流过程中会造成热气流上升，产生气流分层现象，影响干燥器的均匀性，影响产品的干燥质量。为解决这一问题，可以安设一台循环风机抽取部分废气，在干燥器的顶部喷入，以迫使热空气向下运动，使得气流均匀。

隧道式干燥器的优点是能连续生产，生产效率高，便于调节控制，劳动强度小，干燥质量比较均匀。缺点是占地面积大，对大小不一、干燥性能不一致的产品不能适用。

(2) 链式干燥器　链式干燥器将坯体放置在吊篮运输机或链条运输载体上传输到干燥室的不同区段进行干燥。吊篮运输机是在两根形成闭路的链带上，间隔式悬挂一个吊篮，吊篮上置有垫板，板上放置待干燥的坯体。坯体在干燥室的一端放入吊篮，吊篮由传动链条带动，从干燥室的一端运输到另一端。干燥完后在尾部取出干燥好的坯体。根据链条的运动方向，链式干燥器分立式、卧式、综合式三种。干燥介质为热空气，也可以使用烟气。为使干燥器温度均匀，干燥介质应从干燥器顶部集中或分散送入，废气则由底部集中或分散抽出。

链式干燥器的缺点是放入和取出坯体处干燥器不能密封，热气体容易外逸，恶化车间及工人操作环境。

（3）辊道式干燥器　中国是从 1984 年开始使用辊道式干燥器，主要用于墙地砖类产品的干燥。坯体排列在辊道上，由齿轮带动的辊子输送到干燥器中。干燥介质可用热空气或较纯净的烟气。辊道式干燥器的优点是坯体干燥均匀，产品质量好，干燥效率高，能实现快速干燥。辊道式干燥器投资较少，维护使用也方便。现在大多数辊道式干燥器与辊道烧成窑合为一体，辊道式干燥器位于辊道烧成窑的下方，减小了占地面积，可以有效地利用烧成窑的余热。

### 2.8.2　红外线干燥技术

#### 2.8.2.1　红外线干燥原理技术及特点

红外线干燥技术越来越受到各行各业人们的重视，在干燥食品、烟草、木材、中草药、纸板、汽车、自行车、金属体烤漆等方面发挥了很大作用。此外，红外线干燥也被应用于陶瓷干燥中。由于水为非对称的极性分子，其固有振动频率和转动频率位于红外区内，故水在红外波段有强烈的吸收峰。当入射的红外线频率与物料所含湿分频率一致时，即可使分子产生激烈的共振，温度升高，水分蒸发，使物体得以干燥。

红外线穿透能力比较强，传播不需要中间介质，红外线干燥器的热效率高。红外线的穿透深度与波长为同一数量级，只能达到坯体表面的一层，因此红外线干燥适用于薄壁坯体及散粒状物料的干燥。红外线干燥不污染制品，故特别适用于施釉制品及对表面质量要求高的产品的干燥。大部分物体吸收红外线的波长范围都在远红外区，水和陶瓷坯体在远红外区也有强的吸收峰，能够强烈地吸收远红外线，产生激烈的共振现象，使坯体迅速变热而使之干燥。远红外线对被照物体的穿透深度比近、中红外线深。因此，远红外线干燥器得到了更为广泛的应用。远红外线干燥比一般的热风、电热等加热方法具有高效快干、节约能源、节省时间、使用方便、干燥均匀、占地面积小等优点，从而达到了高产、优质、低消耗的优良效果。据陶瓷厂生产实践证明，采用远红外线干燥比近红外线干燥时间可缩短一半，是热风干燥的 1/10，成坯率达 90% 以上，比近红外线干燥节电 20%～60%。

远红外线干燥器种类很多，根据加热元件的形状可分为管状、板状等。其基本结构由基体、辐射涂层、加热件及保温装置所组成。基体材料要求导热性好，辐射系数大，与红外涂料适配性能好。辐射涂层选用黑度较大的黑色金属氧化物，如 $SiC$、$SiO_2$、$Al_2O_3$ 等。可以采用等离子喷涂、火焰喷涂等将涂料涂覆在基体表面。

#### 2.8.2.2　红外线干燥器的设计

从干燥器的类型来看，有间歇式和连续式两大类。间歇式干燥器结构简单，容易改变干燥制度，这对于做实验、小批量生产、特殊产品的干燥等是好的。但劳动强度大，劳动条件差，热能消耗大，加热干燥也不容易达到均匀，从大规模生产来说，应该设计连续式干燥器。

在设计时首先考虑采用干燥的方法（热源）、干燥器的类型，然后设计干燥器的结构、尺寸。

##### 2.8.2.2.1　干燥器的大小

干燥器的大小尺寸与产量即生产任务（mg/h 或件/h）、干燥时间（h）、装料密度（mg/m³ 或件/m³）相关，还与成品率（$K$ 是小于 1 的数）有关，用公式表示为：

$$容积(m^3) = \frac{产量(kg/h) \times 干燥时间(h)}{K \times 装料密度(kg/m^3)} \tag{2-55}$$

生产任务是工厂确定的，干燥时间、装料密度和成品率结合该厂及同类型的生产经验来确定。

容积算出后，究竟要多宽、多高，设计人员就要进一步根据生产实际情况设计，然后就可以求出长度来（容积＝长×宽×高）。

##### 2.8.2.2.2 需供多少热

理论上讲，蒸发 1kg 水大约需要 600kcal❶ 热。但是，运载设备、物料本身吸热，又向炉壁外界散热等，并且水汽又不是以 0℃ 状态跑掉，所以蒸发（干燥）1kg 水不止耗 600kcal 热，陶瓷半成品的干燥，经验数据约为 1200kcal；至于其他物品的干燥，经验数据为多少，这要求设计人员深入生产实际调查研究。

每小时蒸发（干燥）的水重，可以根据每小时的产量和物料干燥前后含水量来计算，这样就可以计算出所设计干燥每小时要供多少热。

如果利用电加热产生红外线来干燥，而功率为 1kW，1h 可以发出 864kcal 热，于是就可以进一步计算出所设计的烘炉要安装多大的电功率。当然，还得加上一个安全系数或称为设备储备量。

在以上计算的基础上，还需要进一步计算辐射板的面积。从辐射传热公式可知，辐射传热面积（m²）为：

$$F = \frac{Q}{C\left[\left(\dfrac{T_{高}}{100}\right)^4 - \left(\dfrac{T_{低}}{100}\right)^4\right]} \tag{2-56}$$

式中　$Q$——需要供热总量，kcal/h（此量已由上面计算出）；

　　　$C$——辐射传热系数，约取 4.0kcal/(m²·h·K)；

　　　$T_{高}$——辐射板（元件）的表面温度，K；

　　　$T_{低}$——干燥器介质（烘道）的温度，K。

##### 2.8.2.2.3 关于远红外线辐射板面温度、涂层与被加热物件间距离问题的讨论

(1) 温度　远红外线辐射板面（管壁式）的温度，应该根据被加热干燥的不同对象而确定，目的是使之产生相适应的远红外线波长和充分利用辐射能。根据维恩（Wien）定律，单色辐射最大强度的波长 $\lambda_{max}$ 和热力学温度 $T$ 的乘积为一常数，用公式表示为 $\lambda_{max}T = 2880\mu m \cdot K$，即：

$$\lambda_{max} = \frac{2880}{T}$$

例如，辐射板面温度为 500℃（即 $T = 273 + 500 = 773K$）时，有：

$$\lambda_{max} = \frac{2880}{T} = 3.73$$

虽然在固体或液体那样紧密的物质里，由于电子从一个轨道跳到另一个轨道而产生的电荷振动有各种不同的频率，因此这些物质辐射的光谱就包括各种波长的电磁波。但是，从能量利用上应尽量地高，就是说尽量使辐射板面的辐射最大强度的波长 $\lambda_{max}$ 或接近 $\lambda_{max}$ 为所利用的远红外线波长。所以，辐射板面最高温度一般不宜超过 500℃，但温度太低也不利于辐

---

❶ 1cal＝4.1840J。

射传热。

（2）涂层　辐射表面涂层，其目的是：① 增加辐射表面的黑度 $\varepsilon$，来提高辐射板面的辐射能力；② 降低表面温度，有利于辐射出波长较长的远红外线；③ 选择不同组分的涂层料，使易于激发辐射出所需要的远红外线。

在同一温度下，以黑体（即黑体 $\varepsilon=1$）的辐射能力为最大。若以 $E_0$ 和 $E$ 分别表示黑体和某物体在同一温度下的辐射能力，则 $E/E_0=\varepsilon$ 称为该物体的黑度。所以，增加辐射表面的黑度，也就是提高辐射表面的辐射能力，即有利于辐射传热，实践已证明这一道理。例如，同样使用没有涂层的 SiC 板和金属加热管，SiC 板的使用效果就比金属管好，这是因为 SiC 板的黑度在 0.9 以上，而金属管的黑度在 0.6～0.8 之间；同样的金属管电热元件，加上表面磨光的铝反射罩的使用效果好，这是因为磨光的铝板黑度只有 0.04～0.06，把大量的能量反射给被加热物料，而吸收很少。

上面已说过，辐射表面温度愈低，最大辐射强度的波长愈长，即有利于辐射出所利用的远红外线。广州市某家用电器厂实验证明，同样表面负荷的金属电热管比较，有涂层的比没有涂层的管面温度降低约 60℃。

至于涂层的组分、制备工艺等有关问题，请参阅相关资料。

（3）距离　在烘道里，辐射传热的情况既不是一个点热源向空间的各个方向辐射传热，也不是有限值的热源面和受热面。所以，被加热物体接受辐射表面辐射出来的能量与它们之间的距离的关系，不服从"距离的平方成反比"定理。而一般来说，辐射距离对辐射换热影响不大。但是，一些工厂和单位的实践证明，辐射距离对加热效果影响是很明显的，主要原因是辐射传热表面不是连续的平面，而被加热物体的形状有些比较复杂，加上烘炉内的气体介质（气氛）对远红外线的吸收作用。因此，造成辐射距离近些，物体接受辐射能量多；反之，物体接受辐射能量就少。特别是加热的物体形状复杂，由于存在照射面和阴影面，造成物体加热不均匀，即同一物件不同部位的温度也不同，影响加热速率和质量。

从目前一些工厂和单位的实践来看，对加热形状较复杂的物体，辐射距离取 100～200mm 较适宜；对加热形状较简单的物件，辐射距离可取 50mm，甚至更小些。最好在设计前做些试验，在一个小烘炉里把加热器（或者载物板）装置成可伸缩距离的，以便调整辐射距离，确定最佳值。

（4）运载设备　目前，连续加热式干燥器上多采用辊道式、链带式或吊篮式运载装置。为了便于调试生产，运转速率应该是可调的。

为了更好地利用热能，被加热的物体在烘炉里最好经多层运转。这样，还可以减小烘炉的占地面积，使结构紧凑。例如，应用中的五层加热器，第一、三、四层为远红外线加热，第二层是利用抽热风机从第五层的冷却层抽出的热风来加热。

（5）温度控制　在使用远红外线加热干燥时，主要应控制辐射板表面的温度，以利于辐射出所希望的远红外线和辐射传热效果。目前，一些工厂在选择控温的方案上，有控制辐射表面温度的，有控制烘道气体介质温度的，也有同时控制辐射表面温度和烘道气体介质温度的。

由于供电电压的不稳定，同时烘炉的供电装置比实际耗电量大，所以要有控制输入电压的装置，才能控制辐射表面的温度（或烘炉内的温度）。有的工厂采用恒温器的动作来全断、全开电热器，动作也太频繁。有的工厂采用可控硅稳压装置或自耦变压器来调压，实现温度控制，这种方式较好，最好采用 PLC 或计算机控制。

另外，为使被加热物体两面同时均匀加热，最好上下、两侧都同时安装电热器。电热器在烘道上要考虑安装方便、更换和维修方便，电热元件的供电接线最好安置在烘道外。

### 2.8.3 微波干燥技术

正如前面所述，微波是指介于高频与远红外线之间的电磁波，波长为 0.001～1m，频率为 300～300000MHz。微波干燥是用微波照射湿坯体，电磁场方向和大小随时间作周期性变化使坯体内极性水分子随着交变的高频电场变化，使分子产生剧烈的转动，发生摩擦转化为热能，达到坯体整体均匀升温、干燥的目的。微波的穿透能力比远红外线大得多，而且频率越小，微波的半功率深度越大。微波加热设备主要由直流电源、微波管、连接波导、加热器及冷却系统等几个部分组成。微波加热器按照加热物和微波场作用的形式可分驻波场谐振加热器、行波场波导加热器、辐射型加热器、慢波型加热器等几大类。微波干燥具有穿透能力强，加热均匀快速；选择性好，比其他物料的吸热量大得多；热效率高，反应灵敏等优点。湖南某瓷业公司根据日用陶瓷的工艺特点，设计了一条日用陶瓷快速脱水干燥线用于生产中。实践证明，与传统链式干燥线相比，成坯率提高 10％以上，脱模时间从 35～45min 缩短到 5～8min，使用模具数量由 400～500 件下降至 100～120 件，微波干燥线占地面积小，生产无污染，其效率是链式干燥线的 6.5 倍，除可大量节约石膏模外，与二次快速干燥线配合使用，可以极大地降低干燥成本。

### 2.8.4 各种陶瓷所用干燥器特点

#### 2.8.4.1 建筑卫生陶瓷干燥器

（1）恒温恒湿大空间干燥 卫生洁具的坯体在微压之后水分在 18％ 左右，此时强度低，不宜搬动，一般采取就地干燥的方法。一般厂家采用锅炉蒸汽加热的方法，它的特点是燃料成本低，可以形成一定的干燥气氛。同时缺点很多，如无横向空气流动，排湿功能差，干燥时间长，无通风系统，工人工作条件差，因此比较先进的"恒温恒湿系统"被采用。这种系统不需要改变原来的生产流程、生产工艺，还可以加快干燥速率，它的另一大特点是具有强制通风功能。这一系统也存在一系列问题，如能源消耗大，参数滞后，干燥不同步等。尤其是近年来石膏模有变大趋势，那么坯体的干燥时间和要求就不一样，为了保证每一班的生产计划，石膏模的干燥成为生产计划的主要矛盾。在解决这一问题上采用密封式干燥系统，即石膏模出坯后整个成型线密封，在这个小的空间内使用小型的恒温恒湿系统。

（2）热风快速干燥 快速干燥就是干燥气氛按坯体的不同及坯体干燥程度而变化，时刻保持最佳干燥气氛，提高干燥速率。温湿度自动调节快速干燥室具有以下几个特点：① 空间小，参数调整时响应快，精确度高；② 可以根据坯体的情况，设定不同的干燥曲线；③ 计算机控制，自动化程度高，减少人为失误的因素，坯体干燥合格率高。

（3）蒸汽快速干燥 坯体出模后，沿轨道进入末端封闭的干燥室中，关闭干燥室后蒸汽沿顶部的管道直接进入密封干燥室中，蒸汽在密封干燥室中膨胀降压，湿蒸汽由密封干燥室底部的管道排出回收。它的最大优点是干燥快，合格率高。

（4）工频电干燥 将工频电（50Hz）通过坯体，由于坯体的电阻作用使得整个坯体均匀升温干燥，达到了既升温又无温度梯度的目的。工频电干燥的缺点是干燥前的准备工作很麻烦，而且它只适合单件产品干燥。

#### 2.8.4.2 墙地砖干燥

墙地砖的坯体从压机出来后一般都是由窑炉的余热来进行干燥，但随着产品的规格尺寸越来越大，最大达 1.2m×2m 甚至更大，厚度越来越大，从 8mm 增大到 60mm，靠窑炉的余热已经不能满足干燥的要求。而且随着产品高档化、色彩多样化，对窑内气氛的控制要求越来越精确和严格，用余热来干燥坯体时，干燥段的调整会引起窑内气氛的变化，甚至增加窑炉烧成燃料的消耗。于是便出现了立式干燥器、干燥窑、多层干燥窑等。

（1）立式干燥窑　它是应用比较广泛的干燥设备，占地面积小，干燥小规格的墙地砖时具有较好的效果。

（2）干燥窑　干燥窑是直接加在烧成窑之前，外观上是窑炉的一部分（称为预干燥带）或是在窑的旁边独立建造一条长宽相当的干燥窑。坯体从压机出来或施釉后出来直接进入干燥窑干燥，干燥完坯体直接进入预热带或经传动进入烧成窑进行烧成。它由热风炉、布风系统、窑体结构三个部分组成，干燥窑热利用率好的只采用烧成窑的热风基本上能满足干燥要求，有的差一点或要求干燥水分低一点的，除了用烧成窑的热风外，还需要另外加热风炉。

（3）多层干燥窑　随着技术的进步，坯体中含水率越来越低，干燥过程需将含水率从8％降低到1％，使用一般干燥窑不能达到这个目的。多层干燥窑解决了这个问题。它由窑头排队器、窑尾收集器及若干干燥单元组成，每个单元都是独立的，它们的温度、湿度、通风量单独由热风炉调节。它的优点是：足够的干燥时间；外表面积小，散热损失小；出风口贴近砖面，干燥强度高；调节温度时通风量不会受到影响，因此热风吹过砖坯表面的速度及范围都不会因温度的调整而变动，但是多层干燥窑的调控相对比较困难，特别是窑宽增加，无法保证窑内温度的均匀，引起干燥效果不一。

### 2.8.4.3　日用陶瓷干燥

日用陶瓷干燥与卫生陶瓷或墙地砖坯体的干燥不同，其特点是：① 坯体的种类繁多，数量大，尺寸小，形状复杂，变形和开裂是最常见的两种缺陷；② 生产工艺过程中一般有胶模、翻坯、修坯、接把、上釉等工序，多为流水作业。因此，日用陶瓷的干燥主要使用链式干燥器。根据链条的布置方式可分为水平多层布置干燥器、水平单层布置干燥器、垂直（立式）布置干燥器。

### 2.8.4.4　多孔陶瓷的干燥

多孔陶瓷由于具有化学稳定性好、耐热性好、孔道分布均匀等优点，具有广阔的应用前景，作为过滤材料、保温材料、环保吸声材料等被广泛应用于化工、环保、能源、冶金、电子、石油、冶炼等领域。由于多孔材料成型时含水分较多，孔隙率大，且坯体内孔壁特别薄，用传统的方法因加热不均匀极难干燥，加之这些多孔材料热导率差，其干燥过程要求特别严格，特别是用于环保汽车等方面的蜂窝陶瓷，干燥过程控制不好，易变形，影响孔隙率及比表面积。微波干燥技术已成功地应用于多孔陶瓷的干燥，能很容易地把坯体的水分从18％～25％降低到3％以下，大大缩短干燥时间、提高成品率。

## 2.9　提高陶瓷坯体干燥速率的方法

影响干燥速率的因素有：坯体的表面，干燥介质的温度、湿度、压力，干燥方式等。具体体现在传热速率、外扩散速率、内扩散速率等方面。

① 增大面积，减小厚度　在干燥过程中，水分的蒸发都是从坯体表面进行。因此，表面积越大，坯体与干燥介质传热传质就越容易进行。坯体厚则内扩散阻力大，扩散速率低，干燥速率低。

② 干燥介质的温度　干燥介质的温度越高，带给坯体的热量就越多，坯体温度高有利

于水分的蒸发。同时干燥介质温度高其相对湿度低，可以容纳更多的水分。在实际操作中，应结合坯体实际情况合理控制温度，避免出现干燥变形或开裂。

③ 干燥介质的相对湿度　干燥介质的相对湿度越低，容纳水分的能力就越强。加快干燥介质流速和提高温度可以降低其相对湿度。

④ 干燥介质的压力　干燥介质的压力高会导致水汽的冷凝，不利于水分汽化。采用减压措施可以降低干燥所需要的温度，加快干燥速率。真空干燥采用的就是这种方法。

⑤ 干燥方式　干燥方式对坯体的干燥速率影响很大，先进的干燥方法可以提高干燥速率，降低能耗。传统的对流干燥，传热速率慢，热扩散与湿扩散方向相反，大大影响干燥速率，如采用热风-红外线干燥、微波-真空干燥则可以大大提高干燥速率。

### 2.9.1　加快传热速率

在对流干燥中，热空气传给坯体的热量为：

$$Q = h(T_g - T_s)A \tag{2-57}$$

式中　$Q$——干燥介质传给坯体的热量，kJ/h；

$T_s$——湿物料表面温度，℃；

$T_g$——热空气的温度，℃；

$A$——对流传热面积，m²；

$h$——对流传热系数，kJ/(m²·h·℃)。

为加快传热速率，应采取以下方法。① 提高干燥介质温度。如提高干燥窑中的热气体温度，增加热风炉等。如果坯体表面温度升高太快，表面温度迅速提高，使坯体内外湿分浓度差过大，会产生内外应力，导致开裂。② 增加传热面积。如改单面干燥为双面干燥，分层码坯或减少码坯层数，增加与热气体接触面。③ 提高对流传热系数。常用的方法是增大干燥介质对于物料的流速，减薄流体边界层厚度等。对流传热系数与边界层有关，边界层越薄，对流传热系数越大。同时对流传热系数 $\alpha$ 与气体流速的 0.8 次方成正比，增加气体流速，可加快传热过程。

### 2.9.2　提高外扩散速率

当干燥处于等速干燥阶段时，也即外部条件控制阶段，干燥速率主要取决于外扩散阻力。因此，降低外扩散阻力，提高外扩散速率，可以缩短整个干燥周期。外扩散阻力主要发生在边界层里，外扩散属于对流传质，故外扩散速率为：

$$U_{外} = \alpha_d(c_s - c_f) \tag{2-58}$$

式中　$U_{外}$——水汽的外扩散速率，kg/(m²·h)；

$c_s$、$c_f$——坯体表面和干燥介质的水汽浓度，kg/m³；

$\alpha_d$——对流传质系数，$\alpha_d = \alpha/(\rho C)$；

$\alpha$——对流传热系数，kJ/(m²·h·K)；

$\rho$——空气密度，kg/m³；

$C$——空气比热容，kJ/(kg·K)。

由式(2-58)可知，要提高外扩散速率，应做到：① 增大介质流速，减薄边界层厚度等，提高对流传热系数，同时也可提高对流传质系数，有利于提高干燥速率；② 降低介质的相对湿度，增加传质面积，亦可提高干燥速率。

### 2.9.3　提高水分的内扩散速率

水分的内扩散速率是由湿扩散和热扩散共同作用的。湿扩散是物料中由于湿度梯度引起的水分移动，热扩散是物理中存在温度梯度而引起的水分移动。

（1）湿扩散　由坯体中存在的湿度梯度产生的湿分的迁移现象，称为湿扩散。其迁移的动力主要有扩散渗透力和毛细管力的作用。水分多时以液态扩散为主，水分少时以气态扩散为主。

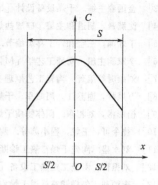

图 2-9 为坯体双面干燥时内部水分的分布。坯体厚度为 $S$、$C$ 为等速阶段某一时刻的水分分布，其形状为一抛物线。随着水分的不断排除，曲线不断下移，逐渐接近干燥成品湿分的最终含量。此时坯体表面的湿度梯度为其平均湿度梯度的 2 倍。

图 2-9　坯体双面干燥时
内部水分的分布

由扩散基本定律可知，单位时间内从单位表面上蒸发的水分质量与表面的湿度梯度成正比。因此可以推算出，当坯体中仅存在湿度梯度的场合，单位时间内，从单位表面上蒸发出来的水分质量为：

$$U_m = -DG_d \frac{\mathrm{d}u}{\mathrm{d}t} = \frac{4DG_d(U_中 - U_表)}{S} \tag{2-59}$$

式中　$G_d$——绝干物料的质量；

$U_中$、$U_表$——物料中心处与表面处的绝对水分；

　　　$D$——水分的湿扩散系数；

　　　$S$——坯体厚度。

由上述分析可知，水分的内扩散速率与坯体的厚度 $S$ 成反比，坯体越薄越有利于提高干燥速率。

（2）热扩散　热扩散是指物料中存在温度梯度而引起的水分移动。产生该现象的原因有：① 高温处水分子的动能大，水分容易向低温处扩散；② 毛细管中高温处水的表面张力低于低温处，产生压差。水分沿毛细管从高温处迁移到低温处。热扩散引起的水分移动速率为：

$$U_h = -DG_d\delta \frac{\mathrm{d}t}{\mathrm{d}x} \tag{2-60}$$

式中，$\delta$ 为热扩散系数，$K^{-1}$。

内扩散是由湿扩散与热扩散引起的，其速率为湿扩散速率与热扩散速率之和。

$$U_内 = U_m + U_h = -DG_d \left( \frac{\mathrm{d}u}{\mathrm{d}t} \pm \delta \frac{\mathrm{d}t}{\mathrm{d}x} \right) \tag{2-61}$$

当热扩散的方向与湿扩散的方向一致时，式（2-59）括号内取正号，反之取负号。

提高水分的内扩散速率应做到：① 使热扩散与湿扩散方向一致，即设法使物料中心温度高于表面温度，如远红外加热方式、微波加热方式；② 当热扩散与湿扩散方向一致时，强化传热，提高物料中的温度梯度，当两者相反时，加强温度梯度虽然扩大了热扩散的阻力，但可以增强传热，物料温度提高，湿扩散得以增强，故能加快干燥；③ 减薄坯体厚度，变单面干燥为双面干燥；④ 降低介质的总压力，有利于提高湿扩散系数，从而提高湿扩散速率；⑤ 其他坯体性质和形状等方面的因素。

## 参 考 文 献

[1]　昌友权主编. 化工原理 [M]. 北京：中国计量出版社，2006.

[2]　刘相东，于才渊，周德仁主编. 常用工业干燥设备及应用 [M]. 北京：化学工业出版社，2005.

［3］ 金国森主编. 干燥设备设计 ［M］. 上海：上海科学技术出版社，1983.

［4］ 沈慧贤，胡道和主编. 硅酸盐热工工程 ［M］. 武汉：武汉工业大学出版社，1990.

［5］ 于才渊，王宝和，王喜忠编著. 干燥装置设计手册 ［M］. 北京：化学工业出版社，2005.

［6］ 李家驹主编. 陶瓷工艺学 ［M］. 北京：中国轻工业出版社，2001.

［7］ 刘康时等编著. 陶瓷工艺原理 ［M］. 广州：华南理工大学出版社，1990.

［8］ 万凤岭，谢苏江，周昭军. 干燥设备的现状及发展趋势 ［J］. 化工装备技术，2006，27 （1）：10-12.

［9］ 杨彬彬，刘相东. 固体物质干燥过程中的湿分传递理论进展 ［J］. 通用机械，2004，（2）：70-72.

［10］ 曾令可，王慧，程小苏等. 陶瓷工业干燥技术和设备 ［J］. 山东陶瓷，2002，126 （1）：14-18.

［11］ 刘永盛. 陶瓷干燥窑热工诊断专家系统 ［D］. 哈尔滨：哈尔滨工程大学硕士毕业论文，2003：11-15.

［12］ 刘振群. 陶瓷工业热工设备 ［M］. 北京：中国轻工业出版社，1982.

［13］ 李西利. 怎样调整隧道干燥室的干燥制度 ［J］. 砖瓦，2006，（1）：79.

［14］ 曾令可，罗民华，黄浪欢. 微波干燥陶瓷产品产生变形、开裂原因和解决方法及其与传统干燥的比较 ［J］. 陶瓷学报，2001，（4）：254-258.

［15］ 陈常贵，柴诚敬，姚玉英. 化工原理（下册）［M］. 天津：天津大学出版社，2000.

［16］ 金国森. 干燥设备 ［M］. 北京：化学工业出版社，2002.

［17］ 孙晋涛. 硅酸盐工业热工基础 ［M］. 武汉：武汉理工大学出版社，1992.

# 第3章　陶瓷坯体干燥过程的计算机模拟

陶瓷坯体干燥对于陶瓷烧成有着举足轻重的作用，也对能耗产生较大影响。影响陶瓷坯体干燥的因素众多，为了探讨陶瓷干燥器及其内在的影响因素，陶瓷工作者对此做出了很大努力，常对陶瓷干燥的一些参数进行测试比较，从而判断出干燥器存在的问题及效率。尽管如此，并没有很好地对陶瓷干燥器进行全面的分析。随着计算机技术的飞速发展，采用计算机模拟陶瓷干燥过程已经成为研究陶瓷干燥的重要手段，它能更直观地揭示陶瓷干燥器中的各个因素之间的相互关系及其对陶瓷干燥过程的影响。

## 3.1　干燥的动力学模型

干燥是一个非常复杂的传热传质过程，其理论发展至今还不够完善，但通过大量研究，已经给出了许多经验、半经验和理论模型。从最初的经验模型如指数模型到具有一定理论基础的牛顿冷却模型、热传导扩散模型逐渐到多孔介质的 Krischer 模型，最后发展到比较完善的 Luikov 模型。目前常用的干燥动力学模型有以下几种。

(1) 指数模型及其改进形式　由于干燥曲线外形形似一条指数曲线，所以人们便以指数函数来近似替代干燥曲线。

Lewis（1929 年）模拟牛顿冷却定律得到了相同的指数模型。

$$MR = \frac{M - M_e}{M_0 - M_e} = \exp(-kt) \tag{3-1}$$

式中，$MR$ 为水分比；$M$ 为平均含水率，%；$M_e$ 为平衡含水率，%；$M_0$ 为初始含水率，%；$t$ 为干燥时间，min；$k$ 为常数。

指数模型忽略湿组分移动的内部阻力，仅考虑表面阻力，是一个典型的半经验半理论模型。考虑平衡含水率与湿物料的种类、干燥方法和工艺参数的相关性，在此模型基础上加以改进。引入系数对指数方程进行修正，得到了一系列模型，其中最典型也是最常用的有：

Page 方程　　　　　　　　$MR = \exp(-kt^n)$ \tag{3-2}

Sabbet 方程　　　　　　　$MR = \exp[(-kt)^n]$ \tag{3-3}

式中，$k$ 为系数；$n$ 为常数。

(2) 扩散模型　20 世纪 70 年代左右，许多学者用菲克(Fick)扩散定律模拟干燥过程，最初都是从简单、规则的几何形状如球形、平板等出发。再作一系列简化假设，如初始含水率均匀、扩散系数为常数、忽略物料收缩等，逐步过渡到采用有限差分或有限元法等数值技术对非规则形状及多组元物料进行干燥研究。同时，认为扩散系数与干燥介质的温度、物料含水率有关。

如果假定干燥过程的驱动力是扩散力，对于具有规则几何形状如球形、有限长圆柱体、无限长圆柱体平板建立扩散方程，其一般形式为：

$$\frac{\partial c}{\partial t} = \nabla (D \nabla C) \tag{3-4}$$

式中，$c$ 为水分浓度；$D$ 为水分扩散系数。

这种复杂的模型更接近实际，能较好地预测物料的含水率及温度随时间的变化规律。在一定程度上，它使得干燥机理的研究上升到理论的高度。目前，扩散方程已广泛应用于物料的干燥研究。但上述方程也有不完善之处，它没有指明湿组分扩散适宜以液体还是以蒸汽形式移动。通常都是假定水分是以液体形式扩散的。

（3）Luikov 方程　以俄罗斯学者 Luikov 为首的学派从非平衡热力学出发，根据能量和质量守恒的原理，在考虑了众多势差及其相互间影响作用的基础上，提出了描述多孔介质内部的传热传质过程的非平衡热力学模型。该方法不仅给出了干燥过程中瞬时热质和动能传递方程，而且不涉及多孔介质内部传热传质机理和发生的具体过程，而只考虑了使热质迁移的各种流和力之间的关系和交叉效应，它是迄今为止最为完善的理论模型。

$$\frac{\partial M}{\partial t} = \nabla^2 K_{11} M + \nabla^2 K_{12} T + \nabla^2 K_{13} p \tag{3-5}$$

$$\frac{\partial T}{\partial t} = \nabla^2 K_{21} M + \nabla^2 K_{22} T + \nabla^2 K_{23} p \tag{3-6}$$

$$\frac{\partial P}{\partial t} = \nabla^2 K_{31} M + \nabla^2 K_{32} T + \nabla^2 K_{33} p \tag{3-7}$$

式中，$K_{11}$、$K_{22}$、$K_{33}$ 为唯象系数，其值与温度（$T$, ℃）、含水率（$M$,%）和压力（$p$，Pa）有关，$\nabla^2 = \frac{\partial^2}{\partial x^2} + \frac{\partial^2}{\partial y^2} + \frac{\partial^2}{\partial z^2}$ 称为拉普拉斯算子。

由于压力梯度产生的水分流动，只有当温度很高时才显著，如果该温度大大超过物料干燥使用的温度，压力项可忽略不计，故而 Luikov 方程变成：

$$\frac{\partial M}{\partial t} = \nabla^2 K_{11} M + \nabla^2 K_{12} T \tag{3-8}$$

$$\frac{\partial T}{\partial t} = \nabla^2 K_{21} M + \nabla^2 K_{22} T \tag{3-9}$$

如果不考虑干燥中温度与水分的耦合效应，上式可以简化为：

$$\frac{\partial M}{\partial t} = \nabla^2 K_{11} M \tag{3-10}$$

$$\frac{\partial T}{\partial t} = \nabla^2 K_{22} T \tag{3-11}$$

如果由温度梯度产生的水分变化很小，干燥温度梯度也可以不考虑。因而 Luikov 方程最终简化为：

$$\frac{\partial M}{\partial t} = \nabla^2 K_{11} M = K_{11} \left( \frac{\partial^2 M}{\partial x^2} + \frac{\partial^2 M}{\partial y^2} + \frac{\partial^2 M}{\partial z^2} \right) \tag{3-12}$$

如果物料内部水分的转移主要是靠液态扩散或气态扩散，则系数 $K_{11}$ 可以用扩散系数 $D$ 来代替，因此，方程变成：

$$\frac{\partial M}{\partial t} = \nabla^2 D M \tag{3-13}$$

此方程即为扩散模型。式中，$D = A\exp\left[ C - (B/\theta_{abs}) \right]$，$\theta_{abs}$ 为热力学温度，$A$、$B$、$C$ 的值取决于被干燥物料类型。所以，$D$ 不仅与物性有关，而且与干燥介质温度、风速等因素有关。如果假定湿组分扩散阻力主要位于颗粒表面，单项便足以准确表示扩散方程；如果假定阻力遍布整个颗粒，则两项、三项甚至更多项才能代表扩散模型。由此派生出以下两个公式。

单项指数模型（对数模型）    $MR = A\exp(-Bt)$                         (3-14)

两项指数模型         $MR = A\exp(-Bt) + C\exp(-Dt)$          (3-15)

由于方程组及其边界条件非常复杂，至今不能直接求解。即使在作了一系列近似假设后求解仍很复杂。这就大大地限制了其推广应用。

总结目前国内外干燥理论的研究成果，干燥模型主要分为以下几种：液态扩散模型、气态扩散模型、非平衡热力学模型和毛细管模型，见表 3-1。

**表 3-1   模型的种类**

| 模型名称 | 模型 |
| --- | --- |
| 牛顿 | $MR = \exp(-kt)$ |
| Page | $MR = \exp(-kt^n)$ |
| Modified Page | $MR = \exp[-(kt)^n]$ |
| Henderson and Pabis | $MR = a\exp(-kt)$ |
| Logaritmic | $MR = a\exp(-kt) + c$ |
| Two term | $MR = a\exp(-k_0 t) + b\exp(-k_1 t)$ |
| Two term exponential | $MR = a\exp(-kt) + (1-a)\exp(-kat)$ |
| Wang and Singh | $MR = 1 + at + bt^2$ |
| Thompson | $t = a\ln(MR) + b[\ln(MR)]^2$ |
| Diffusion approximation | $MR = a\exp(-kt) + (1-a)\exp(-kbt)$ |
| Verma et al | $MR = a\exp(-kt) + (1-a)\exp(-gt)$ |
| Modified Henderson and Pabis | $MR = a\exp(-kt) + b\exp(-gt) + c\exp(-ht)$ |
| Midilli et al | $MR = a\exp(-kt) + bt$ |

# 3.2   干燥的温度数学模型

干燥可以按照温度的不同分为等温模型和非等温模型。

## 3.2.1   等温模型

此类模型假设：干燥过程中物料内的空间各点温度相等，不考虑物料内的温度梯度及其对水分迁移的作用。建立此类模型的人认为：由于物料的热扩散系数比其质量扩散系数大得多，因此，在物料温度变化以后，与水分扩散所消耗的时间相比，其内部各点的温度会很快趋于相等，即使在物料内存在一个小的温度梯度，也不会显著地影响质量扩散系数。按照建模者所采用的物料内水分运动的方式，此类模型可大致分为：扩散型模型和扩散-渗透型模型。

等温扩散模型主要采用菲克扩散定律作为建模的基本方程。它将干燥过程中物料内水分的迁移都单纯地看成一种分子扩散传递，并且只是与水分有关的单一驱动力作用的结果。建立此种模型者认为：在物料低于水的沸点的干燥过程中，扩散控制着整个含水量范围内水分的运动。因此，干燥可以作为扩散现象被准确地模拟。不论水分的运动是只包括吸着水和水蒸气，还是也包括自由水，都可以采用这种方式。基于这种观点所建立的模型较多，但按照所采用的物料内水分运动的驱动力不同，这类模型可大致分为以下几种：浓度（或含水量）

梯度模型、水蒸气分压力梯度模型、化学势模型、水分势能模型和扩散压力梯度模型等。

### 3.2.1.1 浓度梯度（或含水量梯度）模型

浓度梯度是分子扩散的驱动力。在浓度梯度的作用下，物料中的水分（包括自由水、吸着水和水蒸气）自发地由浓度大的地方向浓度小的地方迁移，从而形成分子扩散。此类比较有代表性的模型有：H. Mounji 等人的三维非稳态水分传递数值模型和 Kirk C. Nadler 等人的一维非稳态水分传递模型。

（1）H. Mounji 等人的非稳态三维等温数学模型（1991 年）　根据菲克非稳态扩散方程，采用有限差分的方法，通过研究物料的吸湿和解吸过程，建立了在整个含水量范围的三维等温非稳态数学模型。该模型考虑了沿着物料三个主轴方向水分的扩散及物料表面水分的蒸发。其假设：物料表面水分蒸发速率正比于表面上水蒸气的实际浓度与和周围环境相平衡的蒸汽浓度的差值，也等于水分向蒸发表面的扩散速率。所采用的由实验得到的三个主轴扩散系数在整个过程中为常数，并且该系数在吸湿阶段和解吸阶段相同。物料干燥时周围环境的相对湿度不变，忽略干燥阶段物料尺寸的变化。在开始吸湿阶段，表面含水量达到它的平衡值，干燥过程由物料内水分的扩散和表面水分的蒸发来控制。根据这些假设，在均匀和非均匀初始浓度两种情况下对模型进行了验证后认为：该模型不但能够预测干燥势，而且还能预测试件内部的水分浓度分布随着时间的变化。模型分析结果与实验验证结果取得了较好的一致性。

（2）Kirk C. Nadler 等人的非稳态一维等温水分传递模型（1985 年）　将物料干燥作为一种质量传递过程来研究。根据菲克非稳态扩散方程，建立了整个含水量范围的非稳态一维等温水分传递模型。

在物料低于水的沸点的干燥过程中，扩散控制着整个含水量范围内水分的运动。因此，干燥可以作为扩散现象被准确地模拟。不论水分的运动是只包括吸着水和水蒸气，还是也包括自由水，都可以采用这种方式。

在普通的不可渗透的物料中，自由水的流动受到限制，利用扩散现象来描述是特别真实的。他们在模型中采用了等温条件。

由于物料的热扩散系数要比其质量扩散系数大得多，因此，在窑炉内温度变化以后，与水分扩散所消耗的时间相比，物料内的温度会很快地趋于相等。即使在物料内存在一个小的温度梯度，也不会显著地影响质量扩散系数。在模型中，也考虑到物料表面水分蒸发的阻力。在物料干燥过程中的很多情况下，表面阻力是比较显著的。因此假设：在物料表面和与表面临近的空气薄膜之间存在着平衡，从薄膜到主气流所发生的水分迁移依赖于薄膜的质量传递。为了利用模型对干燥过程进行模拟，优化设计了影响干燥过程的几个独立变量，如空气温度、相对湿度及空气流速等，并考虑了各变量之间的关系。建立了类似于实际干燥窑内存在的求解模型的边界条件。根据模拟结果，对干燥过程进行了分析和讨论，并将模拟结果与实验验证结果进行了比较。得出从实际和定性观点看模型能够很好地分析和提示有关物料干燥过程的信息，它能够提供窑内各种干燥条件下干燥的结果，对于建立和评价干燥基准是有用的。

（3）Collignan 一维非稳态干燥模型　Collignan 等人（1993 年）建立了一维物料干燥模型。该模型将干燥动力学的宏观与相应的内部含水量场结合起来。设计物料干燥窑一般都需要一个简单逼真的水分传递模型。根据物料热质传递的分析可以建立这样一种模型。通常，人们只采用干燥动力方程来描述物料的干燥，而没有考虑物料内部的含水量场。他们假设：水分运动的驱动力是表面含水量和平衡含水量之间的差值，在每个干燥阶段干燥空气参数保持不变。根据模型，描述了干燥过程中物料内部的含水量分布和建立干燥动力曲线的方法，计算了含水量分布和形成一定含水量梯度所需的时间；并对模型进行了实验验证，得出该模型能够正确地描述窑内物料的干燥过程，验证新的或常用的干燥基准和计算干燥时间。

另外，Moschle 和 Martin（1968 年）根据菲克方程提出了一个简单的扩散模型；Claxton（1996 年）根据菲克方程描述了将扩散作用与作为在物料表面和周围空气之间蒸汽压差函数的蒸发过程相联系的简单模型；Pukhov（1964 年）建立了将扩散与蒸发结合起来的模型；Pukhov 利用菲克方程来描述扩散，并且也考虑到空气流速对蒸发的影响；Hart（1977 年）在所建立的预测物料水分分布的模型中，将菲克扩散与蒸发结合起来。

### 3.2.1.2 蒸汽分压力梯度模型

建立此类模型的人认为，利用菲克方程描述吸着水的扩散或吸着水与水蒸气的扩散在两方面是无效的：①菲克方程适用于理想溶液或理想气体混合物；②即使在理想系统内，它们只局限于等温条件下。这里所说的理想系统是指：它们可以用理想气体状态方程 $PV = nRT$ 来描述，或者相应于溶液的方程 $\pi V = nRT$ 描述（此处 $\pi$ 为渗透压力）。由于 $n/V$ 是浓度，在这样的系统中，在等温条件下，浓度与压力成正比。并且，浓度梯度与分压力梯度成正比；或对于溶液来说，与渗透压力梯度成正比。由于扩散是压力梯度引起的质量传递，在压力梯度和浓度梯度之间的直接关系将允许采用建立在浓度梯度基础上的菲克方程，但只能是在理想等温系统情况下。

### 3.2.1.3 等温扩散-渗透模型

建立此类模型的人认为单纯分子扩散型模型没有考虑由于毛细作用引起的自由水的传递，对于一个实际的干燥过程来说，物料内水分运动应是由扩散和毛细流共同作用的结果。毛细流在干燥过程的早期阶段是非常重要的。目前比较有代表性的模型如下。

（1）Bramhall 模型 George Bramhall（1979 年）采用蒸汽压力梯度作为水分运动的驱动力，建立了包括自由水在内的在整个含水量范围的非等温一维物料干燥模型。该模型包括与物料内水分运动有关的各种过程：通过边界层物料表面与干燥介质之间进行的传热；物料内的导热；由蒸汽压力梯度引起的吸着水的扩散；由张力而引起的毛细流；由扩散和蒸发引起的潜热的传递。根据实验确定了包括毛细流方程和系数、水分扩散系数和含水量之间的关系，又根据干燥速率计算了边界层的热量和水分传递系数。认为该模型为人们了解涉及物料内水分运动的物理过程提供了最好信息。在较宽的范围内，模型能够相当精确地预测物料干燥时的平均含水量。由于采用了蒸汽压力梯度作为扩散的驱动力，使得该模型可用于非等温条件和整个含水量范围。

（2）Fortin 模型 Fortin（1979 年）提出了基于水势概念的等温物料干燥模型。在此基础上，A. Cloutier 等人（1992 年、1993 年）建立了等温物料干燥的二维有限元模型和干燥过程中物料内等温水分运动模型。在这些模型中，采用水势的概念来表示物料内的水分，并假设水势梯度是物料内水分运动的唯一驱动力。将水势看成是对物料内水分产生作用的各种力场分别贡献的总和，其中包括由毛细管力和吸附力综合作用而引起的基体势，及由水分中溶液的存在而引起的渗透势、压力势和组分势等。认为物料干燥时水分运动由扩散类型方程的正确描述已被大家所了解，但是驱动力的选择仍然是一个有争议的问题。直到最近，非常普通的方法是打算使用含水量梯度作为驱动力来模拟物料中吸附水或自由水的运动。然而，由 Babbitt（1950 年）提出的采用势函数作为驱动力的基本方法在最近十年中得到普遍认可，即要么采用化学势梯度作为驱动力，要么采用水势梯度作为驱动力。从理论上讲，水势概念可以用于吸着水和自由水，因此，水势梯度可以作为整个含水量范围内水分运动的驱动力。

### 3.2.2 非等温模型

同等温模型一样，该模型也将干燥过程中物料内水分的迁移都单纯地看成是一种分子扩散传递，但是它考虑了物料内的温度梯度及其对水分迁移的作用。由 Voight、Babbitt 和 Choong 进行的一些实验表明，在物料中由于温度梯度的存在而引起的水分迁移大多是非常有意义的。在物料干燥的初始阶段，物料内部较大的温度梯度对于水分的迁移起到了一定阻碍作用。

#### 3.2.2.1 热质耦合传递模型

在许多材料热处理过程中，耦合的热质传递现象是非常普遍的。许多学者认为：了解材料内的热质促进生产传递规律、掌握材料内温度和水分分布的状况，对于材料的质量评定、储存和加工以及设备和过程设计都具有巨大的实际意义。

近年来，对于物料内热质耦合传递的分析成为干燥行业许多科研人员的重点研究项目。很多分析都作出了下面列出的一个或几个机理假设：扩散、毛细管力和蒸发-冷凝，或者采用不可逆热力学的概念来分析热质耦合传递现象（Fortes 和 Ohos，1981 年）。

此类模型考虑了热质传递时的交叉效应，采用化学势或水势作为物料内水分运动的驱动力。按其所采用的驱动力的不同，此类模型可大致分为五种。

（1）Luikov 模型　Luikov（1975 年）根据不可逆热力学和水势概念提出了物料内热质耦合传递方程。Thomase 等人（1980 年）和 Iradayaraj 等人（1990 年）认为：在物料内热质传递之间的相互关系，可以用 Luikov（1966 年）的不可逆热力学方法建立的耦合系统的偏微分方程来描述。虽然 Krisher（1963 年）、Philip 和 De Vries（1957 年）也独自提出了 Luikov 类型的微分方程组，但由 Luikov 完成了关键性理论和许多物料的参数值的确定等重要工作。而且，其结果呈现出能较好地模拟物料干燥过程中的物理过程。因此，许多学者利用 Luikov 方程，采用水势概念和有限元等数值方法，分别建立了各自的物料干燥热质耦合传递模型。在模型中，采用两个比例系数：导湿系数和热梯度系数。传热被假设为是由单纯的导热和由于相变引起的传热二者之和。对于没有对流质量传递的情况（在物料内总的压力梯度为零），假设水分运动是由于水势梯度和温度梯度作用的结果。

（2）Thomas 模型　Thomas 等人（1980 年）根据 Luikov 方程，采用水势概念和有限元数值方法，建立了物料干燥热质耦合传递模型。认为：物料中的热质传递是一种耦合现象，这种现象可以借助于 Luikov（1966 年）提出的偏微分方程组来描述，并且应该采用有效的数值方法（如有限元法）来求解这组方程。还指出：对于干燥引起的物料内部应力的分析可划分为两个不同的阶段，首先必须计算物料内热质传递势的分布，然后建立干燥应力模型。根据模型对干燥过程中物料内热质传递进行了计算，并通过实验验证了计算结果，分析了二者的差别。

（3）Irudararai 模型　Irudararai 等人（1990 年）根据 Luikov（1966 年）方程，采用水势概念和有限元数值方法，建立了非线性二维物料干燥热质耦合传递模型。在模型中，将扩散系数、热容量、热导率和扩散比例系数作为变量。根据模型计算结果认为：在干燥的初始阶段，表面温度和快速增加是由于高的初始温度梯度引起的，热导率控制边界层内的传热速率。还与其他模型进行了比较，认为吻合性较好。

（4）Dongshan 模型 Dongshan Zhang 等人（1992 年）采用有限元方法和 Luikov 方程，建立了描述多孔体内热质耦合传递规律的数学模型。他们认为：在多孔体内，如果能够确定耦合的温度场和含水量场，就可以进一步分析由温度和含水量梯度引起的干燥应力（这个温度和含水量梯度是热质耦合传递的结果）。根据模型对物料对流干燥过程中的热质耦合传递进行了模拟，并与前人研究结果进行了比较，认为有较好的吻合。

（5）Siau 模型 Briggs（1967 年）根据化学势提出了物料内非等温扩散模型，并且在此基础上提出了以索瑞特势（由热扩散引起的）和化学势（由水蒸气压力梯度引起的）为驱动力的非等温扩散模型。

Skaar 和 Siau（1980 年）根据激活水分子梯度导出了物料内水分非等温扩散模型，并且 Siau 和 Babiak（1983 年）将该模型用于非等温实验。Siau（1985 年）根据化学势梯度提出了可替换模型。与 Skaar 和 Siau 提出的模型相一致，Siau 和 Jin（1985 年），Avramidis 等人（1986 年），Avramidis 和 Siau（1987 年）在一系列非等温水分扩散实验中利用 Briggs（1967 年）模型计算了水分通量。根据这两个模型计算的通量与实验结果吻合较好，特别是在较低的相对湿度和含水量的情况下。Siau（1992 年）根据水分梯度提出了热质耦合传递模型，并认为：这个模型能够比较各模型中热扩散的相对重要性。

### 3.2.2.2　多组分模型（Whitaker 模型）

Whitaker（1977 年）提出：对于液态水、水蒸气和气体混合物（水蒸气和空气）可以写出一个守恒关系，也可以写出考虑到系统中每种组分贡献的能量平衡方程。在宏观上描述的多组分相互作用在整个有代表性的控制容积内被平均。然后，得到利用不同传输系数和驱动力描述的不同组分通量的宏观方程组。总的压力梯度被看成是气体混合物的驱动力，液体内的压力梯度被看成是液相的驱动力，利用气体混合物通量的蒸汽组分加上描述在蒸汽浓度梯度的作用下水蒸气的扩散项而得到的水蒸气通量。这种方法被几个学者（Plumb 等人；Ben Nasrallah Perre；Perre Mallet）所应用。

多组分模型主要有以下几种。

（1）Plumb 模型 Plumb 等人（1985 年）根据 Whitaker 理论建立了干燥过程中物料一维热质传递模型。模型中包括了由毛细作用和扩散引起的液体传递。采用有限差分的数值方法进行了求解，并对求解结果进行了实验验证。采用 γ 射线测定了干燥过程中物料内的水分分布和干燥速率。认为：如果能够得到比较准确的物料渗透率的数值，模型就能够很好地预测干燥速率和含水量分布。如果所采用的渗透率的数值是不正确的，或者忽略了毛细传输，那么，由模型预测的干燥速率将是没有代表性的。并且，该模型依赖于作为表面含水量函数的对流质量传递系数。

（2）Nasrallah 模型 Ben Nasrallah 和 Perre（1988 年）根据 Whitaker 理论建立了多孔介质热质传递模型。在模型中考虑了在沸点以下多孔体内气体压力对水分传递的作用。在一维情况下，采用有限差分方法对模型进行了数值求解。根据模型计算了物料干燥时的温度、含水量和压力分布以及干燥速率，并实验验证了计算结果和模型的灵敏性后认为：模型对渗透性和有效扩散系数是敏感的；在界面上，干燥主要由对流换热系数来控制。界面对质量传递的阻力可以忽略，特别是在平衡温度增加时，更可以这样认为。当气体渗透率很低时，把气相总压力也考虑到了影响液体迁移及蒸汽扩散的因素中。

（3）Ouelhazi 模型 N. Ouelhazi 等人（1992 年）采用 Whitaker 理论建立了物料干燥

模型。在模型中考虑了低于沸点的物料干燥过程中物料内部气压对水分迁移的作用，还考虑了毛细作用、扩散等物理现象。假设多孔介质是连续的，湿度、温度和气压为三种主要变量。根据模型对物料干燥的一维和二维热质传递情况进行了模拟，给出了物料内随时间变化的湿度场、温度场和压力场。

（4）Perre 模型　Perre 和 Moyne（1991 年）建立了多孔体热质传递模型，模拟了物料的高温对流干燥，并考虑了物料内部压力对水分迁移的作用，还考虑了毛细流、气体扩散、导热、吸着水的迁移和引起传质的压力。

目前，对于建立干燥模型以及模型的应用有两个主要的障碍：①定量表示干燥速率、水分分布和温度分布的详细实验数据十分缺乏；②对于干燥过程中热质传递特性，人们仍然缺乏深入的了解。另外，很多研究要么只涉及影响物料表面水分蒸发的外部因素，要么只涉及引起水分从物料内部向表面迁移的内部因素，只有很少的研究考虑到内部因素与外部因素之间的相互联系以及由于它们的共同作用而对物料干燥过程的影响效果。并且，很多研究集中在占整个含水量范围很小部分的吸着水上，而没有考虑到整个含水量范围内水分的迁移。

因此，目前许多干燥过程数学模型的研究工作都重点放在以下几个方面：

① 测定物料表面热质传递系数以及它们与干燥介质的温度、相对湿度和流速之间的关系；

② 确定物料内部水分扩散系数与温度、物料种类及含水量之间的关系；

③ 研究各种干燥条件下物料内部的温度分布和含水量分布的规律；

④ 利用数值方法建立物料干燥过程的动态数学模型。

### 3.2.3　数值模拟中有关参数的选取

（1）物料的堆积密度　随着干燥过程的进行，物料中的水分蒸发、温度升高，物料堆积密度将随着干燥过程的进行而发生变化。如果能知道物料堆积密度随其温度或含水量或时间的变化规律，则模拟结果将更加精确。

（2）空气的密度　空气在干燥过程中，不断放出热量、吸收从物料中蒸发出来的水蒸气，从而湿度不断增加、温度逐渐降低。从而导致空气密度也随之发生变化。空气密度随其温度的变化，可以用下式来表示：

$$\rho_t = \frac{\rho_0}{1 + \beta t} \tag{3-16}$$

式中　$t$——空气温度，℃；

$\qquad \beta$——系数，$\beta = 273$；

$\qquad \rho_0$——0℃时空气的密度，$kg/m^3$；

$\qquad \rho_t$——$t$℃时空气的密度，$kg/m^3$。

（3）热空气流速　热空气流速指的是表观速度，即：

$$\omega_a = \frac{V_s}{A_b} \tag{3-17}$$

式中　$V_s$——流体的体积流量，$m^3/s$；

$\qquad A_b$——层的横截面积，$m^2$。

从上式可以看出，热空气的流速是人为控制的，随着干燥过程的进行，它并不发生变化。

（4）孔隙率　随着干燥过程的进行，物料的含水量逐渐减少，孔隙率也将发生一定的变化，但是变化量很小。

（5）干物料的比热容 干物料的比热容也随干燥过程的进行有所变化，按下式进行计算：

$$C_p = \left( 1.361 + 3.97\frac{M}{1+M} \right) \times 10^3 \tag{3-18}$$

式中，$M$ 为干物料的质量。

（6）汽化潜热 汽化潜热取为空气温度和物料含水量的函数，按下式计算：

$$h_{fg} = (2502.2 - 2.39T)(1 + 1.2925e^{-16.981M}) \times 10^3 \tag{3-19}$$

式中，$M$ 为物料的质量；$T$ 为物料的温度；e 为自然对数。

（7）物料的平衡含水量 湿物料的表面具有一定的水蒸气压力，该水蒸气分压用 $p_M$ 表示。$p_M$ 的大小与物料的温度和含水量有关。将物料置于水蒸气分压为 $p_A$ 的空气中，那么，两者将发生作用，这要看 $p_M$ 与 $p_A$ 的大小，即要看二者的压差，从而决定物料是放出水分，还是吸收水分：

① 当 $p_M > p_A$ 时，物料中的水分将逐渐向空气中扩散，物料的含水量下降；

② 当 $p_M < p_A$ 时，空气中的水蒸气分子将被物料表面吸收，导致物料含水量增加。

在经过一定的时间后，物料表面水蒸气的分压 $p_M$ 与空气中水蒸气分压 $p_A$ 相等时，则物料的含水量达到一个定值。更确切地说，物料从空气中吸收的水分与它放出到空气中的水分相等，物料含水量处于动态平衡之中。将该状态下的物料含水量称为物料的平衡含水量。

物料的平衡含水量（kg 水/kg 干物质）可以按照经验式进行计算，按下式计算：

$$M = \frac{1}{100}\left[ -\frac{\ln(1-H)}{8.6541 \times 10^{-5}(T+49.81)} \right]^{1/1.8634} \tag{3-20}$$

（8）对流传热系数 对流传热系数取为空气密度和流速的函数，按下式进行计算：

$$\rho_a\omega_a \geqslant 0.68\ \text{时}, h_c = 101.4(\rho_a\omega_a)^{0.59} \tag{3-21}$$

$$\rho_a\omega_a \leqslant 0.68\ \text{时}, h_c = 99.6(\rho_a\omega_a)^{0.49} \tag{3-22}$$

（9）有效扩散率 $D$ 水分扩散率强烈地依赖于温度和含水量，在多孔物料中，孔隙率能显著地影响扩散率，而且孔隙的结构和分布影响更大。

扩散率对温度的依赖性通常用 Arrhenius 方程来表示，具有下列的形式：

$$D = D_0\exp\left( -\frac{E}{RT} \right) \tag{3-23}$$

式中　$D_0$——Arrhenius 因子，$m^2/s$；

　　　$E$——扩散的活化能，kJ/kmol；

　　　$R$——气体常数，kJ/(kmol·K)；

　　　$T$——温度，K。

水分扩散率对水分的依赖性可以在 Arrhenius 方程中考虑含水量对活化能或者 Arrhenius 因子的影响。也可以同时考虑这两种修正。另外也可以使用不以 Arrhenius 方程为基础的经验方程。

## 3.3 微波干燥数值模拟

### 3.3.1 微波干燥原理

微波发生器将微波辐射到被干燥的物料并穿透到物料内部时，诱使物料中的水等极性分

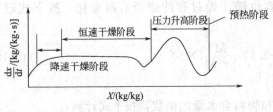

图 3-1 微波干燥速率曲线

子随之同步旋转，使物料瞬时产生摩擦热，导致物料表面和内部同时升温，内部温度高于物料表面，使大量的水分子从物料中逸出而被蒸发带走，达到干燥目的。这种干燥方法突出的特点是加热时间短，内外温度较均匀一致，其热传递方向从内向外与湿传递方向也一致。

### 3.3.2 微波干燥过程

一般来说，微波干燥可划分为四个阶段，如图 3-1 所示。

（1）预热阶段  湿物料的温度提高到湿分的沸点，这一阶段没有水分散失，物料内部的蒸汽压可视为与外部大气压相等。

（2）压力升高阶段  水蒸气受物料内部传质阻力的影响，吸收输入的功率后，内部蒸汽压逐渐升高，直至达到最大值，蒸汽从内部向外表面扩散并流动。

（3）恒速干燥阶段（输入功率为定值时）  此阶段水蒸气流动速度受内部传质阻力和所吸收功率的影响。

（4）降速干燥阶段  湿含量的减少导致吸收功率的降低以及传质推动力的下降。如果在低湿含量下，干物料是主要的能量吸收者，此时物料的温度会升高。

### 3.3.3 微波干燥的一般数学模型

微波干燥数学模型的假设如下。

① 干燥过程中物料的变形很小，忽略不计。

② 物料内部水分以液态水的形式扩散到物料的表面。

③ 在物料的内部存在水分的蒸发。

④ 物料各向同性。

⑤ 物料内孔隙均匀分布。

#### 3.3.3.1 导热微分方程

微波干燥相当于在物料内部存在内热源，根据以上假设，导热微分方程可以表示为：

$$\rho C_p \frac{\partial T}{\partial t} = \lambda \nabla^2 T + \rho h_{fg} \frac{\partial M}{\partial t} + q_v \tag{3-24}$$

式中，等号右边第二项是物料内水分蒸发潜热；第三项是由于微波作用而产生的内热源。以一个二维直角坐标问题为例，如图 3-2 所示，则上式可以写为：

$$\rho C_p \frac{\partial T}{\partial t} = \lambda \frac{\partial^2 T}{\partial x^2} + \lambda \frac{\partial^2 T}{\partial y^2} + \rho h_{fg} \frac{\partial M}{\partial t} + q_v \tag{3-25}$$

式中  $T$——物料温度，℃；

$t$——时间，s；

$M$——物料含水量，kg/kg；

$h_{fg}$——水的汽化潜热，J/kg；

$C_p$——物料的定压比热容，J/(kg·℃)；

$\rho$——物料密度，kg/m³；

$\lambda$——物料热导率，W/(m·℃)；

$q_v$——内热源的强度，W/m³。

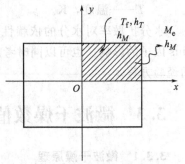

图 3-2  物料二维模型示意图

在一般热工过程中，$q_v$ 随时间延长由中心向表面是逐渐变化的。而微波干燥时，在整个物料内基本上是同步均匀变化的。

### 3.3.3.2 水分扩散方程

在干燥过程中，水分的扩散是一个很复杂的过程，可能包括分子扩散、毛细管流动、努森扩散、水压力流动或者表面扩散等现象。如果想具体描述每一种现象，在目前的情况下还不能达到。但是将这些所有的现象结合在一起，就可以在菲克第二定律中用有效扩散率来表示这些现象。假定水分以液态的形式扩散到物料的表面，水分在物料内的运动情况，无论是绝对值还是百分率，都可以用菲克扩散定律表示。

设有效扩散系数为 $D$，局部含水量为 $M$，那么水分传递方程为：

$$\frac{\partial M}{\partial t} = D \nabla^2 M \tag{3-26}$$

写成二维直角坐标的形式，为：

$$\frac{\partial M}{\partial t} = D \frac{\partial^2 M}{\partial x^2} + D \frac{\partial^2 M}{\partial y^2} \tag{3-27}$$

### 3.3.3.3 微分方程的定解条件

上述微分方程描述的是在干燥过程中，传热传质的一般性规律，要想获得微波干燥过程的唯一解，必须给出该问题的初始条件和边界条件。

（1）边界条件 当在物料的表面存在水分蒸发时，换热边界条件可以表示为：

$$-\lambda \frac{\partial T}{\partial n}\Big|_w = h_T(T_w - T_f) + h_{fg} h_M (M - M_e) \tag{3-28}$$

式中 $M_e$——干燥条件下物料的平衡含水量，kg/kg；

$\quad h_T$——对流换热系数，W/(m²·℃)；

$\quad h_M$——对流传热系数，kg/m²；

$\quad T_w$——物料表面温度，℃；

$\quad T_f$——空气温度，℃；

$\quad n$——表面的法向量。

下标 w 表示表面，f 表示空气，其余参数同上。

当物料含水量很低，水分在物料内部蒸发，表面不存在水分蒸发时，换热边界条件可以表示为：

$$-\lambda \frac{\partial T}{\partial n}\Big|_w = h_T(T_w - T_f) \tag{3-29}$$

在微波干燥过程中，水分扩散的边界条件为对流传质边界条件，当边界处于相对稳定状态时：

$$-D \frac{\partial M}{\partial n}\Big|_w = h_M (M - M_e) \tag{3-30}$$

（2）初始条件 假设在过程开始的时刻，即 $t = 0$ 时，整个物料内的温度和含水量都是均匀分布的。

$$T = f_T(x, y, t)\big|_{t=0} = \varphi_T(x, y) = T_0 \tag{3-31}$$

$$M = f_M(x, y, t)\big|_{t=0} = \varphi_M(x, y) = M_0 \tag{3-32}$$

（3）对称边界条件 如图 3-2 所示，当物料形状和边界条件都对称时，可以只对图中阴影区域进行求解，这样可以大大地减少计算量。

在 $x$、$y$ 坐标轴处,对称边界条件为:

$$\frac{\partial T}{\partial n}=0, \frac{\partial M}{\partial n}=0 \tag{3-33}$$

其中,$n$ 表示法线方向。

### 3.3.4 微波干燥模拟实例

余莉等人在《微波对流联合干燥特性的数值模拟》中,对微波干燥模拟进行了深入研究,如图 3-3 所示。此试样可以认为是一维传质模型,容积 $V$ 和面积 $F$ 之比为厚度 $2R$,干燥速率主要受表面汽化控制。

通过对微波干燥的模拟和实验,可以得到表面干基含湿量、温度、平均压力随时间的变化曲线,如图 3-4 所示。

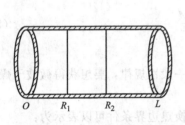

图 3-3　圆柱形试样示意图

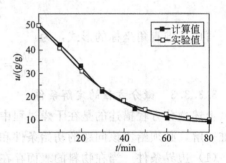

图 3-4　干基平均含湿量随时间的变化

当微波加热,压力场梯度形成以后,干燥速率较大,而后逐渐减小(图 3-4),实验数据和计算结果非常吻合,说明湿度场计算正确。

在整个计算过程中,实际在干燥末期,造成实际的温度梯度在后期偏大(图 3-5),符合理论分析情况。

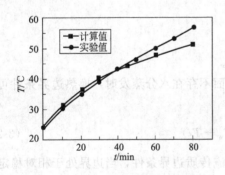

图 3-5　物料平均温度随时间的变化

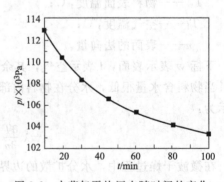

图 3-6　水蒸气平均压力随时间的变化

图 3-6 为压力随时间变化的数值计算结果,表明在初始干燥期,压力梯度较大,其干燥速率也较快,随着干燥的进行,压力梯度将变小,和理论分析一致。

## 3.4　多孔介质干燥数值模拟

### 3.4.1　多孔介质对流干燥概念

多孔介质(如多孔陶瓷、蜂窝陶瓷等)对流干燥过程是指含湿多孔物料以对流换热方式从干燥介质中吸收热量使物料内部湿分（一般为水分）汽化、扩散，产生的蒸汽以对流传质的方式扩散至干燥介质中去，从而达到除去物料内部湿分目的的过程。

### 3.4.2　多孔介质对流干燥回顾

研究多孔介质干燥过程理论模型始于 1921 年。Lewis 建议，多孔介质的干燥过程包括湿分（液态水和水蒸气）在介质内部的扩散过程和固体表面的液相蒸发行为。1929 年，Sherwood 也提出过类似 Lewis 的干燥扩散理论。1934 年，Sherwood 和 Comnags 对非饱和多孔介质内部液相迁移行为的实验研究发现，毛细行为可能对干燥过程有重要贡献。

1938 年，Krischer 建立了两个偏微分方程来描述多孔介质干燥过程传热传质耦合过程，第一次注意到干燥过程中能量传递的重要性。DeVries 在 1958 年，第一次运用连续模拟方法建立了多孔介质传热传质的体积平均方程。1962 年，Krischer 认为蒸汽热传输的贡献可以看成是蒸发-凝结机理作用的结果。在过去的半个多世纪里，人们对多孔介质内部的传热传质现象的认识和机理的探讨有了长足进展，扩散理论、毛细流理论、蒸发-凝结理论等为广大学者所认同。在理论模型和热质迁移机理方面已经发展了能量理论、液体扩散理论、毛细流理论和蒸发-冷凝理论等描述多孔介质中热质迁移过程的单一理论模型之后，Philip、DeVries、Luikov 又发展了多孔介质热质迁移的热力学理论和综合理论以及相应的数学描述，对多孔介质传热传质的研究起到了重要的推动作用。

### 3.4.3　多孔介质物料结构

由于多孔介质内部结构十分复杂，一般是由大小颗粒、碎片或小组织聚集而成的结构，没有特征尺度且极不规则。其内部发生的热质传递过程与传统的均匀介质中发生的过程有很大的差异，各类迁移参数随着实际多孔介质内部的几何结构的不规律性而出现容积范围内的不均匀性和不确定性（图 3-7）。

图 3-7　多孔介质示意图

### 3.4.4　多孔介质干燥的原理

多孔介质主要由固体骨架和水分组成。毛细多孔介质中水分的存在方式是毛细管水分和表面附着水分，其蒸发过程如图 3-8 所示。在干燥开始时，含湿介质吸收干燥介质的热量，一方面用于表面附着水分的蒸发，另一方面使其自身温度升高。在干燥过程的预热阶段和恒速阶段，水分的蒸发在物料的表面上进行。由于表面水分的蒸发，在物料表面和内部间产生了湿度差。在此湿度差的推动下，内部水分将以液态水的形式向表面扩散。在此阶段，由于蒸发过程在表面上进行，在确定的干燥条件下，蒸发速率为常数，干燥过程处于恒速干燥阶段，如图 3-8(a) 所示。干燥至一定时刻，在内部液态水的扩散速率小于表面蒸发速率后，物料表面就会形成干斑，蒸发过程开始向物料内部深入，恒速干燥阶段结束，第一降速阶段开始。随着干燥过程的不断进行，干斑面积不断扩大，水分蒸发过程已开始深入到物料内部，整个含湿物料可以分成蒸发区和湿区两部分，此阶段即为干燥过程的第一降速阶段，如图 3-8(b) 所示。当物料表面全部被干燥时，第一降速阶段结束，第二降速阶段开始，此时，蒸发过程全部在物料内部进行，整个含湿物料可分为干区、蒸发区和湿区三部分，如图 3-8(c) 所示。水分在湿区以液态水的形式迁移至蒸发区，然后蒸发，在蒸发区产生的蒸汽以扩散的方式通过干区进入干燥介质中。

### 3.4.5　基本参数

（1）孔隙率　孔隙率表示多孔介质中孔隙所占份额的相对大小，通常采用三种方法表示。

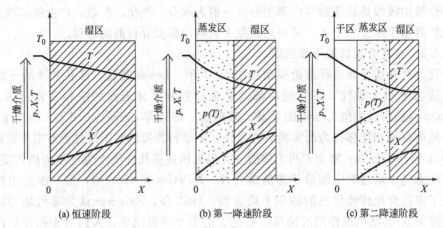

(a) 恒速阶段　　　　　(b) 第一降速阶段　　　　　(c) 第二降速阶段

图 3-8　多孔介质的水分蒸发过程

$p$、$X$、$T$ 分别表示多孔介质内蒸汽分压、湿度和温度

① 体积孔隙率 $\varepsilon_v$　它是多孔介质中孔隙容积 $V_v$ 与多孔介质总容积 $V_T$ 之比，即：

$$\varepsilon_v = \frac{V_v}{V_T} \times 100\% \tag{3-34}$$

② 面孔隙率 $\varepsilon_s$　其定义为：

$$\varepsilon_s = \lim_{(\Delta A)_i \to (\Delta A)_0} \frac{(\Delta A_v)_i}{(\Delta A)_i} \tag{3-35}$$

式中，$(\Delta A)_i$、$(\Delta A_v)_i$ 分别为多孔介质中第 $i$ 个截面单元面积和面积单位中的孔隙面积。

③ 线孔隙率 $\varepsilon_l$　其定义为：

$$\varepsilon_l = \lim_{(\Delta L)_i \to (\Delta L)_0} \frac{(\Delta L_v)_i}{(\Delta L)_i} \tag{3-36}$$

式中，$(\Delta L)_i$、$(\Delta L_v)_i$ 分别为多孔介质中第 $i$ 段线段中总线长和孔隙所占线长。

（2）渗透系数　渗透系数是由 Darcy 定律所定义的，它是多孔介质的一个重要特性参数，表述了在一定流动驱动力推动下，流体通过多孔材料的难易程度。可以说，它表述了多孔介质对流体的传输性能。

多孔体在原则上是可以被渗透的。除非周边被封死，流体可以从一侧渗透到另一侧，但在相同的压差下容许渗透的流体流量将受多孔体特性的制约，而由达西经验定律所限定，即：

$$V = \frac{K}{\mu} F \frac{\Delta p}{L} \tag{3-37}$$

式中，$V$ 为牛顿流体以很低流速渗流通过多孔体试样的容积流率；$F$ 和 $L$ 分别为多孔体试样或床层沿流体流动的横向正截面积与程长；$\mu$ 为流体黏性系数；$\Delta p$ 为流动压力降，实际上应是静压 $p$ 与重力头 $\rho g z$ 总计的减少，即 $\Delta p = \Delta (p + \rho g z)$；$K$ 为引进的比例系数，即流体的渗透能力，称为"渗透系数"。

（3）饱和度　多孔介质中的孔隙可以部分地为液体占有，另一部分则为空气或其他蒸汽占有；或者由两种或两种以上互不相溶液体共同占有。这样一来，每种流体所占据孔隙容积的多少就成为多孔介质的一个重要特性参数。

在多孔介质中某特定流体所占据孔隙容积的百分比，称为饱和度 $S$，即：

$$S_w = \frac{V_w}{V_v} \times 100\% \tag{3-38}$$

式中，$V_w$ 为 w 流体所占据的多孔材料孔隙容积；$V_v$ 为 v 流体所占据的多孔材料孔隙容积。流体饱和度可以用各种实验测得。

（4）毛细管力 当两种互不相溶的流体相互接触时，它们各自的内部压力在接触面上存在不连续性，两压力之差称为毛细管力 $p_c$。$p_c$ 的大小取决于分界面的曲率，即：

$$p_c = \sigma_{12}\left(\frac{1}{r} + \frac{1}{r'}\right) \tag{3-39}$$

式中，$\sigma_{12}$ 为互不相溶流体间的表面张力，它是形成交界面所需的比自由能；$r$、$r'$ 分别为界面的两个主曲率半径。

（5）有效扩散系数 在多孔介质干燥过程中，孔隙中液相蒸发变成水蒸气后和孔隙中的空气相互进行分子扩散。有效扩散系数是描述不同类型气相分子进行相互扩散能力的一个参数，该系数一般是温度和压力的函数，可表示为：

$$D = D_0 \left(\frac{p_0}{p_g}\right)\left(\frac{T}{T_0}\right)^{1.88} \tag{3-40}$$

式中，$p_0 = 101325\text{Pa}$，$T_0 = 273.16\text{K}$，$D_0 = 2.17 \times 10^{-7}\text{m}^2/\text{s}$。

### 3.4.6 多孔介质干燥相关理论

一个实际多孔介质在干燥过程中其湿分是在孔隙内迁移的，因此一个合理的模型应该是建立在孔隙空间内的迁移模型，其迁移路径只能在定义域内（即孔隙内）进行。很显然这样的模型并不能将湿物质作为连续介质处理，必须采用不连续介质模型的构建手段和方法；其模型的空间尺度、迁移现象为微观尺度和微观现象；多孔介质的结构特征也不一定具有各向同性。这些微细结构与多孔介质中的湿分迁移过程常常使连续介质的假定（如无滑移边界条件）不再适用或部分地不适用。应该根据微细结构与多孔介质的不同类型加以区别对待，分别考察其几何尺度、表面条件、无滑移条件、可压缩性及分子间作用力等因素对微细结构中传输过程的影响；研究温度场、湿度场、流场及饱和度在多孔介质内的分布与变化规律及湿分传递与蒸发、冷凝基本规律，进而用不连续介质的描述建立不同类型微细结构与多孔介质中传输过程的物理模型和有效的数值模拟方法。这是干燥理论研究的一个重要方向。

人们相继提出了液态扩散理论、毛细流理论、蒸发冷凝理论、Luikov 理论、Philip 与 DeVries 理论、Krischer 与 Berger 理论等来描述干燥中的质量传递过程。

（1）液态扩散理论 Lewis 早在 20 世纪 20 年代就提出了液态扩散理论，认为干燥时固体物质内的湿分是以液态扩散形式进行迁移的，推动力为其内部的湿分浓度梯度，并给出了过程的数学模型：

$$\frac{\partial m}{\partial t} = \nabla(K_1 \nabla M) \tag{3-41}$$

式中　$M$——干基湿含量，kg/kg；

　　$K_1$——基于浓度梯度的液相扩散系数，$\text{m}^2/\text{s}$；

　　　$t$——时间，s。

这种理论认为液体扩散是湿分迁移的唯一方式，但这一点广受质疑。Hougen 等人指出，只有在正确预测干燥过程中物体内湿分梯度的情况下，该模型才成立。

Babbit 则认为：物体内扩散的推动力不应该是湿分的浓度梯度而是压力梯度，而且由于吸附和解吸的复杂性，浓度和压力之间一般也不会有线性关系，因此式（3-41）的物理有效性很值得怀疑。Babbit 通过实验证实，湿分在蒸汽压梯度的作用下甚至能沿与浓度梯度方向相反的方向流动。此外，液体扩散方程（3-41）的等温扩散的假设同样受到了质疑。

Sherwood 则认为：尽管液态扩散理论有许多不足，但方程（3-41）仍得到广泛应用，误差也不是很大。这主要是因为该模型表达简单，计算方便，依靠试验的扩散系数补偿了模型的理论偏差所造成的计算误差。

（2）毛细理论　毛细现象是指由液体和固体之间的分子吸引力产生的穿过缝隙或沿固体表面的液体流动。Buckingham 最先分析了这种现象，他将非饱和毛细流动的驱动力定义为毛细势。

毛细势是指毛细管中气液界面两侧的压差。毛细作用下，界面因为液体的表面张力作用呈弯月状。毛细液流通量可由式（3-42）计算：

$$J_1 = -K_H \nabla \psi \tag{3-42}$$

式中，$J_1$ 为毛细液流通量，$kg/(m^2 \cdot s)$；$K_H$ 为不饱和水传导系数，$m^2/s$；$\psi$ 为毛细势，$kg/m^4$。

Miller 等人认为其原因就在于驱动力是表面张力梯度，而表面张力和黏性流动都与压力有关。只有在介质均匀，并忽略自重的情况下，张力才会与湿分含量成正比。

（3）蒸发-冷凝理论　Henry 理论考虑了热量、质量的同时扩散过程，并将固体内的孔道假设成均匀、连续的网络。为数学计算方便，进一步假设：物体内的蒸汽量与蒸汽浓度和温度呈线性关系，扩散系数为常数。据此导出质量平衡方程和能量平衡方程：

$$a\varepsilon K_v \nabla^2 M_v = a \frac{\partial M_v}{\partial t} + (1-a)\rho_s \frac{\partial M}{\partial t} \tag{3-43}$$

$$a\rho_s C_s \frac{\partial T}{\partial t} = K_T \nabla^2 T - L_v \frac{\partial M}{\partial t} \tag{3-44}$$

式中　$a$——孔道中的空气体积分数；

$\varepsilon$——扩散路径迂曲度系数；

$T$——温度，K；

$M_v$——孔隙中蒸汽浓度，$kg/m^3$；

$K_v$——蒸汽扩散系数，$m^2/s$；

$C_s$——固体骨架的比热容，$J/(kg \cdot K)$；

$K_T$——热导率，$W/(m \cdot K)$；

$L_v$——固体的吸附/解吸热，$J/m^3$。

Hougen 等人指出，由于物质内部存在温度梯度，其内部将产生由里向外的蒸汽压力梯度。因此湿分可以在物体内以蒸汽扩散的形式迁移。

（4）Luikov 理论

① 蒸汽、空气和水分分子的质量传输会同时发生，蒸汽和惰性气体（空气）以扩散、渗流以及存在压力梯度时的滤流等形式进行；而液体的传递则以扩散、毛细吸附和滤流的形式进行。这些传输方式均被有条件地称为扩散，并采用了与菲克定律相同的形式加以描述；

② 不考虑收缩和变形；

③ 物料各向同性；

④ 忽略松弛项。

在上述假设的基础上，由质量平衡和能量平衡有：

$$\frac{\partial M}{\partial t}=K_{11}\nabla^2 M+K_{12}\nabla^2 T \tag{3-45}$$

$$\frac{\partial T}{\partial t}=K_{21}\nabla^2 M+K_{22}\nabla^2 T \tag{3-46}$$

式中，$K_{11}$、$K_{12}$、$K_{21}$、$K_{22}$ 为综合系数。此模型的优点在于从机理上较真实地反映了在多孔介质中的非稳态过程湿分迁移过程。

(5) Philip 与 DeVries 理论　Philip 和 DeVries 分别导出了多孔介质内同时存在水分梯度和温度梯度时的质量和热量的传递方程。假定在水分的液态扩散同时也存在蒸汽扩散和毛细作用迁移。导出的方程如下：

$$\frac{\partial M}{\partial t}=\nabla(K_{mT}\nabla T)+\nabla(K_m\nabla M)+\frac{\partial G}{\partial z}\rho_b C_b\frac{\partial T}{\partial t}=\nabla(K_T\nabla T)+L_v\nabla(K_v\nabla M) \tag{3-47}$$

式中　$K_{mT}$——温度梯度导致的湿（包括液、气两相）扩散系数，$m^2/s$；

　　　$K_m$——湿（包括液、气两相）扩散系数，$m^2/s$；

　　　$K_T$——热导率，$W/(m \cdot K)$；

　　　$K_v$——蒸汽扩散系数，$m^2/s$；

　　　$G$——液相的重力流率，$m/s$；

　　　$L_v$——固体的吸附/解吸热，$J/m^3$；

　　　$z$——平行于重力方向的坐标，$m$；

　　　$\rho_b$——介质密度，$kg/m^3$；

　　　$C_b$——介质比热容，$J/(kg \cdot K)$。

(6) Krischer 与 Berger 以及 Pei 理论　Krischer 对许多多孔介质的热质传递进行了研究，其工作为许多干燥理论打下了基础。假设干燥时湿分能通过毛细作用以液体形式迁移，也能在蒸汽浓度梯度下以蒸汽形式迁移。其流量方程为：

$$J_1=K_1\rho_1\nabla M \tag{3-48}$$
$$J_v=-K_v\nabla p_v \tag{3-49}$$

式中　$J_1$、$J_v$——水分和蒸汽的扩散通量，$kg/(m^2 \cdot s)$；

　　　$K_1$——液体扩散系数，$m^2/s$；

　　　$K_v$——基于压差的蒸汽扩散系数，$m^2/s$；

　　　$\rho_1$——液体密度，$kg/m^3$；

　　　$p_v$——蒸汽压，$N/m^2$。

Berger 和 Pei 模型是 Krischer 模型的扩充，其基于以下假设：

① 液态迁移由毛细流动和浓度梯度引起，蒸汽扩散则由蒸汽压力梯度引起；

② 内部热传递主要包括多孔介质骨架的热传导和相变潜热；

③ 在材料内部的任意点，液体含量、蒸汽分压和温度达到平衡；

④ 对于液体含量大于最大吸收量时，蒸汽压等于饱和压；

⑤ 所有热质传递参数均为常数；

⑥ 菲克定律有效。

在此基础上，根据质量平衡，有质量平衡方程：

$$K_1\rho_1\nabla^2 C+K_v[(a-C)\nabla^2 C\rho_v]=(\rho_1-\rho_v)\frac{\partial C}{\partial t}+(a-c)\frac{\partial\rho_v}{\partial t} \tag{3-50}$$

热量平衡方程：

$$\frac{\partial T}{\partial t} = \alpha \nabla^2 T + \frac{L_v}{\rho_s C_s} \left\{ K_v \left[ (a-C) \nabla^2 \rho_v - \nabla C \rho_l \right] - (a-C) \frac{\partial \rho_s}{\partial t} + \rho_v \frac{\partial C}{\partial t} \right\} \tag{3-51}$$

式中，$C$ 为体积湿含量，$kg/m^3$；$\alpha$ 为导温系数，$m^2/s$；$a$ 为孔隙内空气的体积浓度，$kg/m^3$；$\rho_s$ 为固体密度，$kg/m^3$；$C_s$ 为固体比热容，$J/(kg \cdot K)$。

从以上几种主要湿分迁移理论的简单分析可见，水分在介质中以什么形式进行迁移的问题上，液态扩散理论和毛细理论认为固体内部的湿分只以液相形态迁移；其他几种理论则认为同时并存液相和气相的迁移过程。不过，各理论都认为，气相迁移是通过蒸汽扩散实现的，而液相迁移则通过毛细作用实现。关于迁移的驱动力：①对于液相迁移，毛细理论、Krischer 理论认为其驱动力是毛细势，蒸发冷凝理论、Luikov 理论认为是压力梯度；②对于气相迁移，蒸发冷凝理论、Luikov 理论的观点是温度梯度起作用，而 Krischer 理论认为气相迁移的原因在于存在蒸汽浓度梯度，而在 Philip 和 DeVries 理论中，蒸汽浓度梯度、温度梯度都被认为是迁移的驱动力。

### 3.4.7 多孔介质干燥数学模型的建立

① 外部干燥条件恒定；

② 动量、热量和质量的传递过程都为稳定过程；

③ 干燥介质为由过热水蒸气和干空气组成的理想混合气体，总压力为 1atm[❶]；

④ 含湿多孔物料只接受干燥介质的对流换热；

⑤ 物料表面温度为干燥介质湿球温度，$t_w = t_{wet}$。

(1) 边界条件：

$$X = 0(y>0), v = v_a, \nu = 0, t = t_a, M_\mu^v = M_{\mu,a}^v$$

$$Y = 0(x>0), v = 0, \nu = \nu_w(x), t = t_{wet}, M_\mu^v = M_{\mu,w}^v$$

$$Y \to \infty (x>0), v = v_a, t = t_a, M_\mu^v = M_{\mu,a}^v$$

式中，$v_w$ 为径向速度；$v_a$ 为自由来流速度；$v$ 为速度；$t$ 为温度；$M_\mu$ 为传质势。

(2) 计算结果分析　为方便比较，定义表面水分蒸发速率为：

$$m_{ev,av}^* = \frac{m_{ev,av}}{\left( \frac{m_a}{L} \right)^{1/2}} \tag{3-52}$$

图 3-9 给出了干燥介质湿度为 0.0001kg/kg 时计算结果与 Haji 等人实验结果的比较，显然两者吻合较好。

图 3-10 给出了计算结果与 Chow 等人计算结果的比较，当干燥介质温度较低时，两者吻合较好，而当温度较高时（$t_a = 500℃$），Chow 等人的计算结果偏高，产生这种现象的主要原因是 Chow 等人的空气黏性系数的计算值偏高。

图 3-11 给出了典型干燥工况下边界层内空气质量分数 $m^a$ 分布的部分计算结果，对于水蒸气而言，其质量分数为 $m^v = 1 - m^a$。由图可见，在壁面附近，按照热力学理论计算出的质量分数梯度比传统的传热传质理论计算出的质量分数梯度大，更具边界层的特征，根本的原因在于热力学理论考虑到了边界层内温度梯度对传质驱动势的影响。

---

❶　1atm=101325Pa。

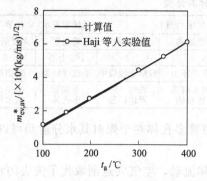

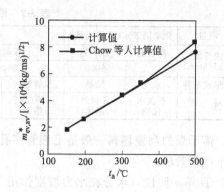

图 3-9  计算值与 Haji 等人实验值的比较          图 3-10  计算值与 Chow 等人计算值的比较

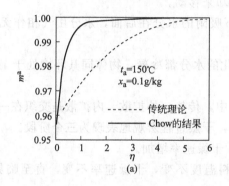
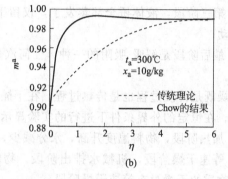

图 3-11  边界层内空气质量分数分布

## 3.5  墙地砖在辊道窑干燥带内的数值模拟

在现代的辊道窑设计中,窑愈来愈长,从最初的十几米发展到现在的 100 多米。在窑的结构中,除了常规的三带外,不少辊道窑,包括引进的辊道窑,均在窑的前端增加了一段预干燥带,对刚进窑的含水分较高的坯体进行干燥。这样,既可以解决坯体入窑水分偏高的问题,充分利用余热提高窑炉的热效率,又可避免采用独立的干燥器结构,简化工艺过程,减少投资等优点。但对这种辊道窑内逆流式的连续干燥过程的机理研究不多,本节结合辊道窑预干燥带结构的特点,对其干燥过程的数学模型进行探讨。

### 3.5.1  研究对象

以广东佛山某陶瓷厂 3# 辊道窑作为原型,该油耗是 70kg 重油/h,用 R-50 低压比例调节烧嘴。研究对象是该窑的干燥带。

干燥带长 6m,内宽 1.45m,外宽 2.1m,外高 0.9m,内高 0.64m。热烟气由预热带中抽出,经控制阀及管道送至干燥带,改变阀门开度的大小可以改变送入干燥带热烟气量,从而改变该带的温度曲线及干燥速率。

### 3.5.2  干燥的微观机理

湿气附着在物料上的状态,限制了物料可以干燥的程度及干燥的难易。固体中保留水分的方式大概可以分为三类:化学吸附、物理吸附和机械吸附。Valchvr 等人提出了结合水的分类法,见表 3-2。

表 3-2　固体中保留水分的分类

| 项目 | 化学附着水（化学当量） | | 化学附着水（非化学当量） | | | | 机械附着水（非化学当量） | |
| --- | --- | --- | --- | --- | --- | --- | --- | --- |
| 键能等级 /(kJ/kmol) | 离子的 | 分子的 | 吸附的 | | 渗透的 | 结构的 | 毛细管 | 未受约束的 |
| | | 5000 | 3000 | | | | 100 上下 | 0 |
| 键形成条件 | 水化 | 结晶 | 氢键溶解 | 物化吸附 | 渗透压力 | 溶解于胶质中 | 毛细管冷凝 | 表面冷凝 |
| 实例 | 石灰水化物 | 无机结晶体 | 离子/分子溶液 | | 带水溶液的植物 | 约含 1% 固体的胶 | 毛细管多孔体 | 非多孔的亲水物料 |

需干燥的陶瓷坯料一般是毛细管多孔体，而毛细管多孔体在干燥时其水分运动可以分为以下四个阶段。

① 第一阶段，水分在水力坡度作用下像液体那样流动，空气穴逐渐取代了失去的水分。

② 第二阶段，可描述为液体参与的气相传递。水分退到孔的腰部。水分可以沿着毛细管壁渗出，或是由液体桥之间的连续蒸发和冷却来移动。

③ 第三阶段，液体桥全部蒸发了，仅留下吸附的水分在后面，水分由气相作无阻碍的扩散运动。

④ 最后阶段是解吸-吸附的一种，任何汽化的水分都冷凝，物体同其环境处于湿热平衡状态中。

干燥既是传质过程也是传热过程。在干燥中，传热、外扩散、内扩散是交织在一起同时进行的。在恒定的外界条件下进行的实验显示，干燥过程宏观地表现为三个阶段。

① 加热阶段，物料温度升高，水分减少，干燥速率增加。

② 等速干燥阶段，机械水排出阶段。物料温度不变，干燥速率不变，直至临界水分。但某些物质的干燥没有等速干燥阶段。

③ 降速干燥阶段，此阶段内扩散速率小于外扩散速率，干燥速率逐渐降低，水分继续下降，直至平衡水分，干燥终止。

### 3.5.3　干燥过程中传热和传质的关系

物质传递通量表达式为：

$$J_M = -\rho_M D \nabla X - \rho_M D \nabla T \delta \tag{3-53}$$

式中，$\rho_M$ 为物质体积密度；$D$ 为扩散率；$\delta$ 为热梯度系数。

干燥过程可以认为是一系列的湿气通量 $J_i$，它会引起物料的累积或减少 $I_i$，其中下标 $i$ 为 1，2，3，依次代表冻结的、液态的、气态的水分。

在每一状况中传递物料的平衡为：

$$\frac{\partial(\rho_s X_1)}{\partial \tau} = -\text{div}(J_i + I_i) \tag{3-54}$$

式中，$\rho_s$ 为固体骨架的体积密度。总物料的平衡可从上式求得：

$$\frac{\partial(\rho_s X)}{\partial \tau} = -\text{div} \sum J_i \tag{3-55}$$

因为水分既没有失去，也没有新生，所以 $\sum I_i = 0$。

热能的平衡为：

$$\bar{C}_p \rho_s \frac{\partial T}{\partial \tau} = -\text{div}(J_Q) - \sum H_i I_i \tag{3-56}$$

式中，$\bar{C}_p$ 为潮湿物体的平均热容量；$H_i$ 是水分在确定状态下的比焓。式（3-53）可用以确定 $J_i$，而 $J_Q = \lambda \nabla T$，其中 $\lambda$ 为热导率，经过代数演算后物质传递的最后表达式为：

$$\frac{\partial X}{\partial \tau} = D_e \nabla^2 X + D_e \delta \nabla^2 T \tag{3-57}$$

式中，$D_e = D_2 + D_3$。

对于传热：

$$\frac{\partial T}{\partial \tau} = K \nabla^2 T + \frac{\Delta H_{23}}{\bar{C}_p} \times \frac{\partial X_2}{\partial \tau} \tag{3-58}$$

式中，$\Delta H_{23}$ 是在冷凝和汽化之间变化的焓差；$K = \lambda / \bar{C}_p \rho_s$，系数 $K$ 称为导温系数。

由式(3-58) 显然可见，干燥过程中传热和传质是不可分的。

### 3.5.4 热平衡计算的数学模型

#### 3.5.4.1 物料衡算

设入窑的湿坯量为 $G_p$（kg 湿坯/h），含水量为 $W_1$，出窑时为 $W_2$（kg 水分/kg 湿坯），则物料干燥时被汽化的水分量 $G_水$（kg/h）为：

$$G_水 = G_p \left[ W_1 - \frac{(100 - W_1)W_2}{100 - W_2} \right] \tag{3-59}$$

#### 3.5.4.2 热平衡

（1）热量收入

① 窑头漏风带入热（kJ/h）

$$Q[1,1] = G_0 C_0 T_0 + G_0 \times 1.293 \times Y_0 \times 0.47 \times 4.18 \times T_0 \tag{3-60}$$

式中    $G_0$——漏风量，$m^3$ 干空气/h；

     $C_0$——漏风比热容，kJ/($m^3 \cdot \text{℃}$)；

     $T_0$——漏风温度，℃；

   1.293——空气标态密度，kg/$m^3$；

$0.47 \times 4.18$——水蒸气比热容，kJ/(kg·℃)；

     $Y_0$——漏风湿含量，kg 水汽/kg 干空气。

② 热烟气带入热（kJ/h）

$$Q[2,1] = G_1 C_1 T_1 + G_1 \times 1.32 \times Y_1 \times 0.47 \times 4.18 \times T_1 \tag{3-61}$$

式中    $G_1$——热烟气量，$m^3$ 干烟气/h；

     $C_1$——干烟气比热容，kJ/($m^3 \cdot \text{℃}$)；

     $T_1$——烟气入窑温度，℃；

   1.32——烟气标态密度，kg/$m^3$；

     $Y_1$——入窑烟气湿度，kg 水汽/kg 干烟气。

③ 湿坯带入热（kJ/h）

$$Q[3,1] = G_p(1 - W_1)\left( C_g + C_s \frac{W_1}{100 - W_1} \right) t_1 \tag{3-62}$$

式中   $t_1$——湿坯入窑温度，℃；

   $C_g$——干坯比热容，kJ/(kg·℃)；

   $C_s$——水的比热容，kJ/(kg·℃)。

④ 热量总收入（kJ/h）

$$Q[4,1] = Q[1,1] + Q[2,1] + Q[3,1] \tag{3-63}$$

（2）热量支出

① 废气带走热（kJ/h）

$$Q[1,2]=(G_0C'_0+G_1C_2)T_2+(G_0\times1.293\times Y_0+G_1\times1.32\times Y_1)\times0.47\times4.18\times T_2 \tag{3-64}$$

式中  $C'_0$——离开干燥带空气比热容，kJ/(m³·℃)；

　　　$C_2$——离开干燥带烟气比热容，kJ/(m³·℃)；

　　　$T_2$——离开干燥带烟气温度，℃。

② 坯体带走热（kJ/h）

$$Q[2,2]=G_g\left(C_g+\frac{C_sW_2}{100-W_2}\right)t_2 \tag{3-65}$$

式中  $G_g$——入窑干坯量，$G_g=G_p(100-W_1)$，kg 干坯/h；

　　　$G_p$——坯体入窑量，kg 湿坯/h；

　　　$t_2$——坯体离开干燥带温度，℃。

③ 蒸发与加热水分耗热（kJ/h）

$$Q[3,2]=G_s(2491.26+0.47\times C_sT_2) \tag{3-66}$$

④ 墙体散热（kJ/h）

$$Q[4,2]=aF(t_{均}-t_0)\times\frac{3600}{1000} \tag{3-67}$$

式中  $a$——综合传热系数，W/(m²·℃)；

　　　$F$——墙体散热面积，m²；

　　　$t_{均}$——墙体表面平均温度，℃；

　　　$t_0$——环境温度，℃。

⑤ 其他热损失（kJ/h）

$$Q[5,2]=Q[4,1]-Q[1,2]-Q[2,2]-Q[3,2]-Q[4,2] \tag{3-68}$$

（3）热效率的计算

$$\eta=\frac{汽化水分的热量+加热物料的热量}{烟气带入热}$$

$$=\frac{G_s(2491.26+0.47\times C_st_2-C_st_1)+G_g\left[C_g+\dfrac{C_sW_2}{100-W_2}\right](t_2-t_1)}{Q[2,1]} \tag{3-69}$$

### 3.5.5  油烧辊道窑干燥带微观热平衡数学模型

辊道窑干燥带是一种逆流式连续干燥，如图 3-12 所示。

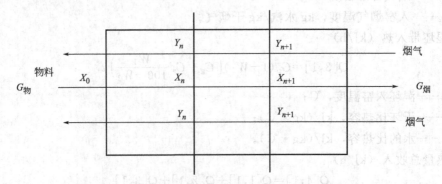

图 3-12  辊道窑干燥带中流向示意图

在干燥带中任取一小段分析，建立质量平衡方程如下：

$$G_{烟}(Y_n - Y_{n+1}) = G_{物}(X_n - X_{n+1}) \qquad (3-70)$$

式中　$G_{烟}$、$G_{物}$——每小时入窑干烟气、干物料量，kg/h；

　　　　$Y$、$X$——烟气、物料含水率，kg 水/kg 干基。

由上式可得：

$$X_{n+1} = X_n - \frac{G_{烟}}{G_{物}}(Y_n - Y_{n+1}) \qquad (3-71)$$

因为 $X_0$ 为已知，烟气湿度可测得，故由式(3-71)可计算出物料在相应烟气测点的湿度，这对于实际控制较有用。

### 3.5.6　制品内部温度场的分布及湿含量计算

#### 3.5.6.1　辊道窑窑内传热

辊道窑的窑内传热包括对流传热、辐射传热和传导传热。

在干燥、预热及烧成带烟气对制品的辐射传热是三元系统的，即是烟气、窑体及制品三者之间的辐射传热。烟气对制品还有对流放热。辊道内辊子所起的作用相当微妙。它的温度分布从时间和空间上来说是稳定的，但就对辊上的某一个定点来讲，它的温度又是周期性变化的。一般认为，在干燥、预热及烧成带辊子接受烟气的辐射及对流放热，当转动到面向制品时又将热量辐射、传导给制品。辊子既部分遮挡了烟气对制品的传热，同时又起着一种中间传递能量的作用。

在整个干燥、烧成过程中，可以认为制品是受到双面加热或冷却，制品内部呈不稳定导热。

#### 3.5.6.2　制品干燥过程中临界水分的探讨

在恒定的外界条件下，制品的干燥情况前面已有讨论，临界水分理论和实验上的确定方法已有报道。但在连续干燥器中，外界条件不是恒定的，气体的温度、湿度都是变化的。在这种情况下，恒速干燥阶段显然已不复存在。起初，水分由表面蒸发，而后蒸发面逐渐进入制品内部。连续干燥器中制品的临界水分就定义为水分由表面蒸发转入内部蒸发时制品的平均湿度。对应的表面温度称临界温度。

辊道窑干燥带相当于逆流式连续干燥器。当制品进入干燥带时，由于烟气温度较低而湿度较高，干燥速率是不大的。随着烟气温度不断升高，湿度不断降低，干燥速率也相应增大。但另一方面，过了临界点后，由于水分蒸发转入内部，干燥速率又会有所下降。

由于辊道窑制品入窑湿度已比较小，为 3%～6%，有的甚至低于 1%。根据实测结果，在临界温度 $T_c$ 前，制品湿度变化不大，其后，制品表面温度上升的不均匀性也小，但湿度下降趋势明显而均匀，因此，可认为表面蒸发阶段相当短，以致制品在达到临界温度 $T_c$ 前，相当于纯受热升温，而后出现蒸发面，随即转入制品内部，直到干燥完成。

#### 3.5.6.3　制品干燥过程中温度场分布及湿含量计算的数学模型研究

（1）简化假设　半隔焰辊道窑干燥带窑内和制品内部的传热和传质过程是相当复杂的，考虑到窑内传热及制品内部传热、传质的实际情况，作出以下几点假设：

① 忽略辊子对传热的影响，即假设辊子不存在，制品为双面对称加热或冷却；

② 把砖坯看成无限大平板，其内部为一维不稳定导热；

80

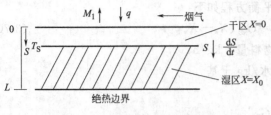

图 3-13　砖坯蒸发面后退模型

③ 窑体无纵向辐射传热；

④ 忽略制品因体积变化带来的影响；

⑤ 临界温度 $T_c$ 与干燥条件及制品的传递性质有关。

根据实测整理，假定 $T_c$ 值为排烟气管处坯体表面温度。

蒸发面后退的模型：Morgan 假定蒸发进入物料内部后，物料出现干区和湿区两个区域，其间存在着准静态边界，蒸发现象只在此边界上发生。如图 3-13 所示即为砖坯蒸发面后退模型，$L$ 为半块砖坯厚，$\frac{dS}{dt}$ 为蒸发面后退速度，$X$ 表示湿度。

蒸发面后退速度的计算简化式：

$$\frac{dS}{dt}=\frac{d\exp\left[-\Delta h_v\dfrac{\overline{M}}{\overline{R}(T_c+273)}\right]}{1+\dfrac{S}{R}} \tag{3-72}$$

式中　$d$——直径，m；

$\Delta h_v$——水分蒸发热，J/kg；

$S$——蒸发面位置，m；

$\overline{M}$——水的分子量，kg/kmol；

$\overline{R}$——气体普适常数，8.31J/(mol·K)；

$R$——多孔体内孔径平均半径，m。

（2）数学模型的结构　根据上面提出的简化假设及蒸发面后退模型，可得下述偏微分方程组作为计算制品内部温度场的数学模型。

① 制品表面温度 $T_{surf}\leqslant T_c$ 时，设 $\frac{\partial X}{\partial t}=\frac{\partial X}{\partial z}=0$，故：

$$\frac{\partial T}{\partial t}=K_w\frac{\partial^2 T}{\partial z^2} \tag{3-73}$$

式中，$K_w$ 为湿物料的导温系数。

初始条件（$t=0$）：$T=T_0=$ 常数。

边界条件：

$$当\ z=0\ 时，\lambda_w\frac{\partial T}{\partial z}=\alpha(T_{gas}-T_{surf}) \tag{3-74}$$

式中　$\lambda_w$——湿物料热导率，W/(m·℃)；

$\alpha$——综合传热系数，W/(m²·℃)；

$T_{gas}$——窑内烟气温度，℃；

$T_{surf}$——坯体表面温度，℃。

$$当\ z=L\ 时，\frac{\partial T}{\partial z}=0 \tag{3-75}$$

② $T_{surf}>T_0$ 后，蒸发面开始后退，其速度如式(3-70)。坯体分成两个区域，干区 d 和湿区 w，对这两个区域可推出：

$$\frac{\partial T_d}{\partial t} = K_d \frac{\partial^2 T_d}{\partial z^2} \qquad 0 < z < S \tag{3-76}$$

$$\frac{\partial T_w}{\partial t} = K_w \frac{\partial^2 T_w}{\partial z^2} \qquad S < z < L \tag{3-77}$$

式中　$K_d$——干物料的导温系数。

初始条件：$t = t_c$ 时，已知一个抛物线的温度分布。

过界条件：

$$当 z = 0 \text{ 时}, \lambda_d \frac{\partial T_d}{\partial z} = \alpha (T_{gas} - T_{surf}) \tag{3-78}$$

$$当 z = L \text{ 时}, \frac{\partial T_w}{\partial z} = 0 \tag{3-79}$$

$$当 z = S \text{ 时}, \lambda_d \frac{\partial T_d}{\partial z} - \lambda_w \frac{\partial T_w}{\partial z} = X_0 \rho_d \Delta h_v \frac{dS}{dt} \tag{3-80}$$

式中　$\lambda_d$——干物料导温系数，W/(m·℃)；

$\rho_d$——干物料密度，kg/m³；

$\Delta h_v$——水分蒸发热，J/kg。

③ $S = L$ 后，干燥完结，制品内部为纯热导，有：

$$\frac{\partial T}{\partial t} = K_d \frac{\partial^2 T}{\partial z^2} \tag{3-81}$$

初始条件：温度分布为已知。

边界条件：

$$当 z = 0 \text{ 时}, \lambda_d \frac{\partial T}{\partial z} = \alpha (T_{gas} - T_{surf}) \tag{3-82}$$

$$当 z = L \text{ 时}, \frac{\partial T}{\partial z} = 0 \tag{3-83}$$

由蒸发面后退速度，可以算得制品（砖坯）湿含量：

$$W_{(n)} = \frac{L - \sum_{i=1}^{n} \frac{dS_{(i)}}{dt} \Delta t_i}{L} X_0 \tag{3-84}$$

(3) 数学模型的计算方法　首先将砖坯半平板网格化，采用无条件稳定的六点差分格式，把式(3-73)应用到制品内部节点，可得下列形式：

$$-f_w T_{k+1}^{n+1} + 2(1+f_w) T_k^{n+1} - f_w T_{k-1}^{n+1} = f_w T_{k+1}^n + 2(1-f_w) T_k^n + f_w T_{k-1}^n$$
$$n = 0, 1, 2, \cdots; k = 1, 2, \cdots, n \tag{3-85}$$

式中，$f_w = K_w P / g^2$，其中时间步长 $P$ 及空间步长 $g$ 均为常数。

由于同一时刻距中心等距的两侧点温度相等，中心节点方程有如下形式：

$$(1+f_w) T_k^{n+1} - f_w T_{k-1}^{n+1} = (1-f_w) T_k^n + f_w T_{k-1}^n \tag{3-86}$$

对于表面节点，考虑第三类边界条件，得表面节点方程：

$$(1+K) T_0^{n+1} - T_1^{n+1} = K T_{gas}^{n+1} \tag{3-87}$$

式中，$K = \alpha g / \lambda_w$。

由式(3-85)～式(3-87)可表示为下列矩阵形式：

$$
\begin{bmatrix}
1+K & -1 \\
-f_{\mathrm{w}} & 2(1+f_{\mathrm{w}}) & -f_{\mathrm{w}} \\
& \cdots & \cdots \\
& & -f_{\mathrm{w}} & 2(1+f_{\mathrm{w}}) & -f_{\mathrm{w}} \\
& & & -f_{\mathrm{w}} & 1+f_{\mathrm{w}}
\end{bmatrix}
\begin{bmatrix}
T_0 \\ T_1 \\ \vdots \\ T_{k-1} \\ T_k
\end{bmatrix}^{n+1} =
$$

$$
\begin{bmatrix}
0 \\
f_{\mathrm{w}} & 2(1-f_{\mathrm{w}}) & f_{\mathrm{w}} \\
& \cdots & \cdots \\
& & f_{\mathrm{w}} & 2(1-f_{\mathrm{w}}) & f_{\mathrm{w}} \\
& & & f_{\mathrm{w}} & 1-f_{\mathrm{w}}
\end{bmatrix}
\begin{bmatrix}
T_0 \\ T_1 \\ \vdots \\ T_{k-1} \\ T_k
\end{bmatrix}^{n} +
\begin{bmatrix}
KT_{\mathrm{gas}} \\ 0 \\ \vdots \\ 0 \\ 0
\end{bmatrix}^{n+1}
\tag{3-88}
$$

当 $T_{\mathrm{surf}} > T_{\mathrm{c}}$ 后,蒸发面退入制品内部,设蒸发面位于节点,可得下述矩阵形式,此时制品内取的空间步长是相等的,但时间步长是不等的,$P^n = \dfrac{g}{\left(\dfrac{\mathrm{d}S}{\mathrm{d}t}\right)^n}$。

$$
\begin{bmatrix}
1+K & -1 \\
-f_{\mathrm{d}} & 2(1+f_{\mathrm{d}}) & -f_{\mathrm{d}} \\
& \cdots & \cdots \\
& & -f_{\mathrm{d}} & 2(1+f_{\mathrm{d}}) & -f_{\mathrm{d}} \\
& & & \lambda_{\mathrm{d}} & -(\lambda_{\mathrm{d}}+\lambda_{\mathrm{w}}) & \lambda_{\mathrm{w}} \\
& & & & -f_{\mathrm{w}} & 2(1+f_{\mathrm{w}}) & -f_{\mathrm{w}} \\
& & & & & \cdots & \cdots \\
& & & & & & -f_{\mathrm{w}} & 2(1+f_{\mathrm{w}}) & -f_{\mathrm{w}} \\
& & & & & & & -f_{\mathrm{w}} & 1+f_{\mathrm{w}}
\end{bmatrix}
\begin{bmatrix}
T_0 \\ T_1 \\ \vdots \\ T_{\xi-1} \\ T_{\xi} \\ T_{\xi+1} \\ \vdots \\ T_{k-1} \\ T_k
\end{bmatrix}^{n+1} =
$$

$$
\begin{bmatrix}
0 \\
f_{\mathrm{d}} & 2(1-f_{\mathrm{d}}) & f_{\mathrm{d}} \\
& \cdots & \cdots \\
& & f_{\mathrm{d}} & 2(1-f_{\mathrm{d}}) & f_{\mathrm{d}} \\
& & & & 0 \\
& & & & f_{\mathrm{w}} & 2(1-f_{\mathrm{w}}) & f_{\mathrm{w}} \\
& & & & & \cdots & \cdots \\
& & & & & & f_{\mathrm{w}} & 2(1-f_{\mathrm{w}}) & f_{\mathrm{w}} \\
& & & & & & & f_{\mathrm{w}} & 1-f_{\mathrm{w}}
\end{bmatrix}
\begin{bmatrix}
T_0 \\ T_1 \\ \vdots \\ T_{\xi-1} \\ T_{\xi} \\ T_{\xi+1} \\ \vdots \\ T_{k-1} \\ T_k
\end{bmatrix}^{n+1} +
\begin{bmatrix}
KT_{\mathrm{gas}} \\ 0 \\ \vdots \\ gX_0\rho_{\mathrm{d}}\Delta h_{\mathrm{v}}\dfrac{\mathrm{d}S}{\mathrm{d}t}(\text{对应节点 } \xi) \\ 0 \\ \vdots \\ 0 \\ 0
\end{bmatrix}
$$

建立了上面的数学模型后,可以利用追赶算法求解,应用所编的计算机程序便可计算出各有关数据。

(4) 程序总框图 程序总框图如图 3-14 所示。

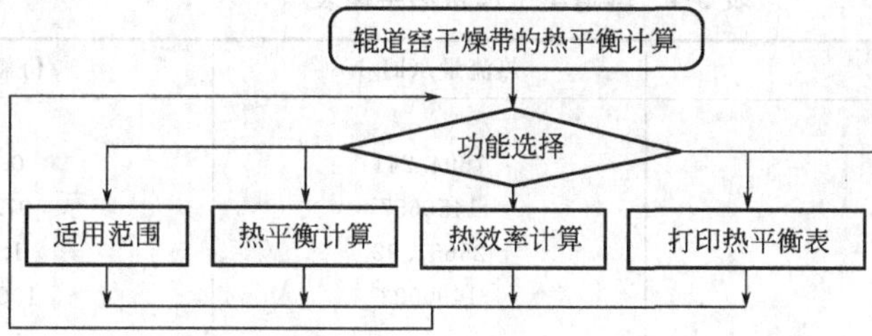


图 3-14　程序总框图

### 3.5.7　热工测定及热平衡计算和分析

以下数据为佛山石湾某陶瓷厂油烧辊道窑的一侧热工测定数据。产品为素烧 200mm×200mm 彩釉砖，热工测定数据初步处理得到以下数据。

① 窑头漏入空气温度，$T_0=25℃$；漏入空气湿含量，$Y_0=0.016$kg 水汽/kg 干空气；漏入空气量，$G_2=841.6m^3/h$。

② 干燥带烟气量，$G_1=4378.4m^3/h$；进干燥带烟气温度，$T_1=293.8℃$；进干燥带烟气湿度，$Y_1=0.063$kg 水汽/kg 干烟气；出干燥带烟气温度，$T_2=190.2℃$。

③ 坯体入窑量，$G_p=872.44$kg 湿坯/h；坯体入干燥带温度，$t_1=25℃$；坯体出干燥带温度，$t_2=92.5℃$；坯体入干燥带湿度，$W_1=4.5$kg 水分/100kg 湿坯；坯体出干燥带湿度，$W_2=0.4$kg 水分/100kg 湿坯。

④ 将干燥带分为四段，测量其表面温度，结果列于表 3-3，测量点取每段正中的上、中、下或左、中、右三点，每段长 2m。

**表 3-3　干燥带窑体外表面温度测定值**　　单位：℃

| 项　目 | | 段序 1 | 段序 2 | 段序 3 | 段序 4 |
|---|---|---|---|---|---|
| 窑体上表面 | 左 | 46.2 | 51.2 | 54.2 | 47.6 |
| | 中 | 45.0 | 49.8 | 52.8 | 59.2 |
| | 右 | 46.1 | 51.0 | 54 | 58.1 |
| 侧面 | 上 | 42.1 | 47.9 | 54.0 | 58.2 |
| | 中 | 41.0 | 48.8 | 53.7 | 60.0 |
| | 下 | 40.7 | 47.2 | 50.3 | 54.8 |
| 窑体下表面 | 左 | 39.0 | 44.1 | 48.2 | 53.6 |
| | 中 | 39.0 | 42.8 | 49.9 | 55.3 |
| | 右 | 39.1 | 44.1 | 48.1 | 54.5 |

热平衡计算及结果分析如下。

(1) 热平衡计算　把上述测定值与初步计算结果输入计算机，即可进行热平衡计算，打印出热平衡表见表 3-4，计算得到的热效率为 9.46%。

结果分析：

① 从热平衡的计算结果可知，在预干燥带中废气带走的热量最多，占总热支出的 73.16%，故废气的余热再利用问题相当重要，如何减少这部分的热损失是提高带的热效率的关键。

② 由于窑炉墙体外表面温度较低，整段墙体散热较少，约占总热支出的 1.99%，故可以简化带的墙体结构，或采用较低档次的墙体材料以降低因设置预干燥带所带来的造价。

表 3-4　辊道窑干燥带热平衡表

| 项　　目 | 热流量/(kJ/h) | 份额/% |
|---|---|---|
| 热量收入部分 | | |
| 窑头漏入空气带入热 $Q[1,1]$ | 7694.241 | 0.52 |
| 热烟气带入热 $Q[2,1]$ | 1456657 | 97.76 |
| 湿物料带入热 $Q[3,1]$ | 25651.92 | 1.72 |
| 总热收入 $Q[4,1]$ | 1490003 | 100.00 |
| 热量支出部分 | | |
| 废气带走热 $Q[1,2]$ | 1090079 | 73.16 |
| 坯体带走热 $Q[2,2]$ | 64086.8 | 4.30 |
| 蒸发与加热水分耗热 $Q[3,2]$ | 99414.43 | 6.67 |
| 墙体散热 $Q[4,2]$ | 29629.14 | 1.99 |
| 其他热量散失 $Q[5,2]$ | 206812.5 | 13.88 |
| 总热支出 $Q[6,2]$ | 1490003 | 100.00 |

③ 此干燥带热效率 9.46% 与专用干燥器相比，辊道窑预干燥带的效率是偏低的。一般干燥器的热效率为 20%～50%，而预干燥带不超过 10%。分析其原因主要是在预干燥带内传热不充分及所干燥的坯体量不大的原因。解决的办法可从这两方面着手，但增加产量除受坯体水分排除过程制约外，还与整个辊道窑烧成制度有关，将受整窑烧成制度的制约；增加窑内传热，因受热面积是一定的，故只能是延长受热时间，强化带内传热，而延长受热时间并不能靠减慢坯体入窑速度来获得，这意味着增长干燥带，原有的窑的干燥带长达 15～20m。提高干燥带的温度可提高干燥效率，有利于坯体的烧成。

④ 与烟气温度相比较，离开干燥带的坯体温度较低。几种情况下测定表明，预干燥带尾烟气温度为 180～300℃，而同处坯体表面温度为 80～130℃，但由于坯体从干燥带直接进入预热带，相对于独立干燥器可减少制品冷却失热。

(2) 数值模拟方案及模拟结果分析　干燥的好坏直接影响烧成的质量，制品的干燥受许多因素的影响。研究干燥带内坯体的表面与中心温差、考察坯体内蒸发面后退情况以判断干燥是否完全；以及计算坯体平均温度以探讨坯体受热情况。因此，设计了一个四因素三水平三指标的正交数值模拟实验，以对比研究干燥带内传热、干燥的情况。因素水平表见表3-5。

表 3-5　因素水平表

| 水平＼因素 | $A$ | $B$ | $C$ | $D$ |
|---|---|---|---|---|
| 1 | 6 | 0.8 | 134 | 0.03 |
| 2 | 8 | 1.0 | 174 | 0.05 |
| 3 | 10 | 1.2 | 214 | 0.07 |

其中，$A$ 为坯体厚度（mm），通过距离步长的变化来实现；$B$ 为干燥带内烟气相对速度 $W_0$（m/s），直接改变；$C$ 为烟气平均温度（℃），通过改变干燥带内烟气温度曲线来实现；$D$ 为坯体入窑水分（kg 水分/kg 干坯），直接改变。

考察的三个指标如下：指标 1（$f_1$），坯体表面与中心最大温差；指标 2（$f_2$），坯体平均温度；指标 3（$f_3$），坯体出干燥带湿度。

各因素对各指标的影响见表3-6。

**表 3-6 各因素对各指标的影响**

| 因素 \ 方案 | A 单位 | B 单位 | C 单位 | D 单位 | $f_1$ 单位 | $f_2$ 单位 | $f_3$ 单位 |
|---|---|---|---|---|---|---|---|
| 1 | 1 | 1 | 1 | 1 | 3.67 | 74.12 | 0.912 |
| 2 | 1 | 2 | 2 | 2 | 6.39 | 81.52 | 0.855 |
| 3 | 1 | 3 | 3 | 3 | 9.63 | 94.26 | 0 |
| 4 | 2 | 1 | 2 | 3 | 6.40 | 68.38 | 3.96 |
| 5 | 2 | 2 | 3 | 1 | 10.39 | 100.04 | 0 |
| 6 | 2 | 3 | 1 | 2 | 5.06 | 66.08 | 2.98 |
| 7 | 3 | 1 | 3 | 2 | 8.58 | 78.78 | 2.87 |
| 8 | 3 | 2 | 1 | 3 | 6.73 | 56.57 | 5.40 |
| 9 | 3 | 3 | 2 | 1 | 7.54 | 79.47 | 1.73 |
| $K_{11}$ | 6.56 | 6.22 | 5.15 | 7.20 | | | |
| $K_{12}$ | 7.28 | 7.84 | 6.78 | 6.68 | | | |
| $K_{13}$ | 7.26 | 7.41 | 9.53 | 7.58 | | | |
| $R_1$ | 1.06 | 1.62 | 4.38 | 0.90 | | | |
| $K_{21}$ | 83.30 | 73.76 | 65.59 | 84.54 | | | |
| $K_{22}$ | 78.18 | 79.38 | 76.46 | 75.46 | | | |
| $K_{23}$ | 71.61 | 79.94 | 91.03 | 73.07 | | | |
| $R_2$ | 11.69 | 6.18 | 25.44 | 11.47 | | | |
| $K_{31}$ | 0.589 | 2.58 | 3.10 | 0.88 | | | |
| $K_{32}$ | 2.31 | 2.09 | 2.18 | 2.24 | | | |
| $K_{33}$ | 3.30 | 1.57 | 0.96 | 3.12 | | | |
| $R_3$ | 2.741 | 1.01 | 2.14 | 2.24 | | | |

其中方案 5 是实际测定值，计算值与实测值的比较见表 3-7。

**表 3-7 方案 5 计算值与实测值的比较**

| 项目 | 测点值 | 0 | 1 | 2 | 3 | 4 |
|---|---|---|---|---|---|---|
| 表面温度/℃ | 实测 | 25.0 | 35.3 | 68.9 | 90.1 | 105.2 |
| | 计算 | 25.0 | 36.0 | 70.9 | 91.2 | 107.3 |
| 误差/% | | 0 | 2.0 | 2.9 | 1.2 | 2.0 |
| 平均湿度/% | 实测 | 3.0 | 2.9 | 2.5 | 1.5 | 0 |
| | 计算 | 3.0 | 2.9 | 2.4 | 1.4 | 0 |
| 误差/% | | 0 | 0 | 4 | 6.7 | 0 |

由表 3-7 中的比较，可见数学模型是比较准确的，由它计算出来的结果是可信的。

由表 3-6 中 $f_1$ 指标值可以看出，干燥带内坯体内部温差不会很大，一般可忽略因温差而引起的应力，重点应考虑干燥程度的问题。

由 $f_3$ 指标值可以看出，在坯体较厚的情况下，干燥程度不高，在烟气温度不高的情况下，干燥完成不好。因此，减薄坯体厚度、提高烟气温度有利于坯体干燥。当然，提高烟气流速以加强传热及降低坯体入窑水分也有利于干燥。

研究制品出干燥带的平均温度也有助于了解窑内传热过程。在坯体一定的情况下，这个指标直接反映了窑内传热能力。从 $f_2$ 指标值可以看出，提高烟气温度、增大烟气流速均可强化窑内传热。

从极差 $R$ 的大小，判断出各因素对各指标的影响大小。

① 对坯体干燥程度 $f_3$ 影响大小的顺序为：$A \to D \to C \to B$；

② 对坯体平均温度 $f_2$ 影响大小的顺序为：$C \to A \to D \to B$；

③ 对坯体表面与中心最大温差 $f_1$ 影响大小的顺序为：$C \to B \to A \to D$。

通过上面的分析可得，因素 $C$ 是实际控制的重点。提高干燥带内烟气温度可考虑改变干燥带的结构。经过计算可知，对于该辊道窑干燥带在延长到 $8 \sim 10\text{m}$ 以后干燥效果能得到很大提高，$10\text{m}$ 上下时，可考虑加快进坯速度，提高干燥产量。另外，提高干燥带长度既可保证干燥质量，也能提高热效率，这可为新窑设计时长度的决定提供理论依据。增加窑长对坯体的干燥是非常有益的。

## 参 考 文 献

[1] Akpinar, Ebro Kavak. Modeling of the drying of eggplants in thin-layers [J]. International Journal of Food Science & Technology, 2005, 40 (3)：273-275.

[2] Lecornte. Method for the design of a contact dryer-application to sludge treatment in thin film boiling [J]. Drying Technology, 2004, 22 (9)：2151-2152.

[3] Luikov A V. Heat and Mass Transfer [M]. Moscow：Mir Publishers, 1980；541-542.

[4] 伍飚. 醋酸纤维的干燥动力学及干燥机的 CFD 研究 [D]. 上海：华东理工大学硕士毕业论文，2006.

[5] 张壁光主编. 木材科学与技术研究进展 [M]. 北京：中国环境科学出版社，2003：86-95.

[6] Mounji H，EL Kouali M. Modeling of the drying process of wood in 3-dimensions [J]. Drying Technology，1991，9 (5)：1259-1314.

[7] Collignan A，Nadeau J P，et al. Description and analysis of timber drying kinetics [J]. Drying Technology，1993，11 (3)：489-506.

[8] Cloutier A，Fortin Y，et al. A wood drying finite element model based on the water potential concept [J]. Drying Technology，1992，10 (5)：1151-1181.

[9] Luikov A V. Systems of differential equations of heat and mass transfer in capillary-porous bodies [J]. Int J Heat Mass Transfer，1975，18：1-14.

[10] Iradayaraj J，Haghi K. Nonlinear finite element analysis coupled heat and mass transfer problems with an application to timber drying [J]. Drying Technology，1990，8 (4)：731-749.

[11] Plumb Q A，Spdeka A. Heat and transferin wood during drying [J]. Int J Heat Mass Transfer，1985，20 (9)：1669-1678.

[12] 石鑫. 颗粒状物料穿流干燥过程降速段数学模型与模拟 [D]. 辽宁：东北大学硕士毕业论文，2005.

[13] 祝圣远，王国恒. 微波干燥过程数学描述 [J]. 工业炉，2004，26 (1)：15-18.

[14] Santiago D C，Farias R P，de Lima A G B. Modeling and simulation of cross flow band dryer：A finite-volume approach [J]. Dring' 2002-Proceedings of the 13th International Drying Symposium (IDS' 2002)，2002，A：405-414.

[15] 余莉，明晓，蒋彦龙. 微波对流联合干燥特性的数值模拟 [J]. 重庆大学学报：自然科学版，2005，28 (1)：135-139.

[16] 王补宣. 工程传热传质学（上、下册)[M]. 北京：科学出版社，2002.

[17] 陶斌斌. 多孔介质对流干燥传热传质机理的研究及其数值模拟 [D]. 河北：河北工业大学硕士毕业论文，2004.

[18] Lewis W K. The rate of drying of solid materials [J]. J Ind Eng Chem，1921，13：427-432.

[19] Babbit J D. On the differential equations of diffusion [J]. Can J Res Sect A，1950，18：419-474.

[20] Sherwood T K. Air drying of solids [J]. Trans AICHE, 1936, 32: 150-168.

[21] Buckingham E A. Studies on the movement of soil moisture [J]. US Dept Agr Bull, 1907, 38.

[22] Miller E E, Miller R D. Theory of capillary flow: Ⅰ. practical implications [J]. Proc Soil Sci Soc Am, 1955, 19: 267-271.

[23] Miller E E, Miller R D. Theory of capillary flow: Ⅱ. experimental information [J]. Proc Soil Sci Soc Am, 1955, 19: 271-275.

[24] Henry P S H. Diffusion in absorbing media [J]. Proc Soc London, 1939, 171A: 215-241.

[25] Fortes M, Okos R. Drying theories: Their bases and limitations applied to food and grain [J]. Advances in Drying, 1980, 1: 119-154.

[26] Philip J R, DeVries D A. Moisture movement in porous materials under temperature gradients [J]. Trans Geophys Unoin, 1957, 38 (2): 222-232, 594.

[27] 李友荣, 曾丹苓, 吴双应. 多孔介质对流干燥外部传热传质的非平衡热力学理论 [J]. 工程热物理学报, 2001, 22 (1): 5-8.

[28] 李友荣. 多孔介质对流干燥过程的热力学理论 [D]. 重庆: 重庆大学博士毕业论文, 1999.

[29] 曾令可. 油烧辊道窑预干燥带干燥过程微观数学模型的研究 [J]. 陶瓷学报, 1998, (5): 61-64.

[30] 曾令可. 油烧辊道窑预干燥带干燥过程宏观数学模型 [J]. 陶瓷, 1998, (5): 31-34.

# 第 4 章　陶瓷粉体干燥过程及数值模拟的研究

所谓粉体（powder），就是大量固体粒子的集合系。从宏观角度看，颗粒是粉体物料的最小单元。颗粒的大小、分布、结构形态和表面形态等因素，是粉体其他性能的基础。粉体由一个个固体颗粒组成，它仍有很多固体的属性，陶瓷材料的显微结构在很大程度上由粉体的特性，如颗粒度、形状、粒度分布等决定。粉体的制备方法一般可分为粉碎法和合成法。喷雾干燥作为一种制备粉体的工艺，在工业上应用已有一百多年的历史，在食品、材料、制药、化工、冶金等行业有广泛应用。本章介绍陶瓷粉体的制备过程，主要阐述了喷雾造粒过程及其数值模拟。

## 4.1　陶瓷粉体的制备过程

### 4.1.1　固相法

固相法就是以固态物质为出发原料来制备粉末的方法。固相法是一种传统的粉化工艺，具有成本低、产量大、制备工艺简单的优点，是工业中最常用的制备粉体的工艺。近年来发展起来的高能球磨、气流粉碎，可以制备粒度要求比较高的微粉。固相法包括机械粉碎法和固相反应法两大类。

机械粉碎就是在粉碎力的作用下，固体料块或粒子发生变形进而破裂，产生更微细的颗粒。物料的基本粉碎方式是挤压粉碎、摩擦剪碎粉碎、冲击粉碎和劈裂粉碎。粉碎极限取决于物料种类、机械应力施加方式、粉碎方法、粉碎工艺条件、粉碎环境等因素。挤压粉碎是粉碎设备对物料进行挤压，物料在受压的情况下发生破碎。冲击粉碎包括高速运动的粉体对物料的冲击和高速运动的物料对固定壁的冲击。由于冲击速度较快，可以在较短的时间内发生多次碰撞。摩擦剪碎粉碎包括研磨介质对物料的粉碎和物料相互之间的摩擦粉碎。

比较典型的粉碎技术有：球磨、振动磨、搅拌磨、气流磨和胶体磨等。其中，气流磨是利用高速气流（300～500m/s）或热蒸汽（300～450℃）的能量使粒子相互产生冲击、碰撞、摩擦而被较快粉碎。气流粉碎制备的粉体具有粒度小、粒度分布窄、粒子表面光滑、形状规则、纯度高、活性大、分散性好等优点。胶体磨又称为分散磨，是利用固定磨体和高速旋转磨体的相对运动产生强烈的剪切、摩擦和冲击等。料浆通过两磨体之间的微小间隙，被有效地粉碎、混合及微粒化。

#### 4.1.1.1　滚筒式球磨

滚筒式球磨是陶瓷工业广为使用的粉磨方法。滚筒式球磨的工作原理是：筒体内装载一定数量的研磨体（钢球、钢段、瓷球、刚玉球等）、物料及适量的水以适当的配比从加料口加入。当选择速度适当的时候，研磨体与物料在筒体内处于抛落状态。此时研磨体对物料的粉碎效果最好。当筒体回转时，研磨体在离心力的作用下，贴在筒体内壁与筒体一起回转上升，当研磨体被带到一定高度时，由于重力作用而被抛出，以一定的速度降落。在研磨体降落过程中，筒体内的物料受到研磨体的冲击和研磨作用而被粉碎。滚筒式球磨示意图如图 4-1 所示。

滚筒式球磨粉碎的特点如下。

① 对物料适应性好，能连续生产，生产能力大，可满足陶瓷工业现代大规模工业生产的需要。

② 结构简单，坚固，操作可靠，维护管理简单。

③ 研磨效率不高，工作噪声大。

④ 受临界转速的限制，球筒转速较低，一般为 15～20r/min。

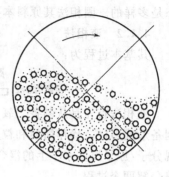

图 4-1　滚筒式球磨示意图

#### 4.1.1.2　振动磨

振动磨有多种形式，按振动的特点可以分为惯性式和偏转式；按筒体数量可以分为单筒式和多筒式。振动磨的基本构造为筒体、振动器件、弹性支座和驱动电机等。工作原理是：物料和研磨体装入下端有弹性支座的筒体内，工作时驱动电机带动主轴高速旋转，主轴上的偏心重块产生的离心力驱使筒体振动。通过研磨体的振动，对物料进行冲击和摩擦等。筒体内的装填物由于振动不断地沿着与主轴转向相反的方向循环运动，使物料不停地翻动。筒体内的物料受到剧烈且高频率的撞击和研磨作用，使研磨介质之间以及研磨介质与筒体内壁之间产生强烈的冲击、摩擦和剪切作用，而使物料快速被粉碎。

#### 4.1.1.3　行星式球磨

行星式球磨是实验室、小批量生产用高效超细研磨、混合设备。利用机械力化学生产超细粉体材料的机械，机械力化学是固体材料在机械力作用下，使固体形态、晶体结构等发生变化，并诱导物理化学变化的科学。通过球磨机中磨球之间及磨球与缸体之间相互滚撞作用，使接触钢球的粉体粒子被撞碎或磨碎，同时使混合物在球的空隙内受到高度湍动混合作用而被均匀地分散并相互包覆，从而使得表面活性减小，团聚性降低，进而促使粉碎继续深入进行下去。行星式球磨由球磨罐、罐座、转盘、固定带轮和电动机等所组成。该种机型美观新颖，结构紧凑，操作方便，工作效率高，磨细粒度均匀，是科研、教学、试验、生产的优选设备。可广泛在电子材料、磁性材料、生物医药、陶瓷釉浆、非金属矿、新型材料等行业使用。工作原理是：在旋转盘的圆周上，装有 4 个既随转盘公转又作高速自转的球磨罐。在球磨罐作公转加高速自转的作用下，球磨罐内的研磨球在惯性力的作用下对物料形成很大的高频冲击、摩擦力，对物料进行快速细磨。

行星式球磨有以下显著特点。

① 进料粒度 18 目左右；出料粒度小于 200 目。

② 球磨罐转速快，球磨效率高。公转±(37～250)r/min；自转±(78～527)r/min。

③ 结构紧凑，操作方便，密封取样，安全可靠，噪声低，无污染，无损耗。

固相反应法就是把金属盐或金属氧化物按配方配比并充分混合，研磨后进行煅烧，直接得到粉体。固相反应法包括固相热分解法、高温固相化学反应法、室温固相化学反应法等。固相热分解法制备粉体比较简单，但生成的粉末易团聚，需要进行二次粉碎。高温固相化学反应法利用混合氧化物在高温下发生化学反应来制备复合氧化物纳米粉体。固相反应法是通过从固相到固相的变化来制造粉体，其特征是不像气相法和液相法伴随有气相-固相、液相-固相那样的状态（相）变化。对于气相或液相，分子具有大的易动度，所以集合状态是均匀的，对外界条件的反应很敏感。另一方面，对于固相，分子（原子）的扩散很迟缓，集合状态是多样的。固相法其原料本身是固体，这较之液体和气体有很大的差异。

### 4.1.2　液相法

其基本过程为：

$$金属盐溶液 \xrightarrow{\text{添加沉淀剂}} 盐或氢氧化物 \xrightarrow{\text{热分解}} 氧化物粉末$$

液相法首先是从制备二氧化硅和三氧化铝开始的，目前已得到了广泛应用。液相法具有制备形式多样、操作简便和粒度可控等优点，可以进行产物组分含量控制，便于掺杂，能实现分子/原子尺度水平上的混合，制得的粉体材料表面活性高，所得的氧化物取决于沉淀和热分解两个过程。

#### 4.1.2.1　沉淀法

沉淀法是在溶液状态下将不同化学成分的物质混合，在混合溶液中加入适当的沉淀剂制备纳米粒子的前驱体沉淀物，再将此沉淀物进行干燥或煅烧，从而制得相应的纳米粒子。沉淀法制备纳米粒子的方法主要有：直接沉淀法、共沉淀法、均匀沉淀法、水解沉淀法等多种。

（1）直接沉淀法　直接沉淀法反应过程简单，但制得的材料粒径不易控制，颗粒大小不均匀，如 $BaTiO_3$ 微粉可以采用直接沉淀法合成。将 $Ba(OC_3H_7)_2$ 和 $Ti(OC_5H_{11})_4$ 溶解在异丙醇或苯中，水解，得到颗粒的直径为 $50 \sim 150\text{Å}$ [❶]。采用这种 $BaTiO_3$ 微粉进行成型，烧结，所得制品的介电常数比一般的 $BaTiO_3$ 烧结体高得多。

（2）均匀沉淀法　均匀沉淀法是在溶液中加入某种物质，这种物质不与阳离子直接发生反应生成沉淀，而是在溶液中发生化学反应，缓慢地生成沉淀剂，金属阳离子与生成的沉淀剂发生化学反应生成沉淀物。例如，将尿素水溶液加热到 70℃ 左右就发生如下的水解反应：

$$(NH_2)_2CO + 3H_2O \longrightarrow 2NH_4OH + CO_2\uparrow$$

在内部生成沉淀剂 $NH_4OH$，能与 Fe、Al、Sn、Ga、Th、Zr 等生成氢氧化物或碱式盐沉淀，还可以制备磷酸盐、草酸盐、硫酸盐、碳酸盐等的均匀沉淀。

（3）共沉淀法　共沉淀法是把沉淀剂加入混合后的金属盐溶液，促使各组分均匀混合沉淀。该法是制备含有两种以上金属元素的复合氧化物材料的重要方法，用这种方法制备的金属氧化物组分易控制。例如，在 $BaCl_2$ 和 $TiCl_4$ 的混合水溶液中，采用滴入草酸的方法沉淀出以原子尺寸混合的 $BaTiO(C_2O_4)_2 \cdot 4H_2O$。$BaTiO(C_2O_4)_2 \cdot 4H_2O$ 经热分解后，就得到了具有化学计量组成且烧结性能良好的 $BaTiO_3$ 粉体。

（4）凝胶网格共沉淀法　凝胶网格共沉淀法是一种先将金属离子固定在三维结构的凝胶网格中，然后再进行共沉淀的制备方法。凝胶网格类似于微乳液中的"纳米反应器"，可以防止沉淀物在沉淀过程中的相互聚集和团聚，因而最终形成粒子的大小取决于凝胶网格的大小。在直径为 10nm 数量级尺寸比较均匀的网格中，凝胶网格共沉淀法可制备出化学组成相对均匀的窄分布的纳米微粒。该法是对传统沉淀法的改进，可以通过改变凝胶网格的大小，实现控制产物粒径大小的目的，在粒径控制上优于传统的沉淀法。

近年来，出现了将超声波技术引入沉淀法的超声波沉淀法。超声波沉淀法具有以下优点：①利用超声波所产生的"超声波空化气泡"爆炸时释放出的巨大能量，产生局部的高温高压环境和具有强烈冲击力的微射流，实现介观均匀混合，从而消除局部浓度不均匀，提高

---

❶　$1\text{Å} = 0.1\text{nm}$。

反应速率，刺激新相的形成。②由于超声波的空化作用对团聚可起到剪切作用，因而有利于微小颗粒的形成。③超声波技术的应用对体系性质没有特殊要求，只需要有传输能量的液体介质即可，对各种反应介质都有很强的通用性。因此，超声法有望成为一种具有很强竞争力的超细粉体材料制备新方法。

#### 4.1.2.2 水热法

水热法是在特制的密闭反应器（高压釜）里，采用水溶液作为反应介质，通过将反应体系加热至临界温度（或接近至临界温度），在反应体系中产生高压环境（大于 9.81MPa），使得通常难溶或不溶的物质溶解并且重结晶。水热反应包括水热氧化、水热分解、水热沉淀、水热合成、水热结晶等类型，是进行无机合成与材料制备的一种有效办法。水热氧化一般是采用金属单质为前驱物，在常温常压下溶液中不易被氧化的物质，通过高温高压条件下可以加速氧化反应的进行，得到相应的氧化物纳米微粒。典型水热沉淀是将均匀沉淀法置于水热体系中进行。水热合成可理解为以一元金属氧化物或盐在加热条件下反应合成二元甚至多元化合物。水热结晶以非晶态氢氧化物、氧化物或水凝胶为前驱体，在水热条件下结晶成新的氧化物晶粒。此法可以避免沉淀煅烧法和溶胶-凝胶法中的无定形纳米粉体的团聚，也可以作为用后两种方法和其他方法制备的粉体解团聚的后续处理。水热分解是氢氧化物或含氧盐在酸或碱水热溶液中分解形成氧化物粉末，或者氧化物在酸或碱溶液中再分散为细粉的过程。

与其他方法相比，水热法具有不可替代的优点：①水热晶体在相对较低的热应力条件下生长，其位错密度远低于高温中生长的晶体，物相均匀、晶型好；②水热晶化在密闭的高压釜里进行，可以通过对反应温度、压力、处理时间、溶液成分、pH 值的调节和前驱物、矿化剂的选择，控制反应气氛而形成氧化或还原的反应条件，生成其他方法难以获得的某些物相；③水热反应体系存在溶液的快速对流和十分有效的溶质扩散，因而水热结晶具有较快的生长速率；④所得纳米颗粒产率高、纯度高、分散性好且颗粒形貌、大小可控。

水热法还具有在制备无机材料中能耗相对较低、适用性广、所用原料较便宜、污染少、不需要高温灼烧等特点。水热法正广泛应用于单晶生长、陶瓷粉体和纳米薄膜的制备、超导材料的制备与处理和核废料的固定等研究领域。一些非水溶剂也可以代替水作为反应介质，如乙醇、苯、乙二胺、四氯化碳、甲酸等非水溶剂就曾成功地用于非水溶剂水热法中制备纳米粉体。

近年来水热法制备纳米氧化物粉体技术又有新的突破，将微波技术引入水热法制备技术中，可在很短的时间内制得优质的 CdS 和 $Bi_2S_3$ 粉体；采用超临界水热合成装置可连续制备纳米氧化物粉体；将反应电极埋弧技术应用到水热法制备技术中制备粉体等。

#### 4.1.2.3 微乳液法

微乳液通常是由表面活性剂、助表面活性剂（通常为醇类）、油（通常为碳氢化合物）、水（或电解质水溶液）组成的透明的各向同性的热力学稳定体系。微乳液中的微小"水池"被表面活性剂或助表面活性剂所组成的单分子层界面所包围而形成微乳颗粒。这种微乳颗粒大小在几十埃至几百埃之间。微乳颗粒在不停地作布朗运动，与其他颗粒碰撞，组成界面的表面活性剂和助表面活性剂的碳氢链互相渗入。与此同时，水池中物质可以穿过界面，进入另一颗粒，反应发生。由于反应是在微小的水核中发生的，反应产物的生长将受到水核半径的限制，因此，水核的大小直接决定了超细粉粒的尺寸。选择不同的表面活性剂、助表面活性剂，形成的水核大小不同，从而可以合成不同粒径的超微粉末。该法实验装置简单，操作容易，并可人为控制合成颗粒大小，粒子表面包裹着一层或几层表面活性剂分子，不易聚结。

但由于微乳液法所能适用的范围有限，体系中含水溶液较少（约 1/10），使单位体积产出较少，加之产物的分离又有一定困难，致使该法尚未转化为实际生产，目前主要停留在实验室研究阶段，还不能大规模工业化。

#### 4.1.2.4　溶胶-凝胶法

溶胶-凝胶法是另一类重要的制备纳米材料的方法。溶胶-凝胶技术是指金属、有机或无机化合物经过溶液、溶胶、凝胶而固化，再经热处理而成氧化物或其他化合物固体的方法。溶胶-凝胶法不仅适用于制备微粉，而且可用于制备薄膜、纤维和复合材料等。其原理是将金属醇盐或无机盐经水解或聚合反应制得溶胶，并进一步缩聚为凝胶，凝胶经干燥热处理后，得到粉体。一般来说，溶胶-凝胶过程包括水解、缩聚、络合三个非孤立和相互制约的反应过程。溶胶-凝胶法和传统的烧结法及其他常规法相比有很多优点，它通过液相化学途径在低温下制备纯度高、粒径分布均匀、化学活性大的单组分或多组分分子级混合物。纯度高的粉料（特别是多组分粉料）制备过程中无须机械混合，不易引进杂质。尤其通过液相过程实现其他工艺途径无法得到的多元组分材料和复合材料。

但该法工艺条件不易控制，采用金属醇盐为原料，使该方法成本较高，而且一些原料的金属醇盐不易获得；凝胶化过程较慢，因此一般合成周期较长，凝胶颗粒间烧结性差，块体材料烧结性不好，干燥时收缩大。另外，一些不容易通过水解聚合的金属如碱金属较难牢固地结合到凝胶网格中，从而使得该方法制得的纳米氧化物种类有限。

#### 4.1.2.5　水解法

有很多化合物（无机盐或金属有机醇盐等）可用水解法生成沉淀，其中有些正广泛用来合成超微粉。水解反应的产物一般是氢氧化物或水合物，经过滤、干燥、焙烧等过程就可以得到氧化物超微粉。因反应过程中只有金属盐和水，不易引入其他杂质，所以如果能高度精制金属盐，就很容易得到高纯度的超微粉。水解法可分成无机盐水解法和金属醇盐水解法两种。①无机盐水解法。是将金属的明矾盐溶液、硫酸盐溶液、氯化物溶液、硝酸盐溶液等，在高温下进行较长时间水解，可以得到氧化物超微粉。②金属醇盐水解法。因为金属醇盐 $M(OR)_n$（M 为金属元素，R 为烷基）一般可溶于乙醇，遇水后很容易分解成醇和氧化物或其水合物。根据不同的水解条件可以得到粒径为几十埃到几百埃的化学组成均匀的单一或复合氧化物超微粉。因为粒子本身很细小，表面活性大，很容易聚集，要减少团聚粒子和聚集程度却是一个难题。

#### 4.1.2.6　溶剂蒸发法

为了溶剂在蒸发的过程中保持溶液的均匀性，必须将溶液分散成小液滴。再加热使溶剂快速地进行蒸发，析出所需的超微粉。根据溶剂的蒸发方式和化学反应发生与否，溶剂蒸发法又可分为喷雾干燥法、喷雾热解法和冷冻干燥法。喷雾干燥法是将制成的溶液或微乳液靠喷嘴喷成雾状物来进行微粒化的一种方法。将液滴进行干燥并随即捕集，捕集后直接或经过热处理后，就会得到各种化合物的粒子。喷雾热解法是将所需的某种金属盐的溶液喷成雾状，送入加热设定的反应室内，通过化学反应生成细微的粉末粒子。根据对喷雾液滴热处理的方式不同，可以把喷雾热解法分为喷雾焙烧、喷雾燃烧和喷雾水解等几类。①喷雾燃烧法是将金属盐溶液用氧气雾化后，在高温下燃烧分解而制得相应的纳米粒子。②喷雾水解法是利用醇盐喷雾，制成相应的气溶胶，再让这些气溶胶与水蒸气反应进行水解，从而制成单分散性的粒子，最后将这些粒子再焙烧，即可得到相应的纳米粒子。③冷冻干燥法是先使溶液喷雾在冷冻剂中冷冻，然后在低温低压下真空干燥，将溶剂升华除去，就可以得到相应的物质粒子。冷冻干燥法用途比较广泛，特别是以大规模成套设备来生产微细粉末时，其相应成本较低，具有实用性。

### 4.1.2.7 电化学法

电解法包括水溶液电解和熔盐电解两种。用此法可制得很多用通常方法不能制备或难以制备的金属超微粉，尤其是电负性很大的金属粉末，还可制备氧化物超微粉。

目前已有的纳米晶体的电沉积方法有直流电沉积法、脉冲电沉积法、复合共沉积法和喷射电沉积法等几种。

① 直流电沉积法要采用较大的电流密度，在加入有机添加剂的条件下，通过增大阴极极化，使结晶细致，从而获得纳米晶体。而脉冲电沉积可以分为恒电流控制和恒电位控制两种形式，按脉冲性质及方向又可以分为单脉冲、双脉冲和换向脉冲等。

② 脉冲电沉积法可以通过控制波形、频率、通断比及平均电流密度等参数，使得电沉积过程在很宽的范围内变化，从而获得具有一定特性的纳米晶体镀层。

③ 复合共沉积法纳米晶体多采用恒定的直流电，在电沉积金属的过程中加入纳米微粒，使之与金属共同电沉积。在适当的工艺条件下，沉积的基体金属的晶粒尺寸控制在纳米范围内，即使电流密度较小，仍可以获得纳米晶体。

④ 喷射电沉积法是一种局部高速电沉积技术。电沉积时，一定流量和压力的电解液从阳极喷嘴垂直喷射到阴极表面，使得电沉积反应在喷射流与阴极表面冲击区发生；电解液的冲击不仅对镀层进行了机械活化，同时还有效地减小扩散层的厚度，改善电沉积过程，使得镀层致密，晶粒细化。

### 4.1.3 气相法

气相法是直接利用气体，或者通过各种手段将物质转变为气体，使之在气体状态下发生物理变化或者化学反应，最后在冷却过程中凝聚长大形成超微粉的方法。气相法可分为气体中蒸发法、气相化学反应法、溅射法、流动油面上真空沉积法、金属蒸气合成法等。

#### 4.1.3.1 气体中蒸发法

气体中蒸发法就是在惰性气体（或活泼性气体）中使金属、合金或陶瓷蒸发气化，然后与惰性气体冲突而冷却和凝结（或与活泼性气体反应后再冷却凝结）而形成超微粉。根据蒸发加热方式的不同可分为电阻加热、高频感应加热、等离子体加热、电子束加热、激光加热。

#### 4.1.3.2 气相化学反应法

该方法制备纳米粒子是利用挥发性金属化合物的蒸气，通过化学反应生成所需的化合物，在保护气体环境下快速冷凝，从而制备各类物质的纳米粒子。气相化学反应法适合于制备各类金属、金属化合物以及非金属化合物纳米粒子，如各种金属、氮化物、碳化物、硼化物等。按体系反应类型可将气相化学反应法分为气相分解和气相合成两类方法。气相分解法是对待分解或经前期预先处理的中间化合物进行加热、蒸发、分解，得到目标物质的纳米粒子。气相合成法通常是利用两种以上物质之间的气相化学反应，在高温下合成出相应的化合物，再经过快速冷凝，从而制备各种物质的纳米粒子。加热的方法除了通常的电阻炉外还有化学火焰、等离子体、激光等，尤其是后两种加热方式引起了广泛重视。

激光诱导气相化学反应法是利用大功率激光器的激光束照射于反应气体，反应气体通过对入射激光光子的强吸收，气体分子或原子在瞬间得到加热、活化，在极短的时间内反应气体分子或原子获得的化学反应所需要的温度后，迅速完成反应、成核、凝聚、生长等过程，从而获得相应物质的纳米粒子，反应在 $10^{-3}$ s 内即可完成。

激光法与其他方法相结合的新方法表现出了强大的生命力。因此，充分利用激光法的优点开发新的方法，是当前激光法的主要发展方向。

等离子体加强气相化学反应法，等离子体是一种高温、高活性、离子化的导电气体，等离子体高温焰流中的活性原子、分子、离子或电子以高速射到各种金属或化合物原料表面时，就会大量溶入原料中，使原料瞬间熔融并伴有原料蒸发。蒸发的原料与等离子体或反应性气体发生相应的化学反应，生成各类化合物的核粒子，核粒子脱离等离子体反应区后，就会形成相应化合物的纳米粒子。

#### 4.1.3.3 溅射法

此方法是在惰性气体或活性气体气氛中，在阳极板和阴极蒸发材料间加上几百伏的直流电压，使之产生辉光放电，放电中产生的离子撞击在阴极蒸发材料靶上，靶材的原子就会由靶材表面溅射出来。溅射原子被惰性气体冷却而凝结或与活性气体反应而形成超微粉。该方法可以制备高熔点金属超微粉，也可制备化合物超微粉。若将蒸发材料靶材做成几种元素的组合（几种金属或化合物），还可以制备复合材料的超微粉。此方法最大优点是粒径分布窄，最大缺点是产率很低。

#### 4.1.3.4 流动油面上真空沉积法

该方法是在高真空中将原料用电子束加热蒸发。让蒸发物沉淀到旋转着的圆盘的下表面的流动油面上，在油中，蒸发原子结合形成超微粉。此方法可以制备金属、陶瓷化合物等多种材料的超微粉。其优点是，平均粒径很小，在 3nm 左右，粒度很整齐；另外，超微颗粒一形成就在油中分散，处于孤立状态。其缺点是，生成的超微粉与油较难分离，产率低。

#### 4.1.3.5 金属蒸气合成法

将金属在高真空下加热，所蒸发的金属蒸气和有机溶剂一起蒸镀在冷却到有机溶剂的凝结点以下的基板上，从而获得金属超微粉。其优点是粒径很小，粒度整齐。缺点是产率低，设备较复杂。

## 4.2　陶瓷粉体干燥模拟——FLUENT 软件介绍

### 4.2.1　软件简介

CFD（Computational Fluid Dynamics，计算机流体力学）是除模型试验外的一种可详细解析气流分布特征的手段。近年来利用商用软件进行计算已是科学研究的一项重要手段。FLUENT 软件是流体力学中通用性较强的一个商用软件，它是基于非结构化网格的通用 CFD 求解器，针对非结构化网格模型设计，是用有限元法求解不可压缩流及中度可压缩流流场问题的 CFD 软件。可应用的范围有紊流、传热传质、化学反应、混合、旋转流（rotating flow）及震波（shocks）等。能推出多种优化的物理模型，如定常和非定常流动；层流（包括各种非牛顿流模型）；紊流（包括最先进的紊流模型）；不可压缩和可压缩流动；传热；化学反应等。FLUENT 软件的核心算法是 SIMPLE 算法。FLUENT 计算软件使用方便，可视性强。

Fluent 公司是享誉全球的 CFD 软件供应商和技术服务商。公司总部设在美国 New Hampshire 州的 Lebanon，下属机构遍及全球，在欧洲和亚太地区都设有多个子公司和代理机构。1983 年，美国的流体技术服务公司 Creare 公司的 CFD 软件部（Fluent 公司的前身），推出了其第一个商用 CFD 软件包 FLUENT。自 FLUENT 软件面世以来，以其丰富的物理模型、先进的数值方法及技术人员高质量的技术支持和服务，FLUENT 软件很快成为 CFD 市场的领先者。

FLUENT 是世界领先的 CFD 软件，在流体建模中被广泛应用。由于它一直以来以用户界面友好而著称，所以对初学者来说非常容易上手。它基于非结构化及有限容量的解算器的独立性能在并行处理中的表现堪称完美。FLUENT 的软件设计基于 CFD 软件群的思想，从用户需求角度出发，针对各种复杂流动的物理现象，FLUENT 软件采用不同的离散格式和数值方法，以期在特定的领域内使计算速度、稳定性和精度等方面达到最佳组合，从而高效率地解决各个领域的复杂流动计算问题。基于上述思想，FLUENT 开发了适用于各个领域的流动模拟软件，这些软件能够模拟流体流动、传热传质、化学反应和其他复杂的物理现象，软件之间采用了统一的网格生成技术及共同的图形界面，而各软件之间的区别仅在于应用的工业背景不同，因此大大方便了用户。

### 4.2.2　所包括的软件模块

（1）GAMBIT　GAMBIT——专用的 CFD 前置处理器，FLUENT 系列产品皆采用 Fluent 公司自行研发的 GAMBIT 前处理软件来建立几何形状及生成网格，是一个具有超强组合构建模型能力之前处理器，然后由 FLUENT 进行求解。也可以用 ICEM CFD 进行前处理，由 TecPlot 进行后处理。

（2）FLUENT5.4　FLUENT5.4——基于非结构化网格的通用 CFD 求解器，针对非结构化网格模型设计，是用有限元法求解不可压缩流及中度可压缩流流场问题的 CFD 软件。可应用的范围有紊流、传热、化学反应、混合、旋转流及震波等。在涡轮机及推进系统分析都有相当优秀的结果，并且对模型的快速建立及 shocks 处的格点调适都有相当好的效果。

（3）FIDAP　FIDAP——基于有限元法的通用 CFD 求解器，为一个专门解决科学及工程上有关流体力学传质及传热等问题的分析软件，是全球第一套使用有限元法于 CFD 领域的软件，其应用的范围有一般流体的流场、自由表面的问题、紊流、非牛顿流流场、传热、化学反应等。FIDAP 本身含有完整的前、后处理系统及流场数值分析系统。对问题整个研究的程序，数据输入与输出的协调及应用均极有效率。

（4）POLYFLOW　POLYFLOW——针对黏弹性流动的专用 CFD 求解器，用有限元法仿真聚合物加工的 CFD 软件，主要应用于塑料注射成型机、挤塑机和吹瓶机的模具设计。

（5）MIXSIM　MIXSIM——针对搅拌混合问题的专用 CFD 软件，是一个专业化的前处理器，可建立搅拌槽及混合槽的几何模型，不需要一般计算流体软件的冗长学习过程。它的图形人机接口和组件数据库让工程师直接设定或挑选搅拌槽大小、底部形状、折流板的配置、叶轮的形式等。MIXSIM 随即自动产生三维网格，并启动 FLUENT 作后续的模拟分析。

（6）ICEPAK　ICEPAK——专用的热控分析 CFD 软件，专门仿真电子电机系统内部气流，温度分布的 CFD 分析软件，特别是针对系统的散热问题作仿真分析，借由模块化的设计快速建立模型。

### 4.2.3　计算流程图

利用 FLUENT 软件进行计算的流程如图 4-2 所示。

图 4-2　FLUENT 软件计算流程

FLUENT 的软件设计基于 CFD 计算机软件群的概念，针对每一种流动的物理问题的特点，采用适合于它的数值解法。在计算速度、稳定性和精度等各方面达到最佳。不同领域的计算软件组合起来，成为 CFD 软件群。从而高效率地解决各个领域的复杂流动的计算问题。这些不同软件都可以计算流场、传热和化学反应。在各软件之间可以方便地进行数值交换。各种软件采用统一的前、后处理工具。这就为 FLUENT 的通用化建立了基础。

由于囊括了 Fluent Dynamic International、比利时 Polyflow 和 Fluent Dynamic International（FDI）的全部技术力量（前者是公认的在黏弹性和聚合物流动模拟方面占领先地位的公司，而后者是基于有限元法 CFD 软件方面领先的公司），因此 FLUENT 软件能推出多种优化的物理模型，如定常和非定常流动、层流（包括各种非牛顿流模型）、紊流（包括最先进的紊流模型）、不可压缩和可压缩流动、传热、化学反应等。对每一种物理问题的流动特点，有适合它的数值解法，用户可对显式或隐式差分格式进行选择，以期在计算速度、稳定性和精度等方面达到最佳。FLUENT 将不同领域的计算软件组合起来，成为 CFD 计算机软件群，软件之间可以方便地进行数值交换，并采用统一的前、后处理工具，这就省去了科研工作者在计算方法、编程、前、后处理等方面投入的重复、低效的劳动，而可以将主要精力和智慧用于物理问题本身的探索上。

在 FLUENT 6.1 中，采用 GAMBIT 的专用前处理软件，使网格可以有多种形状。对于二维流动，可以生成三角形和矩形网格；对于三维流动，则可生成四面体、六面体、三角柱和金字塔等网格；结合具体计算，还可生成混合网格，其自适应功能，能对网格进行细分或粗化，或生成不连续网格、可变网格和滑动网格。总之，作为一个商品，FLUENT 软件在科学研究和工程技术中的应用价值毋庸置疑。

FLUENT 软件作为流体力学中通用性较强的一种商业 CFD 软件，应用范围很广，在流体及相关领域的研究和应用都十分活跃。大部分情况下，所测对象的变化趋势能够准确地预测出来，但是具体量的大小不能精确显示。要精确测定必须依靠实验手段。

## 4.3　喷雾造粒过程

### 4.3.1　雾化造粒机理

把料液分散成微小雾粒的过程称为雾化，雾化后小颗粒的干燥是在瞬间完成的。分散相的分散度越大，即雾滴越细，单位体积溶液中的表面积越大，干燥就越容易进行。如果将直径为 1cm 的液滴雾化为 $1\mu m$ 时，其比表面积增加 10000 倍，从而大大地增加了蒸发表面，缩短了干燥时间。

当溶液雾化为雾滴时，由于表面能大大增加，需要向分散液滴提供一定的能量。利用高压喷嘴或旋转雾化器，将液体进行分散、雾化。液体的雾化机理有三种类型，即滴状分裂、丝状分裂和膜状分裂。

（1）滴状分裂　在压力式雾化器中，液体以较小的速度流出喷雾嘴时，形成一个不稳定的圆柱状液流。由于表面的影响，液流薄的部分开始收缩，薄的部分所含的液体就转移到了厚的部分，然后这部分延长成线并分裂为大小不同的液滴。在旋转式雾化器中，当料液流量很少，转盘速度低时，料液受到离心力的作用，半球状料液从转盘边缘处呈粒状甩出。在气流雾化器中，气液速度很小时就是滴状分裂。

（2）丝状分裂　在压力式雾化器中，进一步提高溶液的喷出速度，料液呈丝状，在其末端或较细处很快就断裂为许多小雾滴。液柱长度随液流速度变化而变化。在气流式喷嘴中，当空气速度较大时，气液间有很大的摩擦力，液柱被气流拉成一条细长的线，然后断裂成小雾滴。雾粒的大小取决于相对速度和料液的黏度。相对速度越大、黏度越小则雾粒越大。在旋转式雾化器中，当圆盘速度和进料速度较高时，半球状料液被拉成许多液丝。此丝状料液不稳定，在不远处迅速分裂成液滴。

（3）膜状分裂　在旋转式雾化器中，当液体流量继续增大时，液丝数目与厚度均不再增加，液丝相互结合成连续的液膜，液膜经由圆盘边缘延伸到一定距离后分裂成雾滴。

### 4.3.2　喷雾干燥的特点

（1）喷雾干燥的优点

① 干燥速率十分迅速，料液经喷雾后，比表面积迅速增大，可以与高温气流充分接触，增大传热传质速率。在热风气流中，瞬间就可蒸发 95%～98% 的水分，完成干燥时间仅需 5～40s，特别适用于热敏性物料的干燥。

② 干燥过程中液滴的温度不高，产品质量较好，只要干燥条件保持恒定，产品的质量就稳定。喷雾干燥使用的温度范围非常广（80～800℃），即使采用高温热风，在接触雾滴时大部分热量都消耗于水分的蒸发，所以尾气温度并不高，绝大多数操作尾气温度都在 70～110℃ 之间，物料温度也不会超过周围热空气的湿球温度，对于一些热敏性物料也能保证其产品质量。

③ 液滴分散在空气中，由于表面张力的影响，产品基本上能保持与液滴相近似的球状，具有良好的分散性、流动性。

④ 生产能力大，生产过程简化，操作方便。喷雾干燥的操作是连续的，可以实现自动化生产。可以一次干燥成产品，并进行筛选从而减少了生产工序，简化了生产工艺流程。

⑤ 同时适用于热敏性和非热敏性物料，水溶液和有机溶剂物料的干燥。

⑥ 原料液要求不高，溶液、泥浆、乳浊液、糊状物或熔融物都可以进行喷雾干燥。

⑦ 喷雾干燥是在密闭的干燥塔内进行的，这就避免了粉尘的污染。对于有污染气体排出的物料，可采用封闭循环系统的生产流程，将废气烧毁，防止污染环境。

（2）喷雾干燥的主要缺点

① 投资费用比较高。

② 当生产细粉产品时，废气中约带有 20% 左右的微粉，为了避免成品损耗和污染环境，需选用高效的分离设备，从而增加成本。

③ 热效率比较低，一般为 30%～40%。

### 4.3.3　喷雾干燥的基本过程

喷雾干燥可分为三个基本过程阶段：料液的雾化，雾滴和干燥介质接触及进行干燥；干燥产品与废气分离。

（1）料液的雾化　料液雾化为小液滴，雾化的目的在于将料液分散为微小的雾滴，具有很大的比表面积。雾化后，进入干燥塔中，遇到热空气，雾滴中水分迅速蒸发。在极短的时间内干燥成粉末或颗粒状产品。雾滴的大小和均匀程度对产品质量影响很大，特别是对热敏性物料的干燥。如果喷出的雾滴大小不均匀，就会出现部分大颗粒还没达到干燥要求，而小颗粒却因干燥过度而变质的现象。因此，料液雾化所用的雾化器是喷雾干燥的关键部件。常用的雾化器有气流式、压力式和旋转式。

（2）雾滴和干燥介质接触及进行干燥　雾滴被喷入热空气中，具有一定的速度，与空气接触摩擦，这个过程同时也是传热传质的过程。雾滴和空气的接触方式有并流式、逆流式和混流式。雾滴的运动方向与空气相同称为并流式，两者运动方向相反称为逆流式，运动方向先相反后相同，即先逆流再并流则称为混流式。雾滴与空气的接触方式与雾化器在塔内的安装位置和热空气入口的位置有关。雾滴与空气的接触方式不同，对干燥塔内的温度分布、雾滴和颗粒的运动轨迹、产品粒度和水分等均有很大影响。

雾滴的干燥过程也经历着恒速阶段和降速阶段。恒速阶段，水分蒸发是在雾滴表面发生的，蒸发速率由蒸汽通过周围气膜的扩散速率所控制。其驱动力是热风和液滴的温差。温差值越大干燥速率越大。当水分的扩散速率降低，水分不足以维持表面的蒸发时，干燥进入降速阶段。

（3）干燥产品与废气分离　喷雾干燥的产品为粉体。大部分都采用塔底出料，部分细粉随废气排放。为了提高产品收率，降低生产成本，需要增加分离设备来收集细粉，同时为了保护环境，排放的废气必须符合环境保护的排放标准。分离设备一般有布袋过滤器、旋风分离器、文丘里洗涤器、静电除尘设备等。各种方式可以进行组合，进行多级分离操作，可以对产品进行分级，提高分离效率。

### 4.3.4　常用雾化器

（1）气流式雾化器　气流式雾化利用压缩空气（或水蒸气）高速从喷嘴喷出并与另一通道输送的料液混合，借助空气（或水蒸气）与料液两相间相对速度不同产生的摩擦力和剪切力，把料液拉成一条条细长的丝，这些丝马上断裂成雾滴；相对速度越大，产生的丝越细。根据喷嘴的流体通道数及其布局，气流式雾化器又可以分为二流体外混式、二流体内混式、三流体内混式、三流体内外混式以及四流体外混式、四流体二内一外混式等。气流式雾化器的优点是：结构简单，处理对象广泛，所得雾滴尺寸小。主要缺点是：动力消耗大，约为压力式雾化器及旋转式雾化器的5～8倍。

（2）压力式雾化器　利用压力泵将料液从喷嘴孔内高压喷出，直接将压力转化为动能，使料液与干燥介质接触并被分散为雾滴。压力式喷嘴的特点是使液体获得旋转运动，即液体获得离心惯性力，然后由喷嘴高速喷出。其优点是：结构简单，维修方便；与气流式相比大大节约了动力；液滴尺寸可以通过压力来调节。缺点是：喷嘴磨损大，高黏度的料液不易雾化。

（3）旋转式雾化器　旋转式雾化是指料液经高速旋转的盘或轮，在离心力和重力作用下，得到加速分裂雾化，同时液体与周围介质接触摩擦，分裂形成料雾。其雾化机理有滴状、丝状和膜状分裂。以哪一种分裂方式为主，则与盘的形状、直径、转速、进料量及料液性质等因素有关。

旋转式雾化器的雾化程度取决于旋转速度、进料速度、液体黏度、表面张力等及雾化器的性质。旋转式雾化器的液滴大小和喷雾的均匀性，主要取决于旋转盘的圆周速度和液膜厚度，而液膜厚度又与溶液的处理量有关。为了得到大小均匀的液滴应该采取以下措施：①离心力大于重力；②圆盘加工精度好，表面及沟槽光滑，运动时不可以有振动；③进料速度要均匀，保证圆盘完全被料液浸润，料液在叶片上均匀分布。此外，均匀性还跟圆盘的转动速度有关。当盘的圆周速度小于50m/s时，得到的雾滴很不均匀，出现大颗粒。当盘的圆周速度为60m/s时，就不会出现上述不均匀现象。通常操作时的旋转盘圆周速度为90～160m/s。

旋转式雾化器的类型主要有光滑盘（无叶片盘）、雾化轮（叶片轮）及旋转-气流雾化器。

（1）光滑盘 光滑盘指无叶片的光滑表面所构成的平板或盘形物。光滑盘的雾化程度取决于进料在光滑表面流向边缘时加速度的大小。在圆盘速度较低时，液体的黏度和表面张力占主要地位，随着速度的增大，惯性力及空气阻力对料液雾化的作用变大。只有进料速度和圆盘速度很大的时候，惯性力及空气阻力才占主要地位。速度较低时，黏度和表面张力起主导作用，形成滴状分裂。当圆盘速度逐渐增大时，料液扩展为液带，转变为丝状分裂。当圆盘速度增大到惯性力起主导作用时，液带转变到液膜，形成膜状分裂。

（2）叶片轮 叶片轮主要是在光滑表面上设置各种形状的叶片，限制液体在圆盘表面上的滑动。工业生产多采用叶片轮。叶片轮也称轮式雾化器或雾化轮。它的雾化机理类似光滑盘。雾化轮在低圆盘速度和低进料速度时，黏度和表面张力起主导作用，直接在圆盘边缘形成液滴。在圆盘速度较大时，由于受到离心力的作用，液体由圆盘边缘以丝状分裂形式扩展出去。光滑圆盘高速旋转时，由于受到空气和液体表面之间的摩擦作用，液体呈现薄膜状分裂。这种机理不适合于形成均匀的雾滴。与光滑盘不同的是，叶片轮表面的料液旋转时将不再滑动，可以防止液体在表面上的横向流动。叶片轮的结构多种多样，常见的几种结构形式如图4-3所示。

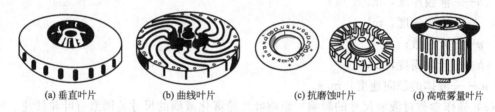

(a) 垂直叶片　　　(b) 曲线叶片　　　(c) 抗磨蚀叶片　　　(d) 高喷雾量叶片

图4-3 常用的雾化轮结构

当液体供给到高速旋转的叶片上时，它就在叶片之间的表面上移动。由于离心力作用，液体向外移动并在叶片上展开成薄膜状，润湿叶片表面。在叶片的液体负荷很低时，薄膜分裂为若干股液流。液膜离开盘边缘时，具有径向速度 $u_r$、切向速度 $u_t$ 和释出速度（合速度）$u_{res}$。

① 径向速度 $u_r$

$$u_r = 0.0024 \left( \frac{\rho_L \pi^2 N^2 d v^2}{\mu h^2 n^2} \right)^{1/3} \tag{4-1}$$

式中　$u_r$——料液离开叶轮边缘时的径向速度，m/s；

$\rho_L$——料液密度，kg/m³；

$N$——叶轮转速，r/min；

$v$——进料速度，m³/min；

$d$——叶轮直径，m；

$\mu$——料液黏度，mPa·s；

$h$——叶片高度，m；

$n$——叶片数。

② 切向速度 $u_t$ 叶片阻止了料液的滑动，液体在离开叶轮时速度就是圆盘的转速，即：

$$u_t = \pi d N \tag{4-2}$$

式中 $u_t$——料液离开叶轮边缘时的切向速度，m/s；

$\quad\quad d$——叶轮直径，m；

$\quad\quad N$——叶轮转速，r/min。

③ 液体的释出速度 $u_{res}$ 其合速度为径向速度和切向速度矢量和。

$$u_{res} = (u_r^2 + u_t^2)^{1/2} \tag{4-3}$$

式中 $u_{res}$——料液的释出速度，m/s；

$\quad\quad u_r$——料液离开叶轮边缘时的径向速度，m/s；

$\quad\quad u_t$——料液离开叶轮边缘时的切向速度，m/s。

④ 液体释出角 $\alpha$ 根据几何关系，$\alpha$ 按式（4-4）计算：

$$\alpha = \arctan\left(\frac{u_r}{u_t}\right) \tag{4-4}$$

实际 $\alpha$ 很小，释出速度接近于雾化轮的圆周速度。

⑤ 液膜的厚度 $b$ 假设雾化轮有 $n$ 个叶片，其高度为 $h$，料液均匀分布在每个叶片上。如果进料速度为 $v$，可根据连续性方程求得：

$$v = u_r(bh)^n$$

由此得到

$$b = \frac{v}{nhu_r} \tag{4-5}$$

式中 $b$——液膜厚度，m；

$\quad\quad v$——进料速度，$m^3/s$；

$\quad\quad n$——叶片数；

$\quad\quad h$——叶片高度，m；

$\quad\quad u_r$——液体的径向速度，m/s。

（3）操作参数对液滴尺寸的影响 影响叶片轮雾化液滴的尺寸的因素有叶轮转速、叶轮直径、叶轮结构、进料速度、料液和空气的黏度、料液和空气的密度及料液的表面张力等。

① 进料速度对液滴尺寸的影响 在恒定的叶轮转速、轮径及其他条件不变的情况下，液滴尺寸和进料速度成正比，即：

$$\frac{D_1}{D_2} = \left(\frac{M_1}{M_2}\right)^q \tag{4-6}$$

在工业喷雾干燥条件下，比较合适的 $q$ 值范围为 $q = 0.1 \sim 0.12$，由叶轮的结构、转速及进料速度决定。

② 叶轮转速对液滴尺寸的影响 在恒定的进料速度、轮径及其他条件不变的情况下，液滴尺寸（$D$）与叶轮转速 $N$ 成反比，即：

$$\frac{D_1}{D_2} = \left(\frac{N_2}{N_1}\right)^p \tag{4-7}$$

在实际的工业喷雾干燥过程中，比较准确的值为 $p = 0.8$。

③ 料液黏度对液滴尺寸的影响 在恒定的进料速度及雾化轮转速下，液滴尺寸与料液黏度成正比，即：

$$\frac{D_1}{D_2} = \left(\frac{\mu_1}{\mu_2}\right)^r \tag{4-8}$$

在干燥喷雾条件下，$r$ 可取 0.2，液滴直径 $D$ 和料液黏度 $\mu$ 的 0.2 次方成正比，即 $D \propto \mu^{0.2}$。

④ 料液表面张力 $\sigma$ 对液滴尺寸的影响　在其他参数不变时，雾滴直径 $D$ 与料液的表面张力 $\sigma$ 成正比，即：

$$\frac{D_1}{D_2} = \left(\frac{\sigma_1}{\sigma_2}\right)^s \tag{4-9}$$

$s$ 在 0.1~0.5 之间变化，在工业干燥的条件下，一般认为 $s$ 可取 0.1。

⑤ 料液密度 $\rho$ 对液滴尺寸的影响　在其他参数不变时，液滴尺寸与料液密度成反比，即：

$$\frac{D_1}{D_2} = \left(\frac{\rho_2}{\rho_1}\right)^t \tag{4-10}$$

$t$ 值约为 0.5。

(4) 平均液滴尺寸的预测　虽然对喷雾干燥机理进行了大量研究，但是由于喷雾干燥影响因素十分复杂，所以目前对雾滴特性的预测并不准确。

① 体积-面积平均滴径　可按式 (4-11) 计算。

$$D_{\text{VS}} = \frac{1.4 \times 10^4 M_{\text{L}}^{0.24}}{(Nd)^{0.83}(nh)^{0.12}} \tag{4-11}$$

式中　$D_{\text{VS}}$——体积-面积平均滴径，$\mu m$；

$M_{\text{L}}$——料液的进料速度，kg/h；

$N$——雾化轮转速，r/min；

$d$——雾化轮直径，m；

$n$——雾化轮叶片数；

$h$——雾化轮叶片高度，m。

式 (4-11) 的计算值与实际值比较接近，适用于工业干燥器。试验条件为圆周速度低于 110m/s，进料质量流量 $M_{\text{L}}$ 小于 800kg/h。

② 体积-面积平均直径　对于小型的雾化轮，例如实验室的小型喷雾干燥器，采用式 (4-12) 计算：

$$D_{\text{VS}} = 5240 M_{\text{p}}^{0.171}(\pi dN)^{-0.537} \mu_{\text{L}}^{-0.017} \tag{4-12}$$

式中　$D_{\text{VS}}$——体积-面积平均直径，$\mu m$；

$M_{\text{p}}$——叶片液体负荷，g/(cm·s)；

$d$——雾化轮直径，cm；

$N$——雾化轮转速，r/min；

$\mu_{\text{L}}$——料液黏度，mPa·s。

式 (4-12) 的试验条件：$\mu_{\text{L}} = 9.8 \sim 199.5$cP，$\rho_{\text{L}} = 850$kg/m³，$\sigma = 27.8 \times 10^{-3}$ N/m，$d = 50$mm，$N = 11900 \sim 41300$r/min，$M_{\text{L}} = 1.9 \sim 16.8$kg/h，$n = 24$，$h = 5.58$mm。

③ 液滴的最大直径　液滴最大直径 $D_{\max}$ 可按式 (4-13) 计算：

$$D_{\max} = 3.0 D_{\text{VS}} \tag{4-13}$$

式中　$D_{\text{VS}}$——体积-面积平均直径，$\mu m$。

### 4.3.5　干燥过程的传热和传质

料浆在旋转的雾化盘边缘高速释放，形成雾滴，雾滴一旦与干燥热空气接触，热量由热空气向液滴内部传递的传热过程和水分由液滴内部向表面扩散随后在表面蒸发的传质过程便迅速建立起来。不同产品显示出不同的蒸发特性。在蒸发过程中，雾滴的尺寸分布要发生变化，蒸发过程如果控制不好，雾滴容易造成膨胀、崩溃、破碎或分裂，导致产生中空球（或称蘑菇状、苹果状）、不规则的形状等，或者形成粘连、团聚的颗粒。喷雾干燥过程如图4-4所示。

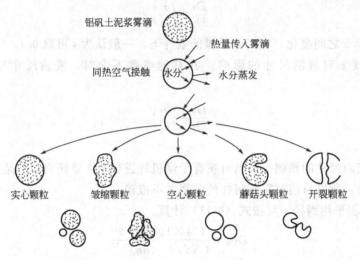

铝矾土泥浆雾滴

热量传入雾滴

同热空气接触　水分　水分蒸发

实心颗粒　　皱缩颗粒　　空心颗粒　　蘑菇头颗粒　　开裂颗粒

图 4-4　喷雾干燥过程

雾滴干燥速率是由传热和传质速率决定的。传热和传质速率是温度、湿度、围绕每个液滴的空气传递特性、液滴直径和液滴与空气之间的相对速度的函数。干燥太快，容易造成颗粒破裂、形成空心颗粒和中空球。干燥太慢，则造成粘壁或团聚。

雾滴干燥过程可分为两个阶段，即恒速干燥阶段和降速干燥阶段。恒速干燥阶段，水分的内部扩散速率大于蒸发速率，表面水分充足，蒸发速率主要由外部条件控制，此阶段中蒸发速率大致不变。液滴中大部分水分在此阶段蒸发掉。

随着水分不断地蒸发，逐渐降低了液滴内的水分含量，表面水分不足以维持表面的蒸发，内部扩散速率小于水分蒸发速率。这时表面不再保持湿润，温度开始升高，干燥速率不断地下降，这就是降速干燥阶段。

如果引入的空气温度非常高，使液滴水分迅速蒸发，很容易在料液的表面形成壳层，对内部水分起到保存作用。如果引入的空气温度较低，初始的干燥速率较低，在较长时间内，液滴表面将保持着湿球温度。

一般来说，要提高干燥速率，主要取决于两个方面：一是干燥介质的温度，温度越高，则干燥驱动力越大，干燥速率越快；二是进风的速度，进风速度越快，越能提高传质和传热的效率，蒸发的水分能迅速带走，保持低的相对湿度。另外，还和液滴形状、化学组成、物理结构和固体浓度有关。如果雾化颗粒较细，颗粒干燥过程得以稳定进行，则颗粒表面外壳形成时包裹的水分已很少，就能制备出实心球状颗粒。

# 4.4　几何模型的建立

### 4.4.1　FLUENT GAMBIT 的使用

FLUENT GAMBIT 目前是 CFD 分析中最好的前处理器，面向 CFD 分析的高质量的前处理器，其主要功能包括几何建模和网格生成。由于 GAMBIT 本身所具有的强大功能，以及快速的更新，在目前所有的 CFD 前处理软件中，GAMBIT 稳居上游。GAMBIT 包括先进的几何建模和网格划分方法。借助功能灵活，完全集成的和易于操作的界面，GAMBIT 可以显著减少 CFD 应用中的前处理时间。复杂的模型可直接采用 GAMBIT 固有几何模型生成，或由 CAD/CAE 构型系统输入。高度自动化的网格生成工具保证了最佳的网格生成，如结构化的、非结构化的、多块的或混合网格。

### 4.4.2 GAMBIT 软件的特点

① ACIS 内核基础上的全面三维几何建模能力，通过多种方式直接建立点、线、面、体，而且具有强大的布尔运算能力，ACIS 内核已提高为 ACIS R12。该功能大大领先于其他 CAE 软件的前处理器。

② 可对自动生成的 Journal 文件进行编辑，以自动控制修改或生成新几何模型与网格。

③ 可以导入 PRO/E、UG、CATIA、SOLIDWORKS、ANSYS、PATRAN 等大多数 CAD/CAE 软件所建立的几何模型和网格。导入过程新增自动公差修补几何功能，以保证 GAMBIT 与 CAD 软件接口的稳定性和保真性，使得几何质量高，并大大减轻工程师的工作量。

④ 新增 PRO/E、CATIA 等直接接口，使得导入过程更加直接和方便。

⑤ 强大的几何修正功能，在导入几何时会自动合并重合的点、线、面。新增几何修正工具条，在消除短边、缝合缺口、修补尖角、去除小面、去除单独辅助线和修补倒角时更加快速、自动、灵活，而且准确保证几何体的精度。

⑥ G/TURBO 模块可以准确而高效地生成旋转机械中的各种风扇以及转子、定子等的几何模型和计算网格。

⑦ 强大的网格划分能力，可以划分包括边界层等 CFD 特殊要求的高质量网格。GAMBIT 中专用的网格划分算法可以保证在复杂的几何区域内直接划分出高质量的四面体、六面体网格或混合网格。

⑧ 先进的六面体核心（HEXCORE）技术是 GAMBIT 所独有的，集成了笛卡儿网格和非结构化网格的优点，使用该技术划分网格时更加容易，而且大大节省网格数量、提高网格质量。

⑨ 居于行业领先地位的尺寸函数（size function）功能可使用户能自主控制网格的生成过程以及在空间上的分布规律，使得网格的过渡与分布更加合理，最大限度地满足 CFD 分析的需要。

⑩ GAMBIT 可高度智能化地选择网格划分方法，可对极其复杂的几何区域划分出与相邻区域网格连续的完全非结构化的混合网格。

⑪ 新版本中增加了新的附面层网格生成器，可以方便地生成高质量的附面层网格。

⑫ 可为 FLUENT、POLYFLOW、FIDAP、ANSYS 等解算器生成和导出所需要的网格和格式。

### 4.4.3 计算网格的划分

采用 FLUENT 软件的前处理器 GAMBIT 来建模。内容包括：建立模拟对象的几何外形；对模拟对象的计算区域进行网格划分；根据模拟对象的工艺要求，选取模型的边、面或体作为 FLUENT 计算时所需的边界类型。在建立几何模型之前，对模型作如下假设和简化：

① 几何体尺寸以实际喷雾干燥塔的尺寸为准；

② 在喷雾干燥塔的顶部,以圆环作为干燥空气的入口;

③ 顶部中央的圆柱体下端即为旋转喷雾头,料浆从圆柱体的周边孔径开始进入计算区域;

④ 以干燥塔的圆锥末端作为干燥粉料和废气的出口。

喷雾干燥塔的结构尺寸见表 4-1。

表 4-1  喷雾干燥塔的结构尺寸                                    单位:mm

| 干燥塔直径 | 干燥塔总高 | 干燥空气入口圆环当量直径 | 粉料和废气出口直径 | 喷雾头直径 | 喷雾头叶片个数/个 | 喷雾头叶片直径 |
|---|---|---|---|---|---|---|
| 1200 | 1400 | 300 | 200 | 100 | 8 | 24 |

鉴于在空气入口和旋转喷雾头附近的流体速度梯度较大,为了便于在该区域进行网格的局部加密,故将该区域和其他的干燥塔内区域划分为两个相对独立的区域,并进行网格划分。同时,为了减少计算网格的数量,减少计算工作量及模拟计算时间,在空气入口和旋转喷雾头周围采用非结构化网格进行划分,在喷雾干燥塔内的其他计算区域采用结构化网格进行划分,空气入口和旋转喷雾头周围使用四面体网格,喷雾干燥塔内的其他计算区域采用六面体网格。其整体和局部的网格划分情况如图 4-5~图 4-14 所示。

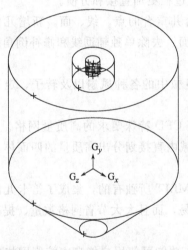

图 4-5  喷雾干燥塔结构

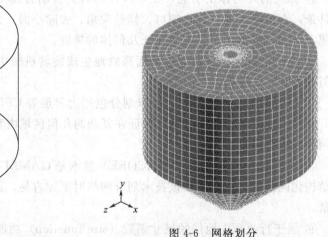

图 4-6  网格划分

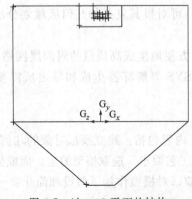

图 4-7  过 z=0 平面的结构

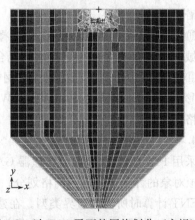

图 4-8  过 z=0 平面的网格划分(主视)

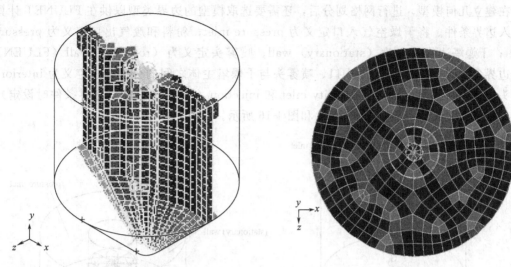

图 4-9　过 $z=0$ 平面的网格划分（立体）

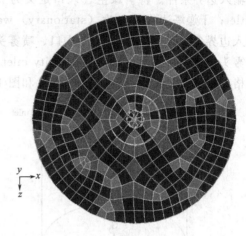

图 4-10　过 $y=0.5$ 平面的网格划分（俯视）

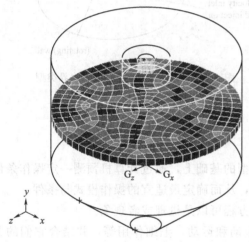

图 4-11　过 $y=0.5$ 平面的网格划分（立体）

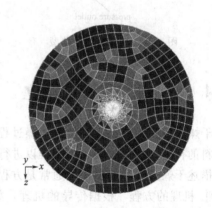

图 4-12　过 $y=0.815$ 平面的网格划分（俯视）

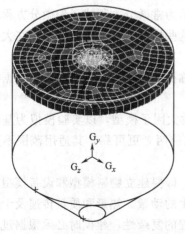

图 4-13　过 $y=0.815$ 平面的网格划分（立体）

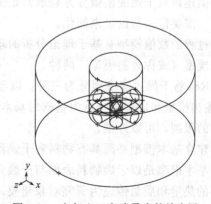

图 4-14　空气入口和喷雾头的放大图

在建立几何模型，进行网格划分后，还需要选取模型的边界类型以供在 FLUNET 计算时输入边界条件。将干燥空气入口定义为 pressure inlet；粉料和废气出口定义为 pressure outlet；干燥塔边界定义为（stationary）wall；喷雾头定义为（rotating）wall（FLUENT 输入边界条件时设定）；将空气入口、喷雾头与干燥塔主体之间的分割圆柱定义为 interior；喷雾头的各个料浆出口定义为 velocity inlet 和 injection（FLUENT 输入边界条件时设定）；网格离散区域定义为 fluid，如图 4-15 和图 4-16 所示。

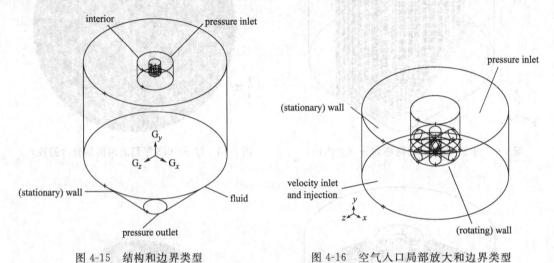

图 4-15　结构和边界类型　　　　　图 4-16　空气入口局部放大和边界类型

## 4.5　数值模型的建立

干燥过程模拟是建立在表征干燥过程数值模型的基础上，通过计算机预测一定操作条件下物料的行为，并完成实物实验难以进行的考察，从而确定最适宜的操作模式与条件。

描述干燥过程的数值模型通常是方程。这些方程可以是机理或者现象。

① 机理的方程　根据传导的机理，如分子流动和运动、毛细作用等，并结合它们的关系建立起来的方程。

② 现象的方程　描述发生现象，不必与传导的机理相联系。

大多数方程已得到验证。描述现象的方程通常表示为常微分方程或者偏微分方程。

描述颗粒干燥的偏微分方程通常是抛物线型的。这些模型或方程十分复杂，在大多数情况下，需要作一些假设来简化。

过程的数值模型有基于理论分析的理论模型（或称机理模型）及基于对实验数据分析的黑箱模型（或称经验模型）两种。

Rea 将干燥过程模型分为三种：以经验为基础的放大因子模型，以实验模拟为基础的输入/输出模型和以理论分析为基础的基本模型。后者比前两者更可靠，其适用范围不受以往经验的限制，可以外推。

建立基本模型必须具有物料和干燥器的基础资料，即要建立物料模型和设备模型。干燥过程基本模型是以干燥物料表面与干燥介质间同时发生的动量、热量和质量传递及干燥物料内部的热量和质量传递为研究对象建模。由于实际过程的复杂性，建模时必须根据过程的实质作必要的简化与假设，以便于模型求解。简化与假定的有效性必须由实验验证。如对易干燥的多孔物料可忽略内部扩散等。

### 4.5.1 干燥过程数值模型的现状

廖传华、S. Dyshlovenko 等人根据计算流体动力学的原理，通过分析喷雾干燥器内粒子与干燥空气之间的运动情况和干燥空气的流动特性，用自建数值模型的方法，建立了一个基本上能较清楚描述干燥器操作特性的数值模型，并利用时间增量法来跟踪雾滴粒子在干燥器内的运动特性，从而实现了喷雾干燥设备设计的计算机化，既可以从过程的静态和动态特征寻求适当的设计、操作和控制，也可以探求现有喷雾干燥设备的改造途径和方案，可对已有的设备操作进行检验，以便通过调节各参数而确定最佳操作条件，获得设计和生产操作中的理论基础，无须再进行设备的放大，具有传统设计方法无法比拟的优越性，可节省大量的人力、物力，缩短设计开发周期，故可以广泛应用于生产系统的机理分析和设备工艺的开发设计工作中。

陈银杯、J. Nava 等人也是采用自建数值模型的方法，研究喷雾干燥生产过程的建模与优化。干燥过程中采用闭路循环能回收有经济价值的溶剂，减轻环境污染，降低能耗，而且可提高设备效率及产品质量。通过模拟液滴在空气中的飞行轨迹来建立模型，估算塔径与塔高；并在计算中采用解析数值方法取代列线的图解积分方法，使之更接近所提出的物理模型。

M. Reinhold 等人以计算流体力学为基础，结合浆滴脱硫的双膜模型，以 Euler/Lagrange 方法建立了喷雾干燥烟气脱硫的数值计算模型及程序，在较广的参数变化范围内，模拟结果与 Hill 和 Zank 的试验数据符合较好；同时对影响脱硫效率的运行参数如雾化浆滴粒径、出口饱和温距、入口 $SO_2$ 浓度和钙硫摩尔比进行了模拟。相对于常用的一维平推流模型，能够方便地跟踪单个浆滴的运动轨迹及脱硫和蒸发经历，直观地显示出整个反应器内的流场、温度场及组分的空间分布。

J. Straatsma 等人建立了颗粒物料在转筒干燥器内运动的数值模型，求出了颗粒的运动方程。用 VB 语言编制了计算机程序，可以模拟物料在转筒内的滞留时间和颗粒物料在某一时刻所处的空间位置。转筒干燥器的主体是略带倾斜并能回转的圆筒体，是一种既受高温加热又兼输送的设备，它的应用十分广泛。他们较为系统地进行了转筒干燥器物料传热过程的分析，并进行了试验研究。利用质量平衡方程、能量平衡方程和传热方程，建立了颗粒物料在转筒干燥器干燥过程中的传热数值模型，并使用有限元法进行了模拟研究，该模型能够较好地预测干燥过程中物料颗粒的温度变化，模拟结果与实验结果吻合良好。该模拟程序对此类问题的研究具有参考价值。

微波对流不仅干燥速率快，而且具有杀菌的特点。余莉等人对微波对流联合干燥过程进行了理论研究，通过对微波对流联合干燥工作机理的定性分析，建立起相应的数值模型和微分控制方程组，并在此基础上对球形物料的微波对流联合干燥特性进行了数值模拟；着重考察了沿半径方向上物料含湿量、水蒸气压力、温度等随干燥时间的变化关系，计算结果符合理论分析情况，与实验结果也吻合良好。同时发现微波输入功率对内部水分的迁移、干燥过程的温度变化都有很大影响。

李军辉等人对已建立的拟薄水铝石直管气流干燥系统数值模型，采用 Matlab 语言调用标准四阶 Runge-Kudra 法进行数值模拟，给出高精度的数值解，现有烘干机的测试实验表明模拟结果与测试数据一致。对于多自变量参数干燥优化方程，以模拟方程为基础，确定相应的目标函数，采用多次正交试验法进行模拟试验，逐渐逼近最优值，最终获得了最优值，给出实际干燥系统的最优方案，其最优参数在实际应用中效果良好，并对参数匹配规律进行了分析。这些将为开发新的气流干燥系统提供有效的优化设计依据。

陈元元等人通过对压力式喷雾干燥雾滴形成机理及受力分析，运用流体力学和传热传质学对干燥过程进行数学描述，由此可为压力式喷雾干燥雾滴在塔内的干燥时间、干燥空气用量、干燥塔高和直径的确定及喷嘴设计提供依据。在此基础上，编写了向下并流式喷雾干燥的 Visual Basic 程序。该程序在输入不同的喷雾压力、干燥气体性质等基本参数后，就可得出相应的不同干燥时间、干燥空气用量、喷嘴及干燥塔的结构尺寸等参数。软件计算结果与生产乳品用干燥机实际参数比较，符合情况良好。从而实现了数值模拟优化实验，为干燥机的设计与选型提供了方便。在能源与所处理物料的最优化组合、节约能源上做出了尝试。

贺华波以颗粒热传递模型为基础，运用面向对象的程序设计思想，在 Win2000 Visual C++6.0平台下开发了旋转圆盘式干燥机干燥过程的计算机模拟软件，该模拟软件是方便、有效、可靠的。

梁栋等人提出了描述含湿煤灰颗粒气流干燥过程的一维数值模型，该模型考虑了干燥管内气固两相间的传热和传质、气固两相温度和含湿量的变化；用 Matlab 中的 Simulink 仿真软件进行了数值求解，得到了含湿煤灰颗粒在不同气流干燥条件下的干燥曲线。数值模拟结果与实验数据吻合很好，证明了该模型的准确性。

王海等人通过对典型的多孔湿物料在离心流化床中干燥过程的理论分析和实验研究，首次将含湿多孔介质传热传质过程和物料与气流之间的外部传递过程相耦合，导出了离心流化床的理论模型和控制方程组；对于离心流化床中湿物料的干燥过程引进了数值模拟，结果表明增加气体表观流速、控制入口气体的温度和相对湿度以及加大床体转速均对干燥有不同影响。

以上研究都是根据干燥过程的传热传质机理，自编计算机程序对微分方程和经验公式求解，因描述干燥过程方程和公式非常复杂，他们都对过程进行了多种简化。计算结果与实际情况也有较大偏差。

### 4.5.2 主要数学模型分析

主要的数学模型有湍流模型、传热模型、离散相模型等。

#### 4.5.2.1 湍流模型

目前，没有一个湍流模型能够适用所有的问题，FLUENT 软件中可供选择的湍流模型有：Spalart-Allmaras 模型、k-e 模型、k-ω 模型、RSM 模型、LES 模型。在选取时主要考虑以下几点：流体是否可压缩、所建立问题、精度的要求、计算机的计算能力、时间限制等。

(1) Spalart-Allmaras 模型　Spalart-Allmaras 模型对于低雷诺数模型是十分有效的，从计算所花费的时间来看，其在 FLUENT 中是最经济的。当网格划分得不是很好且计算精度要求不高时，Spalart-Allmaras 模型是较好的选择。然而，在模型中其近壁的变量梯度比在 k-e 模型和 k-ω 模型中的要小得多，这也许会导致模型对于数值的误差变得不敏感。另外，Spalart-Allmaras 模型是一种新出现的模型，现在还无法断定它是否适用于所有复杂的工程流体。例如，不能依靠它去预测均匀衰退、各向同性湍流等问题。

(2) k-e 模型　k-e 模型主要包括标准 k-e 模型、RNG k-e 模型和带旋流修正的 k-e 模型。在 FLUENT 中，自从标准 k-e 模型被 Launder and Spalding 提出之后，由于其适用范围广和经济、合理的精度，在工业流场和热交换模拟中被广泛应用。RNG k-e 模型和带旋流修正的 k-e 模型是在标准 k-e 模型的基础上改造而来。RNG k-e 模型在 e 方程中加了一个条件，有效地改善了精度，考虑到了湍流旋涡，提高了在这方面的计算精度，在理论上为湍流 Prandtl 数提供了一个解析公式，然而标准 k-e 模型仅提供了常数，且 RNG k-e 模型还提供了考虑低雷诺数流动黏性的解析公式，这些公式的使用依靠正确地对待近壁区域，RNG k-e 模型比标准 k-e 模型在更广泛的流动中有更高的可信度和精度。对于带旋流修正的 k-e 模型，它是近期才出现的，现在还没有确凿的证据表明它比 RNG k-e 模型能更好地进行湍流模拟。不过，在计算时间上，RNG k-e 模型比标准 k-e 模型多消耗 10％～15％的 CPU 时间。

（3）k-ω 模型　k-ω 模型主要包括标准 k-ω 模型和剪切压力传输（SST）k-ω 模型。标准 k-ω 模型基于 Wilcox k-ω 模型，它是为了考虑低雷诺数、可压缩性和剪切流传递而修改的，主要应用于墙壁束缚流动和自由剪切流动。而 SST k-ω 模型也是标准 k-e 模型的一个变体，在近壁自由流的模拟中具有广泛的应用范围和精度。

（4）RSM 模型　由于 RSM 比单方程和双方程模型更加严格地考虑了流线型弯曲、旋涡、旋转和张力快速变化，它对于复杂流动有更高的精度预测的潜力，但是这种预测仅仅限于与雷诺压力有关的方程，压力张力和耗散速率是使 RSM 模型预测精度降低的主要因素。更重要的是，RSM 模型比 k-e 模型和 k-ω 模型要多耗费 50％～60％的 CPU 时间和 15％～20％的内存。

（5）LES 模型　LES 模型应用于工业的流动模拟还处于起步阶段，其主要用于简单几何形体。然而，只有很好的网格划分，硬件性能较高的计算机，或者采用并行运算，LES 才可能用于实际工程。

该模拟选取 RNG k-e 湍流模型进行数值模拟为例，下面简单介绍 RNG k-e 模型。

RNG k-e 模型的方程如式（4-14）和式（4-15）所示。

$$\frac{\partial}{\partial t}(\rho k)+\frac{\partial}{\partial x_i}(\rho k u_i)=\frac{\partial}{\partial x_j}\Big(\alpha_k\mu_{eff}\frac{\partial k}{\partial x_j}\Big)+G_k+G_b-\rho\varepsilon-Y_M+S_k \tag{4-14}$$

$$\frac{\partial}{\partial t}(\rho\varepsilon)+\frac{\partial}{\partial x_i}(\rho\varepsilon u_i)=\frac{\partial}{\partial x_j}\Big(\alpha_\varepsilon\mu_{eff}\frac{\partial\varepsilon}{\partial x_j}\Big)+C_{1\varepsilon}\frac{\varepsilon}{k}(G_k+C_{3\varepsilon}G_b)-C_{2\varepsilon}\rho\frac{\varepsilon^2}{k}-R_\varepsilon+S_\varepsilon \tag{4-15}$$

式中　　　　$G_k$——由层流速度梯度而产生的湍流动能；

　　　　　　$G_b$——由浮力而产生的湍流动能；

　　　　　　$Y_M$——在可压缩湍流中，过渡的扩散产生的波动；

$C_{1\varepsilon}$、$C_{2\varepsilon}$、$C_{3\varepsilon}$——常量；

　　　　　　$\alpha_k$——k 方程的湍流 Prandtl 数；

　　　　　　$\alpha_\varepsilon$——e 方程的湍流 Prandtl 数；

　　　　　　$\rho$——流体密度；

　　　　　$\mu_{eff}$——湍流黏性系数；

　　　　　　$\varepsilon$——耗散率；

　　　　　　$t$——时间；

　　　$x_i$、$x_j$——组分 i 和组分 j 的 x 轴方向；

　　　　　　$u_i$——i 组分流速；

　　　　　　$R_\varepsilon$——ε 的速度源项；

　　　$S_k$、$S_\varepsilon$——用户定义的。

4.5.2.2　传热模型

(1) 能量方程　FLUENT 求解如下的能量方程：

$$\frac{\partial}{\partial t}(\rho E)+\nabla \cdot [ \quad (\rho E+p)]=\nabla \cdot \left[ k_{\mathrm{eff}}\nabla T-\sum h_j \boldsymbol{J}_j+\left( \overline{\overline{\tau}}_{\mathrm{eff}} \cdot \quad \right)\right]+S_h \tag{4-16}$$

式中　$S_h$——包含化学反应放（吸）热以及任何其他的由用户定义的体积热源；

$E$——能量；

$T$——温度；

$h_j$——组分 $j$ 的焓；

$p$——压力；

$\overline{\overline{\tau}}_{\mathrm{eff}}$——黏性加热，耦合求解时计算值；

$\rho$——密度；

——速度矢量；

$k_{\mathrm{eff}}$——有效热导率（由模型中使用的湍流模型确定）；

$\boldsymbol{J}_j$——组分 $j$ 的扩散通量。

方程(4-16) 等号右边的前三项分别表示由于热传导、组分扩散、黏性耗散而引起的能量转移。$S_h$ 包含化学反应放（吸）热以及任何其他的由用户定义的体积热源。方程(4-16) 中：

$$E=h-\frac{p}{\rho}+\frac{v^2}{2} \tag{4-17}$$

其中，显焓 $h$ 的定义（对理想气体）为：

$$h = \sum_j Y_j h_j \tag{4-18}$$

对不可压缩流体：

$$h = \sum_j Y_j h_j + \frac{p}{\rho} \tag{4-19}$$

方程(4-18)、方程(4-19) 中，$Y_j$ 为组分 $j$ 的质量分数：

$$h_j = \int_{T_{\mathrm{ref}}}^{T} C_{p,j}\,\mathrm{d}T \tag{4-20}$$

式中　$T_{\mathrm{ref}}$——298.15K；

$C_{p,j}$——组分 $j$ 的定压比热容。

当激活非绝热、非预混燃烧模型时，FLUENT 求解以总焓表示的能量方程：

$$\frac{\partial}{\partial}(\rho H)+\nabla \cdot (\rho \quad H)=\nabla \cdot \left(\frac{k_{\mathrm{t}}}{C_p}\nabla H\right)+S_h \tag{4-21}$$

式(4-21) 假定刘易斯数（$Le$）＝1，方程等号右边的第一项包含热传导与组分扩散，黏性耗散作为非守恒形式被包含在第二项中。

总焓的定义为：

$$H = \sum_j Y_j H_j$$

式中　$Y_j$——组分 $j$ 的质量分数。

$$H_j = \int_{T_{\mathrm{ref},j}}^{T} C_{p,j}\,\mathrm{d}T + h_j^{\ominus}(T_{\mathrm{ref},j}) \tag{4-22}$$

式中　$h_j^{\ominus}(T_{\mathrm{ref},j})$——组分 $j$ 处于参考温度 $T_{\mathrm{ref},j}$ 的生成焓。

（2）辐射模型的选取　因为喷雾干燥塔内温度较低（低于 300℃），一般来说，只有在温度高于 800℃ 时辐射放热的影响才会明显，所以在喷雾干燥模型中忽略了辐射的影响。

4.5.2.3　离散相模型（颗粒轨迹、离散相和连续相的相互作用）

（1）颗粒运动方程

① 颗粒的力平衡　FLUENT 中通过积分拉氏坐标系下的颗粒作用力微分方程来求解离散相颗粒（液滴或气泡）的轨道。颗粒的作用力平衡方程（颗粒惯性＝作用在颗粒上的各种力）在笛卡儿坐标系下的形式（$x$ 方向）为：

$$\frac{\mathrm{d}u_p}{\mathrm{d}t} = F_D(u - u_p) + \frac{g_x(\rho_p - \rho)}{\rho_p} + F_x \tag{4-23}$$

式中　　$u$——流体速度；

　　　　$u_p$——颗粒速度；

　　　　$\rho$——流体密度；

　　　　$\rho_p$——颗粒密度；

　　　　$g_x$——$x$ 方向的重力加速度；

　　　　$F_x$——其他作用力，包括：颗粒周围流体加速或是旋转坐标系下的流动而引起的附加作用力、热泳力、布朗力、Saffman 升力等（计算时根据具体情况选取）；

$F_D(u - u_p)$——颗粒的单位质量曳力。

$$F_D = \frac{18\mu}{\rho_p d_p^2} \times \frac{C_D Re}{24} \tag{4-24}$$

式中　　$\mu$——流体动力黏度；

　　　　$d_p$——颗粒直径；

　　　　$Re$——颗粒雷诺数。

$$Re \equiv \frac{\rho d_p |u_p - u|}{\mu} \tag{4-25}$$

曳力系数 $C_D$ 可采用如下的表达式：

$$C_D = a_1 + \frac{a_2}{Re} + \frac{a_3}{Re} \tag{4-26}$$

对于球形颗粒，在一定的雷诺数范围内，上式中的 $a_1$、$a_2$、$a_3$ 为常数。

② 轨迹方程的积分　颗粒轨迹方程以及描述颗粒质量/热量传递的附加方程都是在离散的时间步长上逐步进行积分运算求解的。对方程（4-23）积分就得到了颗粒轨迹每一个位置上的颗粒速度。颗粒轨迹通过式（4-27）可以得到：

$$\frac{\mathrm{d}x}{\mathrm{d}t} = u_p \tag{4-27}$$

这个方程与式（4-23）相似，沿着每个坐标方向求解此方程就得到了离散相的轨迹。假设在每一个小的实际间隔内，包含重力在内的各项均保持为常量，颗粒的轨道方程可以简写为：

$$\frac{\mathrm{d}u_p}{\mathrm{d}t} = \frac{1}{\tau_p}(u - u_p) \tag{4-28}$$

式中，$\tau_p$ 为颗粒松弛时间。FLUENT 应用梯形差分格式对方程（4-28）积分：

$$\frac{u_p^{n+1} - u_p^n}{\Delta t} = \frac{1}{\tau}(u^* - u_p^{p+1}) + K \tag{4-29}$$

式中，$n$ 代表第 $n$ 次迭代步。

$$u^* = \frac{1}{2}(u^n + u^{n+1}) \tag{4-30}$$

$$u^{n+1} = u^n + \Delta t u_p^n \cdot \nabla u^n \tag{4-31}$$

在一个给定的时刻，同时求解方程（4-27）和方程（4-28）以确定颗粒的速度与位置。

（2）传热、传质计算 FLUENT 使用一个简单的热平衡方程来关联颗粒温度 $T_p(t)$ 与颗粒表面的对流与辐射传热：

$$m_p C_p \frac{\mathrm{d} T_p}{\mathrm{d} t} = h A_p (T_\infty - T_p) + \varepsilon_p A_p \sigma (\theta_R^4 - T_p^4) \tag{4-32}$$

式中　$m_p$——颗粒质量，kg；

　　　$C_p$——颗粒比热容，J/(kg·K)；

　　　$A_p$——颗粒表面积，m²；

　　　$T_\infty$——连续相的当地温度，K；

　　　$T_p$——颗粒温度，K；

　　　$h$——对流传热系数，W/(m²·K)；

　　　$\varepsilon_p$——颗粒黑度；

　　　$\sigma$——玻耳兹曼常数，$5.67 \times 10^{-8}$ W/(m²·K⁴)；

　　　$\theta_R$——辐射温度，K。

对方程（4-32）进行关于时间的积分，其中，假设颗粒温度在连续的积分时间内近似线性变化，有：

$$m_p C_p \frac{\mathrm{d} T_p}{\mathrm{d} t} = A_p [-(h + \varepsilon_p \sigma T_p^3) T_p + (h T_\infty + \varepsilon_p \sigma \theta_R^4)] \tag{4-33}$$

在计算颗粒轨道的过程中，FLUENT 对方程（4-33）进行积分，得到下一时刻的颗粒温度，有：

$$T_p(t + \Delta t) = \alpha_p + [T_p(t) - \alpha_p] \mathrm{e}^{-\beta_p \Delta t} \tag{4-34}$$

式中　$\Delta t$——积分时间步长。

$$\alpha_p = \frac{h T_\infty + \varepsilon_p \sigma \theta_R^4}{h + \varepsilon_p \sigma T_p^3(t)} \tag{4-35}$$

以及

$$\beta_p = \frac{A_p [h + \varepsilon_p \sigma T_p^3(t)]}{m_p C_p} \tag{4-36}$$

对于对流换热系数 $h$ 可由下式求得：

$$Nu = \frac{h d_p}{k_\infty} = 2.0 + 0.6 Re_d^{1/2} Pr^{1/3} \tag{4-37}$$

式中　$d_p$——颗粒直径，m；

　　　$k_\infty$——连续相热导率，W/(m·K)；

　　　$Re_d$——以颗粒直径为定性尺寸、颗粒与流体的速度差定义的雷诺数；

　　　$Pr$——连续相的普朗特数。

当颗粒穿过流体单元（计算网格）时，颗粒吸收（释放）的热量作为源相作用到连续相的能量方程中。

（3）离散相与连续相间的耦合 当计算颗粒的轨道时，FLUENT 跟踪计算颗粒沿轨道的热量、质量、动量的得到与损失，这些物理量可作用于随后的连续相的计算中去。于是，在连续相影响离散相的同时，可以考虑离散相对连续相的作用。交替求解离散相与连续相的控制方程，直到二者均收敛（二者计算解不再变化）为止，这样，就实现了双向耦合计算。图 4-17 示意了两相之间的热量、质量和动量的交换。

① 动量交换　在 FLUENT 中，当颗粒穿过每个 FLUENT 模型的控制体时，通过计算颗粒的动量变化来求解连续相传递给离散相的动量值。颗粒动量变化值为：

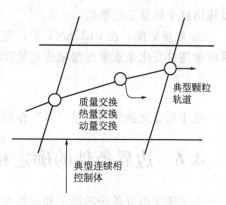

图 4-17　离散相和连续相之间的热量、质量和动量交换

$$F = \sum \left[ \frac{18\beta\mu C_D Re}{24\rho_p d_p^2}(u_p - u) + F_{other} \right] \dot{m}_p \Delta t$$

$$(4-38)$$

式中　$\mu$——流体黏度；

　　　$\rho_p$——颗粒密度；

　　　$d_p$——颗粒直径；

　　　$Re$——相对雷诺数；

　　　$u_p$——颗粒速度；

　　　$u$——流体速度；

　　　$C_D$——曳力系数；

　　　$\dot{m}_p$——颗粒质量流率；

　　　$\Delta t$——时间步长；

　　$F_{other}$——其他作用力。

这个动量交换作为动量"汇"作用到随后的流体相动量平衡计算中，并且 FLUENT 可以输出这个动量汇的数值。

② 热量交换　在 FLUENT 中，当颗粒穿过每个 FLUENT 模型的控制体时，通过计算颗粒的热量变化来求解连续相传递给离散相的热量值。

$$Q = \left[ \frac{\bar{m}_p}{m_{p,0}} C_p \Delta T_p + \frac{\Delta m_p}{m_{p,0}} \left( -h_{fg} + h_{pyrol} + \int_{T_{ref}}^{T_p} C_{p,j} \mathrm{d}T \right) \right] \dot{m}_{p,0}$$

$$(4-39)$$

式中　$\bar{m}_p$——控制体内颗粒平均质量，kg；

　　$m_{p,0}$——颗粒初始质量，kg；

　　　$C_p$——颗粒比热容，J/(kg·K)；

　　$\Delta T_p$——控制体内颗粒的温度变化，K；

　　$\Delta m_p$——控制体内颗粒的质量变化，kg；

　　$h_{fg}$——挥发分析出潜热，J/kg；

　$h_{pyrol}$——挥发分析出时热解所需要热量，J/kg；

　　$C_{p,j}$——析出挥发分的比热容，J/(kg·K)；

　　　$T_p$——离开控制体颗粒的温度，K；

　　$T_{ref}$——熵所对应的参考温度，K；

　　$\dot{m}_{p,0}$——跟踪颗粒的初始质量流率，kg/s。

这个热量交换作为热量"汇"作用到随后的流体相热量平衡计算中，并且 FLUENT 可以输出这个热量汇的数值。

③ 质量交换　在 FLUENT 中,当颗粒穿过每个 FLUENT 模型的控制体时,通过计算颗粒的质量变化来求解连续相传递给离散相的质量值。颗粒质量变化值可简写为:

$$M = \frac{\Delta m_{\mathrm{p}}}{m_{\mathrm{p,0}}} \dot{m}_{\mathrm{p,0}} \tag{4-40}$$

这个质量交换作为质量"源"作用到随后的流体相质量平衡计算中。

## 4.6　边界条件的确定和物性参数的选取

为了便于边界条件的确定和物性参数的选取,现对模型进行如下假设。

① 计算时,当喷雾头喷射的雾化颗粒在计算区域内与所定义的"wall、pressure inlet、pressure outlet"类型的边界碰撞时,便"escape",即停止计算该颗粒的运动轨迹和该颗粒与流体进行物质和能量的交换。

② 空气的物性参数取 FLUENT 软件中的默认参数。

③ 由于料浆的含水率较大,故料浆的热力学参数以水的热力学参数来近似。

④ 环境温度为 300K (27℃)。

(1) 雾滴径向速度　由下式计算:

$$u_{\mathrm{r}} = 0.0024 \left( \frac{\rho_{\mathrm{L}} \pi^2 N^2 d V^2}{\mu h^2 n^2} \right)^{1/3} \tag{4-41}$$

式中　$\rho_{\mathrm{L}}$——料浆密度,kg/m³;

　　　$N$——旋转速度,r/min;

　　　$d$——喷雾头直径,m;

　　　$V$——喷雾量,m³/h;

　　　$\mu$——料浆黏度,mPa·s;

　　　$h$——叶片高度,m;

　　　$n$——叶片数目;

　　　$u_{\mathrm{r}}$——径向速度,m/s。

另外,流体湍流强度 $I$ 一般取 5%~10%,也可由下式计算:

$$I = 0.16 Re^{-1/8} \tag{4-42}$$

(2) 料浆物性参数　料浆物性参数见表 4-2。

表 4-2　料浆物性参数

| 黏度/mPa·s | 含水率/% | 密度/(kg/m³) |
| --- | --- | --- |
| 50 | 75 | 1500 |

## 4.7　数值计算方法

FLUENT 提供两种数值求解方法:分离求解方法("FLUENT/UNS")和耦合求解方法("RAMPANT")。这两种解法都可以解守恒型积分方程,其中包括动量、能量、质量以及其他标量(如湍流和化学组分的守恒方程)都应用了控制体技术,包括:①使用计算网格对流体区域进行划分，对控制方程在控制区域内进行积分以建立代数方程，这些代数方程中包括各种相关的离散变量，如速度、压力、温度以及其他的守恒标量；②离散方程的线性化和获取线性方程结果以更新相关变量的值。两种数值方法采用相似的离散过程——有限体积法，但线性化的方法以及离散方程的解法是不同的，如图 4-18 所示。即分离求解方法是将连续性、动量、能量和组分等控制方程分开求解，而耦合求解方法是将它们耦合在一起求解。

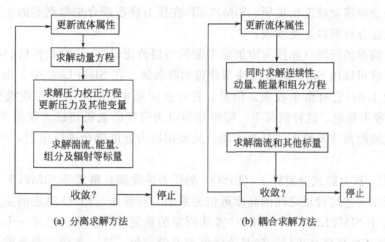

图 4-18　分离求解方法和耦合求解方法的比较

### 4.7.1　离散差分格式

FLUENT 使用控制体离散的方法将控制方程转换为可以用数值方法解出的代数方程。该方法在每一个控制体内积分控制方程，从而产生基于控制体的每一个变量都守恒的离散方程。FLUENT 在单元（网格）的中心存储各标量的离散值，因此必须从单元中心插值，这由迎风格式完成。FLUENT 提供了四种迎风格式：一阶迎风、二阶迎风、幂率和 QUICK 格式。

（1）一阶迎风格式　当需要一阶精度时，假定描述单元内变量平均值的单元中心变量值就是整个单元内各个变量的值，而且单元表面的量也等于单元内的量。因此，当选择一阶迎风格式时，表面值被设定等于迎风单元的单元中心值。

（2）幂率格式　幂率离散格式使用一维对流扩散方程的精确解来插值变量在表面处的值。如果选用幂率离散格式，就意味着当流动由对流项主导时，只需要让变量表面处的值等于迎风或者上游值就可以完成插值，这是 FLUENT 的标准一阶格式。对于旋转和涡流来说，如果使用四边形或六边形网格，QUICK 离散格式具有较高的精度。

（3）二阶迎风格式　当需要二阶精度时，使用多维线性重建方法来计算单元表面处的值。在这种方法中，通过单元中心解在单元中心处的泰勒展开式来实现单元表面的二阶精度值。对于三角形和四面体网格或四边形和六面体网格，使用二阶迎风格式可以获得更精确、更好的结果。

（4）QUICK 格式　对于四边形和六面体网格，可以确定它们唯一的上游和下游表面以及单元。当结构化网格和流动方向一致时，QUICK 格式明显具有较高精度。然而，FLU-ENT 也允许对非结构化网格或者混合网格使用 QUICK 格式，在这种情况下，常用的二阶迎风离散格式将被用于非六面体单元表面或者非四边形单元表面。

### 4.7.2 算法

FLUENT 提供了三种压力速度耦合算法，即 SIMPLE、SIMPLEC 和 PISO。

(1) SIMPLE 和 SIMPLEC SIMPLE（Semi-Implicit Method for Pressure Linked Equations）算法，即指求解压力耦合方法的半隐方法，于 1972 年由 Patankar 和 Spalding 提出。它使用压力和速度之间的相互校正关系来强制质量守恒并获取压力场。SIMPLEC（SIMPLE-Consistent）算法主要是 SIMPLE 算法的改进。两者程序相似，所使用的表达式唯一区别就是表面流动速度校正项。SIMPLEC 在压力速度耦合是得到解的主要因素时，使用修改后的校正方程可以加速收敛。

对于相对简单的问题（如没有附加模型激活的层流流动），其收敛性已经被压力速度耦合所限制，通常可以用 SIMPLEC 算法很快得到收敛解。在 SIMPLEC 中，压力校正亚松弛因子通常设为 1.0，它有助于收敛。但是，在有些问题中，将压力校正亚松弛因子增加到 1.0 可能会导致不稳定。这种情况下，需要使用更为保守的亚松弛或者使用 SIMPLE 算法。对于包含湍流或附加物理模型的复杂流动，只要用压力速度耦合进行限制，SIMPLEC 会提高收敛性。

(2) PISO 压力隐式分裂算子（PISO）的压力速度耦合格式是 SIMPLE 算法族的一部分，它是基于压力速度校正之间的高度近似关系的一种算法。PISO 算法的主要思想就是将压力校正方程中 SIMPLE 和 SIMPLEC 算法所需的重复计算移除。经过一个或更多的附加 PISO 循环，校正的速度会更接近满足连续性和动量方程。这一迭代过程被称为动量校正或者邻近校正。PISO 算法在每个迭代中要花费稍多的 CPU 时间，但是极大地减少了达到收敛所需要的迭代次数，尤其是对于过渡问题，这一优点更为明显。另外，对于具有一些倾斜度的网格，PISO 的偏斜校正过程极大地减少了计算高度扭曲网格所遇到的收敛性困难。然而，对于定常状态问题，具有邻近校正的 PISO 并不会比具有较好亚松弛因子的 SIMPLE 和 SIMPLEC 好。

# 4.8 数值模型验证

为了验证数值模拟的正确性，将模拟结果与实验测试数据进行了比较。程小苏在其论文中，使用铝矾土进行喷雾干燥实验，并利用 FLUENT 进行了模拟研究。

按下述工艺过程制备陶瓷微球坯体。

### 4.8.1 陶瓷微球粉体制备工艺过程

陶瓷微球粉体喷雾造粒制备工艺过程如图 4-19 所示。

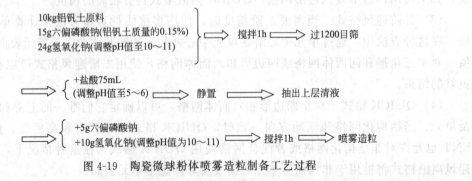

图 4-19 陶瓷微球粉体喷雾造粒制备工艺过程

为了制备出真正的圆球状实心陶瓷微球颗粒，实验应用无锡某干燥机械厂定做的 GL-5 型离心喷雾干燥机。离心喷雾干燥系统工作流程如图 4-20 所示。该系统的工作原理是空气经过电加热以后，再通过高温过滤器，以保证进入塔体的空气是洁净热空气，然后通过干燥室顶部的热风分配器，通过热风分配器的热空气均匀地进入干燥室内并呈螺旋状转动，同时将料液送至离心喷雾头。铝矾土料浆被高速旋转的喷雾头喷射成球形雾滴，水分迅速在雾滴表面蒸发，在极短的时间内，雾滴干燥收缩成为陶瓷微球坯体。较粗的微球颗粒由干燥室底部的收集桶收集，较细的微球颗粒通过设在锥底的管道流到旋风分离器，并由套在旋风分离器底部的收集桶收集。废气通过除尘器排出。

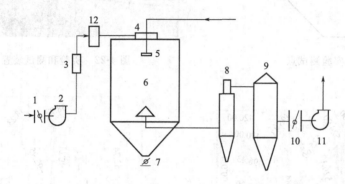

图 4-20　离心喷雾干燥系统工作流程示意图

1—风量调节阀；2—送风机；3—加热器；4—热风分配器；5—离心喷雾头；
6—干燥塔；7—收料装置；8—旋风分离器；9—袋式除尘器；
10—风量调节阀；11—抽风机；12—过滤器

### 4.8.2　模拟模型的选取

选取 RNG k-e 湍流模型进行数值模拟，采用结构化网格和非结构化网格对计算区域进行离散，为了加速收敛，在初始计算中对动量方程和能量方程首先采用一阶迎风格式，达到收敛以后再使用二阶迎风格式，再做迭代直到最终的收敛。数值模拟计算结果与实验测试结果基本相符，取得较好的结果。

从喷雾干燥塔的前方中部插入测温热电偶和测压陶瓷空心管。测量信号接往仪表盘。通过改变热电偶和陶瓷空心管的插入深度，分别在如图 4-21A、B、C 所示位置测量温度和压力参数。按前面所述方法制备料浆浓度 30%（质量）铝矾土超细颗粒料浆；按数值模拟的参数设置实验喷雾干燥塔的喷雾头旋转速度、空气入口温度、废气出口温度、空气入口压力、废气出口压力、料浆温度、料浆流速、喷雾干燥塔壁温等参数。

在喷雾干燥塔底收集干粉，取少量干粉进行扫描电镜分析观察颗粒大小和形貌，实验和测试装置如图 4-22 所示。

如前所述网格划分方法，设置不同的边界条件，经 FLUENT 软件计算可模拟出喷雾干燥塔内的压力、温度分布、颗粒大小及其运动轨迹。

### 4.8.3　实验

实验一：设置喷雾头旋转速度为 800r/min，空气入口温度 300℃，废气出口温度 115℃，空气入口压力为零，废气出口压力−350Pa，料浆温度 27℃，料浆流速 4L/h，喷雾干燥塔外壁温 27℃时，FLUENT 模拟计算出的温度分布如图 4-23 所示，压力分布如图 4-24 所示，颗粒大小和运动轨迹平视如图 4-25 所示，俯视如图 4-26 所示。

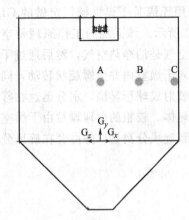

图 4-21 实验测试点

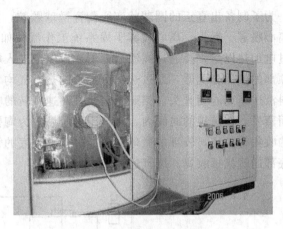

图 4-22 实验和测试装置

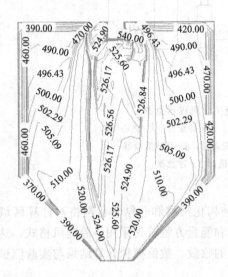

图 4-23 温度分布（1）（单位：K）

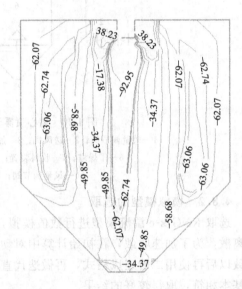

图 4-24 压力分布（1）（单位：Pa）

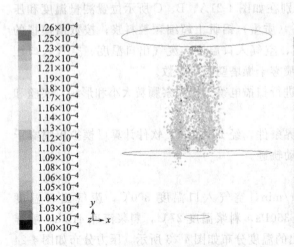

图 4-25 颗粒大小和轨迹（1a）

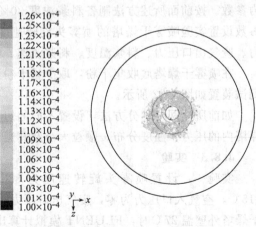

图 4-26 颗粒大小和轨迹（1b）

从图 4-25 和图 4-26 可见，颗粒直径分布在 $100\sim126\mu m$ 之间，大多数颗粒直径在 $110\mu m$ 左右，颗粒从喷雾头喷出后迅速下坠，理论上下坠到喷雾干燥塔底部之前已干燥，颗粒与热气体之间的传热和传质基本结束，FLUENT 软件在传热和传质结束时即不再计算，所以没有继续显示干颗粒的运动轨迹。但实际实验按该组参数操作喷雾干燥塔时，塔内的颗粒相互黏结，没能形成单个的干燥颗粒，下坠粘在喷雾干燥塔下部斗状出料口附近内壁。

实验二：设置喷雾头旋转速度为 12000r/min，空气入口温度 300℃，废气出口温度 115℃，空气入口压力为零，废气出口压力−350Pa，料浆温度 27℃，料浆流速 4L/h，喷雾干燥塔外壁温度 27℃时，FLUENT 模拟计算出的温度分布如图 4-27 所示，压力分布如图 4-28 所示，颗粒大小和运动轨迹平视如图 4-29 所示，俯视如图 4-30 所示。

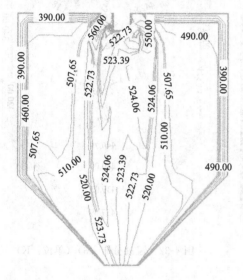

图 4-27　温度分布（2）（单位：K）

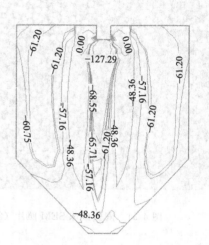

图 4-28　压力分布（2）（单位：Pa）

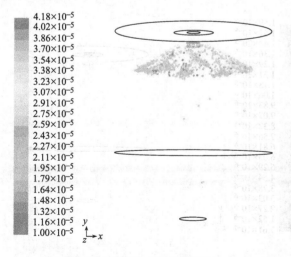

图 4-29　颗粒大小和轨迹（2a）

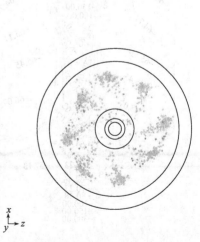

图 4-30　颗粒大小和轨迹（2b）

从图 4-29 和图 4-30 可见，颗粒直径分布在 $10\sim41.8\mu m$ 之间，大多数颗粒直径在 $25\mu m$ 左右，颗粒从喷雾头喷出后向斜下方飞出，在碰到喷雾干燥塔内壁前颗粒与热气体之间的传热和传质基本结束，即颗粒已经干燥，FLUENT 软件在传热和传质结束时即不再计算，所以没有继续显示干颗粒的运动轨迹。

按该组参数操作喷雾塔制备的陶瓷颗粒，未出现粘壁现象，陶瓷微球的 SEM 照片如图
4-31 所示，微球基本呈单个颗粒，极少粘连。

实验三：设置喷雾头旋转速度为 24000r/min，空气入口温度 300℃，废气出口温度
115℃，空气入口压力为零，废气出口压力−350Pa，料浆温度 27℃，料浆流速 4L/h，喷雾
干燥塔外壁温度 27℃时，FLUENT 模拟计算出的温度分布如图 4-32 所示，压力分布如图 4-
33 所示，颗粒大小和运动轨迹平视如图 4-34 所示，俯视如图 4-35 所示。

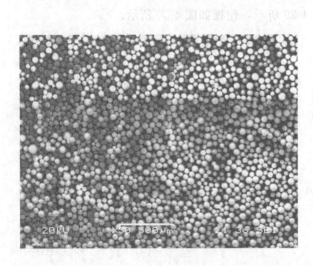

图 4-31　陶瓷微球 SEM 照片（2）

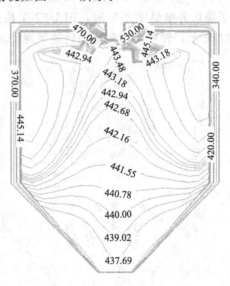

图 4-32　温度分布（3）（单位：K）

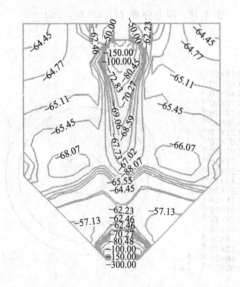

图 4-33　压力分布（3）（单位：Pa）

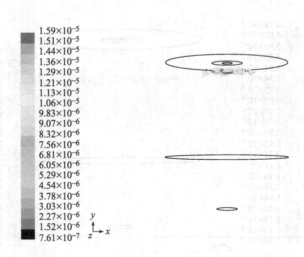

图 4-34　颗粒大小和轨迹（3a）

从图 4-34 和图 4-35 可见，颗粒直径分布在 $0.761\sim15.9\mu m$ 之间，颗粒从喷雾头喷出后
很快被干燥，颗粒与热气体之间的传热和传质结束，FLUENT 软件在传热和传质结束时即
不再计算，故没有继续显示干颗粒的运动轨迹。

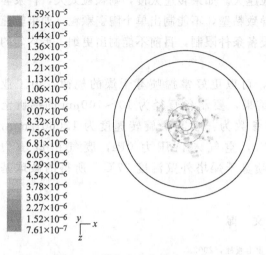

图 4-35　颗粒大小和轨迹（3b）　　　　图 4-36　陶瓷微球 SEM 照片（3）

　　按该组参数操作喷雾干燥塔制备的陶瓷颗粒，未出现粘壁现象，陶瓷微球的 SEM 照片如图 4-36 所示，微球基本呈单个颗粒，极少粘连。

　　上述三组实验的实验测量结果和模拟计算结果对比见表 4-3。

表 4-3　实验测量结果与模拟计算结果对比

| 旋转速度/(r/min) | 测量参数 | 测量点 | 模拟计算值 | 实验测量值 | 绝对误差 | 相对误差 |
|---|---|---|---|---|---|---|
| 800 | 温度/K | A | 526.17 | 512 | 14.17 | 2.7% |
| | | B | 505.09 | 510 | −4.93 | −0.96% |
| | | C | 420.00 | 429 | −9.00 | −2.10% |
| | 压力/Pa | A | −62.74 | −64 | 1.26 | −1.97% |
| | | B | −58.68 | −59 | 0.32 | −0.54% |
| | | C | −62.07 | −60 | −2.07 | 3.45% |
| 12000 | 温度/K | A | 523.39 | 520 | 3.39 | 0.65% |
| | | B | 507.65 | 505 | 2.65 | 0.52% |
| | | C | 390.00 | 400 | −10.00 | −2.5% |
| | 压力/Pa | A | −61.20 | −64 | 2.80 | −4.4% |
| | | B | −57.16 | −58 | 0.84 | −1.45% |
| | | C | −62.20 | −62 | −0.20 | 0.32% |
| 24000 | 温度/K | A | 442.68 | 470 | −27.32 | −5.81% |
| | | B | 443.18 | 466 | −22.82 | −4.90% |
| | | C | 340.00 | 357 | −17.00 | −4.76% |
| | 压力/Pa | A | −68.59 | −55 | −1.59 | 2.89% |
| | | B | −65.45 | −64 | −1.45 | 2.26% |
| | | C | −65.11 | −64 | −1.11 | 1.73% |

　　数值模拟时假设各料浆雾滴是独立飞行的，但实际实验中，部分湿雾滴刚离开喷雾头时会相互碰撞合并成一较大雾滴，所以从实际实验制备的陶瓷微球颗粒 SEM 照片上，可以看到部分较大的颗粒。

　　数值模拟计算结果与实验测试结果基本相符，说明数值模型的简化和计算合理，模拟结果可靠。

　　由上述三组结果可见，在离心喷雾干燥过程中，喷雾头的旋转速度对颗粒大小的影响最为明显，转速越快，颗粒越小；转速越慢，颗粒越大。如果转速太慢，则颗粒太大，料浆雾滴降到喷雾干燥塔下部出口时还未干燥，从而导致粘壁，不能制出单个陶瓷颗粒。如果转速加快，理论上可以获得更细的微球颗粒，但受设备条件限制，目前不能制出更细、更均匀的颗粒。

使用 FLUENT 对喷雾干燥过程进行模拟，可以更好掌握喷雾干燥的规律，为工业生产提供参考。按照上述数值模拟和实验的结果，要制备直径为 $10\sim100\mu m$ 的铝矾土陶瓷颗粒，最佳的离心喷雾干燥系统的操作参数为：喷雾头旋转速度为 12000r/min，空气入口温度 300℃，废气出口温度 115℃，空气入口压力 0Pa，废气出口压力 $-350Pa$，料浆温度 27℃，料浆流速 4L/h，喷雾干燥塔外壁温度 27℃。所得的微球基本呈单个颗粒，极少粘连。

# 参 考 文 献

[1] 陶珍东，郑少华. 粉体工程与设备 [M]. 北京：化学工业出版社，2003.

[2] 刘维良. 先进陶瓷工艺学 [M]. 武汉：武汉理工大学出版社，2004.

[3] 李世普. 特种陶瓷工艺学 [M]. 武汉：武汉理工大学出版社，1990.

[4] 徐羽展. 超细粉体的制备方法 [J]. 浙江教育学院学报，2005，9 (5)：54-59.

[5] Fluent Inc. Fluent 6.1 User's Guide and Gambit 2.0 User's Guide [M]. 2001.

[6] 李勇，刘志友，安亦然，介绍计算流体力学通用软件——Fluent [J]. 水动力学研究与进展，Ser. A，2001，16 (2)：254-258.

[7] 王喜忠，于才渊，周才君. 喷雾干燥 [M]. 第 2 版. 北京：化学工业出版社，2003.

[8] 金国森等编. 干燥设备 [M]. 北京：化学工业出版社，2002.

[9] MastersK. Spray Drying Handbook [M]. Fifth ed. John Wiley & Sons. Inc.，1991：23-235，491-688.

[10] Southwell D B. Observations of flow patterns in a spray dryer [J]. Drying Technology，2000，18 (3)：661-685.

[11] Masters K. Spray Drying [M]. Leonard Hill Books a division of international Textbook Company Limited，1972：197-228.

[12] Miao P, et al. Electrostatic generation and theoretical modilling of ultra fine spray of ceramic suspensions for thin film preparation [J]. Journal of Electrostatics，2001，(51-52)：43-49.

[13] Balachandran W, et al. Eleectrospray of fine droples of ceramic suspensions for thin-film preparation [J]. Journal of Electrostatics，2001，(50)：249-263.

[14] 黄立新. 我国喷雾干燥技术研究及进展 [J]. 化学工程，2001，29 (2)：51-55.

[15] Kröll K, Kast W. Trocknungstechnik (Dritter Band)：Trocknen und Trockner in der Produktion [M]. Springer-Verlag，1989：213.

[16] Sloth J, Kiil S, Jensen A D, et al. Model based analysis of the drying of a single solution droplet in an ultrasonic levitator [J]. Chemical Engineering Science，2006，61 (8)：2701-2709.

[17] 廖传华，黄振仁，顾海明等. 数学模拟法在喷雾干燥设备设计中的应用 [J]. 化工机械，1999，26 (1)：52-54.

[18] 廖传华，黄振仁，顾海明. 喷雾干燥设备设计的数学模拟法 [J]. 南京化工大学学报，1999，21 (5)：44-47.

[19] Lin S X Q, Chen X D, Pearce D L. Desorption isotherm of milk powders at elevated temperatures and over a wide range of relative humidity [J]. Journal of Food Engineering，2005，68 (2)：257-264.

[20] Dyshlovenko S, Pateyron B, Pawlowski L, et al. Numerical simulation of hydroxyapatite powder behaviour in plasma jet [J]. Surface and Coatings Technology，2004，179 (1)：110-117.

[21] Keith M. Scale up of spray dryer [J]. Dry Tech，1994，12 (1-2)：235-257.

[22] Oakley D. Scale up of spray dryer with the aid of computational fluid dynamics [J]. Drying Technology，1994，12 (1-2)：271-233.

[23] 陈银杯，程爱文，程达芳. 氯化橡胶密闭系统中喷雾干燥的建模与优化 [J]. 华南理工大学学报：自然科学版，1997，25 (10)：123-130.

［24］ Nava J，Palencia C，Salgado M A，et al. Robustness of a proportional-integral with feedforward action control in a plant pilot spray dryer ［J］. Chemical Engineering Journal，2002，86 (1-2)：47-51.

［25］ Langrish T A G，Fletcher D F. Spray drying of food ingredients and applications of CFD in spray drying ［J］. Chemical Engineering and Processing，2001，40 (4)：345-354.

［26］ 樊希山，王喜忠. 压力喷雾干燥的计算机辅助设计 ［J］. 化工装备技术，1990，11 (2)：11-16.

［27］ Liang H，Shinohara K，Minoshima H，et al. Analysis of constant rate period of spray drying of slurry ［J］. Chemical Engineering Science，2001，56 (6)：2205-2213.

［28］ Reinhold M，Horst C，Hoffmann U. Experimental and theoretical investigations of a spray dryer with simultaneous chemical reaction ［J］. Chemical Engineering Science，2001，56 (4)：1657-1665.

［29］ Kock F，Kockel T K，Tuckwell P A，et al. Design，numerical simulation and experimental testing of a modified probe for measuring temperatures and humidities in two-phase flow ［J］. Chemical Engineering Journal，2000，76 (1)：49-60.

［30］ Ollero P. An experimental study of flue gas desulfurization in a pilot spray dryer ［J］. Environmental Progress，1997，16 (1)：20-28.

［31］ Srivastava R K. $SO_2$ scrubber technologies：a review ［J］. Environmental Progress，2001，20 (4)：219-227.

［32］ Hill F F，Zank J. Flue gas desulphurization by spray dry absorption ［J］. Chemical Engineering and Processing，2000，39：45-52.

［33］ Scala F. Modeling flue gas desulfurization by spray dry absorption ［J］. Separation and Purification Technology，2004，34：143-153.

［34］ Parridge G P，Davis W T，Counce R M. A mechanistically based mathematical model of sulfur dioxide absorption into a calcium hydroxide slurry in a spray dryer ［J］. Chemistry Engineering，1990，96：97-112.

［35］ Scala F，Ascenzo M. Absorption with instantaneous reaction in a droplet with sparingly soluble fines ［J］. AICHE Journal，2002，48 (8)：1719-1726.

［36］ Liang H，Shinohara K，Minoshima H. Analysis of constant rate period of spray drying of slurry ［J］. Chemical Engineering Science，2001，56：2205-2213.

［37］ 黄志刚，朱清萍，朱慧等. 转筒干燥器内颗粒物料运动的模拟与试验研究 ［J］. 粮油加工与食品机械，2004，(11)：64-66.

［38］ Van Houwelingen G，Steenbergen A E，De Jong P. Spray drying of food products：1. Simulation model ［J］. Journal of Food Engineering，1999，42 (2)：67-72.

［39］ Straatsma J，Van Houwelingen G，Steenbergen A E，et al. Spray drying of food products：2. Prediction of insolubility index ［J］. Journal of Food Engineering，1999，42 (2)：73-77.

［40］ Wang Z H，Chen G H. Theoretical study of fluidized-bed drying with microwave heating ［J］. Industrial and Engineering Chemistry Research，2000，39 (3)：775-782.

［41］ Thorat N Bhaskar，Chen G H. Simulation of fluidized-bed drying of carrot with microwave heating ［J］. Drying Technology，2002，20 (9)：1855-1867.

［42］ 李军辉，谭建平. 拟薄水铝石气流干燥过程数值模拟优化 ［J］. 湖南科技大学学报：自然科学版，2004，19 (4)：46-50.

［43］ 陈元元，王国恒. 向下并流压力式喷雾干燥过程数值模型及干燥塔设计软件 ［J］. 饲料工业，2004，25 (8)：7-10.

［44］ 贺华波. 旋转圆盘式干燥机内干燥过程的计算机模拟 ［J］. 轻工机械，2004，(1)：48-51.

［45］ 梁栋，王智微，李定凯等. 含湿煤灰颗粒气流干燥过程的数值模拟 ［J］. 热力发电，2004，(2)：10-13.

［46］ Pelegrina A H，Crapiste G H. Modelling the pneumatic drying of food particles ［J］. Journal of Food Engineering，2001，48：301-310.

［47］ 王海，施明恒. 离心流化床干燥过程中传热传质的数值模拟 ［J］. 化工学报，2002，53 (10)：1040-1045.

［48］ Cheng P. Two-dimensional radiating gas flow by a moment method ［J］. AIAA Journal，1964，2 (3)：1662-1664.

［49］ Miller J A，Bowman C T. Mechanism and modeling of nitrogen chemistry in combustion ［J］. Prog Energy Combustion SCI，1989，15：287-338.

[50]  Spalding D B.  Mixing and Chemical Reaction in Steady Confined Turbulent Flames.  the 13th Symposium (Int.) on Combustion [J].  the Combustion Institute, 1971: 649.

[51]  Siegel R, Howell J R.  Thermal Radiation Heat Transfer [M].  Washington. D. C.: Hemisphere Publishing Convection, 1992.

[52]  Ozisik M N.  Radiative Transfer and Interactions with Conduction and Convection [M].  New York: Wiley, 1973.

[53]  程小苏. 铝矾土陶瓷微球制备及干燥成球过程的数值模拟研究 [D]. 广州: 华南理工大学博士毕业论文, 2006.

# 第5章 卫生陶瓷干燥与装备

使物料（如湿坯、原料、泥浆等）获得能量，液体经汽化而排除水分的过程，称为干燥；完成干燥的场所，称为干燥器。

卫生陶瓷的干燥经历了自然干燥、室式烘房干燥到现代的用多种热源的连续生产的各式干燥机干燥的过程。如前面几章的分析，物料的干燥原理是将能量传给物料，物料中的水分获得能量后，汽化蒸发，由液体蒸发水变成气体离开物料，从而使物料干燥。卫生陶瓷坯体的干燥过程也一样，其既有传热过程，也有水分扩散的传质过程以及水分蒸发的相变过程，而且坯体本身也会因为水分的迁移、蒸发而发生各种变形、收缩，干燥理论研究的是这些过程以及变形。而作为完成干燥的机械或设备应包括下述部分。

（1）干燥室　完成干燥的场所，除送出、送入物料或坯体等地方外，还要用隔热板或防护板密封成一定大小的空间。

（2）热源设置　供给物料中液体水汽化蒸发必要的能量。

（3）通风系统　使干燥室（区域）内通风对流，将湿气带走。

（4）坯体的运载机构　在干燥室内运行，将湿坯或物料送入，干坯或物料送出，实现干燥的连续进行。这些运载机构有车式、链式、转盘式、推板式等。

（5）动力传动部分　对于连续干燥式的干燥机，驱动机构按干燥工艺的需要作连续或间歇的运动。

（6）控制装置　实现自动完成干燥过程中的某些动作或控制运动规律。

衡量一个干燥方法优劣的标准有三个。①缺陷率低。任何方式的干燥都或多或少会加快干燥过程，所以加快干燥过程并不是一件很困难的事，干燥最大的困难在于减少缺陷。这里的缺陷包括开裂、无规律的变形等现象。无论干燥过程速率提高多少，一旦缺陷率高的话，任何前期工作的努力将归于零。所以，无缺陷率（或低缺陷率）的干燥是干燥研究的第一目的，也是衡量干燥方法（制度、设备）优劣的第一标准。②能耗低。干燥过程的燃料消耗占工业燃料消耗总量的相当大部分，也是生产成本中大比例项目之一，自然要把节能作为衡量干燥过程（制度、设备）优劣的第二标准。③干燥快。提高干燥速率是设计干燥器的最初目的。随着现代陶瓷产量的增加，要求干燥时间越来越短。

## 5.1 卫生陶瓷制品的分类

卫生陶瓷是指用于卫生设施的有釉陶瓷制品。根据不同的分类标准，可分为以下几类。

（1）按结构和用途分　分为8大类。每一大类中又可以有若干品种，见表5-1。

（2）按颜色分　分为白色和彩色。

（3）按装饰方法分　分为釉下彩和釉上彩，浮雕。釉上彩又可分为贴花、手绘、喷花、印花等。

（4）按烧成次数分　分为一次烧成、二次烧成、烤花及表面改性等。

表 5-1　卫生陶瓷制品按用途和结构的分类

| 主　类 | 分　类 |
|---|---|
| 洗面器 | 立柱式、托架式、台式 |
| 坐便器 | 坐便器——虹吸式（包括喷射虹吸式、旋涡虹吸式）、冲落式蹲便器 |
| 小便器 | 斗式、壁挂式、落地式 |
| 洗涤器 | 斜喷式、直喷式 |
| 水槽 | 洗涤槽、化验槽 |
| 水箱 | 低水箱（带盖）——壁挂式、坐装式高水箱 |
| 存水弯 | S 型、P 型 |
| 其他 | 肥皂盒、手纸盒、衣帽钩、毛巾架托 |

# 5.2　卫生陶瓷坯料

## 5.2.1　卫生陶瓷坯体组成的特点

（1）卫生陶瓷坯体的物理化学基础　传统的高岭土、长石、石英三元陶瓷，其化学组成在 $K_2O$-$Al_2O_3$-$SiO_2$ 三元系统相图上的分布情况如图 5-1 所示。图 5-1 中的日用陶瓷、软质瓷、高压电瓷、化学瓷等，均以长石作为主要熔剂，故称为长石质瓷。大体组成点落在 $SiO_2$-$K_2O \cdot Al_2O_3 \cdot 6SiO_2$-$3Al_2O_3 \cdot 2SiO_2$ 三角形区域内，并分布在莫来石（$M$）与最低共熔点（$E$）的连线两侧，据此可知，该类产品烧成后应由莫来石、玻璃相和未熔石英构成。当然，未烧结时，坯体中还存留有气孔。在该区域内，随其组成不同、烧成等工艺参数不同，便出现了不同性质、不同品种的白陶瓷制品。

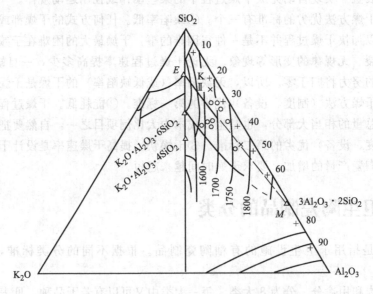

图 5-1　$K_2O$-$Al_2O_3$-$SiO_2$ 三元系统相图

○ 日用陶瓷；△ 软质瓷；+ 高压电瓷；K 高石英瓷；× 化学瓷；Ⅱ 高长石瓷

图 5-2 标出的是中国瓷在相图上的位置。一般而言，中国日用长石质瓷的组成范围为：$SiO_2$ 65%～75%，$Al_2O_3$ 19%～25%，$R_2O$ + RO 4%～6.5%（其中 $K_2O$ + $Na_2O$ 不低

于 2.5%)。

卫生陶瓷坯体除明显属于长石质精陶和耐火黏土质的精陶外，还有两类性质和组成稍有差异、国内外名称尚不统一的坯体系统：半瓷质，吸水率＜3%，而＞0.5%；瓷质，0～1%，一般＜0.5%。

根据统计，当代卫生陶瓷上述两种坯体的化学组成范围为：$SiO_2$ 64%～73%，$Al_2O_3$ 20%～28%，$R_2O+RO$ 5%～8%（其中 $K_2O+Na_2O$ 不低于 3%）。

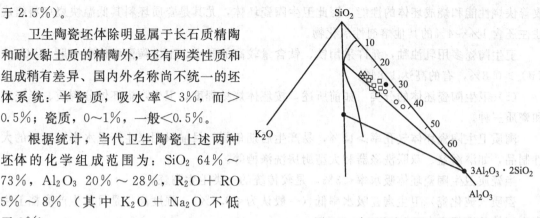

图 5-2　中国瓷在相图上的位置
● 唐山瓷；△ 景德镇瓷；○ 欧洲瓷；□ 龙泉瓷

虽然变化较大，但与中国日用陶瓷坯料组成范围相仿，组成点在 $ME$ 连线更接近 $E$ 点的区域。

（2）矿物组成　传统三元组分白陶瓷是由高岭土、长石、石英构成的，各种瓷的矿物组成范围如图 5-3 所示。

半瓷质坯体一般含黏土物质 40%～50%，石英 30%～40%，长石 15%～25%。瓷质坯体含黏土物质 40%～50%，石英 25%～35%，长石 20%～30%，另外往往还有 1% 以上碱土熔剂矿物。可见，这两种坯料相组成均处于图 5-3 中半瓷（炻瓷、石瓷）与硬质瓷交界处，瓷质坯体则更接近于日用硬质瓷坯的矿物组成。

（3）相组成　长石质组成点如果正好在 $ME$ 连线上，理论上，瓷坯中只有莫来石和玻璃相。事实上，陶瓷坯体烧成不可能达到平衡状态，且多数情况下坯料中石英粒子较粗，总会残留下一部分。日用陶瓷瓷坯中一般含玻璃相 50%～75%，莫来石 10%～20%，石英 8%～12%，半稳定方石英 6%～10%，一般气孔体积＜1%。

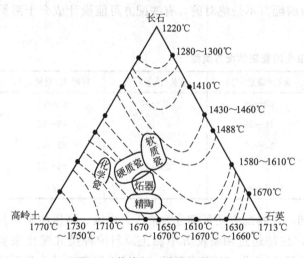

图 5-3　传统长石质的矿物组成

半瓷质卫生陶瓷坯体一般含玻璃相 25%～45%，莫来石 15%～35%，石英加方石英 25%～50%，气孔体积＜10%。瓷质坯体含玻璃相 40%～55%，莫来石 15%～25%，石英加方石英 20%～35%。显然，相组成的最大特点是玻璃相少，石英骨架多，这使坯体抗高温变形能力较强，但半透明度差。这是卫生陶瓷产品尺寸大、结构复杂对坯体性能的要求所决定的。

（4）坯体中的其他成分　在日用陶瓷坯体化学组成相近的情况下，卫生陶瓷的烧成温度已较低，为了在更低温度下获得较好的烧成效果，特别是近年来提倡低温快烧技术，引入坯料中的熔剂种类增多，除保持原有长石含量外，还引入其他矿化剂，如碳酸镁、碳酸钙、碳酸钡、白云石、透辉石、硅灰石、滑石、氧化锌、萤石、磷灰石以及霞石正长岩、含锂化合物、珍珠岩或天然玻璃态矿物，甚至人工合成的高温熔块。有时不仅降低烧成温度，还可以改善快烧性能和烧成坯体的性能。因此卫生陶瓷坯体,尤其是瓷质坯料其低温快烧坯料组成往往还含 1%~4% 的其他熔剂性氧化物。

卫生陶瓷多用乳浊釉,允许采用铁、钛含量较高的黏土。卫生陶瓷坯体中一般 $Fe_2O_3 + TiO_2 > 0.8\%$,有的高达 $1.8\%$。

(5) 卫生陶瓷坯体的分类　如前所述,按坯体烧结程度,卫生陶瓷坯体分陶质、半瓷质和瓷质三种。

陶质卫生陶瓷坯体气孔率 $>15\%$,易产生后期龟裂,目前只用来生产吸水率 $<11\%$ 的大件制品,如淋浴盆、双联洗涤器和大型厨房洗涤槽等。

半瓷质卫生陶瓷坯体吸水率 $<3\%$,是较传统的一类卫生陶瓷。

瓷质(玻化瓷)卫生陶瓷吸水率低(一般认为 $<0.5\%$),强度高,是目前生产高档卫生陶瓷坯体的选择方向。

按卫生陶瓷烧成温度和烧成周期分,一般把烧成温度 1200~1300℃,烧成周期 9h 以上的卫生陶瓷视为传统卫生陶瓷,烧成温度在 1200℃ 以下,烧成周期在 9h 以内的分别视为低温烧成、快速烧成或低温快速烧成卫生陶瓷。

按坯料所用原料特征,若把过去长石(20%~30%)-石英(30%~40%)-高岭土(45%~55%)三类原料配方称为传统配方,另引入较大量瓷石的,称为瓷石类配方。这样,可以分为如表 5-2 所示多种配方类型。为了保持卫生陶瓷坯料各项性能的稳定性,往往趋向同时用多种原料调制配方,表 5-2 中列举的配方不是绝对的,有些配方可能设计成介于两类之间的混合类型。

表 5-2　卫生陶瓷坯体配方类型

| 配方类型 | 引入原料及含量(质量)/% | 长石(质量)/% | 石英(质量)/% | 高岭土(质量)/% |
|---|---|---|---|---|
| 传统配方 | | 20~30 | 30~40 | 45~55 |
| 瓷石类 | 瓷石 30~40 | 15~20 | | 45~55 |
| 叶蜡石类 | 叶蜡石 35~45 | 15~25 | 0~5 | 35~40 |
| 伊利石类 | 伊利石 20~30 | | 20~30 | 40~50 |
| 瓷砂类 | 瓷砂 65~70 | 6~8 | 0~5 | 25 |

根据卫生陶瓷的成型方式、方法不同,坯料配方还可细分为常压、中压、高压注浆坯料等,注浆方法或所要求的吸浆速率不同,往往通过调整配方中黏土原料的种类和配比来实现;或仅通过调整泥浆制备方法和工艺参数来完成。它们成型后的坯体性能有差异。常压成型的坯体,开模后坯体含水量在 18% 左右。此时,坯体的强度低,稍加外力或振动即变形,造成次品、废品。在含水量降到 14% 以下时才具有一定强度,可以搬移。经过干燥、修坯、再干燥、修坯、再干燥,含水量几经反复,在施釉前必须降到 2% 以下。高压注浆成型的坯体有较好的机械强度,特别是它的浆料被加温至 40℃ 才进入注浆机,因此坯体有一定温度。这对干燥有极大的好处,在干燥坯体时不需要经过漫长的加热过程,可直接用较大的干燥强度进行干燥。如提高坯体的表面风速,降低环境空气相对湿度等。高压注浆坯体的干燥时间比常压注浆干燥时间至少可以缩短 40%。

**5.2.2　卫生陶瓷坯料组成的变化**

5.2.2.1　卫生陶瓷坯料组成的变化

坯料的化学组成是决定产品烧成温度的基本因素。以往大多仅以 $SiO_2$、$Al_2O_3$ 和

$K_2O+Na_2O$ 含量作为评价化学组成的关键指标。其余 $Fe_2O_3$、$TiO_2$、$CaO$、$MgO$ 含量指标不是配方设计的主要考察项目，只是作为由黏土、长石和石英原料带入的杂质，含量低。Fe 和 Ti 氧化物总量对瓷坯色调影响较大，卫生陶瓷多用乳浊釉，所以对其含量限制不严。例如，20 世纪 70 年代美国瓷质卫生陶瓷坯体化学组成为（质量）：$SiO_2$ 66.2%～66.9%，$Al_2O_3$ 21.5%～22.6%，$Fe_2O_3$ 0.3%～0.6%，$TiO_2$ 0.6%～1.0%，$CaO$ 0.2%～0.4%，$MgO$ 0.1%～0.2%，$K_2O$ 3.4%～4.2%，$Na_2O$ 0.6%～0.7%。

20 世纪 70 年代后，随着窑炉设备性能的改善，卫生陶瓷烧成温度降至 1250℃以下，大多在 1200℃左右。低温烧成温度降至 1180℃以下；烧成周期由 20h 以上降至 9～14h，辊道窑烧成周期甚至降到 7h 以下。与此同时，卫生陶瓷产品如联体便盆的出现，单个产品体形增大，造型结构趋于复杂；一些新的注浆工艺的出现，对泥浆性能提出了更高要求。卫生陶瓷坯体配方的化学组成也随之发生了变化，变化的总趋势有以下几个方面：

① 熔剂成分总量由 5%～6%提高到 6%～8%；

② 熔剂成分中 $CaO$ 和 $MgO$ 的含量分别或同时提高，$CaO$ 为 0.5%～1.8%，$MgO$ 为 0.8%～1.9%；

③ 熔剂成分中 $K_2O$ 和 $Na_2O$ 总含量略有增加，增加的主要是 $Na_2O$，$K_2O$ 一般为 2.5%～3%，$Na_2O$ 为 1%～3%；

④ 化学成分中总含量最高的是 $SiO_2$ 和 $Al_2O_3$，作为卫生陶瓷坯体组成的关键性特性相对变化不大。有些配方中 $Al_2O_3$ 含量高达 26%～28%，则必须相应地提高 $K_2O+Na_2O$ 含量。

5.2.2.2　矿物组成的变化

同一化学成分组成，可以用不同的原料或不同质量比的配方组成来满足。但这些化学成分相同而原料配比不同的坯料，可能表现出不同的工艺性能和烧结特性。显然，这是由于原料种类或配比不同，由于坯料矿物组成，特别是由于黏土的种类或配比不同，使坯料中黏土矿物的种类、数量、黏土矿物的胶体特性发生明显变化所致。所以，在设计调整卫生陶瓷坯料配方时，应当像注意化学组成中 $SiO_2$、$Al_2O_3$、$K_2O$、$Na_2O$ 这些关键性氧化物含量一样，关注其矿物组成。

在设计调整配方前，如果能较精确地测定出所用原料的矿物组成及其所含小于 $1\mu m$ 颗粒含量，对有机物含量和阴阳离子交换当量应参照传统或成熟坯体的化学和矿物组成，用不同原料同时平衡满足其矿物组成中主要关键性特征指标。

（1）黏土矿物　卫生陶瓷坯料，一般黏土矿物含 40%～50%，石英 30%～45%，长石 15%～30%。现代卫生陶瓷要求吸浆速率高，坯料烧成温度低，黏土矿物趋向于采用下限值，有的低至 40%以下，长石含量采用上限值。此外，还有少量石灰石、白云石、硅灰石、透辉石、滑石等含钙、镁的矿物中一种或两种以上矿物组成，其总含量<10%。

（2）游离石英　石英能提高吸浆速率和干燥速率。烧成时由于晶型转变体积增加，抵消此时由于黏土矿物脱水分解产生的收缩。最后残留在坯体中的石英构成骨架。熔入玻璃相黏度提高，可防止产品烧成变形。因此，卫生陶瓷坯料中 $SiO_2$ 含量高达 64%～74%，其中游离石英、半瓷质坯料占 35%～45%，瓷质坯料中占 20%～35%。为了缩短烧成周期，避免因游离石英引起坯体在升温或冷却过程中开裂，现代卫生陶瓷趋向于引入坯料中的游离石英含量，采用 30%～35%的下限值。其余 $SiO_2$，除由黏土、长石、云母等矿物引入外，宜以珍珠岩或其他无定形 $SiO_2$ 的原料（如熔块）形式引入。

（3）微细云母　许多研究证明，卫生陶瓷坯料中含有3%～6%颗粒为几微米大小的云母矿物，有利于注浆和玻化。欧美国家多采用含微细云母多的球土配料，中国的一些瓷石含有绢云母，也是常见的坯料优良候选原料。

#### 5.2.2.3　粒度细度组成的变化

粒度大小及其分布是关系到烧成前后坯体性能的重要特性。坯料的加工工艺和坯料配方同时对坯料的粒度组成产生重要影响。而对泥浆性能和烧结性能产生重大影响的是坯料中小于 $2\mu m$ 粒子所占比例。一般而言，这些粒子占25%～30%，其中95%以上小于 $1\mu m$ 的粒子来自黏土矿物。这些微细的黏土矿物中小于 $0.2\mu m$ 的极细胶体粒子，又是提高泥浆黏度、降低吸浆速率等产生不利影响的根本原因。因此，在现代卫生陶瓷坯料中，应当适当减少 $0.2\mu m$ 胶体粒子多的黏土，采用黏土单独化浆法制备坯料。

#### 5.2.2.4　其他

除化学、矿物和粒度组成外，影响坯料泥浆性能、干燥和烧成性能的因素，还有坯料中的有机物和可溶性阳离子（$Ca^{2+}$、$Mg^{2+}$）与阴离子（主要是 $SO_4^{2-}$）含量。有机物0.5%～1%，可溶性离子的交换量只限于几毫克/100克干料。随着各种有机、无机添加剂的出现，现在调整陶瓷坯料配方已经可以不必完全依赖选择适当黏土平衡有机物或可溶性交换离子含量，而是借助于添加外加剂来调节。

### 5.2.3　卫生陶瓷坯料的基本性能

#### 5.2.3.1　对坯料工艺性能的共同要求

（1）泥浆性能好

① 泥浆流动性好；

② 泥浆要稳定；

③ 含水率要尽可能小；

④ 泥浆要有适当的触变性；

⑤ 泥浆的渗水性要好。

（2）坯体要有一定的强度。这是大件制品注浆后修坯、干燥、施釉、装卸等后续工艺所必需的条件，卫生陶瓷制品不仅要求干燥后的坯体有一定的干坯强度，而且要求刚脱模的湿坯就要有一定强度。

（3）在相应烧成制度下，成品吸水率要达到要求，同时要求坯体的收缩要尽可能小。

#### 5.2.3.2　坯料的主要工艺性能指标

坯体在成型、干燥、烧成过程要求控制或需要达到的工艺技术指标，随坯体类型、制品种类和工艺流程要求不同，一般控制在以下范围。

（1）泥浆密度　1.70～1.85g/mL。

（2）泥料细度

① 细度　0.063mm 筛筛余为 0.5%～3.5%或 0.044mm 筛筛余为 5%～7%。

② 粒度分布　粒度大于 $32\mu m$ 占 10%～13%，粒度小于 $10\mu m<50\%$。

（3）泥浆的流动性和黏度　流动性和黏度都取决于泥浆流动的内摩擦力，二者成反比关系。由于测定的方法和条件不同，各厂控制的流动性指标大都不能通用。流动性为 $5'30''～7'30''$（恩氏黏度计，流出孔径 3mm，泥浆 200mm）。

（4）泥浆厚化度　1.1～1.5。

（5）吃浆速率　5～8mm（60min）。

（6）湿坯含水率 18%～27.5%。

（7）坯料塑性指数 8～12。

（8）干燥收缩率 2.2%～3.2%。

（9）干燥强度 ＞3.5MPa。

（10）烧成收缩率 7%～10%。

### 5.2.3.3 坯体的干燥和烧成性能

（1）坯体的干燥性能 需要通过调整配方中可塑性原料的种类配比、控制泥浆细度来调节坯料的干燥收缩和干燥强度。

（2）坯体的烧成性能 坯体在烧成过程中发生一系列的物理化学变化，通常在生产上比较关心的是：坯体在加热和冷却过程中的体积变化，烧成坯体的相组成和相应的物理性质。

### 5.2.4 干燥工艺与设备

干燥设备的设计和选型必须服从干燥工艺的要求，而干燥工艺或干燥制度是整体生产工艺的一部分；对于卫生陶瓷来说，不同的生产规模、不同的原料、不同的烧成设备都会影响坯体的成型工艺，当然也会影响干燥制度的确定及干燥设备的选用。

## 5.3 干燥意义及原理

### 5.3.1 干燥意义

目前生产卫生陶瓷几乎全部采用注浆成型。只要是注浆成型的卫生陶瓷坯体，脱模后坯体含水率一般大于19%，有的甚至高达23%以上。湿坯强度低，不便于运输，更不能进行上釉、烧成。因此，必须将其干燥至含水率小于2%。

（1）坯体干燥热耗 干燥脱水热耗在传统成型干燥工艺条件下，可达6720kJ/kg以上，成型车间热耗约为全厂的40%，因此，提高干燥热效率有很大经济价值。

（2）干燥难度大而产生缺陷 湿坯干燥，收缩率至少2%，若坯体各部位、坯体内外层脱水速率不一致，干燥收缩就不一致，会引起坯体内产生内应力，导致坯体开裂。因此，保证坯体快速均匀干燥，降低生坯干燥损失，提高热效率，是干燥工艺的中心任务。由于卫生陶瓷产品体积大壁厚，结构复杂，各部位厚薄差别大，欲使坯体任何部分均匀快速干燥，技术难度较大。

（3）干燥工艺承上启下 干燥工艺成型后与上釉装烧相接，干燥技术装备不仅体现上述价值，还影响上下工序的工作环境和生产的连续性以及生产场地有效利用。

### 5.3.2 干燥原理

（1）坯体中的水 卫生陶瓷按其结合状态可分为三类。

① 化学结合水 矿物组成中的结构水，不能经过干燥除去。

② 吸附水 物料中小于 $\phi 10^{-4}$ mm毛细管、胶粒表面及纤维皮壁中吸附的物理化学结合物。这部分含水量与干燥介质中的温湿度平衡。

③ 其他存在坯体中呈自由状态的水 可以通过干燥全部除去。

（2）干燥过程 根据卫生陶瓷坯体的干燥特点，干燥过程可分为：升温阶段、等速干燥阶段、降速干燥阶段和平衡阶段四个干燥阶段。卫生陶瓷坯体干燥如图5-4所示。

在干燥开始时，生坯的温度约等于环境温度。当吸收的热量大于汽化所需的热量时，生坯温度开始上升，当吸收的热量与汽化时所需热量相等时，坯体体积基本上没有变化，升温

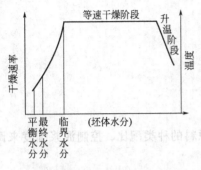

图 5-4 卫生陶瓷坯体干燥示意图

速率可以加快。当坯体吸收的热量与汽化热量相平衡时进入等速干燥阶段，此时，生坯水分不断从坯体表面的连续水膜蒸发，内部水分不断补充。内扩散与外扩散速率相等，吸收的热量均供蒸发，干燥速率不变。等速干燥一段时间，随着坯体含水率的降低，颗粒在表面张力作用下被拉紧，生坯开始逐渐收缩，在此阶段需控制干燥均匀和保持一定的湿度。随着干燥坯体含水率的降低，坯体失去外表面的水膜，毛细管直径变小，内扩散阻力增大，而外扩散因此受到制约，蒸发面主要转移到坯体内部，此时等速干燥转向降速干燥阶段，这时也是最易造成坯体干燥开裂的阶段，所以必须严格控制干燥速率。

卫生陶瓷坯体并不算太厚，密度比挤出成型的产品低，但是卫生陶瓷造型复杂，对干燥制度要求比较高，因此对卫生陶瓷实现快速干燥，必须做到干燥室温度均匀，要有严格的温湿度控制措施，才能提高干燥室内干燥介质的循环速率，达到快速干燥的目的。

坯体在干燥过程中水分与坯体体积、表面温度和干燥速率的关系如图 5-5 所示。在假设恒温、恒湿、干燥条件下，所发生的主要变化列于表 5-3 中。

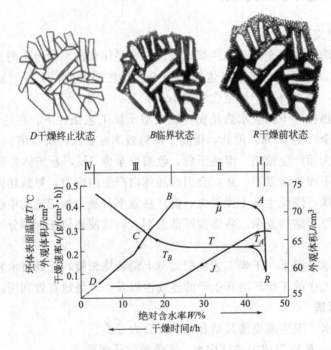

图 5-5 坯体干燥过程示意图

表 5-3 干燥过程中坯体发生的变化

| 项目 | 干 燥 阶 段 | | | |
|---|---|---|---|---|
| | Ⅰ升温阶段 | Ⅱ等速干燥阶段 | Ⅲ降速干燥阶段 | Ⅳ平衡阶段 |
| 参数变化 | $R \rightarrow A$ | $A \rightarrow B$ | $B \rightarrow C$ | $C \rightarrow D$ |
| 参数变化特点 | $T$ 迅速上升<br>$u$ 迅速上升<br>$J$ 几乎不变<br>$W$ 略有下降 | $T$ 不变<br>$u$ 不变<br>$J$ 大幅度收缩<br>$W$ 显著下降 | $T$ 上升<br>$u$ 下降<br>$J$ 不变<br>$W$ 下降 | $T=$ 干球温度<br>$u=0$<br>$J$ 不变<br>$W=$ 大气平衡水 |

| 项目 | 干　燥　阶　段 | | | |
|------|----------------|---|---|---|
| | Ⅰ升温阶段 | Ⅱ等速干燥阶段 | Ⅲ降速干燥阶段 | Ⅳ平衡阶段 |
| 干燥特点 | 坯体吸收热＞表面蒸发热,只有外扩散 | 吸收热＝蒸发热内扩＝外扩 | 吸收热＞蒸发热,内扩＜外扩 | 吸收量＝蒸发量＝0,内扩＝外扩＝0 |
| 坯体中水分状态 | 表面有水膜,空隙毛细管充满水 | 空隙毛细管充满水,表面持续水膜变薄消失 | 毛细管内水分逐渐减少,弯月面下降 | ＞10⁻⁴mm毛细管内水分全部蒸发 |
| 坯体性能变化 | 强度低,温度上升至湿球温度,无明显收缩 | 强度↑,可塑性↓↓,温度恒定,收缩率↑ | 强度↑↑,可塑性＝0,温度上升至干球温度,收缩率＝0 | 强度不变,可塑性＝0,温度上升至干球温度,收缩率＝0 |

　　可见,卫生陶瓷坯体在干燥过程中,体积的变化只发生在等速干燥阶段,至坯体内水分等于临界水分时终止,即此时坯体内固体颗粒最终完全靠拢。如果整个产品每个组成点都同时处于上述四个阶段,即坯体每个部位处于同步干燥状态,坯体在等速干燥阶段发生的收缩再大,也不会产生应力。而实际产品形状复杂,体积大壁厚,坯体不同部位厚薄不一,坯体断面上本身存在水分梯度、固有收缩率不同,更重要的是任何干燥技术都不可能做到使坯体完全同步干燥。干燥工艺的任务就是根据坯体性质、产品品种、干燥设备系统的特点,制定和实施干燥缺陷及损失率最低、热耗最少、干燥周期最短的工艺制度和管理措施。

### 5.3.3　卫生陶瓷干燥制度

　　卫生陶瓷干燥制度是指根据产品的品质要求来确定干燥方法及其干燥过程中各阶段的干燥速率、影响干燥速率的参数(干燥速率的种类、温度、湿度、流量与流速等)。最理想的干燥制度是指在最短的时间内获得无干燥缺陷生坯的制度。

　　干燥过程中的有关参数取决于坯体本身的性质,包括所用原料的特性及坯体形状的大小、厚度和致密度,孔隙度以及含水率等。因此,不同产品采用的干燥制度不同,一般注浆成型的卫生陶瓷干燥曲线与水分蒸发的关系如图5-6所示。

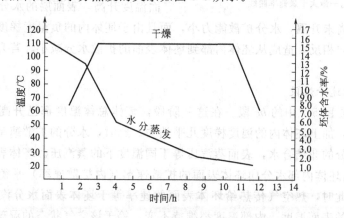

图5-6　卫生陶瓷干燥与水分蒸发的关系

　　干燥过程由水分蒸发和扩散所构成,要实现快速干燥必须做到传热和蒸发快、扩散快,保证水分均匀蒸发,才能使坯体均匀收缩而不变形和开裂。影响卫生陶瓷干燥速率的因素很多,主要有以下几个方面:

　　① 坯体本身特性包括所用原料的性质、造型的复杂程度和大小,坯体的厚度和含水率;

　　② 干燥介质温度、湿度与介质流动速度,干燥介质与坯体接触面的大小;

　　③ 干燥方式的选择。

当干燥较薄的坯体如卫生洁具时，内部水分容易扩散到坯体表面，该类坯体干燥速率主要取决于坯体表面周围介质的蒸发速率。对于这样的坯体在不破坏内扩散平衡的情况下，适当提高干燥介质的温度、流速来加速干燥。

当干燥较厚的卫生陶瓷坯体时，其蒸发面积小，坯体厚度和致密度大，含水率高；若采用传统式干燥器干燥，如果干燥速率过快，形成坯体内外含水率相差较大，将会造成坯体收缩不一致而开裂。主要是坯体较厚，内扩散较慢，同时与湿度梯度相反的温度梯度也阻碍了内扩散速率。为提高厚瓷坯体的干燥效率和速率，必须使坯体受热均匀，防止表面蒸发水分过快，在干燥初期要保持较高的湿度。当坯体充分受热均匀时，使坯体水分汽化后加速干燥介质的流速，这样才能达到快速干燥的目的。

### 5.3.4　干燥过程分析

卫生陶瓷湿坯在热空气中干燥时，坯体的含水率、坯体温度及干燥速率都经历了变化，其干燥特性曲线如图 5-7 所示。

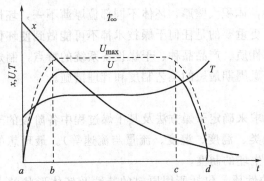

图 5-7　卫生陶瓷干燥特性曲线

*T*—坯体温度曲线；*x*—坯体含水率曲线；*U*—干燥特性曲线；
$U_{max}$—最大干燥速率曲线

#### 5.3.4.1　加热段

图 5-7 中 *ab* 段是坯体的加热段，坯体逐渐升温，在这一过程中，虽然占干燥的总时间不长，却是干燥过程中最关键的一段。如果在这一阶段处理不当，很容易造成坯体表面暗裂。当坯体与一定温度的热空气接触时，坯体表面的水分首先汽化，如果此时表层得到从坯体内部的水分补充或从外部热空气中得到水分，则都不会有意外情况出现。

在坯体的干燥阶段，一方面由于坯体表面温度升高，表面层的水分很快蒸发；另一方面，坯体内部尚未升温，水分扩散能力小，而且由于坯体内的负温度梯度引起物流与浓度差引起的物流方向相反，造成从坯体内部到坯体表面的扩散水分减小。若升温越快，开裂的倾向越严重。

#### 5.3.4.2　恒速干燥段

恒速干燥段是图 5-7 中的 *bc* 段。在这一阶段，坯体总体温度都已升高且稳定，坯体内部水分扩散提高，加上坯体内的温度梯度几乎消失。此时，水分的扩散速率处于最大值，坯体整个表面有充分的非结合水，表面蒸汽压等于同温度下的蒸汽压。坯体表面水分汽化速率（外扩散速率）与坯体内部水分向坯体表面的扩散速率（内扩散速率）平衡，坯体表面可以维持润湿状态。此时，热空气传热给坯体表面的速率等于坯体表面水分汽化带走热流的速率。所以，坯体的表面温度、内部温度都维持不变，等于该空气状态的湿球温度。

在此阶段，干燥速率主要是由坯体表面汽化速率所决定的。如要加快干燥，必须从以下几个方面进行改进。

（1）空气流速　在绝热的条件下，干燥速率与空气的流速的 0.8 次方成正比：

$$U \propto v_{air}^{0.8} \tag{5-1}$$

在设计干燥制度和流程时，对于恒速干燥段，要加大在此阶段空气的流速。

（2）空气湿度　空气湿度降低，坯体的干燥速率将增大。

（3）空气温度　提高空气温度有几条好处，首先是能提高坯体温度，加强水分子的扩散能力。温度增加也提高了水蒸气的分压，加快水蒸气的蒸发。但提高温度受到坯体的物理化学性质的限制。

### 5.3.4.3 降速干燥段

在图 5-7 中，*cd* 段称为降速干燥段。由于坯体内部水分迁移到表面的速率赶不上表面水分的蒸发，坯体表面不再完全润湿，此时干燥速率由水分从坯体内部迁移到坯体表面的速率所控制。随着干燥的进行，坯体平均含水率大大下降，润湿的表面不断减少，干燥速率不断降低。水分的汽化面逐渐由表面移向内部，汽化所需的热量通过已干燥的固体表层传导到内部的汽化面。汽化后的水汽也通过该干燥的表面进入空气中，干燥速率下降很快，最后完全受水分在物料中移动速率所控制。

## 5.4 大空间坯体（恒定温度）干燥设备

卫生洁具的坯体在微压成型之后水分在 18％左右，此时强度低，不宜搬动。一般采取就地干燥的方法，在生产工人离开生产现场后升高生产现场（大空间）的温度，降低相对湿度而达到干燥的目的。由于现有的工艺安排，在生产现场同时还有修坯、洗坯之后的坯体。因此，干燥气氛（温度和湿度）只能恒定。

由于中国的煤资源比较丰富，一般厂家都采用蒸汽加热的方法及干燥系统，如图 5-8 所示，它的特点是燃料成本低，可以形成一定的干燥气氛。同时缺点很多，如无横向空气流动，造成车间各点的温差很大；排湿的功能差，干燥时间长；无通风系统，白天工作时，工人的劳动条件差，某一年产 40 万件的卫生陶瓷厂系统参数见表 5-4。

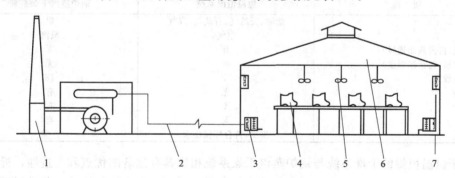

图 5-8 蒸汽加热干燥系统
1—烟囱；2—蒸汽管道；3—空气散热器；4—坯体；5—风扇；6—房屋结构；7—排风机

**表 5-4 某卫生陶瓷厂系统参数**

| 年生产量 | 成型面积（传统工艺） | 锅炉蒸发量（仅成型干燥） |
| --- | --- | --- |
| 40 万件 | 20000m² | 20t |

由于锅炉蒸汽干燥系统的种种弊端，中国卫生陶瓷厂开始采用比较先进的"恒温恒湿系统"，这种系统不需要改变原有的生产流程和生产工艺，还可以加速干燥，因此近年来得到广泛应用。图 5-9 是恒温恒湿系统。

热风炉用来产生洁净的热空气。燃料由燃烧机混合（雾化）燃烧，产生的高温烟气经过换热器之后经烟囱排出室外。如果使用的是气体燃料，也可将高温烟气与冷空气混合后注入室内。室内的循环空气经换热器加热后，通过布风管道均匀送达车间（干燥现场）的各部

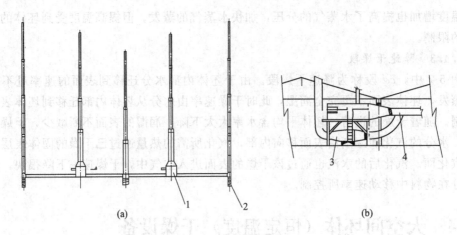

图 5-9　恒温恒湿系统
1—热风炉及热风器；2—新风补充系统；3—布风管道；4—排湿管道

分。布风管道还将车间各部分冷空气收集后再送回热风炉加热。如此循环，整个车间产生横向空气流动，使空气的参数均匀一致。国内外能提供此类设备的厂家有很多，如意大利的 Nasatii、英国的 C. C. D. S. Ltd. 和国内的热能技术发展有限公司等。

恒温恒湿系统的另一大特点是具有强制通风功能。在夏天，这对改善工人的劳动环境有很大作用。表 5-5 列出了恒温恒湿系统与传统的锅炉蒸汽干燥系统的对比。

表 5-5　不同干燥性能的对比

| 项　目 | 恒温恒湿系统 | 锅炉蒸汽干燥系统 |
|---|---|---|
| 燃料 | 柴油、天然气、石油气、煤气 | 煤 |
| 热煤 | 空气 | 蒸汽 |
| 通用功能（白天强制通风） | 有 | 无 |
| 全自动控制（包括温湿度） | 有 | 无 |
| 操作人员数量 | 3 | 18 |
| 压力容量 | 无 | 有 |
| 锅炉房 | 无 | 有 |
| 料场 | 无 | 有 |
| 环境污染 | 极少，符合环保要求 | 严重 |

由于恒温恒湿的干燥系统与锅炉蒸汽干燥系统相比具有显著的优点和先进性，近年来它在国内卫生陶瓷坯体的干燥过程中应用越来越广泛。国内卫生陶瓷坯体的注浆及干燥场地分为两大类：一类是多层水泥框架结构厂房，层高为 5～6m；另一类是简易金属结构厂房，高度一般为 6～7m。由于干燥时主要的能耗是用于加热大量的空气，产量的大小对恒温恒湿系统热功率的影响不是最主要的，所以在设计选用干燥系统时以干燥场地的平面面积作为选型的参数。表 5-6 列出了国产恒温恒湿系统设计参数。

表 5-6　国产恒温恒湿系统设计参数

| 标准型号 | 最大热功率/kW | 适合干燥面积/m² | 干燥温度/℃ | 循环风量/(m³/h) | 排湿量/(m³/h) | 用　途 |
|---|---|---|---|---|---|---|
| RB300 | 300 | 1000 | 45 | 24000 | 18000 | 卫生陶瓷、电瓷等 |
| RB500 | 500 | 1800 | 45 | 36000 | 24000 | 卫生陶瓷、电瓷等 |
| RB850 | 850 | 3500 | 45 | 48000 | 36000 | 卫生陶瓷 |
| RB1200 | 1200 | 4500 | 45 | 72000 | 44000 | 卫生陶瓷 |

在干燥初期，恒温恒湿系统以最大热功率运行，当达到设定的温度之后，系统的热消耗取决于环境的保温效果及排湿量。表 5-7 是正常工作状态时燃料的消耗量（以柴油为例）。

**表 5-7　恒温恒湿系统燃料的消耗量**

| 型号 | 电装机容量/kW | 燃油消耗量(10h)/kg |
|---|---|---|
| RB300 | 11 | 90 |
| RB500 | 14 | 130 |
| RB850 | 24 | 200 |
| RB1200 | 33 | 360 |

恒温恒湿系统同样可用于石膏模干燥（新模），只是由于石膏模的含水量高，系统排风量大而且干燥温度高，所以，干燥面积小得多（以高度 2.1m 为例），见表 5-8。

**表 5-8　石膏模干燥设计选型**

| 型号 | 干燥温度/℃ | 干燥面积($H=2.1\text{m}$)/m² |
|---|---|---|
| RB300 | 55 | 280 |
| RB500 | 55 | 400 |

随着生产的发展、工艺的改进，恒温恒湿系统也在改进。近年有多种改良形式出现。在以上讨论中，都是在大空间采用恒温恒湿系统，这就带来一系列问题。第一，能源消耗大；第二，参数滞后；第三，干燥不同步。尤其是近年来石膏模有变大的趋势，那么坯体的干燥时间和要求就大不一样。为了保证每一班的生产，安排石膏模的干燥就成为生产安排的主要矛盾。为了解决这个问题，采用密封式干燥系统，即石膏模出坯后将整个成型线封闭，在这个小的空间中使用小型的恒温恒湿系统。系统的散热用于干燥密封外的坯体，如图 5-10 所示。

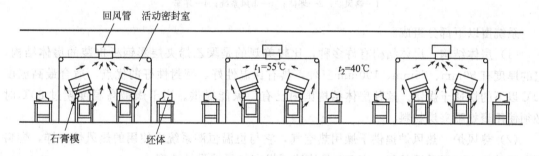

图 5-10　小型恒温恒湿系统

它的具体应用有两种形式：第一种是福建双菱集团所使用的每一组成型线装备一套小型的恒温恒湿系统；第二种是石湾鹰牌集团使用的 2～3 组成型线装备一套中型的恒温恒湿系统。实践证明，这种改良形式非常好，除了能解决前述问题，对于小型的分体坐便器还能每天生产两班。因此，这种系统的投资效益比是最高的，值得厂家借鉴。

## 5.5　热空气快速干燥

### 5.5.1　干燥室

在大空间干燥时，由于生产过程出坯时间或工序不同，坯体的干燥强度不一，这给控制干燥速率及坯体开裂带来许多困难。在实践干燥操作时，常常是在某些坯体上加盖一层薄膜来保持表面水分，防止坯体的开裂。即使是使用恒温恒湿系统，也无法通过调整温湿度来满足某一批坯体的特殊气氛需要。恒温恒湿只能是一个温度参数、一个湿度参数。而且，坯体的干燥是卫生陶瓷生产周期中最长的部分。加快干燥速率，保证干燥质量成为提高产量质量的关键。针对这个问题，提出了快速干燥的概念，就是干燥气氛按坯体的不同及坯体的干燥程度而变化，时刻保持最佳干燥气氛，这就提高了干燥速率。

干燥按 $U_{max}$ 曲线进行（图 5-7）。$U_{max}$ 在加热段主要受坯体合格率的限制，当 $U \gg U_{max}$ 时坯体将发生开裂等现象；在干燥的其他阶段主要受水分迁移的限制，即无论外界怎样加强干燥气氛，干燥速率的变化将很微小。

温湿度自动调节的快速干燥室具有几个特点：①空间小，参数调整时响应快，精确度高；②可以根据坯体的情况，设定不同的干燥曲线，使干燥沿 $U_{max}$ 曲线进行；③工控机控制，自动化程度高，减少人为失误的因素，提高坯体干燥合格率。国内外的快速干燥室都有在中国应用成功的实例。图 5-11 是国产快速干燥室的工作原理。

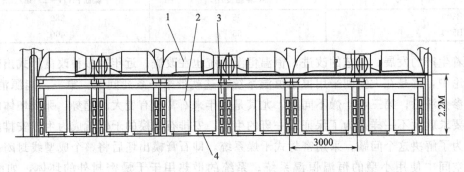

图 5-11  国产快速干燥室的工作原理

1—热风炉；2—坯体；3—布风系统；4—坯车

系统由以下部分组成。

（1）房体结构  房体结构有许多种，比较美观的是聚乙烯夹层彩钢板拼装的房体结构。它的厚度有 50mm、75mm、100mm 三种，具有保温性好、密封性好的优点，适合最高温度 80℃以下的快速干燥室。这种房体结构国内已有厂家能提供。当干燥最高温度超过 80℃时必须使用聚氨酯夹层材料。

（2）热风炉  热风炉提供干燥用热空气，它与恒温恒湿系统中使用的热风炉一样，燃料可以是油，也可以是天然气。表 5-9 是快速干燥室热风炉设计选型。

表 5-9  快速干燥室热风炉设计选型

| 型　号 | 热功率/kW | 干燥面积($H=2.2m$，$T_{max}=80℃$)/m² | 干燥面积($H=2.2m$，$T_{max}=120℃$)/m² |
| --- | --- | --- | --- |
| RB-150A | 150 | 80 | 50 |
| RB-300A | 300 | 180 | 100 |
| RB-500A | 500 | 280 | 180 |

（3）布风系统  布风系统的设计有许多模式，布风方式如图 5-12 所示。

它们各有特点。在图 5-12 的（a）方式中，其安装方便，干燥效果好，但占用空间大；而（b）方式中，占用空间小，但安装困难，而且控制不好时气流易短路，干燥效果一般。因此，应根据实际情况设计布风方式。

干燥室干燥是以热空气为干燥介质，对于不同的坯体可以采用不同的干燥制度来进行干燥。对于薄而小的卫生陶瓷坯件来说，一般均采取高温度和低湿度的热空气介质进行干燥。在整个干燥过程中，干燥室内的空气要求保持高温度和低湿度的条件，干燥速率仅由空气的温度来控制。由于干燥介质的温度高、湿度低，故坯体干燥时其表面蒸发得很快，而传到坯体内部的热量较少，往往造成内外

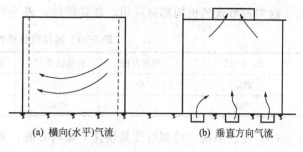

(a) 横向(水平)气流　　　　(b) 垂直方向气流

图 5-12　布风方式

温度和湿度梯度都较大，易造成内外不一致收缩产生缺陷，因此，这种方法仅对小型薄壁的坯体或收缩率较小的坯体来说是适用的。这种干燥方法，由于其简单而无须什么控制，只要保持室内有较高温度即可。

对于大而厚的卫生陶瓷坯件来说，采用高温度和低湿度的热空气干燥显然是不合适的，由于坯体大而厚，且收缩较大，用加快外扩散速率的方法来干燥，极易造成开裂，所以可采用低湿度逐渐升温的方法来进行干燥。这种方法是把坯件放在低湿度的条件下，空气温度逐渐升高而使干燥逐渐进行。在这种条件下，由于空气温度是由低温度逐渐上升的，坯体的内外温差不会很大，由于外扩散速率也不是很大，故内外扩散较易达到平衡，只要整个干燥过程是逐渐进行的，就不会出现大量的干燥缺陷。此种方法所花费的时间是较长的，如缸类的干燥可长达几天。但在干燥过程中若处理不当，对于可塑性较大的卫生陶瓷粗坯件来说仍易产生缺陷。

为了安全地加快大而厚坯件的干燥速率，可以采用高温度和低湿度干燥法。这种干燥法是在干燥初期，用被水蒸气饱和了的热空气加热湿坯，在这种情况下空气不会夺去生坯表面的水分而只是利用热空气提高坯体表面温度。但必须注意到勿使水汽在生坯表面凝结，以免引起坯体局部的软化变形。待湿坯的内外各部分被均匀地加热后，再降低热空气的温度，这样就使坯体内外扩散能顺利地进行，使干燥速率加快并可以避免由于内外收缩不均匀而产生很大的应力造成变形和开裂。用这种方法，虽然在干燥初期，坯体不进行干燥，但由于后期坯体能剧烈而均匀地放出水分，所以其干燥并不比高温度和低湿度干燥法所需的时间长。用这种干燥法来干燥大而厚的坯体是较适宜的，但需在能调节热空气温度和湿度的干燥室内进行。由于这种干燥室投资较大，一般在卫生陶瓷中采用较少，而在其他工业陶瓷（如电瓷）的生产中采用得较多。

（4）搅拌系统　搅拌系统的作用是使干燥室内空气参数均匀。当干燥室的宽度小于 3m 时可以靠布风系统的进回风来使空气均匀。当大于 3m 时，必须安装空气搅拌系统。搅拌系统有两种形式：一种是固定式（图 5-13），它安装在干燥室的固定地方；另一种是活动式（图 5-14），搅拌风机在室内轨道上移动。

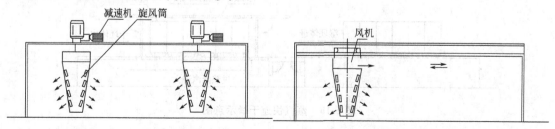

图 5-13　固定式搅拌风机　　　　　　图 5-14　活动式搅拌风机

这两种形式的机构都有应用，各有特色，表 5-10 列出了两种机构的性能对比。

**表 5-10  搅拌风机的性能对比**

| 形　式 | 搅拌范围 | 环境温度/℃ | 对工件的影响 | 复杂性 | 应用 |
|---|---|---|---|---|---|
| 固定 | 小 | >60 | 中 | 中 | 坯体等 |
| 活动 | 大 | <60 | 小 | 大 | 石膏模等 |

（5）控制系统　控制系统是快速干燥的心脏，要求控制系统能根据已输入的曲线进行温度、湿度跟踪。有三类控制系统能满足这种要求：第一类是智能温度、湿度控制表，它们都有输入温度、湿度值及步长的功能，如 Holleywell 公司的产品；第二类是带显示的可编程序控制器（简称 PLC），它同样可以输入步长或温度、湿度折线，并跟踪温度、湿度的变化，如康泰公司的产品；第三类是工控机。工控机可以输入连续的温度、湿度曲线，具有曲线存储、分析功能，是快速干燥室控制方式的首选。表 5-11 是这三种控制系统的性能比较。

**表 5-11  控制系统的性能比较**

| 类型 | 人机界面 | 软件开发 | 曲线修改 | 曲线形式 | 曲线选用 | 历史数据存储 | 扩充功能能力 | 成本 | 打印 |
|---|---|---|---|---|---|---|---|---|---|
| 智能温度、湿度控制表 | 差 | 不需 | 复杂 | 折线 | 无 | 无 | 无 | 低 | 另加 |
| 可编程序控制器 | 一般 | 不需 | 一般 | 折线 | 无 | 无 | 小 | 中 | 另加 |
| 工控机 | 优 | 需 | 容易 | 连续曲线 | 有 | 有 | 巨大 | 高 | 有 |

（6）湿度系统　包括加湿和排湿。排湿比较简单，直接将室内的湿空气排出室外即可。加湿比较复杂，必须小心设计，否则会"滴水"而破坏坯体。加湿有几种方式。第一，采用蒸汽加湿，这是最好的方式。蒸汽可以由锅炉房供应或单独配备蒸汽锅炉。第二，采用供水加湿，但必须采用超声波雾化或空气雾化的方法以加快汽化。此类设备国内已有厂家能够生产。

虽然快速干燥室与大空间干燥相比优点很多，但毕竟它的相对投资大。在设计卫生陶瓷的干燥流程和设备时，当产量超过 40 万件时最好是以空间的恒温恒湿系统为主，而快速干燥室作为补充，这样的投资效益比是比较高的。

### 5.5.2  蒸汽快速干燥

这里所讨论的蒸汽干燥与图 5-8 中的蒸汽加热干燥是不同的概念。准确地说，图 5-8 中的方式称为蒸汽间接加热干燥法，本节所讨论的是蒸汽直接干燥法，具体的布置如图 5-15 所示。

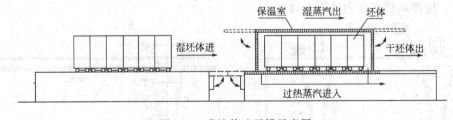

图 5-15  蒸汽快速干燥示意图

坯体出模后，沿放坯架的轨道进入末端的密封干燥室中，关闭密封的干燥室后将过热蒸汽沿顶部的管道直接送入密封干燥室中，蒸汽在密室中膨胀降压。湿蒸汽由密封干燥室底部的管道排出回收。图 5-16 是蒸汽快速干燥过程的焓熵图。

饱和蒸汽从 $A$ 在过热器中加热到 $B$，$p_B=0.5\text{MPa}$，$T_B=180℃$，$h_B=2810\text{kJ/kg}$；在密室中定压膨胀到 $C$ 点，$p_C=0.1\text{MPa}$，$T_C=168℃$，$h_C=2810\text{kJ/kg}$；吸湿后的蒸汽沿定压线到 $h_D=2668\text{kJ/kg}$，$D$ 点排出室外，在室外冷凝后再回到 $A$ 点，如此循环。坯体在干燥时首先被高温蒸汽迅速加热，在此期间，由于部分水蒸气在坯体表面迅速冷却凝结在坯体表面，即使加温时坯体内部的温度梯度很大，但由于此时并不是干燥气氛，反而有

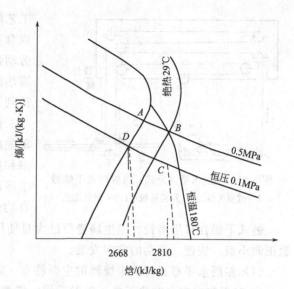

图 5-16　蒸汽快速干燥过程的焓熵图

一部分凝结水保护坯体表面不会开裂。当坯体的温度升高后，气氛自动转为干燥气氛，坯体的水分开始蒸发。由于坯体的温度很高，约为 100℃，所以干燥过程比较快。它的最大优点是干燥快，正品率高。

$$h_C-h_D=142\text{kJ/kg} \tag{5-2}$$

$$\frac{142}{2100}=0.068\text{kg 水/kg 蒸汽或} \frac{1}{X}=\frac{\text{kg 水}}{\text{kg 蒸汽}} \tag{5-3}$$

式(5-3) 表明用蒸汽快速干燥方法每干燥 1kg 的水分需要 14.7kg 的过热蒸汽。而间接蒸汽干燥方法的蒸汽消耗量理论上为 0.93～1.075kg 水/kg 蒸汽。用蒸汽快速干燥方法比用间接蒸汽干燥方法的蒸汽消耗量多。目前蒸汽快速干燥方法国外已有成熟的应用，它对蒸汽的品质、热工仪表的精度及操作工人的素质有较高要求。

# 5.6　链式干燥

室式干燥主要问题是间歇性干燥，干燥时间长，干燥质量相对比较差，效率低，劳动强度大，劳动条件差。对于日益发展的卫生陶瓷来说，室式干燥已经不能适应生产飞速发展的需要。为了适应生产发展的需要，很多卫生陶瓷厂都发展并使用了链式干燥器。

链式干燥器就是用各种形式的链条作为牵引件带动放着模坯的载坯板（又称摇篮、挂篮、吊篮、链板或放坯板等）在干燥室内以一定的运动规律，使坯体或模子得到干燥和输送到预定的地点。图 5-17 分别表示链条的三种布置基本形式：多层水平（卧式）布置、单层水平布置和垂直（立式）布置，由模坯的运载机构（由链条、链轮、坯板等组成）干燥室、张紧调节装置、热源与通风装置以及动力传动装置等组成。一般立式传送用吊篮链条牵引，一般小型坯体适用于这种方式；而卧式传送则采用平面迂回的方式，适用于大型坯体的干燥。

对于卫生陶瓷，链式干燥可按照成型→湿坯干燥→定位脱模→再干燥→修坯→再干燥的

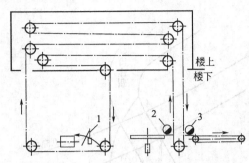

图 5-17 多层水平（卧式）布置链式干燥器
1—成型工位；2—脱模机械手；3—出坯工位

工艺顺序进行合理设计，借助挠性牵引机构形成自动或半自动的成型-干燥工艺流水线，减轻劳动强度，提高劳动生产效率；而且干燥机所需热源可以利用隧道窑余热，热源的困难基本得到了解决。

链式干燥器的主要特点是能连续生产，劳动强度低，劳动条件好，占地面积小，干燥效率和质量都相应提高。若与成型、精修、施釉工序连接，为卫生陶瓷生产的连续化和进一步自动化创造了条件。

链式干燥在日用陶瓷、卫生陶瓷厂已大量使用，各厂形式多样，各有特色。目前链式干燥正向小型、快速、自动的方向发展。

（1）多层水平布置链式干燥器的主要特点　多层水平布置链式干燥器的主要特点如下：

① 对于定向集中对位干燥、辐射干燥、需要转动坯件干燥、两面使用热源干燥等情况时，几乎全部采用这种形式；

② 既可在厂房低的地面布置，也可在厂房的高层布置，以便干燥器在楼房或厢房之上，改善劳动条件；

③ 从结构来看，链轮数不多但链条长，要用双链，为了防止悬空链条下垂造成的种种不良后果，一般要铺设水平支承导轨，对双链跨距大的要在两边链条中间加支撑杆，以保持两链的平行距离；

④ 动力消耗较大，张紧调节较复杂，机架刚性要求高；

⑤ 坯体干燥温度均匀。

（2）单层水平布置链式干燥器　如图 5-18 所示，和多层水平布置比较，可以大为节省链条和链轮，操作位置低，当干燥时间需要长时，占地面积大。故多用于定向集中对位干燥的快速干燥机上。许多注浆成型干燥线、滚压成型干燥线均采用。

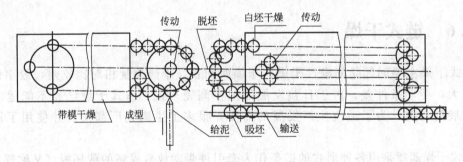

图 5-18 单层水平布置链式干燥器

（3）垂直（立式）布置链式干燥器　如图 5-19 所示，此形式特点是动力小，温度不均匀，定向集中对位干燥时热源安装不方便，可入地坑（地下水位低的地方）和向高空发展，因而占地平面面积小，故多选用于非定向集中对位对流干燥或需要干燥速率慢而需时间较长的地方。

链条布置的原则如下：

① 满足合理的工艺生产流程的需要；

② 适合干燥方法的要求；

③ 符合基建的实际情况；

④ 最少的空载链；

⑤ 链条长度短和链轮数量少。

虽然，链式干燥器在中国已经取得很大进步，但是与国外相比还是比较落后，主要表现在以下几个方面。

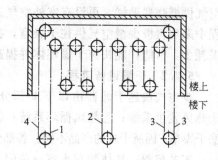

图 5-19　垂直（立式）布置链式干燥器
1—成型放入湿坯；2—脱模位置；
3—修坯位置；4—出坯位置

① 国内采用的热风链式干燥器的干燥效率不高。国内干燥器每蒸发 1kg 水所消耗的热量为 7531～12252kJ，而国际水平为 4184～5858kJ。

② 国内采用的热风链式干燥器干燥坯体所需时间为 45～240min，所需的模型数为 500～1200 个，而国外所需的干燥时间为 10～20min，所需模型数为 70～80 个。

③ 国内采用的热风链式干燥器所占空间比较大，消耗的钢材也比较多（一台干燥器所需钢材 18～30t），购进一台干燥器所需的投资费用为 16 万～25 万元，为此目前有很多小型陶瓷厂要进行技术改造感到有较大困难。如果国内干燥器能够达到国外干燥器的热效率和干燥所需时间，则干燥器所占空间将大大减小，所需钢材投资费用将可能减少一半。

④ 目前，国内陶瓷厂从隧道窑冷却带可提供给链式干燥器的余热不能满足坯体干燥所需热量，因此，还需用蒸汽予以补充热源，增加了生产成本。

# 5.7　少空气快速干燥

前面已经介绍了几种传统干燥器。这些传统干燥设备由于热风与产品的热交换时间短即排出，造成产品干燥能耗高、干燥周期长、干燥不均匀，最终导致产品局部收缩不均匀而开裂。尤其是对卫生陶瓷和高压电瓷这类干燥周期特别长的大件产品，造成干燥开裂现象尤为严重。随着陶瓷技术装备的发展，咸阳某研究设计院新开发研制出一种新型的干燥设备，即少空气快速干燥器。该设备虽然同样按照坯体干燥特性及规律，但是克服了传统干燥设备所存在的不利于干燥的因素，充分利用了能源，使干燥速率加快，能耗大幅度降低，使其更具科学性和合理性。该设备大大降低了干燥能耗和干燥周期，提高了产品的干燥合格率。

### 5.7.1　少空气快速干燥原理

少空气快速干燥器的工作原理为（图 5-20）：由热风发生系统产生的热风与干燥室内形成闭路循环系统，在整个干燥过程中不断地对循环热空气加温，保持干燥室内的温度和湿度，在热循环过程中坯体内水分不断蒸发到循环的热空气中，达到干燥目的。在干燥过程中绝大部分时间干燥器内保持高温度、高湿度状态。根据干燥制度要求，坯体干燥进行到一定时间后，首先采取保温排湿，其次停止燃烧器的燃烧供热，开始冷却。在整个升温、保温过程中只有在助燃时供入少量

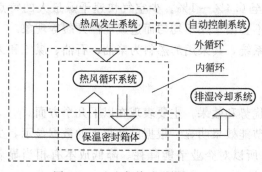

图 5-20　少空气快速干燥原理

空气供燃烧器助燃，再没有室外空气进入干燥室内。所以少空气快速干燥原理就在于干燥过程中采用将极少量空气供往干燥室，在高温度、高湿度的状态下对坯体进行干燥，可做到热损耗少，节能，能快速干燥坯体并提高产品合格率。

### 5.7.2　干燥设备流程

少空气快速干燥器由以下9部分组成：①保温密封箱体；②支承及骨架；③分风器；④热风发生系统；⑤热风循环系统；⑥排湿冷却系统；⑦监测执行系统；⑧自动控制系统；⑨干燥车。因所干燥的产品不同，各部分的配置与干燥室的容积应根据用户的要求进行设置。

工艺流程：坯体装车入室→关闭干燥室门→各控制钮复位→启动主风机与冷却系统→启动助燃风系统→启动循环风系统→关闭冷却及排湿系统闸门→升温阶段→保温、保湿阶段→保温、排湿阶段→保持燃烧并逐渐降温→停燃、降温阶段→干燥完成、坯体出室。

在干燥各阶段运行过程中实现全自动控制，各阶段设置要根据所干燥坯体的工艺技术要求，确定相应的干燥曲线和控制程序即可完成相关的干燥全过程。

### 5.7.3　干燥工艺过程

少空气干燥过程是一种干燥陶瓷坯体的新方法，其主要技术是使用蒸汽作为介质来达到快速干燥的目的，而蒸汽是坯体本身的湿度产生的。

少空气干燥分为两个阶段：加热阶段（20~100℃）和干燥阶段（100℃以上）。

（1）加热阶段　陶瓷坯体被放置在一个密封室内，用一个非直接烧嘴进行循环空气的加热。从坯体表面蒸发出一小部分水分，这就置换了室内的空气并快速形成高湿度。由于坯体表面进一步蒸发出水分，它可以使坯体中心与表面同步受热，减少应力，使坯体的开裂减到最小限度并可使坯体快速加热到100℃。

（2）干燥阶段　100℃时，干燥室充满了蒸汽，它被一个风机连续地循环着。额外的热产生了高温蒸汽，进一步加热坯体并蒸发坯体中剩余的水分。在干燥过程中，湿坯产生的额外蒸汽从干燥室内排出，由于高温降低了坯体中水的黏度，因而水能更快、更自由地从坯体内部流出并从坯体表面排除，提高了干燥效率。

蒸汽温度决定了蒸发效率，是控制干燥过程的一个简单方法，加热一直要持续到坯体干燥过程结束。然后，环境空气进入冷却干燥室并冷却坯体使其可从干燥室内卸出。

每个陶瓷坯体都有一个最大安全热效率和最高干燥温度，它决定了少空气干燥的周期。如果热效率太高或者干燥室太热，将导致坯体开裂和损坏。

### 5.7.4　适用范围

少空气快速干燥器主要适用于卫生陶瓷、电瓷和日用陶瓷等可塑性和注浆成型产品坯体的干燥。该设备不受单件产品尺寸大小的限制，对于坯体厚度为10~40mm，水分含量在20%以下的产品都适用，干燥后坯体水分可降至0.4%~1%。少空气快速干燥最大的特点是能耗低，干燥周期短，坯体干燥十分均匀，不会因干燥不均匀而造成坯体开裂等现象。

少空气快速干燥器的热源配置有热风发生系统，其采用的燃料为柴油、石油、煤气和天然气。整个干燥系统运行采用全自动控制。

### 5.7.5　少空气快速干燥的优点

少空气干燥具有传统干燥方法所不具有的优势和效果，主要表现在以下几个方面。

（1）少空气节能快速干燥器较传统干燥器节能效果明显　根据已经得到的数据显示，少空气干燥器的能耗是传统干燥器的1/4~1/3，所以对企业节能降耗、降低成本有相当显著的效果。

（2）少空气节能快速干燥器的干燥周期较传统干燥方式有较大程度的缩短　数据显示，少空气干燥器的干燥周期是传统干燥器的 $1/5 \sim 1/4$，由于干燥周期的变化，干燥室的数量可以大幅度地减少。

（3）少空气节能快速干燥器的操作方式灵活、运行可靠　由于其配置了温度检测功能，并有全自动控制系统进行全周期的控制，完全可以实现无人化作业。在更换产品品种时，只需要相应调整干燥的程序。

（4）少空气节能快速干燥器大大节约了干燥室的占地面积　按照已有设备的布置情况，少空气干燥器的占地面积是传统干燥器的 $1/5$，少空气干燥器的应用可较大幅度地减少基建费用的投入。

（5）对相关工艺的影响　采用少空气节能快速干燥器后，干燥周期缩短，传统的成型工艺布置受到很大影响。如卫生陶瓷、电瓷等企业，采用传统干燥方式时，干燥周期过长，如果成型量过大，相应需要的干燥室占用空间很大。考虑到各种投入的关系，一般的企业在制定生产工艺时多采用单班制，而使用少空气节能快速干燥器后，在现有的生产条件下进行技改，很容易由单班制改为三班制生产，这样企业的生产能力可大幅度提高，产品成本相应降低。

### 5.7.6　少空气快速干燥技术与传统干燥技术的比较

针对传统干燥技术存在的问题，英国 CDS 公司研制的以"微空气（或少空气）干燥技术"设计的干燥器，它与传统干燥技术、干燥原理完全不同，可快速、均匀地干燥形状复杂、大件的产品，不但节能，同时提高了产品的质量和产量。

#### 5.7.6.1　干燥介质的不同

传统干燥技术的干燥器是采用热空气作为介质来加热产品，热空气连续地从产品表面带走从内部扩散到表面蒸发的水，并通过排气管将水分排出。

少空气干燥技术采用蒸汽作为传热介质，蒸汽是由产品本身所含的水分蒸发产生的，无须外加增湿设备，这部分蒸汽是在干燥加热阶段的初期，产品表面层蒸发出来的蒸汽，它在封闭的干燥室内快速循环，而成为连续加热产品的介质，表面总处于润湿状态，不易产生表面干裂、硬壳等缺陷。

#### 5.7.6.2　干燥过程各阶段的不同

（1）加热阶段　传统干燥技术在加热阶段，由于用热空气加热陶瓷坯体且干燥温度较低，所以产品在很短时间内就完成此阶段并转入等速干燥阶段。此阶段主要是表面水分的蒸发。

干燥开始时坯体在密闭的干燥窑内，由循环热空气加热，坯体表面蒸发出少量的水蒸气，取代了窑内的循环热空气，此时温度从坯体表面向内部快速传递，而内部的水分也向表面扩散，使窑内的相对湿度很快就达到一定的稳定状态。坯体表面保持润湿状态，坯体温度未达到 100℃ 时，由于不断升温的热湿空气的快速循环，坯体表面相对湿度虽基本不变，但外饱和的蒸汽压力却不断增高，此相对稳定的湿度在坯体表面形成一润湿的保护层，该温度下的饱和蒸汽压力大于内部向表面扩散的压力，压制了水分从坯体内部向表面的蒸发。此时坯体内外没有明显"质"的移动，即内部水分向表面扩散几乎没有，而坯体表面向内部的热传导很快，使坯体内部中心与表面几乎以相同的速率快速升温（图 5-21），而坯体表面存在的高相对湿度保护层的润湿状态，养护着表面层，使表面层不会产生破损和变形，从而使坯体安全地加热到 100℃。

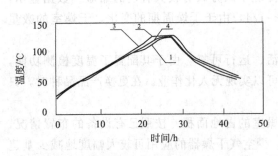

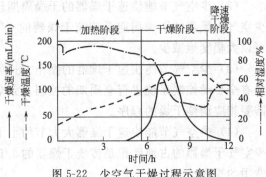

图 5-21　陶瓷实心砖在少空气流通干燥器
中内外部的温度曲线

图 5-22　少空气干燥过程示意图

1—坯体内部中心位置的温度；2—坯体前面的温度；

3—坯体背面的温度；4—干燥室内蒸汽温度

少空气流通干燥过程中，加热阶段时间较长，几乎占据了整个干燥周期的一半，这个阶段坯体从室温升温至100℃（图5-22）。

（2）干燥阶段　传统干燥技术由于连续干燥，加热阶段很快就进入等速干燥阶段，这个阶段坯体排出多少水分，内部就向表面扩散多少水分，而体积收缩随水分排出多少就收缩多少，因此只有降低干燥温度，延长干燥时间以保证产品质量。

少空气干燥技术当坯体内部水分子得到足够的动能，克服了水分子之间的引力，水从液态变为气态，快速地通过毛细管和坯体颗粒之间的间隙，突破坯体表面的润湿层向表面冲出，蒸发出去的蒸汽迅速由循环气流带走。当室内此刻的过热蒸汽接近该温度的饱和蒸汽时，过热蒸汽的温度又因加热器加热而升温，坯体的温度继续提高，使内部向表面蒸发的分压总比此温度下的表面层分压大，因此，坯体内部剩余水分的过热蒸汽继续排出，这就进入了安全的快速干燥阶段（图5-22）。

从图5-22可以看出，当坯体温度达到100℃以后，此时由于水已沸腾成蒸汽，干燥室内呈较高正压状态，蒸汽压力随温度的升高而加大，减压调节阀将自动开启，将蒸汽快速排向水冷凝器和余热利用热交换器中去。而排出的部分蒸汽减少了坯体表面蒸汽分压，使坯体内部的蒸汽分压继续保持大于表面蒸汽分压，继续保持坯体内水蒸气向外蒸发的速率，干燥速率急剧增加，同时又使室内的相对湿度急剧下降，当坯体的温度到达预定最高干燥温度时，产品内部大部分水分已被快速排出，在快速排出水分的过程中（相对传统干燥技术），坯体表面总保持在湿热的润湿状态中。虽然干燥收缩快，但表面总处于蒸汽养护状态中，坯体收缩均匀，收缩产生的应力在湿热状态中自行消除，故不易产生变形和开裂。为了保证坯体中的剩余水分能够达到控制的预定指标，坯体的最高温度必须保持一段时间，因产品的种类而定。但这段时间内干燥速率明显下降，相对湿度缓慢降低，这种状态一直延续到干燥阶段结束。

（3）降速干燥阶段　传统干燥技术这个阶段主要是排出吸附水，坯体不产生体积收缩，坯体内部以蒸汽的形式排出，直至干燥速率为0。

少空气流通干燥技术，当干燥温度在最高温度保持期间内，大气吸附水也被排出，此时坯体的收缩早已完成，坯体不会因此产生变形、破损，控制系统在这个阶段随即通入环境空气来冷却坯体，直接安全地取出干燥完毕的坯体。

**5.7.6.3　控制系统不同**

传统干燥技术为保证坯体安全，其控制系统较复杂，必须有较昂贵的相对湿度、温度控制和增湿设备。少空气流通干燥技术只需简单的温度控制。整个控制只在热空气进干燥器的入口处 A 和出口处 B 设两个测温点和简单的可编程控制器及相应的控制调制阀,即可安全地完成坯体的干燥控制(图 5-23)。

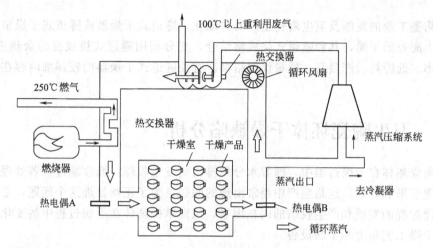

图 5-23 少空气流通干燥示意图

干燥器入口温度测点 A 负责控制加热器升温及允许温度最大偏差,出口温度测点 B 是控制当干燥器温度达到 100℃ 时的升温速率及达到干燥最高温度的恒温控制,并在恒温终结时,向干燥器内通入环境空气来冷却坯体。

以上干燥器的升温速率、允许偏差、产品干燥的最高安全温度及恒温时间长短,均可由实践经验得出,由 CDS 公司编程调试后随设备交给用户使用。

#### 5.7.6.4　干燥时间的实际比较

表 5-12 中收集了 7 种不同类型共 14 种产品,采用传统干燥法和新型微空气流通干燥法的干燥时间相比较,用新型微空气流通干燥技术干燥大件产品比干燥小件产品更为有效,如干燥色釉试验块时仅缩短干燥时间 50%,而干燥石膏模型或大件卫生陶瓷(如坐便器)可节约干燥时间 80% 以上,故此法干燥大件制品更为可取。

表 5-12　各种制品用不同方法干燥时间的比较

| 方式 | 黏土制品/h | | | 卫生洁具/h | | | 电瓷/h | 耐火材料/h | | 石膏模型/h | |
| --- | --- | --- | --- | --- | --- | --- | --- | --- | --- | --- | --- |
| | 异形砖 | 多孔砖 | 250mm 瓦片 | 洗面盆 | 坐便器 | 水槽 | 绝缘子 | 标准方砖 | 耐火多孔砖 | 洗脸盆 | 篁壶 |
| 传统干燥法 | 60 | 48 | 192 | 14 | 72 | 96 | 60~90 | 90 | 120 | 60~80 | 30~48 |
| 微空气流通干燥法 | 24 | 20 | 72 | 5 | 12 | 16 | 20~30 | 35 | 43 | 12 | 8 |
| 节约时间/% | 60 | 58 | 64 | 64 | 83 | 83 | 50~66 | 61 | 64 | 80~85 | 73~83 |

#### 5.7.6.5　与传统干燥技术相比 CDS 空气快速干燥技术的优点

① 干燥周期的缩短及高效的能量回收,可节能约 50% 以上,大件产品最高可达 85%。

② 控制操作简便,仅通过温度控制即可完成干燥全过程的控制,不必进行昂贵的相对湿度(RH)控制及购置增湿设备。

③ 显著降低产品干燥的废品率,陶瓷坯体可控制在 3% 以下,产品质量、产量大幅度提高。

④ 干燥效率高，降低基建投资，减少工艺流程中坯体库存的积压所造成的损失。

## 5.8 隧道式干燥器

随着陶瓷工业的发展及卫生陶瓷生产的自动化，隧道式干燥器或隧道式干燥窑也大量地应用于卫生陶瓷的干燥，其和隧道式烧成窑结合，充分利用隧道式烧成窑的余热进行干燥，达到高效率、低能耗、产量高、质量优的结果。有关隧道式干燥器的较详细内容在第 6 章进行介绍。

## 5.9 卫生陶瓷坯体干燥缺陷分析

卫生陶瓷坯体在干燥过程中，随着水分的排出要发生收缩，而收缩过程若处理不当会导致坯体出现变形和开裂，这是生产中经常出现的问题。为了正确处理这个问题，必须深入了解坯体干燥过程的实质和产生收缩的内在因素，从而掌握坯体在干燥过程中的变化规律，选择合适的干燥工艺制度和干燥设备。

坯体在干燥过程中，随着水分的排出，坯体在不断地发生收缩，若坯体干燥过快或不均匀，则由于坯体内外层或各部位收缩不一致而产生内应力。当内应力大于塑性状态坯体的屈服值时，就能使坯体发生变形。当内应力超过塑性状态坯体的破裂点或超过弹性状态坯体的强度时，坯体就会发生开裂。

坯体在干燥时产生缺陷的原因主要有如下几点。

(1) 黏土坯体的干燥敏感性　坯体的干燥敏感性是指坯体在干燥收缩阶段出现裂纹的倾向性。干燥敏感性高的黏土坯体，即使在低速干燥时也极易出现裂纹或变形；干燥敏感性低的黏土坯体，就是在快速干燥时也不一定开裂。衡量干燥敏感性的指标有契日斯基干燥敏感系数：

$$K = \frac{X_1 - X_2}{X_2} \tag{5-4}$$

式中　$K$——干燥敏感性系数；

$X_1$——坯体成型时的绝对水分；

$X_2$——坯体收缩停止时的临界绝对水分。

根据 $K$ 值的大小，将黏土坯体分成三类：$K < 1.2$，属于低干燥敏感性黏土；$1.2 \leqslant K < 1.8$，中干燥敏感性黏土；$K \geqslant 1.8$，高干燥敏感性黏土。

(2) 干燥收缩　在干燥时，坯体的结合水成为水蒸气排走，黏土颗粒互相靠拢，接着是黏土颗粒水化膜汽化，颗粒继续靠拢，收缩的数值与排出水的体积并不相等，因为空气代替了部分水的空间。再继续干燥时，收缩并不继续，各种黏土的收缩特性见表 5-13。

表 5-13　黏土的收缩特性

| 黏　土　种　类 | 收缩率/% | 黏　土　种　类 | 收缩率/% |
|---|---|---|---|
| 高岭土类 | 3～10 | 膨润土类 | 12～13 |
| 伊利石类 | 4～11 | 多水高岭土类 | 7～15 |

(3) 粒度分布　坯体的粒度对坯体收缩变形有较大影响，颗粒愈细，比表面积就愈大，水化膜与水分愈多，因此干燥后变形就愈大，但强度也很高。

以高岭石为主的高岭土是低干燥敏感性黏土，可塑性低，干燥后强度也低，以伊利石为主的矿物属于低干燥敏感性矿物，以蒙脱石矿物为主的黏土（膨润土）则属于高干燥敏感性黏土，它的颗粒小，水化膜厚，因此可塑性大，工作水分大，干燥收缩大，变形度大甚至常温下阴干也容易变形，但是干燥定型后坯体的机械强度很高。总体上，北方黏土可塑性好，干燥敏感性高，制成的坯体强度也高，所以在干燥过程中应特别注意开裂倾向。

### 5.9.1 变形

变形缺陷在卫生陶瓷生产中极为常见。制品整体程度不同地存在歪、扭、倾斜、凹凸不平，称为整体变形。制品某一部位或眼孔部位不符合规定要求，则称为局部变形。产生变形的原因是多方面的。

（1）坯料方面

① 坯料配方不当。如果高可塑性原料加入量过多，不仅影响注浆速率，易使坯体塌陷，而且在干燥过程中坯体也容易变形。若熔剂原料，特别是长石用量过多，烧成时坯体很容易变形。

② 注浆用的泥浆搭配不合理。卫生陶瓷注浆用的泥浆一般以回浆泥为主，经陈腐的新泥和回坯泥为辅调配而成。如果搭配的比例发生变化，则会引起泥浆性能发生变化，从而引起制品变形。

③ 泥浆成型性能很差。例如：泥浆细度不当；新出球磨机的泥浆未经陈腐或陈腐期过短，泥浆性能不稳定，注浆时泥浆温度过高，超过 38℃ 以上，泥浆发热；泥浆含水率过高，脱模后坯体发软；泥浆过稠，密度超过 1.85g/cm³ 以上，所注浆坯体均易坍塌变形。

（2）成型及半成品加工方面

① 注浆模型过干；擦模方法不当；擦模不均匀；模内湿坯收缩不一致，使坯体局部塌陷或局部过早脱模，导致变形。

② 在注浆过程中，由于泥浆表面起皮，或在封闭模型的漏浆过程中在空腔内产生了负压，形成了湿坯塌陷。

③ 过早脱模，坯体含水率偏高；修坯、粘接操作不当；坯体偏薄或厚薄不一致等。

④ 模型整体或局部不符合规定要求，如模型偏薄、平面凹凸、边缘扭曲等，样板、木托等不符合要求，失去对坯体的控制作用。

### 5.9.2 裂纹

卫生陶瓷裂纹缺陷是指坯裂、炸裂、龟裂的总称。坯裂是指无釉覆盖的裂纹；炸裂是指在生产过程中形成应力产生贯穿坯体的微裂纹；龟裂是指釉面微细裂纹。在外观检查中裂纹占有很大比例，一般占缺陷率 10%～25% 以上，个别大件产品有时可高达 50% 以上。生产各工序不慎，均可导致裂纹缺陷的产生。

（1）原料和坯料方面

① 原料杂质多，洗、选料不符合要求，有杂质混入坯料。

② 坯料配料不准；低可塑性原料用量不当；泥浆细度不合适，过粗或过细；注浆所用泥浆的温度过高。

③ 泥浆性能不稳定；电解质加入量不当，泥浆过于黏稠；陈腐时间过短；相对密度不合适。

（2）成型和半成品加工方面

① 擦模过程中，用力不均匀或操作方法不当。

② 揭模或湿坯脱模过早、过晚。

③ 模型结构复杂，模型造型或结构本身影响湿坯在模型内均匀地收缩。

④ 模型对口缝处溢浆，使坯体在对口缝处开裂。

⑤ 坯体脱模后，在某一部位的重力作用下，使悬空部位接茬处开裂，或某一部位含水率高，受力不均匀，造成坯体开裂。

⑥ 脱模湿坯与垫托接触部位不相吻合，垫托上有异物，坯体受外力作用而开裂。

⑦ 修坯、粘接时，刀具不锋利，用力不均匀，坯体含水率过高或过低，室内温度高；室外多风等，造成割口与修坯部位开裂。粘接坯体不实、不牢；各部件与主件含水率不同，收缩不一致，使坯体在干燥时开裂。

⑧ 打眼孔操作不妥，打孔器具不锋利，造成制品眼孔部位开裂。

⑨ 坯体的底部、凹沟处、漏浆处存浆，或底部模型过干、过湿造成制品开裂。

⑩ 坯体在施釉过程中或在存放、搬运、检验等环节不慎磕碰，造成制品开裂。

### 5.9.3 解决措施

处理干燥缺陷，应根据具体情况，找准原因，对症下药，可分类归纳如下。

① 坯料配方应稳定，粒度级配应合理，并注意混合均匀。

② 严格注意控制成型水分。水分的多少应与成型压机相适应，并根据季节不同适时调整，一般冬季略低，夏季略高。水分应均匀一致。

③ 成型应严格按照操作规程进行，并应加强检查防止有微细裂纹和层裂的坯体进入干燥器。

④ 器型设计要合理，避免厚薄相差过大。

⑤ 为防止边缘部位干燥过快，可在边缘部位做隔湿处理，即涂上油脂类物质，以降低边缘部位的干燥速率，减小干燥压力。

⑥ 设法变单面干燥为双面干燥，有利于增大水分扩散面积和减小干燥压力。

⑦ 严格控制干燥制度，使外扩散和内扩散趋向平衡。采用逆流干燥和废气再循环，使进入干燥器的湿坯，首先与热空气相遇，预热坯体，使坯体内外温度一致，然后控制干燥介质温度、湿度和流速；温度不应过高，而湿度要大一些，使干燥速率不要过大，安全完成等速干燥阶段。当坯体超过临界温度后，进入临界干燥阶段，再提高干燥介质温度，降低其湿度并增大其流速，使坯体快速干燥。

⑧ 加强干燥制度和干燥质量的检测，并根据不同的产品，制定合理的干燥制度。

# 5.10 卫生陶瓷各部位缺陷的成因及克服方法

### 5.10.1 坐便器类产品部位缺陷及克服方法

坐便器种类按排污原理和水道结构的不同分为冲落式、虹吸式、喷射虹吸式和旋涡虹吸式四种。

冲落式坐便器是借冲洗水的冲力直接将污物排出的便器。其主要特点是在冲水、排污过程中只形成正压，没有负压。

冲落式坐便器结构如图 5-24 所示，有平冲式、深冲式两种。

虹吸式坐便器主要借冲洗水在排水道所形成的虹吸作用将污物排出，冲洗时水圈冲出水的正压对排污起配合作用。其结构如图 5-25(a) 所示，其冲洗噪声低于冲落式，便器内水面

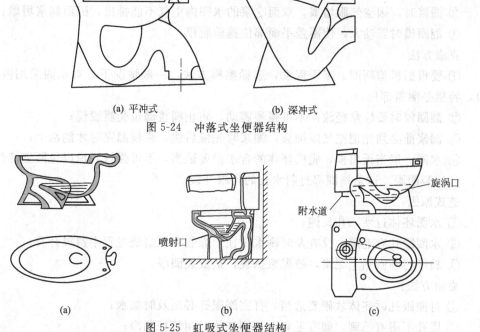

(a) 平冲式　　　　　　　(b) 深冲式

图 5-24　冲落式坐便器结构

图 5-25　虹吸式坐便器结构

较高，不易粘便，冲洗时水封换水率高，使用性能优于冲落式，但结构比冲落式复杂，生产工艺难度较大。

喷射虹吸式坐便器在水封下设有喷射道，借喷射水流而加速排污并在一定程度上降低坐便器的冲洗噪声（利用水封隔声）。它是在普通虹吸式基础上改进发展起来的，其结构如图5-25(b) 所示。

旋涡虹吸式连体坐便器是利用冲洗水流形成的旋涡加速污物排出的虹吸式连体坐便器，其结构如图 5-25(c) 所示。

不论哪一种坐便器（图 5-26），都有下列部位。

#### 5.10.1.1　水圈

水圈按冲洗方式的不同，分为整水圈和半水圈。

整水圈一般为虹吸式产品所使用。这种水圈由圈眼组成，以圈嘴为中心，两侧各打 $\phi$9mm 射水孔，方向为逆时针，斜度与圈平面成 40°角。水柱与大胎相切，水圈前端正中有一个空气眼，两边各 3 个射水孔，后端 6 个射水孔。

图 5-26　坐便器实物图

射水方向指向大胎内，斜度与圈平面夹角 30°。达不到这个要求，水圈不能起到供水作用，冲水功能也会受到影响。

半水圈是冲落式坐便器的水圈，一般为一次注浆成型。这种水圈不打射水孔，而是和大胎连接，水圈缝隙为 5～7mm，超过或低于这个尺寸则影响冲洗功能，坯体厚和薄都会出现冲洗功能不好的质量问题。

整水圈和半水圈主要缺陷如下。

（1）塌圈盖　圈盖是一个平面，又是安装水箱的主要部位，圈盖下塌就会影响水箱安装，也影响外观质量。

造成原因：

① 擦模用力不当，特别是新模型容易出现这种缺陷；

② 漏浆时，因空气眼堵塞，双面吃浆的水圈内空气不能排出，因而漏浆坍塌；

③ 翻圈模时震动大，使圈盖平面部位提前脱模。

克服方法：

① 要根据模型新旧、湿干程度，选择擦模方法，一般情况下，对水圈采用混水重力擦模，特别是圈盖部位；

② 翻圈模时要轻拿轻放，不可强烈震动，防止圈盖部位受震脱模；

③ 漏浆前必须先把空气眼捅通，漏浆时先慢后快，浆快漏完时才能翻个；

④ 水圈一般当天出模，脱模坯体的含水量要适当，不可强行脱模以免圈盖部位塌陷。

(2) 裂圈眼　这是指圈部打射水孔的孔眼开裂。

造成原因：

① 水圈坯体过硬，孔具钝；

② 水圈眼孔有毛刺，没有及时刷水，在干燥收缩或焙烧过程中造成开裂；

③ 粘接时圈眼粘上泥浆，被泥浆扒裂，造成裂圈眼。

克服方法：

① 打圈眼孔时坯体软硬要适当，打完圈眼孔必须及时擦水；

② 眼孔不得有毛刺，如有毛刺在打磨坯体时用笔杆捅净；

③ 水圈和坯体大胎软硬要合适，防止因含水量不同在收缩时引起开裂；

④ 挂浆要适当，特别是大胎内面不可流浆太多，以免粘在圈眼处，引起扒裂。

(3) 圈变形　这是指圈坯体变形，呈现凹下或不平，一般表现为圈两侧下凹。

造成原因：

① 坯体出模较软；

② 粘圈时坯体含水量高；

③ 粘圈时大胎上口削口不平；

④ 烧成时迎火面，上部温度偏高。

克服方法：

① 圈坯体的软硬度以保持圈不变形为宜；

② 粘圈应以保持含水量为主，第二天粘接前，仍须以刷水通风等手法控制，保持和大胎含水量的一致性；

③ 经常检查修圈样板，上口要平，进水嘴弯曲部位不可削得过凹；

④ 装烧制品时要考虑产品在窑车和窑内的位置，如温差过大应注意调整上部温度。

5.10.1.2　胎体

这是产品的主要部位，俗称大胎，主要缺陷是开裂。开裂主要有粘模裂、底裂、安装孔裂等。

造成原因：

① 主要是擦模方法不当，影响坯体在模内的整体收缩；

② 零部件粘接不吻合，或收缩不一致而导致开裂，这种裂也称为粘口裂；

③ 帮裂除大胎本身开裂外还有粘板、粘水道、胎体薄等因素，影响干燥收缩造成开裂；

④ 安装孔裂也包括进水嘴裂，刷水不及时，收缩中造成开裂。

克服方法：

① 一定要根据模型具体情况，灵活掌握擦模方法，坐便器大胎每周必须换一两次模型（一般备双套模型）；

② 粘接时应保证零部件和坯体含水量一致，如室内温度高，风大，则应先将大胎用塑料布粘好或分批粘接，边出边粘，或在粘口上侧或两侧刷水，用湿布条围起来保持水分，便于粘接，如果坯体较软，则要考虑通风措施，但是绝不可一侧吹风，以免引起局部收缩而开裂；

③ 打眼孔时坯体不可过硬，如果坯体干燥快，应注意打眼孔时机，然后及时刷水。

### 5.10.1.3　泄水板

泄水板在便器池内中间部位，有立板和斜放大板两种。它的作用是将水圈内射出的水流迅速流入水道内，起冲洗作用。泄水板主要缺陷有粘板裂、裂板（即板自身开裂）。

特征：粘接处开裂，在坯体收缩后即可发现，裂纹呈开放型。裂板一般在板的中间部位，表现为顺垂直方向开裂或在板尖（即前端）开裂。

造成原因：

① 粘板裂主要是零部件和坯体软硬不合，收缩开裂；

② 板的规格尺寸因模型老化加大，造成收缩开裂；

③ 板自身开裂是由于注板的零件时，揭模时间掌握不准，特别是揭模晚更容易造成开裂；再一点是，注板时有气泡，发生在板的中间部位，修补后开裂。

克服方法：

① 板的零部件要和大胎、圈的模型同时更换，特别是板的模型更应注意；

② 板脱模后，要注意养护，以保证以后粘板水分的一致性，粘板完成后要及时挂浆，擦平；

③ 修坯时，特别是干坯打磨时要在粘板部位抹煤油进行检查。

### 5.10.1.4　水道

坐便器分排污道和隐蔽溢水道。排污道是指坐便器内排污的通道，而隐蔽溢水道是指卫生器与溢水孔相通的溢水暗道。水道一般指卫生陶瓷坐便器的内部冲水部位，是缺陷易发生的部位，通常为水道口裂。

特征：在水道后部与坯体粘接部位开裂。

造成原因：主要是水道脱模后含水量过高或过低，造成粘接不吻合，在收缩或烧成过程中开裂。

克服方法：

① 水道模型一般用混水擦，坯体厚度要适当，一般在 3～5mm 左右，如果过薄比较容易开裂，水道坯体过软也容易开裂；

② 水道与坯体粘接部位接茬处，要用手压实，擦好，同时注意防风；

③ 修湿坯完成后，要将坯体放在棉垫上保证干燥和整体收缩。

### 5.10.1.5　底裂

这是指坐便器底盘部位开裂，这种开裂多为模内开裂，或在烧成时因温度偏高开裂。

特征：坯体的底裂顺底部凹凸不平的部位顺向开裂，成瓷后的底裂除顺向开裂外，多为下水眼两侧呈开放型的裂纹。

造成原因：

① 模型底部较湿或过干，脱模时造成扒裂、卡裂和粘模裂；

② 烧成温度偏高，底部下水眼处为薄弱环节，容易造成大裂，也称烧裂。

克服方法：模型底部的模型干湿程度适当。新模型和中期模型要泼水擦滑石粉。晚期模型使用后要干燥，排放水分，以免发生粘模裂。

### 5.10.2 蹲便器产品主要部位缺陷

蹲便器（图 5-27）是使用时以人体取蹲式为特点的便器。蹲便器有有挡与无挡之分，无挡的又称为平蹲器。按照供水的方式，蹲便器分为挂箱式和冲洗阀式，挂箱式一般用高位水箱向蹲便器供冲洗水。冲洗阀式无水箱，给水管网通过冲洗阀直接向蹲便器供水。

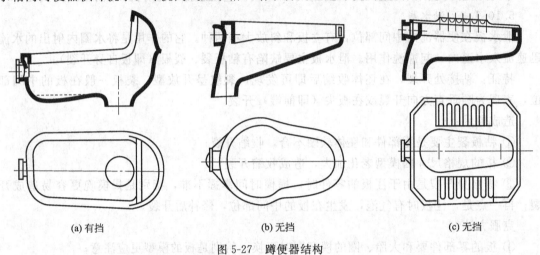

(a) 有挡　　　　　　　(b) 无挡　　　　　　　(c) 无挡

图 5-27　蹲便器结构

随着卫生陶瓷工业的发展，蹲便器出现了与坐便器类似的自带存水弯的结构，如图 5-28 所示，排污口在后部，不易粘便，安装方便，使用功能较好。

蹲便器（图 5-29）主要部位有挡、圈、池、排污道、泄水孔、挡水板等。

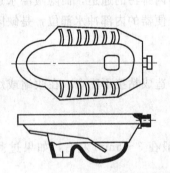

图 5-28　自带存水弯的蹲便器结构

图 5-29　蹲便器实物图

#### 5.10.2.1 挡

主要缺陷有开裂、气泡、成脏、变形等；

① 开裂，主要在挡的粘口处，也可称为粘口裂；

② 气泡，主要发生在挡的上部；

③ 成脏，主要发生在挡的上部，一般石膏脏居多；

④ 变形，是挡瓢局部歪扭或塌陷。

造成原因：

① 开裂主要原因是粘口不实，不严，挡和坯体收缩不一致；

② 产生气泡主要原因是注浆时空气眼不畅通，泥浆内含空气不能有效排出，造成挡的前端或上部出现开口泡或闭口泡；

③ 成脏是合模、擦模、扫模时留下杂物造成的；

④ 变形主要由于擦模不均匀。一般双面吃浆时对凹面要用混水重力擦模，否则脱模时间不一，尤其是早脱模容易造成变形。另外坯体较软，粘接时挡瓢本身歪扭，也容易造成变形。

### 5.10.2.2 圈

蹲便器也分整水圈和半水圈等。

在圈部位的缺陷中，要防止整水圈的圈裂和半水圈的变形。打圈眼和修圈，坯体过硬都会发生断圈裂，烧成时窑温高低不稳定更容易在薄弱处开裂。

整水圈的变形主要因粘接坯体含水量高；半水圈的变形则因擦模不当，圈脱模较早，半水圈的有效缝隙因变形受到影响。

水圈的坯体一般不宜过薄。因为过薄既容易开裂又容易在烧成时变形。

整水圈的注浆箱漏浆必须强调空气眼的畅通，以防止气泡和塌陷缺陷的发生。

### 5.10.2.3 下水管裂

顺管口部位开裂，如磕碰部位开裂往往是开放型破损。

造成原因：

① 修坯时刀具不锋利，修口后又不及时刷水，破茬在收缩中开裂；

② 坯体特别是湿坯被磕碰，在焙烧后造成开裂。

克服方法：

① 强调刀具要锋利，同时要及时擦水，防止开裂；

② 搬运与存放坯体，要防止下水管部位着地，或用手拎下水管，尤其是湿坯更应注意；

③ 装窑时，用垫要讲究，下水管部位要悬空，垫要离管的两侧稍远（包括修坯的石膏板）。

### 5.10.2.4 池裂

池裂有三种情况：

① 坯体粘模裂，与擦模有直接关系；

② 坯体受外力作用开裂，主要是托、板硬物的作用；

③ 坯体装窑车坯垫不合适，收缩不均匀而开裂。

克服方法：

① 擦模重点放在上口两侧，使坯体均匀收缩，在模型（尤其是凸面模型）较湿的情况下，要用清水微力擦，以免影响脱模；

② 脱模后，石膏板、托、垫要干净，不允许有杂物，修坯后的湿坯不要单手拎坯或存放在无垫的架子和地面上，以防磕碰；

③ 装窑车或装匣钵时，注意不能有异物，不能乱用瓷垫，要专垫专用。

### 5.10.2.5 挡水板

这个部位俗称小瓢，有开裂和变形缺陷。可以用小镜照出缺陷所在。

### 5.10.2.6 帮变形

主要因擦模不均匀，或翻模时震动较大，致使这一部位提前脱模，因而影响坯体收缩干燥。

克服方法：主要是擦好模型。另外，修坏时要用板量一下，有凹凸不平处用刮子刮平。装窑时，要将产品垫平，选好角度，以保证烧成收缩均匀。

### 5.10.3 洗面器类产品的主要部位缺陷

洗面器是供洗脸、洗手用的有釉陶瓷质卫生设备。按安装方式分为壁挂式、立柱式和台式三种。

壁挂式洗面器安装于墙面或托架上，安装方式较简单。

立柱式洗面器（图5-30）下方带有陶瓷立柱，一般形体较大，显得大方，排水管隐藏于立柱中，外形美观，适用于高级客房的大型卫生间。

与台板组合在一起的洗面器称为台式洗面器。装于台面上的称为台上式洗面器［图5-31(a)］，装于台面下的称为台下式洗面器［图5-31(b)］。台上式洗面器的整体外形能展示在使用者前，较美观；台下式洗面器的给水五金配件均安装于台面板上，自身不需有水嘴安装孔，结构形状较简单，工艺上较容易制作。

(a) 台上式洗面器　　　　　　　　　　(b) 台下式洗面器

图 5-30　立柱式洗面器　　　　　　　　　图 5-31　台式洗面器

洗面器主要可能出现以下缺陷。

5.10.3.1　帮

这是指洗面器两侧平直部位，主要缺陷有帮裂和帮变形。

克服方法：

① 帮裂主要原因是在坯体接茬处连接不实，擦模用水量加大；每天注完浆坯全脱模后，把模型合起来；擦湿模型要用微力、清水，擦重点部位如棱角和凹面的凸出部位；对"锅"要擦均匀；

② 揭模时间要适当，揭模早不易脱模，还会把模内坯体刮坏；揭模晚，会出现卡裂和扒裂；

③ 脱模后要及时用灯找裂，凹面找完裂后再扣过来脱出凹面模型，继续找裂；

④ 修坯时，对重点部位要再次检查，特别是修精坯时，必要时要抹煤油进行检查。

5.10.3.2　池

洗面器的池俗称锅。凹面为洗净面，背面为隐蔽面。主要缺陷为开裂、气泡、变形、成脏四种。

开裂主要是由于擦模和模型湿干程度不一致造成的。另一个原因是揭模时间不准，影响坯体在模内的整体收缩。

克服方法：掌握好新模型、干模型的湿度。

变形：主要表现为凹凸不平。

克服方法：

① 防止变形的主要措施是保证坯体在模内的整体收缩；

② 石膏板要经常检查是否平直，如不平用刀具刮平；

③ 每修一个坯都要用平木板或砂纸板把底部打平；

④ 装窑要注意角度，强调瓷垫要平直，特别是 560mm 以上洗面器更应注意；

⑤ 气泡主要发生在池的背面；破口泡可直接进行修补，如果是闭口泡，用刀具把泡挑开，割好进行修坯；补泡用的泥要适当软一些。

### 5.10.3.3  泄水眼

它的主要缺陷是泄水眼内侧的眼孔开裂，主要是由于打眼孔时坯体过硬所造成的。

另一种是变形。为避免开裂，坯体含水量要适宜和孔具要锋利。为避免变形，石膏芯要安放正确，石膏芯本身不能有磕碰或残缺。

### 5.10.3.4  安装孔

有水嘴安装孔、链条安装孔、溢水孔等。打这些眼孔时强调孔具要锋利，强调坯体含水量适宜，并在打眼孔后及时擦水。坯体过软时，不能强行打眼孔，以防眼孔部位下沉，眼孔变形。特别要注意的是溢水孔。这个孔在锅的上部，不用孔具打而用刀具挖，要求坯体不能太软，样板要摆正，下刀时要端正平直，拐弯时尤其要注意。挖完眼孔要用笔杆蘸水把溢水孔荡平，以防收缩开裂。

## 5.10.4  水箱类产品主要部位的缺陷

水箱比较简单，一般分高水箱和低水箱两种类型。高水箱是用于与蹲便器配套的无盖水箱，利用高位差产生的水压将污物排走，低水箱一般是与坐便器配套的有盖水箱。

### 5.10.4.1  帮

水箱按操作习惯称为大帮和小帮，主要缺陷有棕眼、泥缕、变形等。

棕眼：水箱用浆量大，注浆速率快，容易因冲击力大而造成棕眼，出现在帮的部位。

克服方法：主要控制注浆速率，做到缓慢注浆。当然也要考虑其他因素，如管路要合理，真空度负压要足，泥浆不能发酵。

泥缕：因注浆速率快，使泥浆中的黑褐色杂质在坯体表面，影响外观质量。

克服方法：在控制注浆速率的同时，要在注浆时用手搅拌，使有机物质散开不致贴在坯体表面；另外在打磨半成品时，若发现泥缕可以用刮刀刮平，一直到没有痕迹为止。

高水箱体积小，这种情况较少。但也要注意。

变形：主要发生在坯体两帮，既有半成品变形，也有成品变形。

克服方法：

① 擦模必须均匀，特别是上口部位；漏浆要稳一些，不能过快，以免坯体过早脱模；如发现过早脱模必须用支棍支住，坯体脱模割完上口，及时用夹板夹住，防止收缩变形；

② 产品入窑要垫平、装正，烧成温度要稳定；

③ 坯体厚度要严格掌握，尤其不能过薄，以免引起烧成走样。

### 5.10.4.2  出水口

出水口也称底眼。这个部位主要缺陷是开裂。

开裂的主要原因：

① 底部模湿，坯体含水量高，与整体收缩不一致；

② 底部过干，特别是漏浆后，打底眼时坯体太硬；

③ 搬坯时用手拎大眼。

克服方法：

① 讲究擦模方法，底部不可过分用力，水也不可过大；

② 打底眼后，要及时养护，不可强行通风；

③ 搬运产品不能拎大眼，还要注意眼孔的规格，保证铜配件安装顺利。

### 5.10.4.3 进水管安装孔

这个部位主要强调规格尺寸，无论是方眼或圆眼都要按规定严格操作，关键是半成品要从严要求。

### 5.10.4.4 箱盖釉粘

这是施釉时不应施釉部位带上了釉浆，装窑时又没有很好地处理，导致与箱体粘接，造成破损或缺损。

### 5.10.5 洗涤槽类产品主要部位的缺陷

陶瓷洗涤槽是承纳厨房、实验室等洗涤用水，用以洗涤物件的槽形有釉陶瓷质卫生设备（图 5-32）。

图 5-32 陶瓷洗涤槽

#### 5.10.5.1 下沿裂

这是指槽沿下部分，出现沿下卡裂、粘模裂等。造成下沿裂的原因是坯体脱模不一致，尤其是沿部由于模型粘坯不能及时收缩而造成开裂。

克服方法：

① 擦模要灵活掌握，新模型、干模型、老模型和湿模型最容易出现这类缺陷，因此要讲究擦模方法；

② 模型本身要符合质量标准，沿部和帮的衔接要有一定弧度，并自然弯曲，不能出现硬棱；

③ 准确掌握揭模时间，揭模后要用手将两侧圈拨动，帮助沿部脱模。

#### 5.10.5.2 底沟裂

底沟裂的主要原因：

① 凸扇模型较平或较湿，凹面内坯体不能及时脱模；

② 凹扇模型过干，吃浆快，也容易造成扒裂。

克服方法：

① 新模型凸面要擦滑石粉，然后在底部和溢水道部位用混水擦；模型使用到中期和晚期一般只用清水，只擦溢水道部位，以防影响坯体脱模造成开裂；

② 掌握准确的揭模时间，用新模型要注意不能强行揭模，以免坯体破损；用老模型要适当延长揭模时间，一般新模型为 5～10min，老模型为 20～30min；

③ 揭模后要强调用灯找裂，发现裂纹及时粘好。

#### 5.10.5.3 帮裂

产生这种缺陷的主要原因是凹面模型有问题。

克服方法：

① 擦模要从沿到底用力均匀；新老模型要有所区别，尤其是老模型更应注意；老模型应用清水，轻擦两帮；

② 新模型揭模要尽量提前，不要拖后，防止出现扒裂；

③ 帮裂要及时修坯，特别是透裂的内外部要粘接，并在干坯阶段进行检查。

### 5.10.5.4　帮变形

这种缺陷比较复杂，除成型因素外，有泥料问题，也有烧成因素。仅从成型来说主要原因是：

① 模型偏薄；

② 坯体脱模较软；

③ 坯体干燥过程中受不利的外界条件影响。

克服方法：

① 修坯时整理好两帮，保证平直；

② 干燥时应使整体收缩一致，不要使某一面在高温或强风作用下过快地干燥；

③ 检查模型是否偏薄或一个帮薄一个帮厚，尺寸不一致；

④ 检查石膏板是否平，如变形应及时刮平。

### 5.10.5.5　底裂

这是指底部平面开裂。主要原因是：

① 模型干，造成开放型扒裂；

② 存放坯体的石膏板上有异物。

这种裂有两种：开放型透裂，从坯底部裂透；底部背面开裂。

克服方法：

① 模型底部过干，可适当洒些水；模型老化又比较湿可以加强通风，保持干燥；

② 脱模坯体必须放在清扫后的石膏板上；

③ 装窑时坯体必须放在平垫上，要求平稳，以防底裂；

④ 湿坯要以找裂为重点，如发现透裂要先粘里边，脱模后再粘背面。

### 5.10.5.6　隐蔽溢水道裂

这是指槽的溢水部位，它直通下水孔。这个部位开裂一般是由于凸扇模型擦模用力较大，难以及时脱模，因而造成开裂。

克服方法：

① 溢水道部位要根据模型的不同情况，使用不同的擦模方法；

② 坯体内部接茬处要吃实，接茬不实，坯体在收缩过程中容易开裂。

### 5.10.5.7　隐蔽溢水道变形

原因是漏浆时空气眼堵塞，漏浆时该部位被抽塌；坯体的该部位含水量较高，打溢水眼时塌陷。

克服方法：

① 保证漏浆时空气眼畅通；

② 擦模要以溢水道为重点，依据模型情况分别采用轻、重、微三种用力和混水、清水两种用水；新模型有油皮，应用重力、混水擦，坯体脱模后擦好滑石粉；

③ 注浆时，滑石粉要清扫干净，否则也会影响吃浆造成塌陷；

④ 打溢水眼时，应待坯体硬一些再打，不能在坯体软、含水量高时强行打眼。

5.10.5.8　下水眼开裂

这个部位开裂有两种情况：底部下水眼安装铜配件处开裂，其特征是在圆四周开裂，这种裂多因石膏芯干造成；下水口内溢水用的下水眼开裂，多为削边后毛刺开裂。

克服方法：

① 石膏芯要擦好滑石粉，揭模后即可取出小石膏芯即刻修粘，小石膏芯放在易干燥的地方；

② 下水眼要在削边后及时擦水。

### 5.10.6　小便器类产品主要部位的缺陷

小便器（图 5-33）是专供男性小便使用的有釉陶瓷质卫生设备，一般装在公共卫生间中。小便器按安装方式分落地式和壁挂式两种。

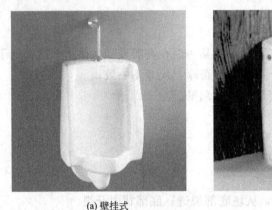

(a) 壁挂式　　　　　　　　　　　(b) 落地式

图 5-33　小便器

5.10.6.1　进水嘴

进水嘴变形主要原因是管软，粘接时变形。因此管要养护好，既要防止过软，又要防止过硬，因为过硬粘接也容易产生缺陷。

5.10.6.2　尿斗

这个部位主要缺陷是变形和开裂。变形指靠墙面凹凸不平，开裂是底部因受外力作用而开裂。

克服方法：强调脱模坯体不能过软，存放坯体的板、托要清扫干净。

5.10.6.3　安装板、安装孔

主要控制开裂。打眼孔时刀具要锋利，打完眼孔及时擦水。

5.10.6.4　安装面

这是容易出现变形的部位。坯体存放要平稳，脱模坯体不可含水量过高。装窑时，用垫要平稳，干燥温度要稳定，特别是刚开始阶段更要注意，防止发生干燥开裂。

## 参 考 文 献

[1] 刘明福，贾书雄等．卫生陶瓷快速干燥工艺技术研究 [J]．陶瓷，2006，(5)：17-18.

[2] 中国硅酸盐学会陶瓷分会建筑卫生陶瓷专业委员会编．现代建筑卫生陶瓷工程师手册 [M]．北京：中国建材工业出版社，1998.

[3] 李家驹主编．陶瓷工艺学 [M]．北京：中国轻工业出版社，2001.

[4] 刘明福，贾书雄等．少空气快速干燥设备的研制与开发前景 [J]．陶瓷，2003，(2)：20-21.

[5]　贾书雄，刘明福等．少空气节能快速干燥器系统及其应用［J］．陶瓷，2003，(4)：29-30.

[6]　邓琦，汪良贤编译．豪华卫生洁具和石膏模具的少空气干燥工艺［J］．建材工业信息，1999，(1)：13-14.

[7]　贾书雄，刘明福．少空气快速干燥器在电瓷行业中的应用［J］．电瓷避雷器，2004，(4)：13-16.

[8]　陈帆主编．现代陶瓷工业技术装备［M］．北京：中国建材工业出版社，1999.

[9]　曹文聪，杨树森等．普通硅酸盐工艺学［M］．武汉：武汉工业大学出版社，1996.

[10]　赵连级编著．卫生瓷生产［M］．北京：中国建材工业出版社，1993.

[11]　同继锋，陈爱芬等．建筑卫生陶瓷［M］．北京：化学工业出版社，2006.

# 第6章 墙地砖制品干燥与设备

墙地砖的干燥是整个墙地砖生产工艺中非常重要的工序之一。干燥是一个技术相对简单而应用却十分广泛的工业过程，不但关系着墙地砖的产品质量及成品率，而且影响陶瓷企业的整体能耗和生产成本。据统计，干燥过程中的能耗占工业燃料总消耗的 15%，而在陶瓷行业中，用于干燥的能耗占燃料总消耗的比例远不止此数值，有的高达 30%，因此干燥过程的节能是关系到企业生存的大事。陶瓷产品的干燥速率快、节能、优质、无污染等是 21 世纪对干燥技术的基本要求。

陶瓷坯体的含水率一般为 5%～25%，干压成型的墙地砖含水率在 7% 左右，干燥过程就是排除坯体中自由水分的过程，压制成型后的砖坯在施釉前一般要进行干燥。其目的如下。

① 提高坯体的机械强度。墙地砖虽然是采用干压法成型的产品，但是坯体中还是含有一定数量的水分。含水的坯体强度较低，因而会增加在运输、施釉和装窑等过程中的破损。

② 使坯体具有足够的吸釉能力。未经干燥的坯体对釉浆的吸附能力较差，往往达不到规定的釉层厚度，经过干燥后，由于水分的排除，气孔率增加，因而具有较好的吸釉能力。

③ 缩短烧成周期，降低燃料消耗。干燥可以排除坯体中大部分的机械水分，因而可以采用比较快的烧成制度，也不会造成产品的变形和开裂，从而缩短了烧成周期，提高了窑炉的利用效率，降低了燃料消耗。

墙地砖的坯体从压机出来后一般都是由窑炉的余热来进行干燥，但随着产品的规格尺寸越来越大，厚度越来越厚，靠窑炉的余热已不能完全满足干燥的需要。而且，随着产品的高档化，色彩的多样化，对窑内气氛的控制越来越严格和精确。在抽取余热干燥坯体时，干燥段的调整或多或少会对窑内气氛产生影响。因此，在越来越多的窑炉都配置单独的干燥器对干坯或釉坯进行调控干燥。而且墙地砖的成型是压力成型，它的黏土微粒的排列及间距被破坏，这将直接影响坯片内部水分的迁移能力。但是由于墙地砖的形状比卫生陶瓷坯体简单得多，基本上都为片状，坯内温度梯度的影响将比卫生陶瓷坯体内温度梯度对水分迁移影响小得多。而且由于砖体的机械强度大，水分含量小，坯体薄，可以使用较强的干燥气氛。

陶瓷墙地砖的干燥设备类型很多，在生产中究竟采用哪种设备，主要取决于墙地砖坯体的性质与工厂条件。

(1) 干燥设备应具备的条件

① 能够保证干燥过程的传热和传质（排水）过程均匀地进行；

② 干燥设备的结构形式和干燥制度能适应坯体的干燥特性并可在一定幅度内调整；

③ 可保证坯体干燥到工艺要求的水分指标，而且干燥周期最短；

④ 在保证干燥质量的前提下，所耗费的能量最少；

⑤ 在干燥过程中，被水蒸气饱和了的空气能及时排除；

⑥ 便于操作，易于管理、控制和调节，有效而且灵活；

⑦ 占地少，造价低，经济性好。

(2) 陶瓷坯体的干燥设备分类

① 按操作方式分为间歇式和连续式；

② 按结构特征分为室式、隧道式和链式（输送带式）；

③ 按加热方法分为对流式、辐射式、复合式（对流和辐射式）、电热干燥、减压干燥、微波干燥等。

下面就工业中常用的干燥设备进行介绍。

# 6.1 立式干燥器

### 6.1.1 立式干燥器的原理和特点

立式干燥器也称吊篮干燥器，湿坯装在吊篮里在立式通道内作上升、下降的运动，并受热干燥。它占地面积小，充分利用空间，拖移式进出坯，减小坯体破损，热交换及热利用率高，自动化程度高。它是应用比较广泛的干燥设备，干燥小规格的墙地砖具有较好的效果。

立式干燥器干燥原理主要是靠物料在干燥器中向下运动时，干燥介质通过物料层流动，物料或者被烟道气穿过，或者被热空气穿过，有时还同时被它降落时所通过的加热表面所加热，使物料水分汽化，达到干燥的目的。

第一类为物料在竖道中降落，于降落途中使其运动速度减慢。第二类为物料连续而密集地在竖道中运动，其运动速度通过竖道下面密封装置来调节。第三类为物料的运动速度由装设在竖道内的运输机构的速度来控制。

第一类和第二类立式干燥器可用于除去表面水分的物料。干燥时间较短。由于干燥程度低以及物料停留时间不能在大范围内加以调节，有时为了增加干燥时间，甚至需要制成高达 $60\sim80m$ 的干燥器，因此很少被采用。第三类立式干燥器，物料的下降速度可以在很大的范围（从几秒到几小时）内加以调节，因此比第一类、第二类立式干燥器应用更广。

立式干燥器的主要优点在于设备构造简单，而且管理方便。对那些在生产过程中物料已被送到足够高度的物料，采用这种干燥器就显得特别方便，这时几乎完全不需再消耗运送物料到干燥器的能量。

立式干燥器的主要缺点是干燥程度低，特别是第一类和第二类立式干燥器，为了增加物料停留时间，就得加高干燥器的高度，这样势必使设备显得高大、笨重，相对地提高了造价。

### 6.1.2 几种类型的立式干燥器结构简介

#### 6.1.2.1 第一种类型的立式干燥器

这种立式干燥器由一个竖立着的高大筒体和在其横截面上以纵横两向错列着的栅板所组成。干燥器的下部与燃烧室相通（图 6-1）。当湿物料由上部连续而密集地经料斗送入时，被纵向和横向栅板将其沿竖道的整个横截面分散，而燃烧室内所产生的烟道气，作为干燥介质由下而上与物料流动相逆，产生对流传热，促使物料水分的汽化而达到干燥的目的。

物料在这类立式干燥器内下降的速度是很快的，而且不能调节干燥时间，所以仅适用于除去物料表面易于汽化的水分。

在选用或设计此类干燥器时，必须经过试验以确定干燥所需时间，不然会使制品有达不到干燥所要求水分的可能。

#### 6.1.2.2 第二种类型的立式干燥器

第二种类型的立式干燥器，其竖道内经常装满了被干燥的物料。竖道内部结构有两种。

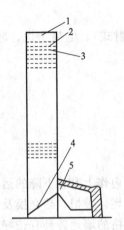

图 6-1　第一类立式干燥器

1—湿物料进口；2—横向栅板；3—纵向栅板；

4—干物料出口；5—燃烧室

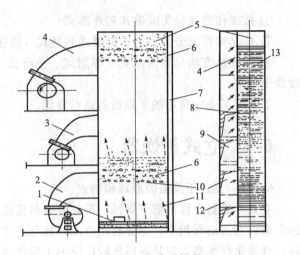

图 6-2　竖式干燥器

1—密封装置；2—冷却器的鼓风机；3，4—干燥器的鼓风机；

5—湿物料出口；6—通道；7—干燥器；8—干燥器的分配室；

9—窥孔；10—气体入物料层进口；11—冷却器；

12—冷却区的分配室；13—气体离物料层出口

（1）竖式干燥器（图 6-2）　在整个竖道内装上许多底部有孔的通道，一排通道与干燥器的压入室相连，另一排通道则与吸出室相连。干燥介质（空气或烟道气与空气的混合气体）由压入室流向吸出室，同时气流以纵的方向穿过物料，其在第一排与第二排通道之间系逆流，在第二排与第三排通道之间则系并流。

进入竖式干燥器的干燥介质，是从专门的燃烧室来的烟道气，在鼓风机前的吸入管中与空气相混合后鼓入，或在鼓风机前设置预热系统来加热空气而后鼓入竖式干燥器内。

干燥器的操作可以是正压或负压操作。鼓风机置于干燥器之前为正压操作。鼓风机置于干燥器之后为负压操作。

进入干燥器的干燥介质温度可以是同一温度的，也可以沿着竖道高度改变，即向着干物料的出口方向将介质温度增高或者降低。例如，干燥含大量表面水分的湿物料时，最好是用降温干燥。

被干燥物料在干燥器中的运动可以由几种方法来调节。图 6-2 所示的结构用一个悬挂的框架来调节，当其在关闭的位置时，就代替竖道的底。在另一些结构中，物料在干燥器内的运动是由出料斗的抽板来调节的。

为了充分地利用干燥介质的载湿能力，就必须合理地分配干燥介质，合理地分配物料层的厚度。如果通道间的物料层都是一样厚，干燥介质沿干燥器高度也是均匀分配，这样由于在靠近干燥器物料进口的区段内，物料的湿度很大，干燥介质达到饱和的程度就高，在下面的那一区段内，干燥介质的热量就没有被利用。为了克服这一缺点，在现有的大多数结构中，采用干燥介质沿竖道进行分配。即在靠近干燥器进料口的上端物料层中，送入较多的干燥介质，而在下面那些物料层中则送入较少的干燥介质。

由于干燥介质流过物料层的阻力与物料层的厚度成正比，因此正确地沿干燥器的高度改变被干燥介质吹过的物料层厚度，就能在同样的压力下，在分配通道内使通过上面几层物料的烟道气多些，而通过下面几层物料的烟道气少些，从而有可能充分利用干燥介质的载湿能力。图 6-3 为按此原理制成的快速干燥器。

（2）柱状干燥器　在另一种结构中，物料在整个干燥时间内，都呈柱状下落，同时空气流以横的方向吹过物料。物料柱可简单地夹于两网壁式鱼鳞板之间而形成柱状（图6-4），或在物料下落流动时，由一块搁板撒落到另一块搁板，形成物料柱（图6-5）。

在图6-4中，空气的流动方向是横向流动，流动方向是自内室Ⅰ以一个方向闯过两物料柱而流入室Ⅱ，然后以另一个相反的方向从室Ⅱ流入室Ⅲ。在这种干燥器中，空气的出口速度是由网壁式鱼鳞板整个面积所决定的。按其外形而言，此种干燥器没有图6-2所示的竖式干燥器好。图6-2的干燥器中，干燥空气出口的速度由通道的出口截面来决定，所以可通入大量的空气，而出口速度仍然较小，这点对于易生粉尘的物料特别重要。

在设计这种竖式干燥器的结构时，为了使鼓风机所需克服的阻力减小，应使空气穿过物料的速度尽可能小（一般可采用速度为0.2～0.3m/s）。使干燥介质沿分配室的高度和宽度以及沿通道本身得以均匀分配，从而使干燥过程中物料量增大，且各部分物料的湿度接近于全部物料的平均湿度，提高了干燥器的总生产能力。

立式干燥器如图6-5所示。

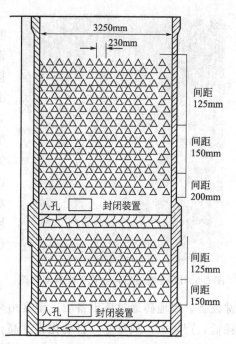

图6-3　快速干燥器

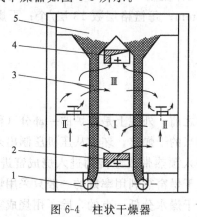

图6-4　柱状干燥器

1—干物料出口；2—干燥介质出口；3—网壁式鱼鳞板；
4—废混合气出口；5—湿物料进口

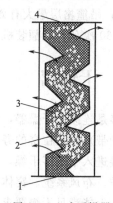

图6-5　立式干燥器

1—干物料出口；2—废空气出口；
3—热空气进口；4—湿物料进口

竖式干燥器可采用木材、钢筋混凝土、钢材及其他材料制成，干燥介质可以采用来自燃烧室的烟道气或锅炉装置的废烟道气，或经蒸汽、火力预热器加热的热空气。为了提高干燥的效率，可在竖道中增设用蒸汽或热水加热的箱形或板状的加热表面。

6.1.2.3　第三种类型的立式干燥器

第三种类型的干燥器通常用于干燥湿度很低但易于放出水分的物料或处理的物料层厚度不大的场合。物料自上加入，其通过竖道的时间总共只有几分钟，干燥介质由下而上，形成物料的逆流操作。

图 6-6　LCQ 型墙地砖立式干燥器实物图

在墙地砖生产中，立式干燥器由链条带动多组吊篮自上而下运转，每组吊篮由多层辊棒组成支承坯架，辊棒在干燥机出入口处借助传动机构自转，同步地承接入坯和输出坯件，生坯沿垂直隧道上升下降，热风由下部鼓入，潮气从中部排出。干燥热源一般采用独立热风炉供热，热风与制品直接接触，干燥效率高，生产量大，占地面积小。立式干燥器比隧道式干燥器的热耗更小，其高度比卧式的长度可减小 1/2 左右，占用面积小，前后工序联系紧密，便于操作。对于含水率为 5%～10% 的内外墙砖或地砖，用 170℃ 的热风，可达到 1% 的最终含水率。干燥外墙砖或地砖坯仅需 45min；5mm 厚的釉面砖坯仅需 10min。

以 LGQ 型墙地砖立式干燥器为例（图 6-6），该立式干燥器是生产各式墙地砖的生产自动线上的关键设备。墙地砖通过该设备后，湿度由 ≤8% 降至 ≤1%。该设备结构紧凑，占地面积小，能耗低，产量大，质量好，自动化程度高；砖坯进出均采用滚动传递方式，破损率小；采用先进的行星摩擦式机械无级变速装置，可随时根据需要随意平稳地在负载运转情况下变换旋转速度，采用 PC 微机控制方式作为整机的控制系统，整机动作协调可靠，故障小。

主要技术参数：最大装载量 3.9t（5 层）；吊篮数 28 个（5 层）；干燥后湿度由 8% 降至 1% 以下；干燥量 5.2t/h；墙地砖破损率 ≤2%；最高干燥温度 ≤180℃；单位时间耗热量 1600MJ/h；燃烧气体管道压力 1420Pa；干燥器内气体流量 38880m³/h；压缩空气最大消耗量 8L/min；吊篮格层最大有效尺寸 730mm×1228mm；每篮格层数 13 层/个；干燥器最大出砖频数 960 次/h；定额装机容量 33kW。

# 6.2　干燥窑

干燥窑是连续式干燥器，它是直接加在烧成窑之前，外观上是窑炉的一部分（称为预热带或预干燥带）或是在窑的旁边独立造一条长宽相当的干燥窑。坯体从压机压制出来或施釉后出来直接进入干燥窑干燥，干燥完的坯体直接进入预热带或经传动进入烧成窑进行烧成。它由热风炉、布风系统、窑体结构三个部分组成，干燥窑热利用率好的一般只采用烧成窑的热风，基本上能满足干燥要求，有的差一点或要求干燥水分低一点的，除了用烧成窑的热风外，还需要另外增加烧热风炉，每天消耗燃料 2～3t，其结构如图 6-7 所示。

干燥窑由以下几个系统组成。

（1）热风炉　热风炉是燃烧燃料产生高温空气的设备。考虑到在干燥窑而不是在大空间的应用，可以直接将燃烧后的高温烟气加以利用，取消换热器，以提高热利用率。因此，热风炉如果采用气体作燃料，只要助燃空气足够，可以保证燃烧的充分性。如果使用柴油或重油燃料一定要考虑两方面因素：第一，燃烧机要保证各种负荷状况下的充分燃烧；第二，热风炉的设计要保证燃烧机未燃尽的烟气能在炉风高温环境下燃尽。除此之外，热风炉出来的热空气一定要均匀，不允许存在高温烟气团，否则会影响通风机叶片的寿命，而且温度控制偏差不超过 20℃。表 6-1 是热风炉的选型。

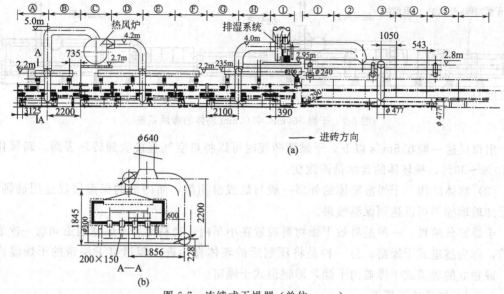

图 6-7 连续式干燥器（单位：mm）

**表 6-1 热风炉的选型**

| 型号 | 最大热功率/kW | 最高温度/℃ | 热风量/(m³/h) | 适用范围 |
|------|------|------|------|------|
| DB-400 | 400 | 280 | 10000 | 500mm×500mm 以下墙砖、广场砖、内墙砖 |
| DB-500 | 500 | 220 | 15000 | 内墙砖、外墙砖 |
| DB-800 | 800 | 220 | 22000 | 600mm×600mm 以下玻化砖、广场砖 |

热风炉应按产量计算出热功率后再选型。砖坯越厚，干燥温度就越高。通风机的全压要根据干燥系统的阻力计算才能得出。

（2）布风系统 布风系统的设计，分顺流和逆流两种，如图 6-8 所示。两种方法各有优劣。逆流由于 $\Delta T$ 比较小，砖坯不易开裂，应用比较多。对于顺流，在薄坯片的情况下，它能缩短干燥时间。图 6-9 是干燥 500mm×500mm 坯体的布风系统。进入干燥窑坯体水分为 7%，干燥后出窑水分为 0.3%。

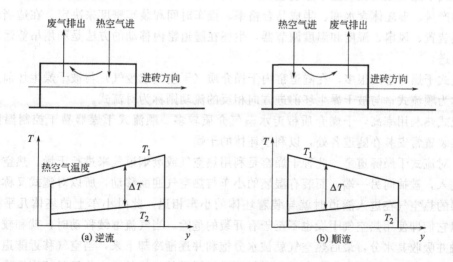

图 6-8 热空气流向

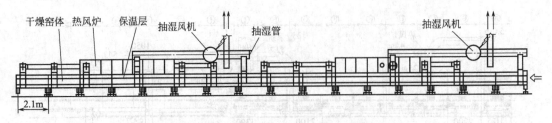

图 6-9　干燥 500mm×500mm 坯体的布风系统

出口风速一般在 5m/s 以下。干燥薄砖坯时可以将热空气直接吹到砖坯表面。新风比例为 10%～30%，视坯体的含水量而改变。

(3) 窑体结构　干燥窑窑体的外形一般与烧成窑相似，而内部的保温层仅是用硅钙板，外层加玻璃棉即可以达到保温效果。

干燥窑分两种：一种是将被干燥物料放置在小车内，物料沿着干燥室通道向前一次通过通道，称为隧道式干燥窑；另一种是将压制后的坯体直接进入辊道窑下层带的干燥器内干燥，或独立的辊道式干燥器内干燥，即辊道式干燥窑。

### 6.2.1　隧道式干燥器

隧道式干燥器（又称洞道式干燥器）指干燥室的外壳为一狭长的通道，物料被放置于小车或输送带上，或被悬挂起来，连续不断地进出通道，与其中的热风进行接触干燥。这是一种连续操作的干燥器，可用于木材、陶瓷制品、矿石等物料的干燥。干燥介质一般为热空气或烟道气等。隧道式干燥器结构简单，操作方便，而且能耗也不大，但干燥时间较长。由于物料相对输送器是不动的，因而会出现物料干燥不均匀的现象。

隧道式干燥器是一种连续生产的干燥设备。在干燥时，将被干燥的坯体码放在干燥车上，依靠推车装置将干燥车按照一定的干燥制度，定期地由一端推进，由另一端推出。某些墙地砖厂为了不重复装卸车操作、减少坯件的碰损机会和减轻工人的劳动强度，直接用烧成隧道窑的窑车作为干燥车，这时干燥室截面应与相应的隧道窑相同。产品干燥后，直接转入隧道窑或辊道窑烧成。

#### 6.2.1.1　隧道式干燥器的分类

隧道式干燥室是陶瓷工业干燥生坯最广泛的一种。其形状是很长的隧道，它的长度通常由要求的产量、湿坯体含水率、半成品合格率、推车时间和装车密度来决定。在适当的地方设有加热装置、风扇、湿度和温度调节器，生坯在隧道窑内移动的方法是利用吊篮运输和干燥小车运送。

隧道式干燥器形式很多，在隧道窑内干燥介质（干空气或废气）与被干燥生坯前进的方向一致称为顺流式；与被干燥生坯前进方向相反的流动则称为对流式。

对流式热利用率高，干燥介质带走水蒸气介质较多。顺流式干燥器易于控制温度和湿度。加热装置常安装在隧道各处，以利于坯体的干燥。

(1) 对流式干燥隧道窑　此种干燥窑是利用热空气或废烟道气来进行干燥。热空气从隧道一端进入，被抽向另一端，而装有湿坯的小车与热空气迎面移动，所以对流式又称为逆流式。干燥的热空气在进入隧道时就与装着坯体的小车相遇，此时小车上的坯体几乎已经烘干，所以它们即使用热空气干燥也不至于有开裂的危险。当气流继续移动时，就和较湿的坯体相接触并吸收其水分，最后热空气就被水分饱和并逐渐冷却下来，当空气移近隧道末端时已经充分冷却，被水分所饱和，所以这时候刚进入隧道的坯体的去水作用是相当缓慢的。

这种干燥隧道窑的优点是能连续生产，消耗劳动力少，它具有规定的干燥规程，最适宜于用来干燥尺寸和性质都比较一致的坯体。所以品种单纯、产量很大的工厂多采用这种设备。它的缺点是在工作室的垂直截面上，热空气分布不均匀，在干燥室的横截面上坯体干燥不均匀，装置分段通风机或者在顶部装有搁板的干燥隧道窑可以消除这一缺点。对流式干燥窑构造如图 6-10 所示。

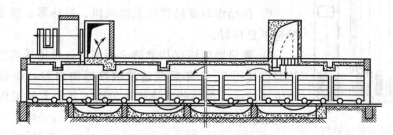

图 6-10  对流式干燥窑构造示意图

（2）循环风式隧道干燥窑  循环风式隧道干燥窑，目前已经广泛用来干燥卫生瓷坯、精坯和施釉后的白坯，其构造如图 6-11 所示。

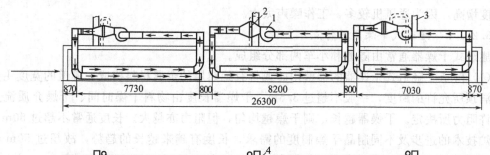

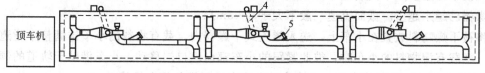

图 6-11  循环风式隧道干燥窑构造示意图（单位：mm）
1—通风机；2—散热器；3—排潮孔；4—蒸汽管；5—空气补充机

它可以由几段构成，每段长度约为 7～8m。每段中设有通风机和散热器，用循环管路联结组成一个循环系统。它的长度可以根据被加热制品的要求，可以增加段数或减少段数。

空气从窑内吸入经过负压管路，逐渐被加热。经过通风机 SRZ 型散热器，空气被加热。经过循环管路的正压管路在室内放出，对于被干燥的坯体进行加热。

热源用低压蒸汽散热器（SRZ 型），其构造如图 6-12 所示。

蒸汽压力保持在 $1.5～1.0kgf/cm^2$❶ 左右。

在操作时，应注意以下几点。

① 坯体的入窑水分为 16%～17%，出窑水分要求在 2% 以下。根据出窑坯体水分的含量和半成品质量要求决定车速，以适应干燥过程的生产。

② 供热的蒸汽压力不低于 $1.0～1.5kgf/cm^2$，要在 24h 内均匀供气，严防出现露点产

---

❶  $1kgf/cm^2 = 98.0665kPa$。

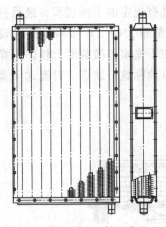

图 6-12　SRZ 型低压蒸汽
散热器构造示意图

生阴坏现象。

③ 窑内温度由风管总闸调节，湿度由排潮闸门及冷风吸入口调节。

④ 无论出车和进车时，推车要平稳，防止把坯体震坏，或发生倒车事故。

⑤ 在操作时要经常注意通风机、散热器、顶车机的运转情况是不是良好。

⑥ 散热器应该保持散热表面清洁，可用压缩空气吹净。散热器在使用 2～3 年后应清洗散热器的内腔，如有水垢可用化学方法除去。散热器不能超压使用，其最大的工作压力必须小于 6kgf/cm²。

⑦ 在运转过程中通风机轴承温度不得高于 40℃，如果发现温度急剧上升时，应立即停车。

这类循环风式隧道式干燥器已经被许多工厂采用，其优点是效率高，适合于大型工厂使用。缺点是投资费用大，需要的设备和钢材较多。在运行过程中热的散失多，在夏季引起室外温度增高，因为通风机较多，工作噪声太大。

### 6.2.1.2　隧道式干燥器的特点

隧道式干燥器通常由隧道和小车两部分组成。

(1) 隧道　隧道式干燥器的器壁用砖或带有绝热层的金属材料构成。隧道的宽度主要决定于洞顶所允许的跨度，一般不超过 3.5m。干燥器长度由物料干燥时间、干燥介质流速以及允许阻力所决定。干燥器越长，则干燥越均匀，但阻力亦越大。长度通常不超过 50m。随着窑炉技术的进步及不同制品干燥制度的需求，长度有越来越长的趋势，故超过 50m 长度的干燥器已越来越多。截面流速一般不大于 2～3m/s。

将被干燥物料放置在小车上，送入隧道式干燥器内。载有物料的小车排满整个隧道。当推入一辆载有湿物料的小车时，彼此紧跟的小车都向出口端移动。小车借助于轨道的倾斜度（倾斜度为 1/200）沿隧道移动，或借助于安装在进料端的推车机推动。

(2) 干燥小车　在隧道式干燥器中，将被干燥物料如砖坯放置在小车上进行干燥。可以根据被干燥物料的外形和干燥介质的循环方向，设计不同结构和尺寸的小车。图 6-13 是被干燥物料在小车上放置的示意图。小车长 1.6m，高 2m，质量约 250kg。图 6-13(a) 所示为将松散物料放置在浅盘中的情况，料盘与搁架之间的距离约为 100mm，物料层厚度约为 20～30mm。图 6-13(b)、(c) 所示为平板上放置墙地砖的情况，沿高度方向间距为 250mm，宽度间距约为 100mm。

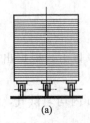
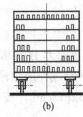
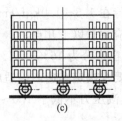

(a)　　　　　　　(b)　　　　　　　(c)

图 6-13　被干燥物料在小车上放置的示意图

在隧道式干燥器内，热风速度一般为 $2\sim3m/s$，在保证物料不被吹落的前提下还可以提高。由于热风沿隧道长度上的温度降较大，因此，气流速度变化也较大。可采用部分废气循环的方式，使干燥介质的温度提高，从而相对缩短隧道的长度。

### 6.2.2　辊道式干燥器

陶瓷墙地砖多采用辊道式干燥器。压制后的坯体直接进入辊道窑下层带的干燥器内干燥，或独立的辊道式干燥器内干燥。

此种干燥方法的特点是生坯在通道中单向移动，干燥介质（热风）逆向流动。热源多采用烧成窑的余热或换热器的热风，湿坯首先接触的是低温、高速气流，先加热坯体，而不排湿，然后缓慢地接触高温、低湿的气流，坯体开始排出水分。中段设排湿风机抽出湿空气，尾部有气幕防止热空气逸出并使制品降温。

这种干燥方法较为简单，制作方便，干燥制度可以调节，但由于湿坯要在辊道上作长距离移动，坯体多为板状，若辊道不平整或辊棒运行中晃动，湿坯强度不足，易产生开裂。

辊道干燥使辊道窑的余热通过热交换处理，变成了可利用热量供给干燥重复使用，现在不少厂家直接把辊道窑头的湿热烟气直接抽取并鼓入辊道式干燥器的前段部。湿热烟气虽然不很干净，但既可保持湿坯的水分蒸发速率又可加速坯体的升温及坯体内外温度的均匀，加速干燥的进行，大大降低了干燥器的能耗。干燥器均配备自动砖坯进出及升降系统，使其成为全自动化陶瓷生产线的一部分，稳定、快速的干燥过程，避免了立式干燥器或特长地下干燥器在运行中容易损害砖坯的缺点。该种干燥窑可使陶瓷产品在很宽的范围内（视整个工艺参数的均一性和条件的稳定性），实现快速干燥。

由于陶瓷砖呈薄片状，且是单层排列，因此干燥速率很快。辊道式干燥器投资较少，维护使用也方便，但占地面积较大，故有时将辊道式干燥器安装在辊道窑上面（或下面），既可减小占地面积，又可利用窑的余热，省去了管道的输送设备，节省了投资。

# 6.3　多层干燥窑

### 6.3.1　多层干燥窑的特征

随着技术的进步，瓷砖规格要求越来越大，越来越厚，干燥越来越困难，耗时越来越长，坯片中含水率越来越低，坯片中非结合水分已基本上没有，表面已不湿润。干燥过程需将含水率从8％降低到1％以下，使用一般干燥窑短时间较难能达到这个目的，多层干燥窑解决了这个问题。图6-14为一个典型的多层干燥窑，用于干燥 $1000mm\times1000mm$ 的大规格玻化砖。

它是由窑头排队器、窑尾收集器以及若干干燥单元组成，每个单元都是独立的，即单独的温湿调节，通风量调节，单独的热风炉。它的优点是：

① 足够的干燥时间；

② 外表面积小，散热损失小；

③ 出风口贴近砖面，干燥强度高；

④ 调节温度时通风量不会受到影响。

因此热风吹过砖坯表面的速率及范围都不会因温度的调整而变动，解决了一般干燥窑最大的缺陷。但是多层干燥窑的调控相对比较困难，特别是窑宽增加，无法保证窑内温度的均匀，引起干燥效果不一。

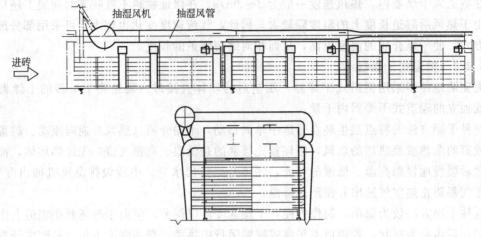

图 6-14　典型的多层干燥窑

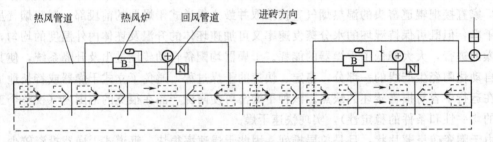

图 6-15　多层干燥窑的热风循环

多层干燥窑的热风只是在单元内循环。如图 6-15 所示，各区所设定的温度不同，因此沿干燥窑就有一条温度曲线。从砖坯的干燥特性曲线图 6-16 可看出，它没有明显的等速干燥段，只有短短的加速段和漫长的降速干燥段，当然干燥特征曲线是在干燥气氛恒定的条件下得出的。由于高压之后的坯体其微晶结构已被破坏，要得到水分迁移的理论解，甚至数学模型都不容易。在干燥实验台上，对于组分特定、水分特定的泥样和限定时间 $\tau_0$，可以在试验一系列温度变化曲线下的最终水分，选取达到最终水分要求的曲线作为干燥器初步运行的温度曲线。当然，由于实验台的条件与工业条件不同，实际应用温度曲线还应实际调度。

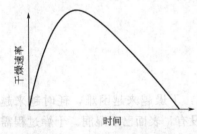

图 6-16　坯体的干燥特性曲线

### 6.3.2　五层快速干燥器

广东某机电股份有限公司于 2004 年开发了五层快速干燥器，经过几年的完善和应用，产品已经很成熟并且于 2007 年 8 月成功通过了省级鉴定。其突出的技术创新和产品性能获得了高度评价。

#### 6.3.2.1　五层快速干燥器的工作原理

图 6-17 中循环风机将干燥器内的热风（湿废气）抽出，热风经过加热器加热后再打入干燥器，这样不断循环，使热风不断重复利用。其中图 6-17 内的排湿风机将干燥器内的湿废气抽走一部分（可调），大部分被循环风机抽去再加热重复利用。

五层快速干燥器由每个单独的箱体组成，每个箱体配一台循环风机、一台燃烧机，风机将废气从每层干燥器内抽出，每层的抽出量是可调的。这些风经燃烧机加热后再打入干燥器的每一层，每一层分布很多钢管，由钢管上的小孔将热风均匀喷向砖坯。

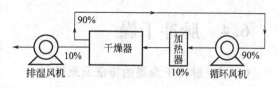

图 6-17　五层快速干燥器的工作原理

整台干燥器配一台排湿风机，每段箱体设一个排湿口，由一根风管将这些排湿口连接起来，由排湿风机将废气排出到车间外边。

### 6.3.2.2　五层快速干燥器的特点

（1）湿度可调，砖坯质量高，不易出现干燥缺陷。普通干燥器容易出现边裂、裂坯等问题，长年在生产一线的技术人员知道，由于干燥器引发瓷砖的缺陷占绝大多数，并且出现后很难解决，而五层快速干燥器，基本上消灭了普通干燥器的所有缺陷，这主要归功于这个干燥器的每个箱体是一个独立的干燥器箱体，整条干燥器是由多个独立的箱体拼接而成，而每个独立的箱体的排湿量是可调的，它可以根据坯体的干燥特性随意调节每个箱体内的温度，从而保证了坯体虽然干燥很快，但不开裂。另外，因为多层干燥器运行速度慢，减少了坯体之间的磕碰，从而减少了砖坯的掉边、掉角现象。

（2）干燥速率快。普通干燥器干燥 400mm×400mm 的砖坯至少需 40min 的周期。而五层快速干燥器干燥周期用 20min 足够。主要是因为在干燥原理上，顺应了坯体干燥的工艺特性，采用热空气强制快速循环的方式，使干燥介质的流速加快。根据干燥理论，热风在板状物体间流动时，给热系数与热风流速的 0.8 次方成正比，五层快速干燥器内的热风流速是普通干燥器的几倍，从而提高了燃烧效率。当然这个"快"离不开干燥器前部的高温、高湿的条件，否则容易产生坯裂缺陷。

（3）节能。五层快速干燥器的热源是燃烧机供热。因为它采用热风循环的方式，热能被重复利用，仅有少部分热气被排出，所以它的热效率很高。另外，因为五层快速干燥器的长度较短，结构紧凑，供热集中，散热面积小。它的热效率也高，它的热耗仅为普通干燥器的 1/2 左右，即蒸发 1kg 水仅用不大于 5650kJ 的热量。

（4）占地面积小。因为是多层结构，所以占地面积很小，尤其是当生产微粉砖可不用釉线，则可以将干燥器与窑炉设计在同一条中心线上。

（5）上下温差小。

①上下温差不大于 2℃，主要是因为它采用了层与层之间加隔层的结构，即每层的供热和抽热相互独立，风量大小可调，五层的每层之间的风量随意分配。所以，五层快速干燥器的上下温差可以很方便地控制调节。

②左右温差小，内宽 3m 的干燥器左右温差不大于 2℃，主要是因为合理设计了供抽热风管路。由于缩小了上下和左右的温差，砖坯在施釉、渗花过程中较均匀，防止成品砖出现色差。

③干燥器出口温度可调，保证稳定。砖坯从干燥器出来后，进行施釉、渗花等工序，对温度要求较严格，一般要求在 50℃ 左右，而且必须稳定，不能忽高忽低，否则烧出的成品砖会出现色差。五层快速干燥器在设计上充分考虑了这一点，配置了砖坯出口温度自动控制装置。

## 6.4  脉冲干燥

### 6.4.1  脉冲干燥器的特征及原理

脉冲气流干燥器的特征是气流干燥管的管径交替缩小和扩大。目前脉冲气流干燥管的形式有两种：一种如图 6-18 所示，由小管径至大管径的过渡角较大；另一种如图 6-19 所示，其过渡角较小。

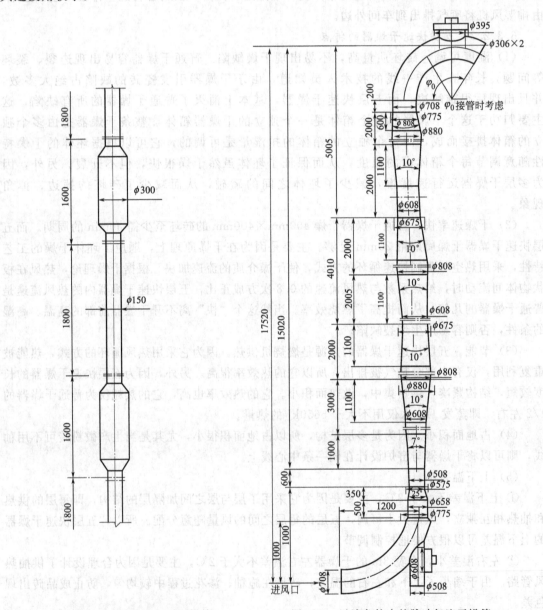

图 6-18  过渡角较大的脉冲气流干燥管    图 6-19  过渡角较小的脉冲气流干燥管

采用脉冲气流干燥管可以充分发挥加速段具有较高的传热传质作用，以强化干燥过程。加入的物料首先进入管径小的干燥管内，颗粒得到加速，当其加速运动终了时，干燥管径突然扩大，颗粒依惯性进入管径大的干燥管。颗粒在运动过程中，由于受到阻力而不断减速，直至减速终了，干燥管又突然缩小，这样颗粒又被加速，如此重复交替地使管径缩小和扩大，那么颗粒的运动速度也交替地加速和减速，空气和颗粒间的相对速度和传热面积均较大，从而强化了传热传质的速率。同时，在大管径的气流速度有所下降也相应增加了干燥时间。

### 6.4.2 脉冲气流干燥工艺流程

脉冲管式气流干燥系统结构如图 6-20 所示。

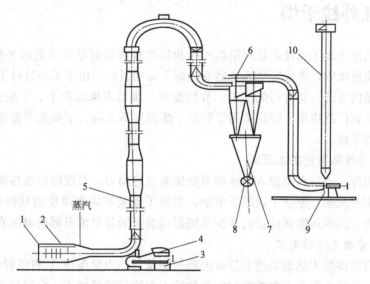

图 6-20　脉冲管式气流干燥系统结构

1—空气过滤器；2—空气加热器；3—螺旋加料器；4—扬声器；5—干燥风管；
6—旋风分离器；7—成品物料集料斗；8—闭风器；9—离心风机；10—排气管

（1）进料　需干燥的物料微粒由加料器送入干燥装置，湿物料含水率不应过高，一般要求不超过 55％（湿基）。颗粒直径根据需要可为几十微米至几毫米不等。颗粒大小要求较均匀、一致，进料应均匀，避免集中进料，造成在进料口处堆积。

（2）工质加热　湿物料在脉冲气流干燥装置中干燥所用的工质为具有一定温度的热空气。空气流经热交换器由蒸汽加热。空气的温度取决于物料性质、处理量和热效率等多种因素。在不损伤产品品质和经济、安全的前提下，空气的温度尽可能取得高些。同时，为确保物料快速干燥，进、出脉冲气流干燥装置时的热空气相对湿度应较低。

（3）热空气由风机吸入干燥装置　气流具有较高的流速，湿物料进入干燥管后因受高速流动的热空气冲击而呈分散状。热空气便携带微粒流经干燥管。在物料微粒与热空气充分混合、接触和混相流动过程中，热空气将热量传给物料，使之所含水分蒸发、脱出而被干燥。

（4）集料和排湿　被干燥后的物料微粒排出干燥管时，仍与空气呈混合流体状态，故需经过气、固分离。分离出来的物料收集包装成产品，空气则排向自然界。

脉冲气流干燥设备的主要参数是总降水量和单位时间内的产量。因为产品是否能够干燥到安全含水率以下，关系到产品能否安全储存、流转。生产率和降水率有相互联系，当载热介质温度越高，干燥效率和干燥强度亦越大。但温度是有限度的，与产品允许承受限度有关。与提供热源的设备上限有关。一般来说，温度越高，管道的热量散失就越大，热耗会增加，能耗跟随增加，产品的经济核算成本比较高。这样就体现不出生产设备的先进性。经济效益就达不到预期效果。

脉冲气流干燥物料是在热风下始终呈悬浮状态之下完成传热和传质，使产品达到干燥的目的。从其特点来看，要满足某一产品的质量要求，可通过在出气口处安装尾气温度自动测算仪器和水分检测控制仪，同时在物料加料输送工序室安装无级调速电机，这样由微机等组成的干燥器，其干燥的产品质量参数便易于控制，实现生产过程的自动化管理，降低劳动强度，保证产品质量的稳定性。

# 6.5　红外线干燥

红外线和远红外线干燥技术是利用红外线和远红外线辐射器发出的红外线和远红外线，为被加热的物质所吸收，直接转变为热能而达到干燥的目的。由于采用这种干燥方法（特别是远红外线干燥的方法）具有高效快干、节约能源、烘道占地面积小、干燥质量好等优点，在陶瓷工业中得到广泛应用。特别适用于要求干燥温度不太高、干燥速率要求快以及含有水分的各种物质的干燥。

### 6.5.1　红外线辐射的基本原理

红外线辐射源，一般都用加入物体的温度辐射或热辐射。温度辐射或热辐射是由于物体吸收热量（或本身发热）使分子或原子激励，消除了能量不均衡而使能量转移的一种过程。在一定的时间内，向四周辐射能量的多少及辐射线波长的分布情况都与温度有关。

#### 6.5.1.1　普朗克辐射定律

普朗克辐射定律所表达的是绝对黑体的辐射能量与热力学温度 $T$ 和辐射波长 $\lambda$ 的关系。所谓绝对黑体是指完全吸收入射的辐射线的物体，在给定的温度下，它辐射出的能量比任何物体都大，是理想的热辐射体。其辐射的能量由普朗克辐射定律表达：

$$W_\lambda = \frac{C_1 \lambda^{-5}}{e^{C_2/\lambda T} - 1} \qquad (6-1)$$

式中　$W_\lambda$——单位面积、单位波长间隔，波长 $\lambda$ 在温度 $T$ 时黑体辐射能量，称单色辐射强度，$W/cm^2$；

　　　$T$——辐射体的热力学温度，K；

　　　$\lambda$——波长，cm；

　　　$C_1$——第一辐射常数，$C_1 = 3.7402 \times 10^{-12} W \cdot cm^3$；

　　　$C_2$——第二辐射常数，$C_2 = 1.43848 cm \cdot K$。

黑体的单色辐射能与波长的关系如图 6-21 所示。

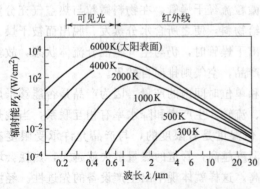

图 6-21　黑体的单色辐射能与波长的关系

#### 6.5.1.2　维恩位移定律

由上式可知，当 $\lambda T$ 的乘积比常数 $C_2$ 小很多时，则可忽视该式中的"1"，则该式变为：

$$W_\lambda = \frac{C_1 \lambda^{-5}}{e^{C_2/\lambda T}} \qquad (6-2)$$

为此将该函数对波长求导并令其等于零，则得到下列超越方程：

$$e^{-C_2/\lambda_m} + \frac{C_2}{5\lambda_m T} - 1 = 0$$

解此方程式可得 $C_2/(\lambda_m T)=4.965$，由此得出：
$$\lambda_m T=2.8978\times10^{-3} \tag{6-3}$$

此式表达最大辐射力的波长 $\lambda_m$ 与热力学温度 $T$ 的乘积为一常数。此规律称为维恩位移定律。

### 6.5.1.3 斯蒂芬-玻耳兹曼定律

斯蒂芬-玻耳兹曼定律又称全辐射能量定律，它所表达的是在单位时间内从黑体表面的单位面积在半球面内发射的全辐射能量与黑体表面热力学温度的关系。

把式（6-1）从 $\lambda=0$ 到 $\lambda=\infty$ 进行积分，就能得到全辐射能量 $W_{tot}$：

$$W_{tot}=\int_0^\infty W_\lambda d\lambda=\sigma T^4 \tag{6-4}$$

或
$$W_{tot}=C_b\left(\frac{T}{100}\right)^4$$

式中　$W_{tot}$——单位时间、黑体表面单位面积的全辐射能量，$W/cm^2$；

　　　　$\sigma$——斯蒂芬-玻耳兹曼常数，$\sigma=5.673\times10^{-12}W/(cm^2\cdot K^4)$；

　　　　$C_b$——黑体辐射系数，$C_b=5.67W/(m^2\cdot K^4)$；

　　　　$T$——辐射体的开尔文温度，K。

斯蒂芬-玻耳兹曼定律说明黑体的辐射力与其开尔文温度的四次方成正比，与波长无关。因此温度为绝对零度时，没有辐射能量，但在绝对零度以上，不管如何低温都有相当于物体温度的辐射能量。如果把黑体表面的温度提高一倍，那么它所辐射能量就增加到 16 倍。

### 6.5.1.4 辐射率的定义及一般规律

实际物体在高温下，从它表面发出的辐射能量比同一温度下黑体的辐射能量要小，这二者的比例称为辐射率或黑度。

$$\varepsilon_t=\frac{W_t}{W_{tot}} \tag{6-5}$$

式中　$\varepsilon_t$——辐射率或辐射系数；

　　$W_t$——一般物体的全辐射能量，$W/cm^2$；

　　$W_{tot}$——在相同条件下黑体的全辐射能量，$W/cm^2$。

把式（6-4）的斯蒂芬-玻耳兹曼定律，代入式（6-5）则得：

$$W_t=\varepsilon_t\sigma T^4 \tag{6-6}$$

即物体的全辐射能量与物体的辐射率和辐射体表面的热力学温度的四次方成正比。

### 6.5.1.5 辐射能的传播定律

（1）逆二次方定律　逆二次方定律所叙述的是漫辐射的点光源，为球状，在距离辐射源为 $d$ 的球面上的辐射强度 $W$ 与 $d$ 的二次方成反比。

如图 6-22 所示，在与点光源 $S$ 距离为 $d$ 和 $2d$ 的两个球面上，放置好具有单位面积（如试用 $1cm^2$）的检测器 $D_1$、$D_2$，假定自 $S$ 点辐射于半球形面内的全部红外线能量为 $W$，那么检测器 $D_1$ 所接收的辐射能为：

$$W_1=\frac{W}{2\pi d^2}$$

同理，检测器 $D_2$ 所能接收的辐射能为：

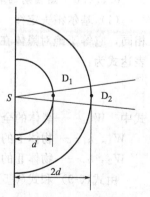

图 6-22　逆二次方定律

$$W_2 = \frac{W}{2\pi(2d)^2} = \frac{W}{8\pi d^2}$$

由此得

$$\frac{W_2}{W_1} = \frac{1}{2^2}$$

辐射能的这种随距离的平方而衰减的特性，在辐射加热干燥的实际应用上是很不利的。在实际应用时，除了尽量缩短辐射器与被干燥物体之间的距离外，还需使用适当的反射器，以会聚射线来提高干燥效率。

（2）朗伯余弦定律　朗伯余弦定律所表达的是面状光源辐射能的传播与辐射面发射角的关系。

如图 6-23 所示，$dF_1$ 为完全漫散射的面状光源上的微小面积，$W_n$ 为 $dF_1$ 法线方向上的辐射强度，$\phi$ 为 $dF_2$ 的法线与 $dF_1$ 的法线夹角，$W_\phi$ 为 $dF_2$ 上的辐射强度。则：

$$W_\phi = W_n \cos\phi \tag{6-7}$$

式（6-7）即为朗伯余弦定律。

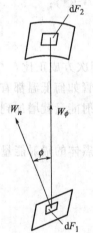

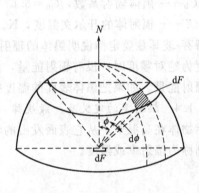

图 6-23　朗伯余弦定律图示　　　　　　图 6-24　推导图示

若要求出全辐射能量 $W_{tot}$ 与 $W_n$ 的关系式时，可由图 6-24 推导而得到：

$$W_{tot} = \pi W_n$$

或

$$W_n = \frac{W_{tot}}{\pi} = \frac{\sigma T^4}{\pi} = \frac{\varepsilon}{\pi} C_b \left(\frac{T}{100}\right)^4 \tag{6-8}$$

#### 6.5.1.6　热辐射的转换定律

（1）基尔霍夫定律　任何物体在某一温度下，对某一波长的辐射强度和吸收率的比值都相同，它等于绝对黑体在同一温度下对同一波长的辐射强度，这就是基尔霍夫定律，其数学表达式为：

$$\frac{W_{tot}}{I} = \frac{W_1}{\alpha_1} = \frac{W_2}{\alpha_2} \tag{6-9}$$

式中　$W_{tot}$——黑体的全辐射能量；

　　　$W_1$、$\alpha_1$——物体 I 的辐射量和吸收率；

　　　$W_2$、$\alpha_2$——物体 II 的辐射量和吸收率。

由式（6-9）和式（6-5）可得：

$$\alpha_1 = \varepsilon_1 \quad \text{或} \quad \alpha_2 = \varepsilon_2 \tag{6-10}$$

式中，$\varepsilon_1$ 为物体 I 的辐射率；$\varepsilon_2$ 为物体 II 的辐射率。

（2）平行的两平面间的辐射热传递公式　物体 I 和物体 II 为两平行的平面，且平面的尺寸比它们的距离大得多，那么物体 I 辐射由物体 II 所吸收的总能量 $Q_{12}$（W/m²）为：

$$Q_{12}=\frac{\left(\frac{T_1}{100}\right)^4-\left(\frac{T_2}{100}\right)^4}{\frac{1}{C_1}+\frac{1}{C_2}-\frac{1}{C_b}} \tag{6-11}$$

式中　$Q_{12}$——由物体 I 辐射由物体 II 所吸收的总能量，W/m²；

　　　$T_1$——物体 I 的热力学温度，K；

　　　$T_2$——物体 II 的热力学温度，K；

　　　$C_1$——物体 I 的辐射系数，$C_1=\varepsilon_1 C_b$；

　　　$C_2$——物体 II 的辐射系数，$C_2=\varepsilon_2 C_b$；

　　　$C_b$——黑体辐射系数，$C_b=5.67W/(m^2 \cdot K^4)$；

　　　$\varepsilon_1$——物体 I 的辐射率；

　　　$\varepsilon_2$——物体 II 的辐射率。

（3）物体 I 被物体 II 完全包围时　辐射热传递公式为：

$$Q=F_1 C_1\left[\left(\frac{T_1}{100}\right)^4-\left(\frac{T_2}{100}\right)^4\right] \tag{6-12}$$

式中，$Q$ 为物体 I 辐射传给物体 II 的热量；$F_1$ 为物体 I 的表面积。

（4）处于任意位置两平面间的辐射热传递公式　图 6-25 中，$F_1$ 和 $F_2$ 分别为两物体表面积，$Q_{12}$ 为 $F_1$ 表面向 $F_2$ 表面辐射的能量。在一般实用计算中，公式为：

$$Q_{12}=\frac{W_1}{\pi}\int_{F_1}\int_{F_2}\cos\beta_1\cos\beta_2\frac{1}{L^2}dF_1 dF_2 \tag{6-13}$$

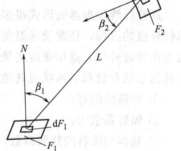

### 6.5.2　红外线和远红外线干燥特点

红外线和远红外线是利用辐射传热干燥的一种方式。红外线的波长范围为 $0.75\sim1000\mu m$，因此，它是一种介于可见光和微波之间的电磁波。一般红外线又分为近红外线和远红外线，当波长为 $0.75\sim2.5\mu m$ 时，称为近红外线，而 $2.5\sim1000\mu m$ 之间的红外线称为远红外线。陶瓷坯体能够吸收红外线并将之转化为热能，因此，利用红外线能对坯体进行干燥。

图 6-25　任意两平面间的辐射热传递

红外线或远红外线辐射器产生的电磁波，以光的速度直线传播达到被干燥的陶瓷物料，当红外线或远红外线的发射频率或被干燥物料中分子运动的固有频率（也即红外线或远红外线的发射波长和被干燥物料的吸收波长）相匹配时，引起物料中的分子强烈振动，在物料的内部发生激烈摩擦产生热而达到干燥的目的。

在红外线或远红外线干燥中，由于被干燥的物料中表面水分不断蒸发吸热，使物料表面温度降低，造成物料内部温度比表面温度高，这样使物料的热扩散方向是由内往外的。同时，由于物料内部存在水分梯度而引起水分移动，总是由水分较多的内部向水分较少的外部进行湿扩散。所以，物料内部水分的温度扩散与热扩散方向是一致的，从而也就加速了水分内扩散的过程，也即加速了干燥的进程。

由于辐射线穿透物体的深度（透热深度）约等于波长，而远红外线比近红外线波长长，也就是说用远红外线干燥比近红外线干燥好。特别是由于远红外线的发射频率与塑料、高分子、水等物质的分子固有频率相匹配，引起这些物质的分子激烈共振。这些远红外线既能穿透到这些被加热干燥的物体内部，并且容易被这些物质所吸收，所以两者相比，远红外线干燥更好些。

红外线干燥仅仅对于红外线敏感的物质在其强烈吸收的波长区域内有效。而分子吸收红外线的程度与该分子各原子振动所产生的偶极矩变化的平方成正比。因此，对于非极性分子如 $O_2$、$H_2$、$N_2$ 等，由于其两个原子只产生伸缩振动，分子的偶极矩为零，故对红外线不敏感，也就是不吸收红外线。而极性分子如 $H_2O$、$CO_2$ 等在红外线的作用下分子的键长和键角振动，偶极矩反复变化，吸收的能量与偶极矩变化的平方成正比。因此，水分子是红外线敏感物质，当入射的红外线的频率与含水物质的固有振动频率一致时，就会大量吸收红外线，从而加剧分子的振动与转动，使物体温度升高，水分挥发，进行干燥。图 6-26 为水的红外线吸收光谱示意图，从图中可以看出，水分在远红外区有很宽的吸收带，而在近红外区的吸收带窄。可见，远红外区干燥效果要比近红外区干燥效果好。因此，实际的红外线干燥应选择波长为 2.5～15mm 的远红外线干燥较好。

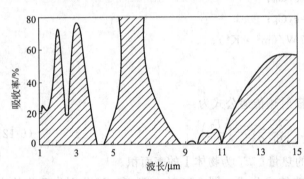

图 6-26　水的红外线吸收光谱示意图

远红外线辐射器的形式很多，但其实质主要由以下部分组成，即基体、基体表面能辐射远红外线的涂层、热源及保温装置。由热源发出的热量通过基体传到涂层上，再在涂层表面辐射出远红外线，近年来应用最广泛的是在金属或陶瓷基体上涂辐射层，配以电阻丝加热。基体的形状有管状、板状或其他形式。但对基体有以下三个要求：

① 导热性能好；

② 辐射系数大；

③ 基体与涂料的膨胀系数基本一致，使涂层不至于剥离。

金属基体材料一般采用钢和铝合金制成。而陶瓷基体则采用一般耐火材料或 SiC 黏土质或锆英石质耐火材料。辐射涂层一般采用辐射率较大的某些金属氧化物、氮化物及硼化物等多种材料，一般来说，辐射涂料可分为以下三种。

① 全波涂料　全波涂料以 SiC、$\gamma$-$Fe_2O_3$、$\alpha$-$Fe_2O_3$ 为主体，配合其他材料制成的涂料或以铁、锰、稀土酸钙制成的稀土复合涂料，它们能在远红外区 2.5～15$\mu$m 全波段内辐射率较高，故称为全波涂料。

② 长波涂料　长波涂料可分为锆钛系和锆英石系两种，前者以 $ZrO_2$ 和 $TiO_2$ 按一定配比而成，后者则在锆英砂中掺入 $Fe_2O_3$、$Cr_2O_3$、$MnO_2$ 等金属氧化物。它们在 6$\mu$m 以外长波部分的辐射率高，故称为长波涂料。

③ 短波涂料　富含 $SiO_2$（30%～80%）或半导体 $TiO_{1.9}$（80%左右）的材料及沸石分子筛系材料在 3.5$\mu$m 以内有很高的辐射率，故称为短波涂料。

远红外线干燥的涂层制备有三种方法：涂刷黏结、等离子喷涂和复合烧结。

远红外线干燥的辐射强度随辐射体的温度上升而迅速提高，见表 6-2，当辐射体温度从 100℃升到 300℃时，辐射强度则提高了约 10 倍。实践表明，当辐射体的温度为 400～500℃时，辐射效果最好，这时若将陶瓷坯体带模一起干燥，要注意控制辐射器与坯体的距离和辐射时间，以免影响干燥效果。

表 6-2　不同温度下远红外线辐射强度

| 温度/℃ | 辐射强度/[J/(m² · h)] | 温度/℃ | 辐射强度/[J/(m² · h)] |
| --- | --- | --- | --- |
| 100 | 390.7 | 300 | 3907.8 |
| 200 | 1601.8 | 700 | 28400.0 |

采用远红外线干燥有如下特点。

① 干燥速率快，生产效率高。采用远红外线干燥时，辐射与干燥几乎同时开始，无明显的预热阶段，因此效率很高。有资料表明，远红外线干燥陶瓷生坯的时间比近红外线干燥缩短 1/2，为热风干燥的 1/10。例如，用 80℃热风干燥 2h 的生坯，采用远红外线干燥，在相同生坯温度下，仅需 10min。而 SITI 公司研制的红外线轨道干燥器可确保 2min 左右使墙地砖坯体水分低于 0.8%。

② 节约能源。由于远红外线干燥速率快，所需时间短，虽然单位时间能耗较大，但单位坯体所需能耗仍然较小。因此，采用远红外线干燥可节约能耗。例如，采用电力为热源的远红外线干燥的耗电仅为近红外线干燥的 1/2 左右，为蒸汽干燥的 1/3。

③ 设备小巧，造价低，占地面积小，费用低。

④ 干燥效果好。采用远红外线干燥，热湿传导方向一致，因而坯体受热均匀，不易产生干燥缺陷。

由于远红外线干燥有如上所述优点，在中国的陶瓷行业中已经获得了成功应用，特别是与定位吹热风干燥或配合其他干燥方法能大大加快陶瓷坯体干燥速率。

# 6.6　高频干燥

## 6.6.1　高频干燥的频谱

高频干燥的热源主要是依靠每秒变化几万次、几百万次甚至几亿次的电磁场对物料进行作用来产生的。由于电磁场变化很快，所以称为高频电磁场。高频加热可根据不同的特点分为高频感应加热、高频介质加热、高频等离子加热和微波加热。表 6-3 为高频干燥的分类与所对应的频谱关系。

## 6.6.2　高频干燥的基本原理和特点

### 6.6.2.1　高频干燥的基本原理

高频干燥是介质物料和半导体材料在高频电场中受热脱水达到干燥的目的。从物质本身的电结构来看，电介质可分为两类：一类为无极分子电介质，其分子内部正负电荷中心重合，分子呈中性；另一类电介质中，即使没有外加电场，分子的正负电荷中心也不重合，只是由于分子的热运动，使其内部排列十分紊乱，这种电介质呈中性，对外不显电性，这种介质称为有极性分子电介质。

在外加电场作用下，无极性分子的正负电荷中心的距离发生相对位移，形成沿外加电场作用方向取向的偶极子，因此电介质的表面将感应极性相反的束缚电荷，宏观上称这种现象为

表 6-3 高频干燥的分类与所对应的频谱关系

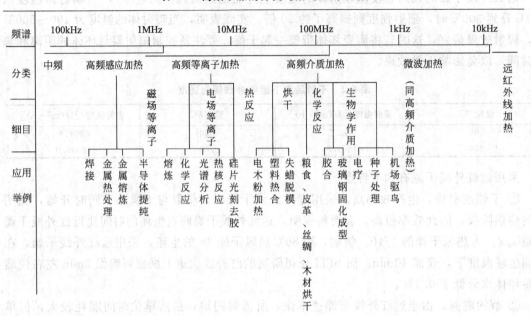

| 频谱 | 100kHz | 1MHz | 10MHz | 100MHz | 1kHz | 10kHz |
|---|---|---|---|---|---|---|
| 分类 | 中频 | 高频感应加热 | 高频等离子加热 | 高频介质加热 | 微波加热 | 远红外线加热 |
| 细目 | | 磁场等离子 | 电场等离子 / 热反应 | 烘干 / 化学反应 / 生物学作用 | (同高频介质加热) | |
| 应用举例 | | 焊接 金属热处理 金属熔炼 半导体提纯 | 熔炼 化学反应 光谱分析 热核反应 硅片光刻去胶 | 电木粉加热 塑料热合 失蜡脱模 粮食、皮革、丝绸、木材烘干 胶合 玻璃钢固化成型 电疗 种子处理 | 机场驱鸟 | |

电介质的极化。随着外加电场越强，极化程度也就越高。图 6-27 为无极性分子极化示意图。对于有极性分子来说，在外加电场的作用之下，每个分子的正负电荷都要受到电场力的作用，使偶极子转动并趋向于外加电场作用方向。随着外加电场越强，偶极子排列越整齐，宏观上电介质表面出现的束缚电荷越多，极化的强度越高。图 6-28 为有极性分子极化示意图。

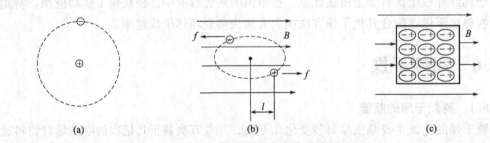

图 6-27 无极性分子极化示意图
（a）没有外电场时，无极性分子呈电中性；（b）有外电场时，分子极化形成偶极；
（c）有外电场时，物质宏观上感应出束缚电荷

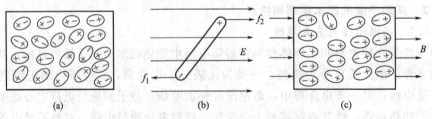

图 6-28 有极性分子极化示意图
（a）没有外电场时，分子热运动使其排列杂乱无章；
（b）有外电场时，偶极子受到电场作用力 $f_1 = f_2$ 的作用取向；
（c）有外电场时，物质宏观上感应出束缚电荷

如果把介质物料外加电场作为交变电场，则无论是有极性分子电介质或无极性分子电介质都被反复极化，随着外加电场变化越高，偶极子反复极化运动越剧烈。反复极化运动越剧烈，从电磁场所得到的能量越多。同时，偶极子在反复极化的剧烈运动中又在相互作用，从而使分子间摩擦也变得剧烈，这样就把它从电磁场中所吸收的能量变成了热能，从而达到使电介质升温的目的。从物料表面蒸发水分时，物料内部形成一定的温度梯度和湿度梯度，加速了水分自物料内部向表面移动，达到干燥的目的。由此可见，高频干燥时，物料加热使物料内相变速率超过蒸汽传质速率。

#### 6.6.2.2　高频干燥的特点

高频干燥是通过电场直接作用于被干燥物料的分子，使其运动而自身发热产生温度梯度推动水分子移动，达到干燥的目的。高频电场与物料之间的能量传递不需要任何中间媒介，可知高频介质干燥属于直接加热干燥的一种方式。

高频介质干燥的主要优点如下。

（1）干燥速率快　由于高频干燥是由电能转换为热能，因而被干燥的物料在通电的瞬间便产生热量，达到快速干燥的目的。另外，对干燥得很慢的物料来说，高频干燥的时间同热空气干燥时间相比起来要减少许多。这是由于在相同的内部湿度下，高频干燥的热扩散使物料内部扩散加快，表面湿度高于内部湿度（图6-29）。而用热空气干燥时，由于内部扩散的阻力，使物料表面上湿度从最开始就接近于平衡湿度，减慢了干燥速率。

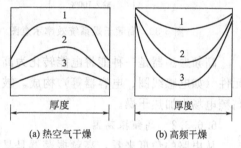

（a）热空气干燥　　　（b）高频干燥

图6-29　物料的湿度梯度

1—在干燥开始时；2—在干燥的

中间阶段；3—在干燥终了时

（2）均匀干燥，产品质量好　和用热空气干燥只能调节物料表面上的温度和湿度相比，由于高频电场对物料的穿透作用，能使处在高频电场作用之下的物料各部分同时被加热，物料内外同时升温而得到均匀干燥，不会出现传导干燥中外表面过热而内部欠热，使产品产生质量恶化现象。

（3）干燥具有选择性　由于物料从高频电场中所吸收的功率与介质的损耗因数成正比，因而可以利用这一特点选择合适的频率，专门加热干燥其中某种物料，使干燥具有选择性，提高热效率。

（4）操作便利，易于实现自动化　通电就升温，断电就停止升温，操作便利，易于实现生产自动化。

（5）具有杀菌作用　高频干燥对产品有一定的杀菌作用，并能减轻劳动强度和改善作业环境。

但由于高频干燥设备的投资费用较大，应用范围受到限制。一般高频干燥用于要求快速干燥的场合，若用普通热空气干燥会产生废品，或排出水分不多，因此即使单位能耗较高，还是允许的。高频干燥时耗电量为每蒸发1kg水耗电2.5～3.0kW·h。但目前高频干燥主要是用于木材工业、纺织工业、汽车工业、食品工业和陶瓷工业等加热干燥。高频干燥陶瓷坯体时，表面因水分蒸发而导致温度低于内部，从而使湿传导与热传导的方向一致。干燥过程中，内扩散速率高，坯体内的温度梯度小，干燥速率快，但不会产生变形与开裂。随着坯体含水量的减小，感应发热量减小，在干燥后期继续使用高频干燥是极不经济的。

从技术经济指标看，高频干燥输出的效率为 50% （图 6-30）。

### 6.6.3 高频干燥器的结构

6.6.3.1 高频干燥器的主要组成

高频干燥器主要由三个单元组成，即高频振荡器、工业电容器和被加热干燥的介质物料。前者称为主机，后两者统称为负载。从电路的角度则分为电源、控制系统、高频振荡器、匹配电路及负载（图 6-31）。

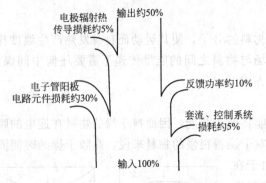

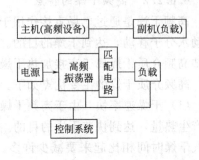

图 6-30　高频干燥系统效率示意图　　　　图 6-31　高频介质加热干燥方框图

高频振荡器是一种能将电能转化为高频电能的装置。这一变换装置由电子管和一些电路元件（如电感线圈、电容器等）构成。被干燥的物料盛放在电容器中，并在电容器所构成的高频电场中加热干燥。

6.6.3.2 高频振荡器

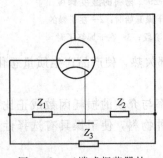

从电路的角度来看，高频振荡器是具有足够深度的正反馈放大器。如果把实际电路中对振荡原理影响不大的阻隔元件忽略，只把所有的元件都归于三个阻抗 $Z_1$、$Z_2$ 和 $Z_3$ 之中，如图 6-32 所示，即为三端式振荡器的等效电路。很多复杂的振荡器都是由几种基本的电路形式演变而来的。从电路上说，构成振荡器必须有三个条件：

① 必须有一个能把信号放大的电子管；

② 必须有一个选频网络；

③ 必须有足够的正反馈。

图 6-32　三端式振荡器的
　　　　　等效电路

表 6-4 为几种单回路振荡器的等效电路及其计算方法。

通常振荡频率是事先给定的，谐振阻抗和反馈系统是电子管状态计算中得来的，这样就可以初步计算出一个完整的振荡器振荡电路。

6.6.3.3 电容器

电容器中盛放有被加热干燥的物料，其作用是造成一个高频电场，使物料被高频电场加热干燥。在电路上，电容器是联系高频振荡器与负载的纽带。电容器的形状主要取决于被加热干燥物料的几何形状，其目的是为了最大限度地把电场集中到需要加热的区域内，并且在该区域内使电场保持均匀状态。

电容器有平板电容器、同轴圆筒电容器、圆环电容器以及其他异形电容器等。

（1）平板电容器的电容量计算　平板电容器结构简单，适用于形状简单的物料，在其加热干燥过程中尚可对物料施加一定的压力，如图 6-33 所示。

表 6-4　单回路振荡器的等效电路及其计算方法

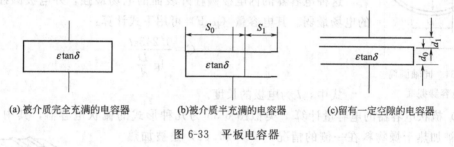

| 参　数 | | | | |
|---|---|---|---|---|
| $\omega$ | $\omega=\dfrac{1}{\sqrt{(L_1+L_2+2M)C}}$ | $\omega=\dfrac{1}{\sqrt{L\dfrac{C_1C_2}{C_1+C_2}}}$ | $\omega=\dfrac{1}{\sqrt{LC}\sqrt{1+\dfrac{RL_2}{R_1L_1}}}$ | $\omega=\dfrac{1}{\sqrt{LC}}\sqrt{1+\dfrac{R}{R_1}}$ |
| $\beta$ | $\beta=\dfrac{L_1+M}{L_2+M}$ | $\beta=\dfrac{C_1}{C_2}$ | $\beta=\dfrac{L_1}{|M|}$ | $\beta=\dfrac{|M|}{L}$ |
| $R_{oe}$ | $R_{oe}=\dfrac{(L_2+M)^2\omega^2}{R}$ | $R_{oe}=\dfrac{1}{\omega^2C_1^2R}$ | $R_{oe}=\sqrt{R^2+\omega^2L_2^2}$ | $R_{oe}=\dfrac{L}{CR}$ |

注：$\omega$ 为振荡频率；$\beta$ 为反馈系数；$R_{oe}$ 为回路的谐振阻抗；$R_1$ 为电子管内阻；$C$ 为回路的电容；$L$ 为回路的电感；$R$ 为总电阻（通常将回路损耗忽略，把 $R$ 看成负载的等效电阻）；$M$ 为互感量。

(a) 被介质完全充满的电容器　　　(b)被介质半充满的电容器　　　(c)留有一定空隙的电容器

图 6-33　平板电容器

平板电容器的电容量（$\mu\mu F$）可用下式计算：

$$C_p=0.0885\varepsilon\,\frac{S}{d} \tag{6-14}$$

式中　$\varepsilon$——被加热干燥物料的相对介电常数；

$S$——电容器极板面积，$cm^2$；

$d$——电容器极板间距离，$cm$。

等效串联电阻（$\Omega$）为：

$$R_p=\frac{\tan\delta}{\omega_{cp}} \tag{6-15}$$

式中　$\tan\delta$——被加热干燥物料的介电损耗角正切；

$\omega_{cp}$——振荡频率。

式(6-14) 和式(6-15) 适用于被加热干燥物料厚度等于电容器极板间距离的情况，如图 6-33(a) 所示；在如图 6-33(b) 所示的情况下，必须用等效介电常数 $\varepsilon'$ 和等效介电损耗角正切 $\tan\delta'$代入式(6-14)、式(6-15) 中，得：

$$\varepsilon'=\frac{\varepsilon+\dfrac{S_1}{S_0}}{1+\dfrac{S_1}{S_0}}\ ,\qquad \tan\delta'=\frac{\tan\delta}{1+\dfrac{S_1}{\varepsilon S_0}} \tag{6-16}$$

式中　$\varepsilon$——被加热干燥物料的介电常数；

$\tan\delta$——被加热干燥物料的介电损耗角正切；

$S_0$——被加热干燥物料所占的面积；

$S_1$——剩余面积。

在干燥湿度较大的物料时，为了便于散失水蒸气，在电极与被干燥物料之间要留出一定的空隙，如图 6-33(c) 所示。其等效介电常数 $\varepsilon''$ 和等效介电损耗角正切 $\tan\delta''$ 分别为：

$$\varepsilon''=\frac{1+\dfrac{d_1}{d_0}}{\dfrac{1}{\varepsilon}+\dfrac{d_1}{d_0}}\quad,\quad \tan\delta''=\frac{\tan\delta}{1+\varepsilon\dfrac{d_1}{d_0}} \tag{6-17}$$

式中　$d_0$——被加热干燥物料厚度；

　　　$d_1$——空隙的厚度。

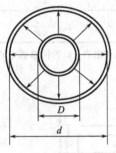

图 6-34　同轴圆筒
电容器截面

从式(6-17) 可以看出，改变空隙可以改变等效介电常数 $\varepsilon''$ 和等效介电损耗角正切 $\tan\delta''$，从而也改变电容器的电容量 $C_p$ 和等效电阻 $R_p$。

（2）同轴圆筒电容器的电容量计算　图 6-34 为同轴圆筒电容器截面。

这种电容器的内电极圆柱外表面的电场最强，外电极圆柱内表面的电场最弱。其电容量 $（\mu\mu F）$ 可用下式计算：

$$C=\frac{0.243\varepsilon l}{\lg\dfrac{D}{d}} \tag{6-18}$$

式中，$l$ 为电极的长度。

（3）梳状电容器的电容量计算　类似图 6-35 为几种形式的梳状电容器，其中（a）和（b）是被加热干燥物料在一侧的情况，（c）和（d）是被加热干燥物料在电容器两组电极之间的情况。梳状电容器适用于干燥又薄又宽、面积很大的物料，其电容量也较小，容易满足电路匹配的要求，但其建立的电场不均匀，如果物料在传递过程中干燥，则可弥补这一不足。梳状电容器 $（\mu\mu F）$ 的计算式为：

$$C=(n-1)\frac{28.8\varepsilon l}{\ln\dfrac{2D}{d}} \tag{6-19}$$

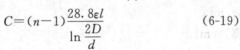

图 6-35　梳状电容器

(a) 只有两根电极的电容器；
(b) 电极在同侧交叉排列的电容器；
(c) 电极在两侧交叉排列的电容器；
(d) 电极在两侧相对排列的电容器

式中　$n$——电极的个数；

　　　$l$——电极的长度；

　　　$D$——两相邻异号电极之间的距离；

　　　$d$——电极的直径。

此外，还有圆环电容器（图 6-36），其可以理解为一种圆周分布的梳状电容器，只有当物料运动时才可能实现均匀的加热干燥。

在选择电容器时，应适应工艺流程的特点，并且有利于生产。电容器的容量要选择得当，表 6-5 为各种频率范围中的电容器电容量。

表 6-5　各种频率范围中的电容器电容量

| 频率范围/MHz | 电容器电容量/$\mu\mu F$ |
| --- | --- |
| 1~5 | 2000~500 |
| 5~30 | 500~200 |
| 30~200 | <100 |

#### 6.6.3.4 高频干燥器的附属电路

高频干燥器的附属电路主要包括整流电路、大功率电子管灯丝供电电路和控制电路。

（1）整流电路　在高频加热干燥设备中，大功率电子管的阳极和阴极之间必须加上直流高压，其电压值约在几千伏至十

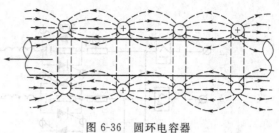

图 6-36　圆环电容器

几千伏，电流由几百毫安至十几安培，整流器的功率由几百瓦至几十千瓦，直至数百千瓦。表 6-6 为常用整流电路及其特性参数。

**表 6-6　常用整流电路及其特征参数**

| 电路名称 | | 单相半波 | 单相全波 | 单相桥式 | 三相半波 | 三相全波 |
|---|---|---|---|---|---|---|
| 整流电路 | | | | | | |
| 负载性质 | | 电阻 | 电阻 | 电阻 | 电阻 | 电阻 |
| 通过整流元件平均电流值 | | $I_d$ | $0.5I_d$ | $0.5I_d$ | $0.33I_d$ | $0.33I_d$ |
| 通过整流元件的最大电流值 | | $3.14I_d$ | $1.57I_d$ | $1.57I_d$ | $1.21I_d$ | $1.045I_d$ |
| 整流电压 | 电网频率 50Hz 时脉动频率 | 50 | 100 | 100 | 150 | 300 |
| 交流分量 | 一次谐波幅值 | $1.57U_d$ | $0.67U_d$ | $0.67U_d$ | $0.25U_d$ | $0.057U_d$ |
| 反向电压峰值 | | $3.14U_d$ | $3.14U_d$ | $1.57U_d$ | $2.09U_d$ | $1.045U_d$ |
| 整流变压器绕阻 | 二次 电压有效值 $U_2$ | $2.22U_d$ | $1.11U_d$ | $1.11U_d$ | $0.855U_d$ | $0.428U_d$ |
| | 电流有效值 $I_2$ | $1.57I_d$ | $0.78I_d$ | $1.11I_d$ | $0.58I_d$ | $0.815I_d$ |
| | 计算容量 $P_2$ | $3.49P_d$ | $1.74P_d$ | $1.23P_d$ | $1.48P_d$ | $1.045P_d$ |
| | 一次 电压有效值 $U_1$ | $\dfrac{2.22U_d}{n}$ | $\dfrac{1.11U_d}{n}$ | $\dfrac{1.11U_d}{n}$ | $\dfrac{0.855U_d}{n}$ | $\dfrac{0.428U_d}{n}$ |
| | 电流有效值 $I_1$ | $1.21nI_d$ | $1.11nI_d$ | $1.11nI_d$ | $0.47nI_d$ | $0.815nI_d$ |
| | 计算容量 $P_1$ | $2.69P_d$ | $1.23P_d$ | $1.23P_d$ | $1.21P_d$ | $1.045P_d$ |
| 变压器计算容量 $P_T$ | | $3.09P_d$ | $1.48P_d$ | $1.23P_d$ | $1.345P_d$ | $1.045P_d$ |
| 变压器强迫去磁磁动势 | | $I_dW_2$ | — | — | $0.33I_dW_d$ | — |
| 波纹因数 $q$ | | 1.21 | 0.48 | 0.48 | 0.18 | 0.042 |

整流元件一般有空气整流二极管、空气闸流管、硅整流二极管或硅堆、可控硅。其中闸流管和可控硅用于输出电压可调的整流器中。可控硅由于不需加热灯丝，并能瞬时启动，耐震动冲击，重量轻，寿命长，使用简便，效率高等而被广泛应用。

图 6-37 为可控硅调压的整流电路。为了使整流器的输出直流电压平稳，可加滤波电路。滤波电路有电容输入式和电感输入式两种。由于电容输入式滤波电路有很大的光电电流，输出电压受负载电流的影响大，所以一般都采用电感输入式。表 6-7 为常用滤波电路及其特性。

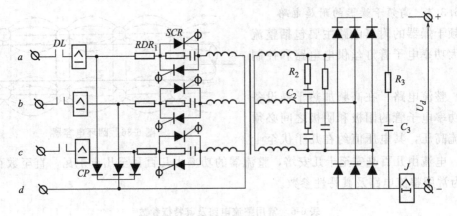

图 6-37  可控硅调压的整流电路

**表 6-7  常用滤波电路及其特性**

| 滤 波 电 路 | | 平 滑 系 数 |
|---|---|---|
| 电容输入式 | $C$ $R_L$ | $\dfrac{\Delta E_0}{\Delta E_t}=\dfrac{2}{\omega C R_L}$ <br> $\left(R_L\gg\dfrac{1}{\omega C}\right)$ |
| | $C$ $L$ $R_L$ | $\dfrac{\Delta E_0}{\Delta E_t}=\dfrac{2}{\omega^2 LC}$ <br> $(\omega L\gg R_L)$ |
| | $C_1$ $L$ $C_2$ $R_L$ | $\dfrac{\Delta E_0}{\Delta E_t}=\dfrac{2}{\omega^3 LC_1 C_2 R_L}$ <br> $\left(\omega L\gg R_L,R_L\gg\dfrac{1}{\omega C_1},R_L\gg\dfrac{1}{\omega C_2}\right)$ |
| 电感输入式 | $L$ $R_L$ | $\dfrac{\Delta E_0}{\Delta E_t}=\dfrac{R_L}{\omega L}$ <br> $(\omega L\gg R_L)$ |
| | $L$ $C$ $R_L$ | $\dfrac{\Delta E_0}{\Delta E_t}=\dfrac{1}{\omega^2 LC}$ <br> $\left(\omega L\gg R_L,R_L\gg\dfrac{1}{\omega C}\right)$ |
| | $L_1$ $C$ $L_2$ $R_L$ | $\dfrac{\Delta E_0}{\Delta E_t}=\dfrac{R_L}{\omega^3 L_1 L_2 C}$ <br> $\left(\omega L>R_L,R_L\gg\dfrac{1}{\omega C}\right)$ |
| | $L_1$ $L_2$ $C_1$ $C_2$ $R_L$ | $\dfrac{\Delta E_0}{\Delta E_t}=\dfrac{1}{\omega^4 L_1 L_2 C_1 C_2}$ <br> $\left(\omega L\gg R_L,R_L\gg\dfrac{1}{\omega C}\right)$ |
| | $L_1$ $L_2$ $L_3$ $C_1$ $C_2$ $R_L$ | $\dfrac{\Delta E_0}{\Delta E_t}=\dfrac{R_L}{\omega^3 L_1 L_2 L_3 C_1 C_2}$ <br> $\left(\omega L\gg R_L,R_L\gg\dfrac{1}{\omega C}\right)$ |

（2）大功率电子管灯丝供电电路  大功率电子管灯丝的工作温度很高，灯丝电阻冷态值 $R_c$ 和热态值 $R_h$ 相差很大，如果在启动时就接入全部额定灯丝电压，将造成过大的启动电

流，使灯丝受到过大的冲击应力而损坏，通常限制启动电流在额定值的 1.5 倍内。图 6-38 为电阻降压启动电路，$R$ 为附加电阻，其最佳值为 $R=0.67R_h$。

(3) 控制电路　控制电路的作用是保证按规定操作程序开闭设备。一般高频设备的操作程序是：开动冷却系统→灯丝预热→高压接通→加热干燥接通，这些操作大部分是由空气开关、按钮开关及相应的接触器、继电器等元件组成的电路来完成的，并且设置各种自动控制电路，以实现工艺过程自动化。对自动化要求很高的场合，控制因素很多，可采用晶体管逻辑电路来实现。此外，控制电路需设置信号指示、保护、警告和故障指示及安全联锁等装置。图 6-39 为控制电路简图。

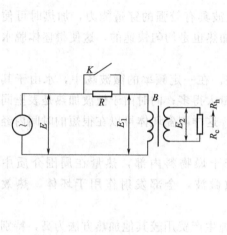

图 6-38　电阻降压启动电路

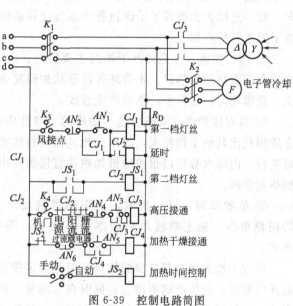

图 6-39　控制电路简图

# 6.7　微波干燥

### 6.7.1　微波干燥器的主要组成

目前国内用于工业微波加热干燥的常用频率为 915MHz 和 2450MHz。微波频率与功率的选择可根据被加热材料的形状、材质、含水率的不同而定。

微波加热设备主要由直流电源、微波管、传输线或波导、微波炉及冷却系统等几个部分组成。微波管由直流电源提供高压并转换为微波能。目前用于加热干燥的微波管主要为磁控管。微波能量通过连接波导传输到微波炉对被干燥物料进行加热干燥。

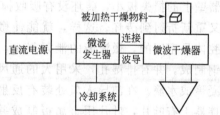

图 6-40　微波干燥设备组成示意图

冷却系统用于对微波管的腔体及阴极部分进行冷却。冷却方式可分为风冷或水冷。图 6-40 为微波干燥设备组成示意图。

微波干燥器有箱型、腔型、波导型、辐射型等几种形式。详细介绍参见第 10 章。

### 6.7.2　微波干燥特点

从前面的分析可以看到，不同介质对微波吸收程度不同，水能强烈吸收微波，而墙地砖经压机成型后的坯体含有一定水分，所以可以用微波进行加热干燥。

陶瓷坯体中不同组分的物料分子的极性是不一样的，导致了对微波吸收程度不同。一般来说，物料分子极性越强，越容易吸收微波。水是分子极性非常强的物质，其吸收微波的能力远高于陶瓷坯体中的其他成分，所以水分子首先得到加热。在微波作用下，其极性取向随着外加电场的变化而变化，微波场以每秒几亿次的高速周期性地改变外加电场的方向，使极性的水分子急剧摆动、碰撞，产生显著的热效应。微波与物料的作用是在物料内外同时进行的，在物料表面，由于蒸发冷却的缘故，物料表层温度略低于里层温度，同时由于物料内部产生热量，以至于内部蒸汽产生，形成压力梯度，因而物料的温度梯度方向与水汽的排出方向一致，这就大大改善了干燥过程中水分迁移条件，促使水分流向表面，提高干燥速率。微波干燥主要特点如下。

① 均匀快速，这是微波干燥的主要特点。由于微波具有较强的穿透能力，加热时可使介质内部直接产生热量。不管坯体的形状如何复杂，加热也是均匀快速的，这使得坯体脱水快，脱模均匀，变形小，不易产生裂纹。

② 具有选择性，微波加热与物质的本身性质有关。在一定频率的微波场中，水由于其介质损耗比其他干物料大，故水分比其他物料的吸热量大得多；同时由于微波加热是表里同时进行，内部水分可以很快地被加热并直接蒸发出来；这样陶瓷坯体可以在很短的时间内经加热而干燥。

③ 热效率高，反应灵敏，由于热量直接来自于干燥物料内部，热量在周围介质中的损耗极少，加上微波加热腔本身不吸热，不吸收微波，全部发射作用于坯体，热效率高。

微波干燥固然有其自身的优点，但其固定投资和纯生产费用较其他加热方法为高，特别是耗电较多，使生产成本增加；同时在大能量、长时间的照射下，对人体健康也会带来不利影响。一般可采用微波干燥与其他干燥方式如热空气干燥相结合，能取得满意的效果。有关这方面更详细的介绍参见第10章相关的分析。

### 6.7.3 连续式微波干燥器

连续式微波干燥器是利用驻波场的微波干燥器，它的结构由矩形谐振腔、输入波导、反射板和搅拌器等组成。谐振腔腔体为矩形，其空间每边长度都大于 $\lambda/2$ 时，从不同的方向都有波的反射，被干燥的砖坯（介质）在谐振腔内各个方面都可受热干燥。微波能在器壁上的损失极小，砖坯没有吸收掉的能量在谐振箱内穿透介质到达器壁后，由于反射又重新折射到砖坯。这样，就能使微波能全部用于砖坯的干燥。同时，由于微波干燥器腔体是密闭的，微波能的泄漏很少，不会危及操作人员的安全。器壁通常采用铝或不锈钢制成，并有排湿孔，采用大的通风量，或送入经过预热的空气，以免水蒸气在器壁上凝聚成水滴。在波导入口处装有反射板和搅拌器。反射板把电磁波反射到搅拌器上。搅拌器上有叶片，叶片用金属板制成并弯成一定的弧度，每分钟旋转几十到上百次。以不断改变腔内场的分布，达到均匀干燥的目的。由于墙地砖为连续式生产且干燥水分多，故目前使用的均为连续式微波干燥器，它为了保证干燥均匀，同时可以使被干燥物料在加热器内连续移动。图 6-41 和图 6-42 为两种连续使用谐振干燥器，被干燥物料由输送带传送。

图 6-43 为连续式多谐振腔干燥器，这种干燥器可以得到大的功率容量，在炉体的进口和出口设有吸收功率的水负载，以防止微波的辐射。

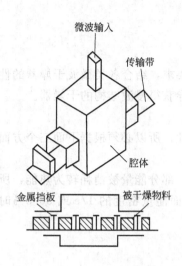

图 6-41　连续使用谐振干燥器（一）

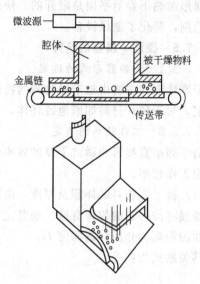

图 6-42　连续使用谐振干燥器（二）

### 6.7.4　慢波型微波干燥器

　　慢波型微波干燥器在短时间内能施加大的微波功率，因此适用于加工介质损耗系数小、表面积较大以及热容量小的薄片物料。

　　慢波型干燥器中传输的是行波场，其电磁波沿传输方向的速度低于光速，而在波导干燥器中电磁波传输的速度高于光速。

　　（1）螺旋线干燥器　这种螺旋线干燥器是慢波电路的一种形式，电磁波沿螺旋形前进，这样轴向速度减慢，从而提高了电场强度。线状或圆柱状物料从螺旋线的轴心通过

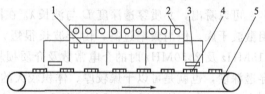

图 6-43　连续式多谐振腔干燥器

1—辐射器；2—磁控管振荡源；

3—吸收水负载；4—被干燥物料；5—传送带

与电磁波充分进行能量交换而达到干燥的目的。图 6-44 为螺旋线干燥器。微波功率自矩形波导输入，通过波导激励器而与螺旋线耦合，物料从螺旋管中通过时吸收微波能量。在螺旋线的另一端，未被吸收的微波能量经另一矩形波导激励器而通到水负载。

　　（2）梯形干燥器　梯形干燥器是慢波电路的一种。图 6-45 为单脊梯形电路的一般形式。在矩形波导管中设置一个脊。在脊正上方的波导壁周期性地开了许多与波导管轴正交的槽。由于在梯形电路中微波功率集中在槽附近传播，所以在槽的位置附近可以获得很强的电场。物料（特别是薄片状和线状物料）通过槽附近时，容易获得高效率的加热干燥。

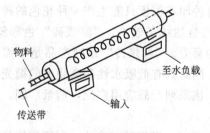

图 6-44　螺旋线干燥器

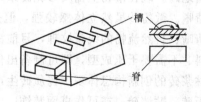

图 6-45　单脊梯形电路

梯形加热干燥器平面是敞开的，使用方便。同时能很容易地排出加热干燥中产生的水蒸气和溶剂，简化了通风设备。

### 6.7.5 微波干燥器的选择

#### 6.7.5.1 干燥器形式的选定

干燥器形式主要由被干燥物料的特性形状、加工数量及要求，结合各类微波干燥器的性能而定。对于薄片材料如墙地砖坯体，一般可以采用开槽波导获得慢波结构的干燥器。

#### 6.7.5.2 工作频率的选定

由于频率直接影响微波干燥的效率结果及干燥设备的尺寸，所以必须根据下面三个方面来选定工作频率。

（1）被干燥物料的体积及厚度　电磁波穿透到介质中后，部分能量被消耗转为热能，所以其场强将按一定的规律衰减。通常定义微波内部能量为表面能量密度的 $1/e$ 或 36.8％时离表面的距离为介质穿透深度 $D$。

其关系式为：

$$D = \frac{\lambda_0}{\pi \sqrt{\varepsilon} \tan\delta} \tag{6-20}$$

式中　$D$——介质穿透深度；

　　$\lambda_0$——自由空间波长；

　　$\varepsilon$——介电常数。

可以看出，介质穿透深度 $D$ 与波长 $\lambda_0$ 在同一数量级，所以除了较大物体外，一般都能用微波干燥。但当频率过高，由于波长很短，穿透深度就很小了。因此，当被干燥物料在 915MHz 及 2450MHz 时的介电常数及介质损耗相差不大时，选用 915MHz 可以获得较大的穿透深度，也就是可以干燥较厚、体积较大的物料。但对于一般的墙地砖而言，厚度大多数不大于 20mm，故选用 2450MHz 即可。

（2）物料的含水量及介质损耗　一般情况下，加工物料的含水量越大，其介质损耗也越大，当频率越高时，其相应的介质损耗也越大。因此，含水量大的物料可以用 915MHz，当含水量很低时，物料对 915MHz 的微波吸收就少，特别是干压墙地砖，其含水量约为 7％，应当选择 2450MHz。

（3）总生产量及成本　微波管可能获得的功率与频率有关，频率低（915MHz）的磁控管单管获得的功率大且效率高，而频率高（2450MHz）的磁控管单管获得的功率小且效率低。因此选用频率低的磁控管能提高工作效率、降低总的成本。

### 6.7.6 仿天然纹理石瓷砖的微波干燥

许多陶瓷厂生产的抛光砖大同小异，陶瓷墙地砖，无论是瓷质砖、炻瓷砖还是细炻砖生产，都是通过喷雾造粒，制备粉料，经干压成型制成陶瓷墙地砖坯料，再经干燥、烧结制得陶瓷墙地砖。现在市场上瓷质渗花砖系列很多，但每种印花模板只能生产一种花色的砖，线条不清晰。微粉砖虽然立体感较强，但是没有明显的自然线条效果。"淋浆砖"色彩鲜艳，具有清晰、自然流畅的线条纹理，目前深受消费者的喜爱。"淋浆砖"系列产品是不需要制备粉料、不需要干压成型，即可制备出仿天然纹理，同时具有低吸水性和高硬度的抛光瓷质砖，淋浆砖的创新构思体现了瓷质砖生产的突破点。该系列产品应用广泛，前景广阔，可以作地板砖、贴墙砖，亦可作桌面装饰。

国内一些企业和科研单位曾尝试过"淋浆砖"的研究，但都没有成功。利用传统的陶瓷生产工艺和技术装备不能满足仿天然纹理的"淋浆砖"要求，其中存在的根本问题在于采用普通干燥，"淋浆砖"表面特别容易变形和开裂，产生的孔较多，且吸水性大。国内目前还没有关于表面淋浆微波干燥成型的相关报道。有实验室利用多种颜色陶瓷浆料，在混合或半混合状态下，喷淋或淋釉于干燥的砖坯表面，由于原砖坯已经过干燥，砖坯内含水分少，而淋釉砖含水分达70％以上，如果淋釉后水分干燥慢便会渗入砖坯内，很难干燥，而且渗入的深度不一，干燥的难度也不一，更容易引起坯裂或卷釉、裂釉等。有实验室创新性地利用微波干燥技术进行微波快速干燥，经烧成、抛光后，制备出了一种色彩鲜艳、纹理清晰、自然流畅、效果类似于天然石材的陶瓷墙地砖。陶瓷浆料喷淋于砖坯表面，浆料在坯体表面自行流动，一般浆料厚度为几毫米。正如前面所述，传统干燥时干燥层温差大，整体温度分布极不均匀，而且传递热量受阻于质量的迁移，干燥时间较长，受浆料组成、温度、湿度等因素的影响很大，而微波干燥，物料是整体加热温升，与常规加热相比，物料整体温度分布较均匀，干燥速率快，这就在一定程度上避免了干燥层出现变形、开裂。图6-46、图6-47分别为用于淋浆砖的高湿陶瓷坯体连续式微波干燥器和用于干燥厚板陶瓷坯体的连续式微波干燥器。

图 6-46　淋浆砖的高湿陶瓷坯体连续式微波干燥器

图 6-47　厚板陶瓷坯体的连续式微波干燥器

# 6.8　综合干燥

在实际生产中，常常采用综合干燥，它是根据坯体的不同干燥阶段的特点，将几种干燥方法综合起来，取长补短，达到事半功倍的效果。综合干燥是一种强化干燥方法，由于几种方法同时采用，往往能使生坯快速干燥而不致出现干燥缺陷。归纳起来，常采用的综合干燥方法有如下几类。

(1) 红外线辐射干燥与热空气对流干燥相结合　目前各国普遍采用热风-红外线辐射干燥，坯体在开始干燥时所必需的热量由红外线供给，保证坯体热扩散和湿扩散方向一致。红外线辐射加热一段时间后，内扩散被加快，接着喷射热风，使外扩散加快，如此反复进行，水分可迅速排出。意大利 Mori 公司在辊道式干燥器的顶部都安装了红外线辐射板，使热风与红外线干燥交替进行，得到了合理的干燥制度。使墙地砖干燥速率明显加快。此外，还可以采用微波干燥与热风干燥及真空技术相结合的方法进行强化干燥。

(2) 电热干燥与红外线干燥、热风干燥相结合　干燥含水率高的大型复杂坯件如注浆坯时，可以先用电热干燥以除去大部分水，然后在施釉后采用红外线干燥、热风干燥交替进行，以除去剩余水分，可以大大缩短干燥时间同时又节约能源。

(3) 蒸汽干燥与微波干燥相结合　在多孔蜂窝陶瓷的干燥过程中，由于微波干燥速率快，因此从内到外形成内热外冷的坯体温度不均匀。为了均衡坯体的内外温度，可以在连续式干燥的前期，先用蒸汽加热坯体的外表，使进入微波段内外温度均匀，除加速干燥外，还可以减少因温度的不均匀而产生开裂缺陷。

# 6.9　干燥缺陷分析

在陶瓷墙地砖生产过程中，从原料到包装，任何一道工序稍有不妥都会造成制品缺陷，乃至报废。由于各地域、各厂的生产情况不同，原料、设备、工艺、管理各异，一种工艺因素可能导致不同的缺陷，因此必须正确而全面地分析缺陷产生的原因并找出解决的方法。

在干燥中最常见的缺陷是坯体的变形和开裂。坯体产生变形和开裂的本质就是坯体内主要由于收缩不均匀产生了应力。当应力超过了呈塑性状态坯体的屈服值时就能产生变形，当应力超过了呈塑性状态坯体的破裂点时就会发生开裂。此外，还有一些其他原因也会造成坯体缺陷。为了克服干燥中常见的缺陷，有必要分析一下产生开裂和变形的各种原因。

墙地砖变形包括制品上凸、下凹及整体扭斜。上凸指砖的中心部位高出砖平面。下凹指砖的中心部位低于砖平面。扭斜是指砖侧面的变形，即砖任何一个角到其余三个角所组成平面的垂直距离有偏差。

产生墙地砖收缩不均匀的原因有很多，大致可分为砖本身的原因和干燥处理过程中的原因。在干燥中其本身的原因可能有：

① 坯体泥料中黏性物质太多或太少并分布不均匀，原料颗粒度大小相差过大，混合不均匀等，在干燥中易产生开裂；

② 坯体含水量太大或水分分布不均匀，在干燥中也易产生开裂；

③ 坯体粒子的定向排列而造成收缩不均匀，在干燥时易产生变形。

在干燥处理过程中的原因可能有：

① 干燥制度控制不当，干燥速率太快，在干燥初期坯体尚处于可塑形态时，内部过大的应力使坯体发生扭曲变形；如表面已硬化，则因收缩过大，应力集中而产生开裂；

② 坯体各部位在干燥时受热不均匀，或气流流动不均匀，使收缩不均匀造成开裂；

③ 坯体放置不平稳或放置方法不适当，在传送过程中由于坯体本身重力造成开裂；如坯体与托板之间的摩擦阻力过大，则会阻碍坯体的自由收缩，当摩擦阻力大于坯体本身抗张

强度时，发生开裂；

④ 干燥时气流中的水汽凝聚在冷坯上，造成坯体各部位含水量不均一，在干燥时引起坯体开裂。

另外，由于在成型时受压不均匀，以致坯体各部位紧密程度不同，也会造成干燥不均匀而产生变形。

由上述分析可知，造成干燥过程中产生缺陷的原因错综复杂。在具体分析产生缺陷的原因时，必须深入生产实践，从各个方面去分析才能得出较切合实际的结论，才能采取必要的措施去解决。

解决措施：

① 严格按照工艺要求控制坯体的成型水分；

② 采用合适的干燥制度及干燥设备，使坯体干燥时各部分的干燥速率尽量一致。

# 6.10 墙地砖生产缺陷分析

### 6.10.1 外观缺陷类型

① 夹层（又称分层、重坯）　坯体内有层片状空隙或层裂；

② 变形　制品的形状和规定的形状不符合；

③ 裂（分为开裂、裂纹和釉裂）　开裂为贯通坯和釉的裂缝；裂纹为不贯通坯、釉的细小裂缝；釉裂为釉面出现的裂纹；

④ 起泡（分为釉泡、坯泡）　釉泡为釉面可见的气泡（有破口泡、不破口泡和落泡）；坯泡为坯体上鼓起的泡；

⑤ 棕眼（又称针孔、毛孔）　釉面出现的针刺样小孔；

⑥ 橘釉　釉面似橘皮状，光泽较差；

⑦ 缺釉　有釉制品表面局部无釉；

⑧ 烟熏　烧成中因烟气造成制品表面局部或全部呈灰、褐、黑等异色；

⑨ 釉粘（又称粘疤）　有釉制品在烧成时相互粘连或与窑具粘连而造成的缺陷；

⑩ 磕碰　因冲击造成的缺陷；

⑪ 斑点　制品表面的异色污点；

⑫ 落脏　釉面附有异物；

⑬ 波纹　釉面呈波浪纹样或鱼鳞状的缺陷；

⑭ 色脏　釉面局部出现异色；

⑮ 釉面失透　釉面无光泽；

⑯ 熔洞　因易熔物熔融使制品表面产生的凹坑；

⑰ 色差　单件制品或同批制品之间色调不一致。

### 6.10.2 墙地砖常见缺陷分析

6.10.2.1 夹层

产生原因：

① 坯料中使用的软质黏土量过多；

② 粉料含水率太低或太高，成型时排气不畅；

③ 粉料陈腐时间不足，水分不均匀；

④ 粉料颗粒级配不合理，细粉过多；

⑤ 压机施压过急或模具配合不当，粉料中的气体未能排出。

解决方法：

① 在保证坯体有足够强度的情况下，减少软质黏土的用量；

② 调整并控制好粉料的水分（一般在 7％左右）；

③ 保证粉料有足够的陈腐时间（2～3 天），使粉料水分均匀；

④ 调整并控制好粉料颗粒级配（直径为 0.2～0.8mm 的颗粒在 80％以上，直径为 0.16mm 的颗粒在 8％以下为宜）；

⑤ 调整压机的冲压频率和施压制度以适应粉料的性能（冲压次数小规格砖在 16 次/min 左右，大规格砖在 8 次/min 左右）；

⑥ 改善上下模具的配合。

6.10.2.2 变形

（1）釉面砖素坯变形 釉面砖的砖坯愈薄、收缩愈大、素烧时码放愈高，其素坯变形就愈严重。

① 坯料配方不当，高可塑性黏土用量过大，硬质黏土用量少，灼减量大；$Al_2O_3$ 含量低，熔剂量过多，高温液相量多，液相高温黏度低，坯体在干燥与烧成时产生过大、不均匀的收缩；

② 粉料制备不良，含水率过高、过低或不均匀；颗粒级配不当或颗粒定向排列；

③ 成型时，填料与加压不均匀，同一块砖不同部位的厚薄不一致；

④ 模具变形，结构不合理，脱模阻力大；模具安装不符合要求；模具电加热温度不当；

⑤ 坯体干燥速率不当，干燥温度过高或过低，干燥不均匀，干燥所用的垫板不平等；

⑥ 素烧时装坯用的匣钵、棚板、垫板等窑具变形；高温荷重软化温度低；装钵、装车不符合要求，码放不整齐，坯垛高低不一，中间部位密两边松，上部密下部松，导致窑内温差大；

⑦ 坯体入窑水分高；预热阶段升温过急，干燥温度过高。

（2）炻质釉面外墙砖与地砖变形 凹凸变形：

① 坯料与釉料膨胀系数不相适应，在坯及釉中引起较大应力，如果制品产生下凹变形并且有釉面龟裂现象出现，说明釉的膨胀系数过大，如果制品产生上凸变形并且有釉层剥脱现象出现，则说明坯的膨胀系数过大；

② 砖的背纹设计不合理；

③ 同一块砖的四周与中间部位的填料不均匀，或砖坯底部过薄，抵抗变形能力差；

④ 烧成时，烧成温度不当，冷却不合理；辊棒上部与下部温度温差达不到要求；一般而言，因辊棒上部与下部温度温差不当产生的变形，砖坯总是凸向低温面。

整体扭斜：

① 压机的布料系统有故障，布料装置的刮板有破损，刮料不平，或布料装置离压机中框太近，粉料流动性不好，使个别模腔填料不满；砖的两侧填料不均匀，填料多的一侧强度高，收缩小；填料少的一侧强度低，收缩大，烧成后成扇形砖；

② 辊道窑横向温差过大；

③ 烧成时，助燃风压过小，烧嘴喷出火焰过长，窑体两侧喷入的火焰在窑的中央部位交织，使中央部位的温度高于两侧的温度，导致制品变形；

④ 砖坯运行故障，如果坯体入辊道窑排列过稀，会降低产量，发生过烧；而排列过密，则制品相互碰撞、起堆，会发生变形；

⑤ 因辊棒粘渣及涂覆氧化铝粉浆过多或不均匀，使辊棒尺寸及表面形状发生变化，传动不平稳，导致制品变形。

（3）瓷质砖变形　瓷质砖由于其本身瓷化程度高，玻璃相含量多，快速烧成时比精陶质、炻质砖更易发生变形。

产生原因：

① 坯料配方不当，坯料的灼减量大，熔剂含量多，坯料过细，烧成收缩大；

② 坯釉适应性不好，包括坯釉膨胀系数不相适应，坯的烧成温度与釉的熔融温度不相适应等；

③ 粉料颗粒度与颗粒级配不合理，水分不均匀，流动性不好；

④ 压机布料装置的运行速度不合理，填料不均匀；

⑤ 压机压力不均匀或脱模后坯体垫板不平整；

⑥ 坯体干燥不合理，坯体内、外或上、下表面的收缩不一致；

⑦ 坯体背面涂覆氧化铝粉浆过厚或不均匀，氧化铝粉浆与坯体膨胀系数差别大；

⑧ 入窑坯体已经变形；

⑨ 烧成制度不合理；烧成时，辊棒上、下温差调节不符合要求，使坯体上、下表面收缩与膨胀不一致，引起制品上凸、下凹，严重时呈波浪形变形；烧成时，低温阶段升温过急或同一块制品上承受的温差过大；较长时间停窑后再烧窑，各组烧嘴的燃料压力发生变化；烧成温度过高等；

⑩ 辊道窑的辊棒弯曲，不在同一水平面上；辊棒粘渣传动不平稳；烧成带相邻辊棒之间的间距过大使砖弯曲加大；砖坯入窑排列间隔过小，辊棒传动速率过快，使各排砖坯相互挤压，造成变形。

解决方法：

① 调整坯釉配方，使之膨胀系数相匹配；

② 减少坯料中可塑性原料的用量，以减小坯体的收缩率（吸水性<0.5%的制品，总收缩率控制在8%以下；吸水性为3%～6%的制品，控制在6%以下；二次烧成釉面砖控制在0.5%以下，一次烧成釉面砖控制在0.9%以下为宜）；

③ 适当增大坯料的颗粒；

④ 保证粉料有足够的陈腐时间；

⑤ 调整推料框栅格结构和压机动作，使推料框与下模的动作匹配，达到布料均匀；

⑥ 大规格砖可采用等静压模具，使坯体受力均匀；

⑦ 更换变形较大的垫板、辊子和匣钵并及时清理黏附物；

⑧ 采用辊棒间距小的窑炉烧成或缩小辊棒的间距，尽量使辊棒在同一水平面；

⑨ 调整并严格控制坯体干燥制度、坯体的烧成曲线和压力，减少同一截面的温差。

6.10.2.3　裂纹

裂纹是墙地砖生产中频繁出现的、最主要的缺陷之一，而且所占的比例较大，其产生原因可以从以下几个方面寻找。

（1）坯料方面

① 坯料配方不当，坯料中 $SiO_2$ 含量高，$SiO_2$ 的晶型转变导致制品体积膨胀而开裂，灼

减量大；瘠性料与可塑性原料比例不当，可塑性原料用量过多，坯料疏水性差且收缩大；而可塑性原料用量过少，则坯料可塑性差，生坯强度低，二者均易造成裂纹；

② 坯料颗粒过细或者过粗；

③ 粉料颗粒度与颗粒级配不合理，粉料流动性差，粉料陈腐时间短，水分不均匀，有过干、过湿现象或水分波动过大；

④ 粉料中有泥粒子、干硬块、湿块或者致密的料块。

(2) 成型与施釉方面

① 成型时填料不饱满、不平整、不均匀，使砖坯某处密度较低，各部位密度不一致，引起各部位收缩不一致，在其薄弱的部位易于开裂；

② 模具精度与表面粗糙度不符合要求，模具装配不当、位置不正或松紧不一，使压制时压力不均匀，砖坯厚薄偏差过大，压制膨胀率过高，砖坯推出模时受阻等；

③ 模具使用周期长，边角处间隙过大，转角部位压不实，整体压力不稳；模具加热温度过低；擦模次数少；

④ 成型时压机动作不正常；压力过低；第一次冲压的压力过大；砖坯脱模过快；

⑤ 釉浆含水率过高，密度小；

⑥ 釉的膨胀系数大于坯，釉的弹性差，坯釉中间层不良，釉层过厚，易产生釉裂。

(3) 干燥方面

① 坯体干燥时，干燥制度不合理，干燥温度过高，干燥速率过快，干燥不均匀；

② 立式干燥器循环风机的压力不够；

③ 坯体出干燥器时温度过高或过低；

④ 砖的背纹设计不合理，背纹未敞开，干燥时不利于砖垛顺利排气。

(4) 机械设备方面

① 施釉线受力不均匀，皮带不水平，施釉时坯体振动；集砖器集砖不合理，左右皮带速度不一致，导致坯体碰撞；

② 补偿器使用不合理，人工补偿时动作过猛，易使坯体受到外力作用；

③ 立式干燥器内吊篮的托辊弯曲或圆整度不符合要求；

④ 储坯车的托辊变形，储坯系统装载机出现运动故障；

⑤ 装、卸坯车操作不当，光电管设置不合理；

⑥ 车间湿度大；翻坯器碰撞较多；

⑦ 坯体自动输送系统颠簸、振动。

(5) 烧成方面

① 有变形、裂纹的坯体因漏检而入窑烧成；素坯在运输过程中叠得太高，受重压；

② 坯体干燥不充分，入窑水分高，或坯体不进行干燥直接入窑烧成；

③ 窑炉结构不合理；窑内温差大，窑温波动；抽湿风机风压不稳定，排湿不够；

④ 烧成制度不合理，烧成周期过短；

⑤ 烧成时，预热阶段（水分蒸发期）温度过高，升温过快，受热不均匀，所产生的裂纹特征是，裂口边缘圆滑，裂缝中可能有流釉；

⑥ 内墙面砖的素烧温度偏低，素烧后坯体吸水性高，坯体残余石英多。

解决方法：

① 调整坯釉配方，使之膨胀系数相匹配，并减少坯料中游离石英含量；

② 调整并控制好粉料的水分；

③ 保证粉料有足够的陈腐时间；

④ 改善粉料加工、存放和成型的环境和设施，防止杂质混入；

⑤ 调整压机的压力和布料及改善上下模具的配合；

⑥ 改善坯体的干燥制度，严格控制入窑水分；

⑦ 解决湿坯在传送过程中受力过大的问题；

⑧ 调整并控制好施釉时坯体的水分和温度；

⑨ 调整并控制好施釉量；

⑩ 调整并控制好烧成曲线。

### 6.10.2.4 缺釉

产生原因：

① 坯釉膨胀系数不匹配；

② 釉料中可塑性原料用量过多；

③ 釉料中滑石、氧化锌、氧化铝等原料未经煅烧处理或含量过高；

④ 釉料中高温黏度过高或表面张力过大；

⑤ 釉料的颗粒过细；

⑥ 施釉时，坯体表面的油污、灰尘等未清除干净，坯体过湿；

⑦ 施釉过厚；

⑧ 多次施釉时，所间隔时间过长或施在已干燥的釉层上；

⑨ 半成品存放、运送、装坯过程中受外力撞击使局部釉层被擦落；

⑩ 窑内水汽过大，使釉面受潮，釉层卷起。

解决方法：

① 调整坯釉配方，使之膨胀系数相匹配；

② 适当减少釉料中可塑性原料的用量，降低釉料中的高温黏度和表面张力；

③ 选用经煅烧处理过的化工原料；

④ 适当增大釉料的粒度；

⑤ 完善施釉线上的清洁设施，保证施釉时坯体表面清洁；

⑥ 适当降低施釉时坯体的水分；

⑦ 调整并控制好施釉量；

⑧ 调整施釉线上多次施釉箱间的距离，使前一次所施的釉刚被坯体吸收完时即施后一次釉；

⑨ 改善半成品存放、运送、装坯过程的管理；

⑩ 加强窑内的排潮。

### 6.10.2.5 起泡

产生原因：

① 坯料含高温分解的原料过多；

② 釉料中含硫酸盐、碳酸盐、有机物过多，或含过量的碱性氧化物等；

③ 釉料中的始熔温度低，高温黏度高，使坯体分解的气体无法顺利排出；

④ 粉料中混入了碳粒、胶屑、机油等有机物；

⑤ 施釉时釉浆中夹有大量气体并汇集于釉层中；

⑥ 釉料中可溶性盐聚集在坯体的边缘处；

⑦ 烧成曲线不合理，预热带升温过急或烧成温度过高。

解决方法：

① 减少坯料中高温分解原料的含量，用低灼减量的原料取代；

② 调整釉料配方，提高始熔温度，降低高温黏度；

③ 改善粉料加工、存放和成型的环境及设施，防止有机物混入；

④ 制釉时把可溶性盐类先制成熔块，熔块水淬时应充分水洗；

⑤ 调整并控制好烧成曲线。

6.10.2.6　棕眼

产生原因：

① 釉料始熔温度过低，高温黏度过高；

② 熔块熔化不透，夹有生料；

③ 釉底料保水性差，使施面釉时渗水过急，坯体空隙中的气体排出过急，突破釉面而形成小孔；

④ 施釉时坯体温度过高、过干或喷水过少，使釉料渗透坯体的速率过快；

⑤ 施釉前未将附在坯体表面的灰尘消除干净；

⑥ 烧成温度过低。

解决方法：

① 调整釉料配方；

② 提高熔块的熔化质量，或选用质量好的熔块；

③ 改善釉底料的保水性，适当增加保水性好的原料（如可增加高岭土类含量，也可以适当增加添加剂的量）；

④ 调整并控制好施釉时坯体的温度和水分；

⑤ 保证施釉时坯体表面清洁；

⑥ 调整并控制好烧成温度。

6.10.2.7　斑点

产生原因：

① 釉用原料中含有铁的化合物、云母等；

② 原料存放或加工过程中混入铁屑、铜屑、焊渣等；

③ 浆料除铁设施或工艺失控（如筛网破、溢浆等），未能除净铁质；

④ 半成品存放时表面落有异物，而入窑时未清扫干净；

⑤ 燃料含硫量过高，烧成时与铁质化合而生成硫化铁。

解决方法：

① 釉用原料要进行精选；

② 改善原料存放、加工过程的环境和设施；

③ 完善浆料的除铁设施和工艺；

④ 选用含硫量低的原料或进行除硫；

⑤ 入窑前要将半成品表面清扫干净。

6.10.2.8　落脏

产生原因：

① 釉浆中混入杂质；

② 半成品存放、运送过程其表面落有脏物，而入窑时未清扫干净；

③ 装坯时窑具上的粒子脱落在半成品表面；

④ 窑顶上的耐火砂浆、釉料的挥发物或风管的脏物掉落在制品上；

⑤ 窑顶砖高温粉化剥落掉落在釉面上。

解决方法：

① 改善釉浆的管理，出浆时和施釉前釉浆要过筛；

② 入窑（装坯）时要清扫干净半成品表面；

③ 装坯时要轻拿轻放，防止窑具的粒子脱落；

④ 定期清扫窑内壁和风管；

⑤ 定期对干燥窑进行检修维护。

6.10.2.9　橘釉

产生原因：

① 釉料的高温黏度过高，表面张力小，流展性差；

② 施釉时坯体的干湿不均匀，吸釉能力不一，使釉层厚薄不一；

③ 釉层过厚；

④ 烧成时高温阶段升温速率过快或局部温度过高，使釉熔体发生沸腾。

解决方法：

① 调整釉料配方，改善釉料的高温黏度、表面张力；

② 改善坯体的干燥工艺，使坯体各部位干湿均匀；

③ 适当减少施釉量；

④ 调整并控制好烧成曲线，适当降低烧成温度和减小温差。

6.10.2.10　烟熏

产生原因：

① 釉料中氧化钙含量过高，容易吸烟；

② 坯体入窑水分过高，使一氧化碳沉积进入釉层；

③ 窑内氧化气氛不足，坯体中的有机物未能完全分解；

④ 装坯密度过大，使窑内通风不良。

解决方法：

① 调整釉料配方，减小氧化钙含量；

② 严格控制入窑水分；

③ 调整并控制好烧成气氛；

④ 适当降低装坯密度，加强通风。

6.10.2.11　釉面失透

产生原因：

① 釉料中的配方不合理，含难熔物质较多；

② 釉层过薄，被坯体吸收；

③ 烧成时间过长，使釉中组分挥发；

④ 烧成温度过低，釉还未熔融生成玻璃相；

⑤ 制品急冷速率过缓，使釉产生析晶；

⑥ 燃料含硫量或含灰分过高。

解决方法：

① 调整釉料配方；

② 调整并控制好施釉厚度；

③ 调整并控制烧成制度和急冷风幕的进风量；

④ 净化燃料。

### 6.10.2.12 色差

产生原因：

① 原料成分波动，着色离子含量变化；

② 配料系统精度不高，操作不当；

③ 泥浆性能控制不稳定；

④ 喷雾干燥造粒的粉料颗粒粗细不均匀，水分不均匀；

⑤ 成型时压力变化，布料不均匀，生坯厚度变化；

⑥ 釉用原料不合适，釉浆性能波动，施釉量不当；

⑦ 烧成制度控制不好；窑压波动，气氛变化，窑炉同一断面水平温差大，最高烧成温度控制不当。

解决方法：

① 原料精选，保持相对稳定；

② 勤调、校配料系统，严格操作制度；

③ 严格制泥、釉料工艺要求，加强除铁；

④ 成型时保证加压制度的相对稳定，严禁随意操作，必要时根据粉料性能适当调整压制参数；

⑤ 制釉原料要纯，釉浆性能要稳定，施釉量要适当，釉层厚度要均匀；

⑥ 严格窑炉操作规程，尽量减少窑内同一断面水平温差，确保烧成曲线的实施。

## 参 考 文 献

[1] 潘永康主编. 现代干燥技术 [M]. 北京：化学工业出版社，1998.

[2] 金国森等编. 化工设备设计全书——干燥设备 [M]. 北京：化学工业出版社，2002.

[3] 中国硅酸盐学会陶瓷分会建筑卫生陶瓷专业委员会编. 现代建筑卫生陶瓷工程师手册 [M]. 北京：中国建材工业出版社，1998.

[4] 裴秀娟，石振江编著. 陶瓷墙地砖工厂技术员手册 [M]. 北京：化学工业出版社，2004.

[5] 李家驹主编. 陶瓷工艺学 [M]. 北京：中国轻工业出版社，2001.

[6] 华南工学院，南京化工学院，武汉建筑材料学院等编著. 陶瓷工艺学 [M]. 北京：中国建筑工业出版社，1981.

[7] 曾令可，王慧等. 陶瓷工业干燥技术和设备 [J]. 山东陶瓷，2003，(26)：14-18.

[8] 西北轻工业学院等编. 陶瓷工艺学 [M]. 北京：轻工业出版社，1980.

[9] 陈帆主编. 现代陶瓷工业技术装备 [M]. 北京：中国建材工业出版社，1999.

[10] 《陶瓷墙地砖生产》编写组编. 陶瓷墙地砖生产 [M]. 北京：中国建筑工业出版社，1983.

[11] 李振中. 五层快速干燥器 [J]. 中国（传统）陶瓷科技发展大会暨中国硅酸盐学会陶瓷分会2007学术年会论文集. 2007.

[12] 温千鸿. 陶瓷热工设计、改造与操控实践指南 [J]. 佛山陶瓷，2007，17（5）：42-43.

# 第7章　日用陶瓷干燥与设备

## 7.1　日用陶瓷坯体干燥的发展过程与特点

日用陶瓷的干燥是陶瓷生产工艺中非常重要的工序之一，日用陶瓷产品的质量缺陷有很大部分是因干燥不当而引起的。干燥是一个技术相对简单而应用却十分广泛的工业过程，不但关系到陶瓷的产品质量及成品率，而且影响陶瓷企业的整体能耗。据统计，干燥过程中的能耗占工业燃料总消耗的15%，而在陶瓷行业中，用于干燥的能耗占燃料总消耗的比例远不止此数，故干燥过程的节能是关系到企业节能的大事。陶瓷的干燥速率快、节能、优质、无污染等是21世纪对干燥技术的基本要求。

日用陶瓷干燥与卫生陶瓷或墙地砖坯体的干燥不同，其具有的特点如下。①坯体的种类繁多、数量大、尺寸小、形状复杂，变形和开裂是最常见的两种缺陷。②生产工艺过程中常常要经过辊压成型脱模、翻坯、修坯、接把、上釉等工序而成为流水作业完成。因此，日用陶瓷的干燥主要使用链式干燥器。根据链条的布置方式可分为水平多层布置干燥器、水平单层布置干燥器、垂直（立式）布置干燥器。

日用陶瓷坯体干燥技术的发展经历了一个较长的发展过程。陶瓷工业的干燥经历了从自然干燥、室式烘房干燥，到现在各种热源的连续式干燥器、远红外线干燥器、太阳能干燥器和微波干燥技术。在陶瓷坯体干燥技术的发展过程中逐步经历了干燥方式多样化、干燥设备现代化、干燥制度科学化等一系列发展过程。这不仅体现了坯体干燥技术的发展和进步，更是陶瓷行业发展和进步的标志。

### 7.1.1　日用陶瓷干燥设备的发展历程

20世纪60年代以前，陶瓷产品以日用餐具、炊具为主，成型采用手工拉坯或简单的辘轳机，这种作坊式的生产产量和产品的规整度均无法与现代化生产相比。雨季大都会停产，到雨季过后才开始大量生产。秋高气爽季节，利用太阳的热量和干燥的秋风来蒸发坯体中的水分，在当阳的空旷处架设晾坯架，将坯体置于太阳下晒干，还需根据太阳的移动和风向将坯体转动，以防局部过干或过湿而引起的变形、开裂。这就是"靠天吃饭"的窑家生活，其干燥设备称为"晒场"。

20世纪60年代末，陶瓷行业组织合作社用单刀辘轳机生产，其产量比手工拉坯大大增加。并开始用烘房干燥，这种干燥设备非常简陋，即在车间存坯处加建一排式的烘房，在烘房内放置煤炉使烘房内温度升高，烘房顶上开天窗以排出蒸发的水分，达到坯体干燥的目的，同时雨季也能生产，改变了"靠天吃饭"的局面，于是产量成倍增长。手工业改造和公私合营之后，国家对各陶瓷厂投资加大，加快了陶瓷行业的设备改造，新建的这种干燥设备称为"烘房"。因烘房内温度不高，也无须耐火材料建筑，称它为"烘房"十分恰当。此种烘房南北各产区外形相似，不同的是所使用的热源，有的用取暖的散热片、土炕，也有的用煤炉直接放入烘房。此种干燥设备在日用餐具陶瓷厂大约连续使用了五六年。

对坯体较厚的产品如卫生洁具、高、低压电瓷和坛、缸等，采用烘房干燥已不适应，因为这些产品的干燥温度虽无须太高，但蒸发的水分多于日用陶瓷，烘房容积也要增大，较难处理烘房内温度和空气的湿度变化和均匀性。为此，人们对"烘房"干燥进行了一定改造，如将坯体分批、分段进行干燥，或在烘房内增设散热片、排湿风扇等加温调湿机械，按照坯体的形状、大小、厚薄、泥料的性能要求定出干燥曲线进行合理的干燥，这时就有了室内干燥器的出现。1958 年后已有半自动单刀旋坯机、半自动双刀旋坯机等，成型效率大大增加；隧道窑的出现使产品烧成时间缩短、产量急剧增大。因此，当时坯体干燥时间长、产量低的状况就成为生产的瓶颈。为使生产平衡，各产区设计出隧道式干燥器，烘房干燥被淘汰。

1961 年原轻工部设计院设计出了链式干燥器，它将成型与干燥数道工序连为一体，由电动机带动齿轮，齿轮传动链条，每隔一定的链条节数用销钉悬挂坯板，坯板上放置坯体，另由液压设备进行脱模、转移坯体，由人工修坯后进行第二阶段干燥等，并按照坯体要求制定干燥曲线，控制干燥器内的温度、湿度。链式干燥器能将成型、脱模、修坯、挖底等动作和各技术参数恰当配合，使半成品能均匀、快速干燥，也使日用陶瓷生产的机械化、连续化步人新阶段。

20 世纪 80 年代使用了全自动滚压成型机和链式干燥器，使各日用陶瓷产区不断采用新技术、新设备，日用陶瓷工业得到了发展，同时还带动了国内各大产区陶瓷机械行业的振兴。如广东除石湾、枫溪、高陂外还带动了湛江地区（即现湛江市、茂名市）日用陶瓷生产，以及陶瓷机械设备的发展，从而出现了广东省陶瓷工业生产的新高潮。

20 世纪 90 年代佛山石湾引进墙地砖生产流水线后，经过一系列的消化吸收，改进了砖坯干燥设备，重新设计出单层或两层辊道式干燥器，一端进半干法压好的坯体，另一端出干坯，随即进窑煅烧。其作用在于减少人力搬运和生坯破损、缩短干燥时间、节省存放坯体的场地，此种设备比链式干燥器内部结构简单且实用。

陶瓷工业干燥工序的变化：从晒场、烘房、室内干燥器，进化到隧道式干燥器、链式干燥器直至辊道式干燥器，充分体现了陶瓷工业从手工业作坊生产到半机械化、全机械化直至连续化生产的发展历程。这是陶瓷工业的技术进步，也是中国陶瓷工业发展历程的写照。

### 7.1.2 干燥方式的多样化

（1）干燥场所从传统的车间"原位"干燥，逐步向专用干燥室"移位"干燥发展 为了减少刚脱模坯体的开裂和变形，传统的干燥工艺大都在成型车间"原位"进行，现在的日用陶瓷工厂一般对该工艺进行了完善和改进，在成型车间装有温、湿度调节和自控设备，特别是在工人上班之时，既要照顾到坯体对温度和湿度的要求，同时也尽可能适合于工人劳动环境的需要。随着干燥工艺进一步发展，为了得到合格的干燥坯体，工厂逐步采用专门的坯体干燥设备，将成型后的坯体直接或经过两三天"原位"干燥的坯体"移位"到专门的干燥室内，按照特定的干燥制度烘干，最后达到合格坯体的水分要求。

（2）干燥速率逐步由"慢速"向"快速"发展 日用陶瓷的坯体干燥从最早的"晴天靠日晒，阴天靠风吹，雨季、冬季靠炭烘"的自然干燥时代发展到现代的各种热源干燥，乃至远红外线及微波干燥。其突出的一个特点就是干燥速率的提高。有资料表明，在相同的功率下传统干燥时间是微波干燥的 30～32 倍。湖南某瓷业集团股份有限公司，根据日用陶瓷的工艺特点，设计了一条日用陶瓷快速脱水微波干燥线，与传统链式干燥线相比，成坯率提高10％以上，脱模时间从 35～45min 缩短到 5～8min，使用模具数量由 400～500 件下降至 100～120 件。

日用陶瓷生产的一大特点是生产工序多，生产周期长，这也是制约经济效益的一大因素。干燥速率的提高也就可以缩短生产周期。可见，干燥速率的提高是提高产量、增加效益的有力保障。

(3) 干燥的作业方式由间歇式干燥室逐步向轮换式、连续式干燥室发展 生产过程的不连续性是陶瓷生产的一大制约因素。间歇式干燥室比较典型的为带旋转风机的通道式，该设备的工作完全适应于手工注浆和组合注浆的要求，白天装坯，一般傍晚开始工作，到第二天白班上班时出坯，运输一般都采用人工手推干燥车。由于低压快排水和高压注浆工艺的出现，成型一天多次出坯甚至二十四小时连续出坯。这就要求干燥室采用通道轮换式甚至采用连续转动的干燥器。

(4) 干燥介质和热源从原来的热气流（烟气、热风）干燥逐步向多能源（如红外线、微波）发展 在产生热气流的方式上，也逐步由高压蒸汽、过热水、电热等发展到充分利用窑炉的余热。例如，德国的许多工厂就在大件产品注浆线的存坯架上装有远红外线的干燥灯，以加速原坯体内部的水分向外迁移。

### 7.1.3 干燥设备的现代化

#### 7.1.3.1 在成型车间"原位"干燥，安装车间温、湿度自动调节系统

自动调节系统主要包括以下几部分。

(1) 自动供热风和增湿系统 主要作用是车间在温度、湿度达不到设定要求时，能自动向车间内部供热和增湿，以达到干燥坯体和模具的要求。当白天室内温度已达到工艺要求时，供热风系统会自动关闭，当湿度已达到要求时，增湿系统也会自动关闭。该设备主要包括热风炉、风机、增湿器及车间温度、湿度自动检测及自控系统等。

(2) 带有一定湿度的热风散开和搅拌系统 该系统的作用是让热风均匀散开并不停地搅拌，使车间内各部位的温、湿度基本一致。该设备主要包括散热片、搅拌风扇（一般为数百台的吊扇）等。

(3) 车间排湿降温系统 主要作用是在一定的条件下，能把温、湿度太高的热风排出车间外，降低温度和湿度，以适应于白天工人操作的需要。设备包括屋顶进排风机及自控系统等。

#### 7.1.3.2 无空气干燥箱

无空气干燥方法是一种新的干燥技术，这种技术可以使干燥时间减少 $35\% \sim 80\%$。与传统干燥方法相比，它具有快速、高效、易控制的优点。它是在蒸汽下完成的，蒸汽作为干燥介质与空气相比有以下优点：①蒸汽的热容量 $[2020J/(kg \cdot K)]$ 是空气 [热容量 $993J/(kg \cdot K)$] 的 2 倍左右，因此蒸汽能把 2 倍的热传输到所需干燥的产品；②蒸汽的黏度 $(8.7N \cdot s/m^2)$ 是空气黏度 $(18.3N \cdot s/m^2)$ 的 $1/2$，因此比空气流动性好。

无空气干燥器与传统干燥器的区别在于：①无空气干燥器使用的是一种间接干燥器；②干燥过程无（冷）空气进入，冷空气只是在干燥完成后用来清除干燥器内的蒸汽。在干燥初期，要保持高的相对湿度来抑制水分蒸发，从而使产品内部迅速加热，表面与内部温差小。一旦温度接近 $100℃$，相对湿度开始下降，蒸发速率开始加快，从而达到快速、安全干燥。英国陶瓷研究所对无空气干燥与传统干燥的干燥时间作比较，具体见表 7-1。

表 7-1 对不同产品无空气干燥与传统干燥的干燥时间的比较

| 项　目 | 无空气干燥/h | 传统干燥/h | 项　目 | 无空气干燥/h | 传统干燥/h |
| --- | --- | --- | --- | --- | --- |
| 黏土地砖 | 15 | 96 | 黏土瓦 | 16 | 34 |
| 挤出型黏土砖 | 15 | 48 | 电子绝缘器 | 17 | 119 |
| 玻化瓷盆 | 2.5 | 30 | 陶管 | 9 | 60 |
| 耐火砖 | 18 | 113 | 保温砖 | 45 | 90 |
| 餐具 | 8 | 12 | 软泥砖 | 40 | 60 |

从表中可以看出采用无空气干燥器后干燥时间减少 33％～85％。其中日用陶瓷中餐具的干燥时间由 12h 减少到 8h，干燥时间减少 50％，这样就大大提高了生产能力。无空气干燥器运行成本比传统干燥器的要省，占地面积小，维护费用低，运行高效。

### 7.1.3.3　少空气快速干燥器

随着陶瓷技术装备的发展，近年来国外推出了少空气快速干燥器，中国一些卫生陶瓷生产企业引进该设备并已取得了较好的效果，如前所述咸阳某研究设计院也开始研究开发少空气快速干燥设备，并取得了阶段性成果。该设备大大降低了干燥能耗和干燥周期，提高了产品的干燥合格率。

少空气快速干燥器不但适用于卫生陶瓷、电瓷，而且适用于日用陶瓷类可塑性和注浆成型产品坯体的干燥。该设备不受单件产品尺寸大小的限制，对于坯体厚度为 10～40mm，水分含量在 20％以下的产品都适用，干燥后坯体水分可降至 0.4％～1％。少空气快速干燥器最大的特点是能耗低，干燥周期短，坯体干燥十分均匀，不会因干燥不均匀而造成坯体开裂等现象。

干燥器主要技术参数与指标如下：

① 干燥器容积　257.1m³；

② 尺寸　10.35m×10.35m×2.4m；

③ 室内容车数　45 辆；

④ 每次干燥数量　按坯体形状及大小不同而不同；

⑤ 坯体进干燥室含水率　12％～18％；

⑥ 坯体出干燥室含水率　0.4％～1％；

⑦ 干燥周期　5～7h，视坯体成型的方式及含水量而不同；

⑧ 热耗　400～500kcal❶/L 水；

⑨ 干燥合格率　≥98％；

⑩ 适用燃料　柴油、石油液化气、天然气和煤气等燃料，设备装机容量 32kW。

### 7.1.3.4　温度、湿度能完全自动控制的通道式干燥器

该干燥器是上面所述干燥器的进一步发展，主要特点是温度、湿度均能自动控制。该设备结构采用固定的镀锌框架结构，每边都由隔热材料制作，以保证室内的温度能达到 80℃以上，前后配有 2 台卷帘门，在干燥通道的两侧各设有一条空气分配通道，中间有多孔的镀锌隔板，有 2 个气体加热室及 2 个气体燃烧器（功率 30～150kW），2 台离心风机；在前面装有压缩空气雾化水的增湿喷嘴及 2 个自动换向装置，使热风能自动换向并穿过整个干燥器的横断面，另有 1 台排风机及配套的电气设备，温度、湿度自控设备等。燃烧器采用二级工作，在开始燃气时，用 120kW 的第二级喷嘴使室内的空气温度从原始值经过一定时间达到希望值，然后大的燃烧器停止。当温度降至低于希望值约 3℃时，开始用 30kW 的第一级喷嘴，重新达到希望值，再停止，如此反复温度始终稳定在设定值。

该干燥器的主要技术规格如下：

① 总长 19.25m，总宽 5.12m，总高 2.55m；

② 通道内的有效长 19.01m（放 9 个架子），有效宽 3.81m（放 2 个干燥架），有效高 2.31m，最大装坯高 2.2m；

---

❶　1cal＝4.1868J。

③ 干燥架尺寸 2000mm×400mm×1300mm，最大装坯重 650kg；

④ 每条通道内可容坯架 2 排 18 架；

⑤ 进干燥室坯体水分 12%～18%；

⑥ 出干燥室坯体水分 1%～2%；

⑦ 干燥周期 12h；

⑧ 平均热耗 14kW/h；

⑨ 安装热功率 300kW，2 个燃烧器每个 30～150kW；

⑩ 耗天然气量 30m³/h；

⑪ 耗压缩空气量（压力 6bar❶）50L/min；

⑫ 耗水量（压力 5～6bar）0.03m³/h。

该设备可以几条通道并列，间歇使用，也可以几条通道轮换使用。

### 7.1.3.5 温度、湿度分段自控的连续式快速干燥器

为了适应压力注浆二十四小时连续注浆出坯的需要，要求后续的干燥工序能够连续、快速，湿度、温度完全自控。该干燥器主要用于与高压注浆相配套。据介绍，该干燥器的结构为多条类似于辊道窑的保温通道，通道的下部装有自动循环传送的链板式传送带，链板上面铺有托板，高压注浆后的坯体经过修坯后可用人工或机械手放在托板上，然后通过自动分配系统送入各条通道。每个通道由五个干燥区组成，由一个温度控制器和湿度控制器分别调节各个干燥区的温度、湿度和热风流速，基本上做到从第一区的高湿度、低温度、低流速逐步向第五区的低湿度、高温度、高流速状态过渡。各区的温度、湿度均可按坯体干燥工艺的要求进行预先设定，干燥热风与制品形成对流，充分搅动，确保了每个制品的表面能与气流充分接触，进行热交换。该干燥器的主要特点如下。

① 干燥过程全部连续且自动控制。特别适用于与能三班连续运行的高压注浆工艺相配套。

② 干燥周期短。从最初出高压注浆机的 20% 左右的水分干燥到 1% 的水分，整个干燥时间仅需 4～8h。

③ 干燥制度合理，干燥合格率高，除了适用于干燥卫生陶瓷的坯体，还适用于日用陶瓷坯体的干燥。

④ 干燥热耗低。由于干燥用过的空气被抽入空气加热器再加热循环使用，排风机只从系统内抽取一定量的湿空气，目的是排出一定水分，因此，热量得到充分利用，干燥能耗低，每干燥 1kg 的水只需要 4180kJ 的热量。

### 7.1.4 干燥制度的科学化

干燥制度指根据产品的质量要求确定干燥方法及其干燥过程中各阶段的干燥速率和影响干燥速率的参数。其中包括：干燥介质的温度、湿度、种类、流量与流速等。要确保有好的干燥质量，必须选择适宜的干燥速率，做到干燥制度科学化。首先，有的日用陶瓷形状复杂，同在一个坯体中存在单、双面吸浆，因此各部位的收缩率往往不一致，所以各阶段干燥速率的选择十分重要，否则十分容易产生破坏应力。其次，日用陶瓷的坯体中由于黏土量较高，而黏土的收缩率较大，也就是干燥敏感性——干燥过程中的收缩阶段产生裂缝的倾向较大。再次，由于日用陶瓷器型复杂，大小不一致，因此同一坯体各部分的干燥均匀程度不

---

❶ 1bar=10⁵Pa。

同，并且在同一干燥器内的各个不同品种的坯体之间的干燥均衡程度也存在较大差异，因此影响干燥速率的因素十分错综复杂。随着人们对干燥机理的进一步理解和干燥设备的现代化，日用陶瓷干燥制度更趋向于合理、完善和科学化。

（1）对干燥介质的温度、湿度进行分阶段有效控制　根据坯体干燥不同阶段的特性，最初采用低温度、高湿度，逐渐升温减湿度，最后进入高温度、低湿度阶段。

（2）对干燥介质的流速和流量进行科学控制　坯体的水分外扩散速率除了受介质的温度、湿度影响外，在很大程度上取决于干燥介质的流速与流量。在干燥的开始阶段，为了控制干燥速率，仅要低温度、高湿度，而且应该控制热风的流速和流量，否则也会影响坯体开裂。相反，有些产品不宜在介质温度太高的场合下干燥，而可以采用加大介质流速和流量来提高干燥速率。

（3）在设计干燥曲线时，重视对坯体临界水分的研究　临界水分是坯体从等速干燥阶段向降速干燥阶段转变的转折点，即坯体干燥过程中，干燥收缩基本结束的临界水分状态点。在这一点之前，如果干燥速率过快，坯体容易开裂和变形；但如果过了临界水分点，由于坯体不再收缩，也就不会产生破坏应力，故可以加快干燥速率。许多工厂都对本厂坯体干燥收缩时的临界含水量进行实验测定，测出临界水分状态点，从而可以大胆地加快这一点后的干燥速率。

（4）根据不同的产品对干燥方式进行选择，从而决定不同产品的不同干燥制度　例如，对一些坯壁特别厚的坯体和器型特别复杂、内有空腔的坯体，为了使坯体内的热扩散与湿扩散的方向一致，受热均匀，干燥速率快，一般在采用热风介质的同时，采用微波干燥及远红外线干燥等。

### 7.1.5　提高坯体干燥速率的主要方法

影响日用陶瓷干燥速率的因素有传热速率、外扩散速率、内扩散速率。根据影响干燥速率的因素目前提高坯体干燥速率的方法有以下几点。

（1）加快传热速率　为加快传热速率，应做到：①提高干燥介质温度，如提高干燥窑中的热气体温度，增加热风炉等，但不能使坯体表面温度升高太快，避免开裂；②增加传热面积，如改单面干燥为双面干燥，分层码坯或减少码坯层数，增加与热气体接触面；③提高对流传热系数。

（2）当干燥处于等速干燥阶段时提高外扩散速率　外扩散阻力成为左右整个干燥速率的主要矛盾，因此降低外扩散阻力，提高外扩散速率，对缩短整个干燥周期影响最大。外扩散阻力主要发生在边界层里，因此应做到：①增大介质流速，减薄边界层厚度等，提高对流传热系数；也可提高对流传质系数，有利于提高干燥速率；②降低介质的水蒸气浓度，增加传质面积，亦可提高干燥速率。

（3）提高水分的内扩散速率　水分的内扩散速率是由湿扩散和热扩散共同作用的。湿扩散是物料中由于湿度梯度引起的水分移动，热扩散是物料中存在温度梯度而引起的水分移动。要提高内扩散速率应做到以下几点：①使热扩散与湿扩散方向一致，即设法使物料中心温度高于表面温度，如远红外线加热、微波加热方式；②当热扩散与湿扩散方向一致时，强化传热，提高物料中的温度梯度，当两者相反时，加强温度梯度虽然扩大了热扩散的阻力，但可以增强传热，物料温度提高，湿扩散得以增加，故能加快干燥；③减薄坯体厚度，变单面干燥为双面干燥；④降低介质的总压力，有利于提高湿扩散系数，从而提高湿扩散速率；⑤其他坯体性质和形状等方面的因素。

## 7.2 链式干燥器及热源的布置形式

链式干燥器是一种连续式干燥器，它所利用的传热原理是对流传热及对流辐射传热。在链式干燥器中，可采用机械手翻脱模，并且在同一干燥器内可以同时进行脱模前、脱模后毛坯及模子的干燥。这种干燥方法具有干燥时间短、干燥均匀、机械化程度高等特点。更为主要的是它的使用使成型和烧成工序连接起来，保证了日用陶瓷生产各工序的连续性。目前已广泛用于大规模生产的流水作业线中。此法适用于日用陶瓷及薄壁坯体的干燥。

链式干燥器经历了从普通链式干燥器到链式快速干燥器的发展过程。普通链式干燥器与链式快速干燥器的主要区别在于其热源布置形式和热量传递速率的不同。

另外一种链式干燥器也是连续式干燥器的一种，称为传送带式干燥器，是一种对流或对流辐射式连续作业的干燥器。链式干燥器是由干燥室及吊篮运输机组成的，吊篮运输机是在两根闭路链带上，每隔一定的距离悬挂一个吊篮，吊篮上搁置垫板，板上放置待干燥的坯体，传动链轮带动链带，而使整个吊篮运输机运动。由于吊篮与链带铰接，故垫板及其上的坯体始终保持水平，坯体在干燥室的一端放入吊篮，经干燥后由另一端取出。干燥介质多为热空气，也可为烟气。为使干燥器内温度均匀，干燥介质应从顶部集中或分散鼓入，废气从底部集中或分散排出。为利用余热及调节干燥介质的温度、湿度，可采用部分废气循环。

根据其链带走向不同，链式干燥器可分为卧式（链带水平运动）、立式（链带垂直运动）及综合式（链带既有水平运动也有垂直运动）三种。三种干燥器的示意图如图 7-1 所示。

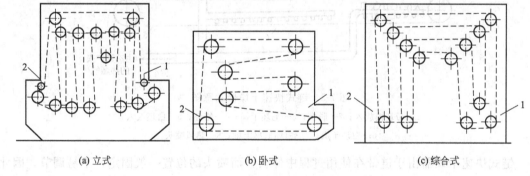

(a) 立式　　　　　　　　　　(b) 卧式　　　　　　　　　　(c) 综合式

图 7-1　链式干燥器示意图

1—入坯处；2—出坯处

立式干燥器空间利用率较好，占地面积小，电动机负荷较小，但需链轮多，维修不便。卧式干燥器均匀性较好，强化干燥时风管易安装，但需设置角钢或槽钢导轨以防链带下坠。由于放入和取出坯体，链式干燥器两端不能密闭，所以导致热空气外逸使干燥器周围环境温度较高。为了改善工人的操作条件，可将干燥器的主体部分移至上层建筑中，而工人在下层常温环境下操作，这种改进过的链式干燥器又称为楼式干燥器，其示意图如图 7-2 所示。

从图 7-2 中可以看出，带坯模放入、脱模、修坯及干坯取出这四个需工人操作的工序在干燥器的下层区域进行，这样就很好地解决了工人操作温度高的问题。

### 7.2.1　链式快速干燥器的结构及工作原理

链式快速干燥器采用的是快速对流干燥法，在一般的对流干燥器中，干燥介质的流速很小（一般在 1m/s 以下），对流给热系数小，对流传热阻力大，传热过程慢，蒸汽外扩散阻

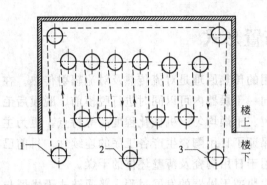

图 7-2  楼式干燥器示意图

1—带坯模放入；2—脱模；3—修坯

力大，外扩散过程也慢，从而使干燥速率的提高受到限制。快速对流干燥是以高速（10～30m/s）、低温（80～200℃）的干燥介质正对被干燥坯体喷出，所以又称为喷射干燥。由于气流速度快，坯体表面气膜减薄，减少了传热及外扩散阻力，大大加快了干燥过程，不至于引起坯体变形、开裂。一般日用陶瓷带模干燥 5～10min 即可脱模，白坯的干燥也只需10～40min。

链式快速干燥器与一般链式干燥器结构相同（图 7-3），多为卧式，干燥介质分散由链板上方（或下部）喷头喷出，废气可集中于上部或下部排出，下部排出时干燥器内温度均匀性较好，但管道布置较为困难，上部排出时干燥器上部温度较高，此时应注意链条走向，应使水分较高的湿坯首先经过干燥器内温度较低的部位。

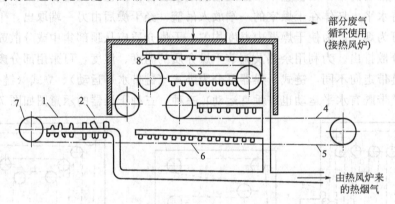

图 7-3  链式快速干燥器示意图

1—带坯模放入；2—脱模；3—毛坯干燥；4—修坯；5—白坯放入；

6—白坯干燥；7—白坯取出上釉；8—热风喷头

链式快速干燥器由于链带在使用过程中伸长，而喷头的位置一般固定，不易调节，因此实现对位干燥比较困难，当到达坯体各部位的气体流速不均匀时，容易引起局部过快的干燥收缩而产生废品。

### 7.2.2  链式干燥器的技术参数

表 7-2 列出了一些链式干燥器的规格和技术性能

表 7-2  部分链式干燥器的规格和技术性能

| 型　　号 | 盘式干燥器 | LD-8 链式干燥器 | TCLGW3B 型 | TCLGW3C 型 | TCLGPI 型 |
|---|---|---|---|---|---|
| 性能特点 | 坯模干燥和成型机联用 | 可自动脱模、回模 | 主要作为坯体干燥 | 主要作为坯体干燥 | 坯模干燥和成型机联用 |
| 生产品种 | 20～22cm 汤盘、平盘 | 12～20cm 碗、盘 | 中、小杯 | 杯类 | 12～22cm 汤盘、25cm 平盘 |
| 生产能力/(件/h) | 600 | 700～850 | 1400 | 3000～4000 | 350～1280 |
| 吊篮 | 间距:318mm | 每排:5～7 个;间隔:304.8mm | 152 个 | 217 个 | 170 个 |

| 型　　号 | | 盘式干燥器 | LD-8 链式干燥器 | TCLGW3B 型 | TCLGW3C 型 | TCLGPI 型 |
|---|---|---|---|---|---|---|
| 干燥时间/min | 总时间 | | 168 | | | |
| | 带模干燥 | | 51 | | | |
| | 白坯干燥 | | 117 | | | |
| 干燥温度/℃ | 带模 | 50～55 | 55～60 | 85～95 | 80 | 55 |
| | 脱模 | 70～80 | 80～85 | 85～95 | 80 | 55 |
| 含水率/% | 最初 | | | 17～18 | 10 | 23～24 |
| | 最终 | 2 | | 2～3 | 2 | 7～8 |
| 链条 | 速度/(m/min) | 4 | 0.63 | 0.2568, 0.2052, 0.1710 | 0.675, 0.566, 0.476 | 0.3, 0.358, 0.602 |
| | 规格 | | 3.8cm | 板式链节距 70mm | 板式链节距 70mm | 板式链节距 70mm |
| | 长度/m | 157 | 157 | | | |
| 电动机功率/kW | | | 4.1 | 4.4 | 5.5 | 5.5 |
| 外形尺寸/mm | | | 23840×2324× 4346 | 5070×3785× 4990 | 7770×3920× 5040 | 11560×3880× 5040 |
| 机重/kg | | 11000 | 24000 | 68000 | 11250 | 12500 |

　　图 7-4 为一种用于快速干燥的对流-辐射卧式链式干燥器的系统图和横断面图。半干法或塑性成型的陶瓷制品可应用此种链式快速干燥器进行快速干燥，故在日用陶瓷生产线上也被广泛应用，也可用于釉面砖的干燥。

　　该干燥器使用煤气，在微火焰喷嘴中燃烧，喷嘴中心距 700mm，安装在输送坯体砖的链式传送带下部 135mm 处。在链式传送带的宽度方向上排列着四列坯体，只放一层。干燥器中可实现强烈的热交换。坯体在一个离心式风机供给空气的室中冷却。为了控制坯体的冷却速率，可向室中补充该带抽出的干燥废气。

　　干燥器的主要参数如下：
　　① 砖坯　初水分 8.5%，终水分 2%；
　　② 干燥器生产能力　81m²/h；
　　③ 干燥器中的温度　220～250℃；
　　④ 干燥周期　5～10min；
　　⑤ 干燥热耗　10500kJ/kg 水；
　　⑥ 干燥器尺寸　长 21m，宽 1.35m，高 1.33m。

### 7.2.3　链式干燥器的热源布置形式及特点

　　普通的链式干燥器为使干燥器内温度均匀，干燥介质应从顶部集中或分散鼓入，废气从底部集中或分散排出。其中干燥介质多为热空气，也可为烟气。为利用余热及调节干燥介质的温度、湿度，可采用部分废气循环。

　　与一般的对流干燥器不同，在链式快速对流干燥器中坯体的传送结构必须作间歇运动，在停止运动时，坯体上方（或下部）喷头应正对着坯体，喷出速度高的干燥介质，以实现对位干燥，所以其传送结构比较复杂，可用槽轮、棘轮、凸轮结构或液压传动。同时，喷头的形式、大小、位置等与干燥速率及坯体干燥的好坏直接相关，务必达到坯体各部位的气体流速均匀，减少干燥废品的产生，尽可能减小管道及喷头阻力，使干燥介质能以高速喷出。

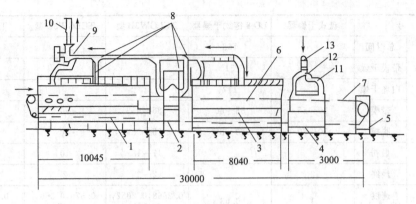

(a) 干燥器系统图

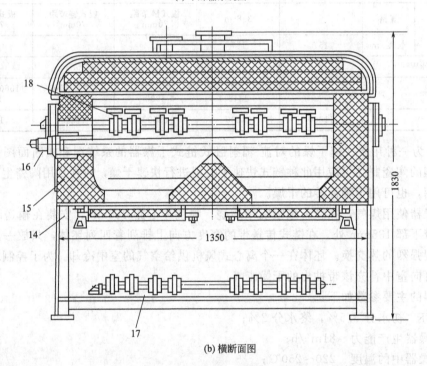

(b) 横断面图

图 7-4  对流-辐射卧式链式干燥器

1—干燥室；2—施釉工段；3—干透室；4—冷却室；5—传送带传动装置；6,16—微火焰喷嘴；7—链式传送带；
8—排风接口；9—排风机；10—烟囱；11—冷风接口；12—空气吸入；13—鼓风机；
14—干燥器支架；15—砌体；17—传送带的轴辊；18—砖坯

链式干燥器的特点主要有以下三方面。

① 使用链式干燥器可使成型、干燥、烧成等工序连续进行，机械化、自动化程度高；适用于大规模的日用陶瓷、卫生陶瓷及建筑陶瓷等流水作业线。

② 劳动条件好，为改善工人劳动条件，可将温度较高的干燥器主体设置在上层，而操作人员在楼下常温条件下工作。还可在干燥工序中完成某些操作，如在同一干燥器内进行带模干燥，脱模后的毛坯和模子的干燥，中间还可以进行修坯操作。

③ 链式干燥器体积大，不易密闭，所以周围环境温度较高。

链式快速干燥器由于链带在使用过程中会伸长，而喷头的位置一般固定，不易调节，因此实现对位干燥比较困难，当到达坯体各部位的气体流速不均匀时，容易引起局部过快的干燥收缩而产生废品。

# 7.3 室式干燥

### 7.3.1 室式干燥的主要设备及原理

室式干燥所用的主要设备是室式干燥器。室式干燥器又称厢式干燥器（盘式干燥器），一般小型的称为烘箱，大型的称为烘房。

（1）室式干燥器 室式干燥器为间歇式常压干燥设备的典型。干燥室的四壁用绝热材料制成，以减小热损失。这种干燥器的基本结构如图 7-5 所示，系由若干长方形的浅盘组成，被干燥的物料放在浅盘中，一般物料层厚度为 10~100mm。新鲜空气由风机 3 吸入，经加热器 5 预热后沿挡板 6 均匀地进入各层挡板之间，在物料上方掠过而起干燥作用；部分废气经空气出口 2 排出，余下的废气循环使用，以提高热利用率。废气循环量可以用吸入口或排出口的挡板调节。空气的速度由物料的粒度或块度而定，应使物料不被气流带走为宜，一般为 1~10m/s。这种干燥器的浅盘放在可移动小车的盘架上，使物料的装卸都能在厢外进行，不会占用干燥周期时间，劳动条件较好。

（2）穿流室式干燥器 当干燥颗粒状物料时，可在多孔的浅盘（或网）上铺一薄层物料。气流垂直地通过物料层，以提高干燥速率。这种结构称为穿流室式干燥器，如图 7-6 所示。由图 7-6 可见，两层物料之间有倾斜的挡板，从一层物料中吹出的湿空气被挡住而不致再吹入另一层。空气通过网孔的速度为 0.3~1.2m/s。

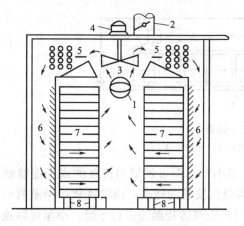

图 7-5 室式（厢式）干燥器
1—空气入口；2—空气出口；3—风机；4—电动机；
5—加热器；6—挡板；7—盘架；8—移动轮

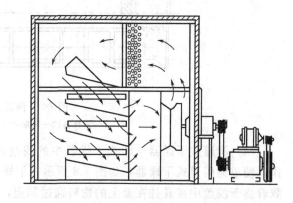

图 7-6 穿流室式干燥器

（3）室式喷射干燥器 图 7-7 为一种室式喷射干燥器，将预干燥的坯体码放在室内的棚架上或小车上，干燥介质多采用热空气。可抽取气体窑炉的余热，也可用蒸汽或热烟气作热源通过预热器预热空气。预热器安装在干燥器内壁两侧墙壁或地面上。为使干燥室内温度均匀，热风应自上部鼓入，由下部抽出。生产中为了使坯体能按规定的干燥制度周期性地进行干燥，可将干燥室分隔为若干个小室，湿坯和干坯依次进出，各小室内干燥制度互不影响。

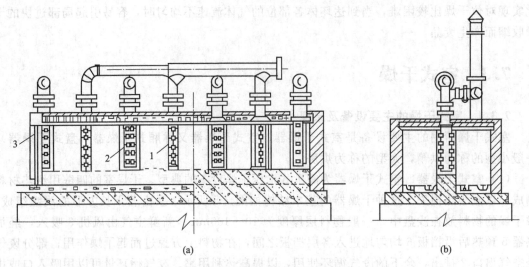

图 7-7　室式喷射干燥器

1—喷射管；2—排废气管；3—干燥室门

室式干燥器也可在真空下操作，称为室式真空干燥器。干燥厢是密封的，干燥时不通入热空气，而是将浅盘架制成空心的结构，加热蒸汽从中通过，借传导方式加热物料。操作时用真空泵抽出由物料中蒸出的水汽或其他蒸气，以维持干燥器内的真空度。真空干燥器适用于处理热敏性、易氧化及易燃烧的物料，或用于排出的蒸气需要回收及防止污染环境的场合。

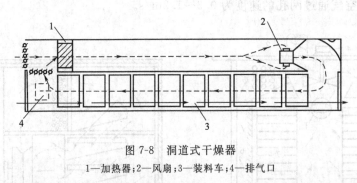

图 7-8　洞道式干燥器

1—加热器；2—风扇；3—装料车；4—排气口

（4）洞道式干燥器　厢式干燥器中的浅盘改用小车，即可发展为连续的或半连续的操作，便成为洞道式干燥器，如图 7-8 所示。干燥器身为狭长的通道，内铺铁轨，一系列小车载着盛于浅盘中或悬挂在架上的物料通过洞道，与热空气边接触边进行干燥。小车可以连续地或间歇地进出洞道。由于洞道式干燥器的容积大，小车在干燥器内停留时间长，因此适用于处理那些生产量大、干燥时间长的物料，例如，陶瓷、木材等的干燥。干燥介质为加热空气或烟道气，气流速度一般为 2～3m/s 或更高。洞道中也可进行中间加热或废气循环操作。

### 7.3.2　室式干燥器的特点

室式干燥器构造简单，设备投资少，适应性较强，但装卸物料时劳动强度大，设备利用率低，热利用率也低，产品质量不均匀。

室式干燥器适用于小规模、多品种、要求干燥条件变动大及干燥时间长等场合的干燥操作，特别适用于实验室或中间实验干燥装置。

总结起来室式干燥器的优点是：设备简单，投资少，干燥制度易于调节。缺点是：产量低，热耗大，干燥不均匀，劳动强度大，劳动条件差。适用于小批量生产及大型、异形坯体的干燥。

# 7.4 滚压成型的微波干燥

在各种工业生产过程中，干燥过程耗能较大。据统计，干燥过程中的能耗占工业燃料总消耗的15％，而在日用陶瓷行业中，用于干燥的能耗占燃料总消耗的比例远不止此数。传统的干燥是将热干空气送入干燥室，吸收被干燥物料的湿分后直接排入大气，由于排放的热湿空气含有大量的显热及潜热，因此传统干燥设备的能量利用效率一般都很低，最高也只有35％左右。依靠对流和导热的传统干燥技术有干燥的废品多、干燥周期长、能耗大和劳动条件恶劣、劳动强度大等缺点，成为整个日用陶瓷生产过程中突出的落后环节。因此，日用陶瓷行业急需一种新型的干燥系统来代替现有的落后系统。

为了改变国内陶瓷行业存在的这一现状，必须对干燥过程进行改进，或改造现有的设备，或寻找新型的有效干燥方法。近年来，微波能已经广泛应用于加热、干燥、杀虫、灭菌、医疗等项目。由于微波干燥的独特优点使得其发展很快，微波技术及其应用作为一项高新技术被指定为中国"十五"计划重点研发项目。近几年来，在中国微波能的应用已经取得了很大发展。根据微波的特性，在陶瓷坯体干燥过程中应用微波能对提高陶瓷的干燥速率、减少产品的质量缺陷、节能等方面都有重要的意义。

## 7.4.1 微波干燥的基本原理和特点

如前面所述微波是指介于高频与远红外线之间，波长范围为1mm～1m，频率范围为0.3～300GHz，具有穿透能力的电磁波。工业上常用的微波频率为915MHz和2450MHz两种。微波功率是由微波发生器的磁控管接受电源功率而产生的，它通过波导输送到微波加热器，需要加热的物料置于微波加热器中在微波场的作用下被加热。微波加热利用的是介质损耗原理，在加热过程中通过介质损耗将电磁能转化为热能，其能量是通过空间或媒质以电磁波的形式来传递的，这种加热过程与物质内部分子的极化有密切的关系。水分子是极性分子，每个水分子都呈现明显的正负极性，当它处于电磁场中时，水分子将有序地排列成与电场一致的方向，如果外加电场不断变换方向，水分子也将随之不断改变其排列方向而产生类似于摩擦生热的效应。微波加热就是利用这一效应使微波能转化成为热能，达到加热脱水干燥的目的。微波干燥应用于日用陶瓷具有如下五个明显的特点。

（1）加热快速、均匀　这是微波干燥的主要特点，由于微波对吸收介质有较强的穿透能力，它能够深入到物料内部被水分子或者其他物质吸收而就地转变成热能，所以加热时间非常短，速度快。另一方面，在干燥时，水分子从表面蒸发消耗能量致使坯体表面温度略低于内部温度，这样热传递与湿传递方向一致，有利于内扩散，大大加快了干燥速率。微波干燥与对流干燥相比，可提高干燥速率和缩短干燥时间。

（2）微波加热有选择性　微波加热利用的是介质损耗原理，在加热过程中通过介质损耗将电磁能转化为热能，所以只有吸收微波的物质才能被微波加热，由于水的介质损耗很大，它吸收的微波能比其他物质大得多，这样陶瓷坯体在微波干燥中主要是水分子被迅速加热蒸发，只要控制适当则整个坯体不会产生过热。

（3）微波干燥反应灵敏、易控制　微波的功率随电场强度及频率的增大而增大，功率易于控制，通过调整微波的输出功率，物料的加热情况可以瞬时改变，这样易于实现自动化控制；微波干燥的可控性还表现在加热的无惰性，即如停止微波传输，加热立即停止。因此，微波加热可方便地按照预定程序进行，容易实现过程自动化。

（4）微波干燥热效率高、节省能源　干燥室是由能够反射微波的金属板制成的，这样微波能几乎完全被坯体中的水吸收，坯体得以均匀加热，热量散失很少，这样就能节约能源。

（5）干燥的产品质量高　由于微波加热内外均匀，这样可以避免产品因局部过热而损坏；同时，由于微波对水的选择性加热可以使干燥在较低温度下进行，这样也能避免产品过热。

### 7.4.2　滚压成型工艺原理及特点

#### 7.4.2.1　普通滚压成型机工作原理及特点

滚压成型是可塑成型的一种，所谓可塑成型是指对具有一定可塑变形能力的泥料进行加工成型的方法。滚压成型（图7-9）是在旋坯成型的基础上发展起来的一种可塑成型方法。这种方法把扁平形的刀改为尖锥形或圆柱形的回转体——滚压头。成型时，盛放着泥料的石膏模具和滚压头分别绕自己的轴线以一定的速度同方向旋转。滚压头在转动的同时，逐渐靠近石膏模具，并对泥料进行滚压而成型。

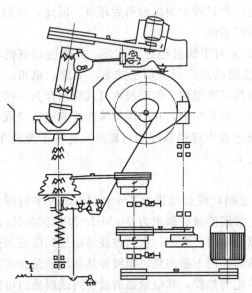

图 7-9　滚压成型机的结构简图

滚压成型时，泥料在滚压头作用下均匀展开，受力由小到大比较均匀。滚压头和泥料的接触面积大，泥料受压时间长，坯体致密均匀，强度较大。另外，滚压成型是靠滚压头对泥料的滚碾作用而使坯体表面光滑的，不需要在坯体表面加水，可减少坯体变形。由于滚压成型的坯体质量好，生产效率高，滚压机及其他设备配合可以组成生产流水线，减轻劳动强度，在日用陶瓷中已逐渐取代了旋坯成型。

滚压成型可分为阳模滚压成型（图7-10）和阴模滚压成型（图7-11）。阳模滚压又称为外滚压，由滚压头决定坯体的外表形状和大小。适于成型扁平状如盘类（图7-12）、宽口器皿和坯体内表面带花纹的产品。阴模滚压又称为内滚压，滚压头形成坯体的内表面。适于成

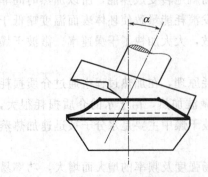

图 7-10　阳模滚压成型示意图

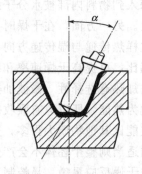

图 7-11　阴模滚压成型示意图

型口径较小而深的制品如碗等。阴模成型的坯体干燥时，坯体由模型支撑，收缩均匀，不易变形，成型后不必翻模，直接送去干燥。阴模成型时，为防止坯体变形，常将带坯的模具倒转放置，然后脱模干燥。

国外滚压成型工艺已日臻完善。英国滚压成型先将泥段制饼（切边），取得颗粒排列趋向的合理化，以求收缩均匀。捷克滚压成型全部采用阳模成型，泥坯颗粒排列有序，适应模型曲线；如用阴模成型，则会造成颗粒排列次序的紊乱和底足疏松。国内外都在发展采用多辊头成型机，可用于多品种生产。

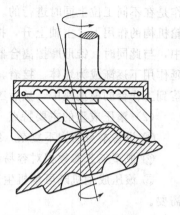

图 7-12　扁平制品热
滚压成型示意图

滚压成型还分冷滚压成型和热滚压成型。滚压头不加热，在常温下使用，称为冷滚压。它对泥料的要求较高（可塑性高、水分少）；成型后坯体较软，操作不当时易变形。热滚压是利用装设在绝缘盘沟槽里的镍铬合金电热丝加热滚压头。滚压头加热温度约为 $100\sim120℃$，热滚压对泥料的可塑性和水分要求不严。热滚压头接触泥料时，表面产生一层蒸汽膜。使泥料不致粘滚压头，滚压的表面光滑。坯体表面质量主要取决于滚压头加热的温度。温度低，蒸汽膜薄，滚压头与坯泥不易分离，温度过高，泥料表面因加热过快而易变干，坯体表面会出现麻点。

### 7.4.2.2　转盘式滚压成型机工作原理及特点

转盘式滚压成型机是日用陶瓷厂中应用较为广泛的一种杯、盘类可塑法成型机械。转盘式滚压成型机由于不在成型工位上取模、放模，所以操作时间比较宽裕，故不会产生滚压头轧手的事故，操作安全性良好。同时这种成型机的生产率较高，便于与自动线联机，所以在生产杯、盘和碟类的日用陶瓷厂中应用较为广泛。

（1）转盘式滚压成型机的工作原理
较为典型的转盘式滚压成型机传动示意图如图 7-13 所示。主轴电动机 14 经三角皮带无级变速装置 15 和锥形摩擦离合器 16 使主轴 13 转动，另一台电动机 1 经三角皮带传动装置 2 和蜗杆蜗轮机构 3 使立轴 5 旋转，立轴通过齿轮传动 4 带动空套在芯轴上的圆柱凸轮机构 6 转动，圆柱凸轮机构 6 可驱使主轴 13 作升降运动，并操纵锥形摩擦离合器 16 的接合与分离。同时立轴 5 上的槽轮机构 7 使回转工作台 8 作间歇转动。回转工作台上一般有 6 个沿圆周均匀分布的模型座（即工位）。主轴上方装有滚压头的滚压头轴，滚压头电动机 11 经过三角皮带无级变速装置 10 带动滚压头 9 旋转。转盘式滚压成型机的放模、取模以及成型操

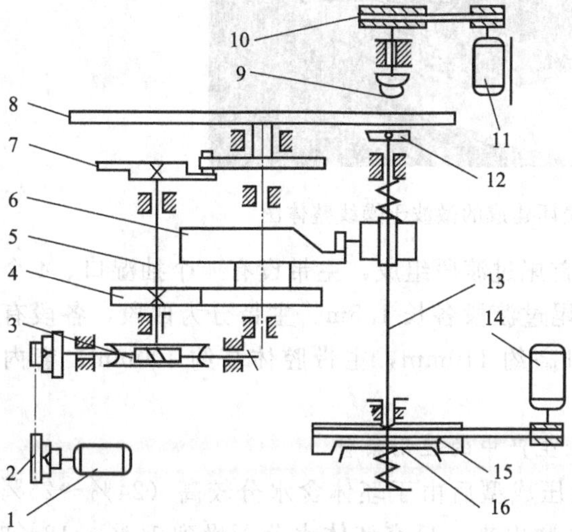

图 7-13　转盘式滚压成型机传动示意图
1—回转工作台间歇旋转和主轴升降电动机；2—三角皮带
传动装置；3—蜗杆蜗轮机构；4—齿轮传动；5—立轴；
6—圆柱凸轮机构；7—槽轮机构；8—回转工作台；
9—滚压头；10,15—三角皮带无级变速装置；
11—滚压头电动机；12—模型座；13—主轴；
14—主轴电动机；16—锥形摩擦离合器

作是在不同工位上同时进行的。当带有泥料的模型由回转工作台送到成型工位时，在圆柱凸轮机构的作用下，主轴上升，把工作台模型座中的模型顶起并使之落入主轴端部的模型座中，与此同时，锥形摩擦离合器接合，主轴旋转，在主轴上升的过程中，泥料在滚压头的压延作用下逐渐成为坯体。接着，主轴下降，离合器分离，主轴停止转动，带有坯体的模型回落到工作台的模型座中，然后工作台回转，开始另一次成型操作。

(2) 滚压成型的主要特点

① 设备本身结构不复杂，维护保养方便；

② 成型工艺参数相对容易调整，操作性较好；

③ 滚压成型机既可单机生产，也可以作为生产线的成型机组，可满足不同规模企业的需要。

### 7.4.3　滚压成型中坯模的微波干燥

2000年国内陶瓷行业首条微波干燥线在湖南国光瓷业集团下属的国光瓷厂三车间建成并投入生产。微波干燥采用洁净能源，对环境无污染；瓷坯内外同时实现快速干燥，因此干燥好；对于花色品种频繁转换的陶瓷生产特别适宜。微波干燥的成功应用，为湖南国光瓷业集团增加了一个亮点，也将为陶瓷行业带来一场新的革命。图7-14为湖南国光瓷业集团建成的微波干燥线整体图。

图 7-14　湖南国光瓷业集团建成的微波干燥线整体图

在此条微波干燥线中，干燥窑由主带和首尾过渡段组成，主带设有4个抽湿口、4个处理口、4个导波口。主带长约 $4 \times 1.8m$，首尾过渡段各长 1.5m。主带分为四段，各段有独立间隔，段之间仅够制品通过。窑内进出口高约 110mm，主带腔体高约 100mm，窑内宽 800mm。瓷坯利用尼龙网带传动（图7-15）。

#### 7.4.3.1　微波一次干燥在日用陶瓷工业生产中的应用条件

在滚压成型的日用陶瓷生产工艺中，滚压成型后由于坯体含水分较高（24%～25%），此时坯体还没有多大强度，故很难从模具中脱出来。只有坯体水分干燥到 16%～18% 时，泥坯已具有必要强度可以脱模。故该阶段干燥时间的快慢将影响可脱模时间及模具的周转率，即是影响整个工艺周期及能耗。微波干燥在日用陶瓷中应用条件如下。

(1) 较适用于一次脱模干燥　根据微波加热特性，在水分含量高时，水分吸热量相对大，坯体脱水速率快，微波利用率高；当水分降低时，特别是低于 5% 时，水分吸热量不会像初始那样大。相反，陶瓷坯体和石膏模具吸热量相对增加，微波利用率大幅度降低。因此，微波干燥对于含水率大于 10% 坯体的干燥脱模较经济。

（2）电压要平稳　电压不稳，电磁能时大时小，造成微波输出功率不恒定，坯体受热不均匀，容易产生裂纹。

（3）微波加热时，不能空载运行　生产线在运行过程中，不能混入金属物质，否则容易造成设备损坏。

7.4.3.2　微波一次干燥在日用陶瓷成型生产过程中的使用效果

在微波快速干燥的生产过程中，

图 7-15　成型后的坯体经尼龙网带传动进入微波干燥窑

结合生产实际，有针对性地对 10in❶、9in、8in 平盘、厚胎浮雕 $9\frac{3}{4}$in 盘等几个有代表性的产品进行了跟踪。从整个生产过程来看，通过控制微波功率及传输速度，合理安排脱模时间，脱模效果良好。与传统链式干燥线相比，成坯率提高 10% 以上，脱模时间从 35～45min 缩短到 5～8min，使用模具数量由 400～500 件下降至 100～120 件。微波工艺线的占地面积小，生产无污染，是比较理想的日用陶瓷成型生产设备。

在生产过程中对 $10\frac{1}{2}$in 平盘一次链式干燥线及微波一次干燥线进行了能耗对比检测，微波快速干燥线的工艺参数见表 7-3。

表 7-3　微波快速干燥线的工艺参数

| 项目 | 微波输入功率/% | 脱模时间/min | 使用模具数量/个 | 泥料水分/% | 脱模水分/% |
| --- | --- | --- | --- | --- | --- |
| 10in 平盘 | 12 | 5～6 | 80 | 24～25 | 17～18 |
| 厚胎浮雕 $9\frac{3}{4}$in | 16 | 7～8 | 100 | 23～25 | 16～18 |
| $7\frac{1}{8}$in 平盘 | 10 | 5～6 | 120 | 23～25 | 16～18 |

表 7-4　传统链式干燥和微波干燥方式能耗对比情况

| 项目 | 干燥脱水率/% | 蒸发水分量/% | 干燥耗能/($\times10^6$kcal/h) | 干燥单耗/(kcal/kg 水) | 干燥成本/(元/万件) |
| --- | --- | --- | --- | --- | --- |
| 链式干燥 | 7～8 | 30～31 | 1.4～1.5 | 4800～5000 | 230～240 |
| 微波干燥 | 7～8 | 29～30 | 0.18～0.19 | 700～800 | 230～240 |

注：1cal＝4.1868J。

从表 7-3、表 7-4 可以看出，微波干燥效率是链式干燥效率的 6.5 倍，一次干燥成本平齐，对于短线产品，可以大量节约石膏模具。与二次快速干燥线一起配合使用，对于 $10\frac{1}{2}$in 平盘来说，总的干燥成本可下降 350 元/万件。采用微波快速干燥，干燥脱模时间只有几分钟，石膏模具使用量是链式干燥器的 1/4，成坯率可提高 10% 左右，而且脱模良好，各项指标均达到日用陶瓷生产的要求。微波快速干燥成型生产线在小批量、多品种的日用陶瓷工业生产中将发挥越来越重要的作用。

---

❶　1in＝0.0254m。

# 7.5　日用陶瓷干燥缺陷分析

日用陶瓷坯体在干燥过程中，随着水分的排出要发生收缩，而收缩过程若处理不当会导致坯体变形和开裂，与其他陶瓷干燥过程一样，这也是在日用陶瓷的生产过程中存在的一大矛盾。一方面干燥过程水分的排出是实现坯体干燥的必由之路，而另一方面水分的排出又造成坯体的收缩，从而导致坯体的变形和开裂。为正确处理这一矛盾就必须深入了解日用陶瓷坯体干燥过程的实质和产生收缩的内在因素，从而掌握坯体在干燥过程中的变化规律，选择合适的干燥工作制度。

## 7.5.1　坯体干燥机理

干燥的定义是利用蒸发将水分从粉末原料或坯体中排出去。外部的温度和湿度（或空气的流速）决定干燥速率。水分蒸发所需的热量是靠从外部吸进来的，热的传递方式为对流、辐射及传导。

### 7.5.1.1　日用陶瓷坯体中的水分

干燥是脱水的过程，为了了解坯体的脱水机理，首先必须知道坯体中水分有哪几种类型和如何结合，而不同结合形式的水分排出时所需的能量是不一样的，受外界条件的影响也不一样。

按照坯体所含水的结合特点，基本上可以分为三类：自由水、吸附水和化学结合水。自由水又称机械结合水，是为了使泥料易于成型而加的水，它分布在固体颗粒之间由内聚力而与物料结合，是由物料直接与水接触而吸附的水分。自由水与物料结合松弛，因此很容易排出。干燥工艺就是要排出自由水，而且自由水的排出过程中坯体体积发生收缩，如果收缩不均匀很容易产生干燥缺陷，因此在干燥过程中要特别注意。

随着大气中温度、湿度等不同，坯体中的黏土从大气中吸附一定的水分，这种吸附在粒子表面上的水分称吸附水。这种吸附水在黏土胶体粒子周围受到分子引力（范德华力）的作用，处于高压状态，其一系列的物理性质与普通水不一样，密度大，冰点下降。但不是所有吸附水的性质都相同，性质差异也很大，多分子层的水分结合较弱，随着离黏土粒子较远，逐渐接近于自由水。吸附水的数量随外界环境温度和相对湿度的变化而变化，空气中的相对湿度越大，则坯体含吸附水的量就越多。在相同的外界条件下，坯体所吸附的水量随所含黏土的数量和种类的不同而不同。而一些黏土类原料的颗粒虽也有一定的吸附水的能力，但其吸附力弱得很，因而也是容易排出的。

当坯体所吸附的水分到一定程度与外界条件达到平衡时，该水分称平衡水。

化学结合水是指包括在原料矿物的分子结构内的水分，如结晶水、结构水等。这种结合形式的水分最牢固，排出时需要较大的能量，如高岭土的结构水排出需在 $400 \sim 600 ℃$ 进行。

日用陶瓷坯体的含水率一般在 $5\% \sim 25\%$ 之间，坯体与水分的结合形式，物料在干燥过程中的变化以及影响干燥速率的因素是分析和改进干燥器的理论依据。当坯体与一定温度及湿度的静止空气相接触，势必释放出或吸收水分，使坯体含水率达到某一平衡数值。只要空气的状态不变，坯体中所达到的含水率就不再因接触时间增加而发生变化，此值就是坯体在该空气状态下的平衡水分；而到达平衡水分时湿坯体失去的水分为自由水分。也就是说，坯体水分由平衡水分和自由水分组成，在一定的空气状态下，干燥的极限就是使坯体达到平衡水分。坯体内含有的水分可以分为物理水与化学水，干燥过程只涉及物理水，物理水又分为结合水与非结合水。非结合水存在于坯体的大毛细管内,与坯体结合松弛。坯体中非结合水的蒸发就像自由液面上水的蒸发一样,坯体表面水蒸气的分压,等于其表面温度下的饱和水蒸气分压。坯体中非结合水排出时,物料的颗粒彼此靠拢,因此发生体积收缩,故非结合水又称为收缩水。结合水是存在于坯体微毛细管(直径小于 $0.1\mu m$)内及胶体颗粒表面的水,与坯体结合比较牢固(属物理化学作用),因此当结合水排出时,坯体表面水蒸气的分压将小于坯体表面温度下的饱和水蒸气分压。在干燥过程中当坯体表面水蒸气分压等于周围干燥介质的水蒸气分压时,干燥过程即停止,水分不能继续排出,此时坯体中所含的水分即为平衡水。平衡水是结合水的一部分,它的多少取决于干燥介质的温度和相对湿度。在排出结合水时,坯体体积不发生收缩,比较安全。

### 7.5.1.2 坯体的干燥过程

以对流干燥过程为例,日用陶瓷坯体的干燥过程也可以分为传热过程、外扩散过程、内扩散过程,三个过程同时进行又相互联系。

① 传热过程 干燥介质的热量以对流方式传给坯体表面,又以传导方式从表面传向坯体内部的过程。坯体表面的水分得到热量而汽化,由液态变为气态。

② 外扩散过程 坯体表面产生的水蒸气通过层流底层,在浓度差的作用下,由坯体表面向干燥介质中移动。

③ 内扩散过程 由于湿坯体表面水分蒸发,使其内部产生湿度梯度,促使水分由浓度较高的内层向浓度较低的外层扩散,称湿传导或湿扩散。

在干燥条件稳定的情况下,坯体表面温度、水分含量、干燥速率与时间有一定的关系,根据它们之间关系的变化特征,可以将干燥过程分为加热阶段、等速干燥阶段、降速干燥阶段三个过程。日用陶瓷干燥过程的三个阶段如图 7-16 所示。

(1) 加热阶段 由于干燥介质在单位时间内传给坯体表面的热量大于表面水分蒸发所消耗的热量,因此受热表面温度逐渐升高,直至等于干燥介质的湿球温度,此时表面获得热与蒸发消耗热达到动态平衡,温度不变。此阶段坯体水分减少,干燥速率增加。

(2) 等速干燥阶段 此阶段仍继续

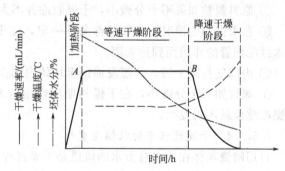

图 7-16 日用陶瓷干燥过程的三个阶段

进行非结合水排出。由于坯体含水分较高,表面蒸发了多少水量,内部就能补充多少水量,即坯体内部水分移动速率(内扩散速率)等于表面水分蒸发速率,亦等于外扩散速率,所以表面维持潮湿状态。另外,介质传给坯体表面的热量等于水分汽化所需的热量,所以坯体表面温度不变,等于介质的湿球温度。坯体表面的水蒸气分压等于表面温度下饱和水蒸气分压,干燥速率稳定,故称等速干燥阶段。此阶段是排出非结合水,故坯体会产生体积收缩,收缩量与水分降低量成直线关系。若操作不当,干燥过快,坯体极容易变形、开裂,造成干燥废品。等速干燥阶段结束时,物料水分降低到临界值。此时尽管物料内部仍是非结合水,但在表面一层内开始出现结合水。

(3) 降速干燥阶段 这一阶段中,坯体含水量减少,内扩散速率赶不上表面水分蒸发速率和外扩散速率,表面不再维持潮湿,干燥速率逐渐降低。由于表面水分蒸发所需热量减少，物料温度开始逐渐升高。物料表面水蒸气分压小于表面温度下饱和水蒸气分压。此阶段是排出结合水，坯体不产生体积收缩，不会产生干燥废品。当物料水分下降等于平衡水分时，干燥速率变为零，干燥过程终止，即使延长干燥时间，物料水分也不再发生变化。此时物料表面温度等于介质的干球温度，表面水蒸气分压等于介质的水蒸气分压。降速干燥阶段的干燥速率，取决于内扩散速率，故又称内扩散控制阶段，此时物料的结构、形状、尺寸等因素影响着干燥速率。

### 7.5.1.3 在固体表面上水的吸附问题

固体表面的原子有剩余的键（称为不饱和原子价作用），从而出现润湿固体表面的吸附水层。黏土粒子或粉末粒子是很小的，有很大的比表面积，其吸附水的量也非常大。

日用陶瓷坯体由非常多的粉末粒子和黏土粒子聚集而成，在其内部粒子与粒子之间有空隙，这些空隙组成毛细管，毛细管有把水吸上来的毛细管力。另外，还有毛细管凝缩现象。例如，在半径为 40Å[●] 的毛细管中，水分若要蒸发，大气的湿度必须在 60% 以下。反过来说，如湿度超过 60%，则 40Å 毛细管中的水将开始凝聚。这种现象不仅在干燥后的制品上，素烧以至于没有素烧的制品上都会出现此种现象。因此素烧制品放置地点的湿度一旦发生变化，则制品气孔中的水将出现凝缩或蒸发现象。

黏土质原料与非黏土质原料的性质不同，其原因为水与固体粒子之间相互作用程度的不同。如氧化铝与氧化锆等纯氧化物，在其颗粒极其微小的情况下，其表面特性经电介质的调节，有水混合后也表现出像黏土的性质。例如，调整 pH 值，则可以注浆或挤压成型，这种制品在干燥中必须十分注意，以防止其发生裂损。

非黏土质原料的干燥性质如下。

① 原料颗粒如果不十分微小，干燥收缩并不太大。

② 在水饱和的情况下，如外部条件一定，在干燥过程中则显示出有等速干燥阶段，液体水经毛细管的作用而到达表面。

③ 内部气孔减少后，其蒸发面退至坯体内部。

④ 颗粒如果十分微小，在干燥初期出现相当大的收缩，在其等速干燥阶段结束时，其干燥收缩也就不再发生。

### 7.5.1.4 干燥过程中的收缩与变形

日用陶瓷坯体在排出自由水的阶段是干燥过程中坯体发生较大收缩的阶段，其收缩率与坯体泥料的含水率有关，含水率越大，收缩率也越大。收缩率还与水分排出后颗粒能达到的紧密程度有关。黏土颗粒越细，收缩率越大。工业多测线收缩，尤其是墙面砖和砖的直线长度是很重要的。日用陶瓷的成型尺寸，一般是从制品烧成后的收缩反算回来确定的。坯体的收缩（$\beta$）和线收缩（$\alpha$）理论上的关系，假如为各向同性的收缩 $\beta = 3\alpha$。但实际上在干燥大型制品与托板相接触的部位因摩擦的关系，其收缩受到阻碍，有时会造成裂损，收缩不均匀就会发生变形，因此长而较薄的制品在干燥中常出现弯曲现象，在确定成型尺寸时，有时要将弯曲的影响计算在内。坯体中瘠性物料增多，能减小坯体的收缩率。另外，黏土的阳离子交换能力、黏土片状颗粒定向排列等对坯体的收缩率有影响，通常阳离子交换能力大的黏土其收缩率也大。用 $Na^+$ 作稀释剂时，可促使黏土颗粒作平行排列，因此，含 $Na^+$ 的黏土矿物的收缩率大于 $Ca^{2+}$ 的黏土矿物。

---

● 1Å = 0.1nm。

假设在没有发生变形的条件下也能进行干燥，黏土块的干燥也非各向同性的。黏土粒子形状各个都是板状的，长石有类似柱状的，这些粒子常向一定的方向作定向排列，当排出作为定向排列的黏土中的水分时，在与粒子平行的方向和垂直的方向所发生的收缩是不同的，平行方向的收缩小于垂直方向的收缩，可塑性黏土从练泥机出泥口挤出的泥料，定向效果是很重要的。其结果因为在组织上造成不连续性或薄弱环节，所以引起制品发生裂损，也是产生夹层现象的原因。端面小的其定向性更强，其线收缩在挤出方向上较小，在端面方向上较大。

总之，坯体在干燥过程中，随着水分的排出，坯体在不断地发生收缩，若坯体干燥过快或不均匀，则由于坯体内外层或各部位收缩不一致而产生内应力。当内应力大于塑性状态的坯体的屈服值时，就能使坯体发生变形。当内应力超过塑性状态坯体的破裂点或超过弹性状态坯体的强度时，坯体就会发生开裂。而变形和开裂是干燥过程中最常见的缺陷。

为了防止干燥过程中出现变形或开裂，可以采取调整日用陶瓷坯料降低坯体收缩的办法，同时在干燥过程中必须注意坯体在收缩阶段的干燥制度。通常在等速干燥阶段要特别小心，尽量不要使坯体各部分或内外层收缩不一致，也就是坯体各部位要均匀干燥，控制外扩散速率不要高于内扩散速率，因此，在等速干燥阶段，坯体的干燥速率是受到限制的。而在降速干燥阶段，则由于坯体整体基本不产生收缩，外扩散速率就可以加快。

对于日用陶瓷来说，日用粗陶一般坯体较厚，也较大，收缩率也较大，在干燥过程中易发生开裂，干燥速率不易太快。而对于日用陶瓷来说，一般坯体较薄，也较小，但由于形状较复杂，坯体各部位厚度也不同，因此极容易发生不同部位的干燥收缩不同而产生缺陷。若在干燥过程中使其尽量均匀，日用陶瓷坯体的干燥可以用较快的速率进行。

### 7.5.1.5 微波干燥陶瓷产品缺陷产生的原因及解决办法

陶瓷的传统干燥方法一般采用热空气及烟气作为介质，把热量传给待干燥的坯体，使其内部的水分受热而蒸发，同时把蒸发出来的水蒸气带走。这种热量由外向坯体内部传递而水蒸气从内向外的逆向传递过程为其基本特征。由这个基本特征决定了被干燥的日用陶瓷坯体内部温度不易均匀，易产生不一致的收缩而导致产品的变形或开裂。

微波干燥技术中所用的微波是一种波长极短（1mm～1m）、频率非常高（300MHz～300GHz）的电磁波，微波作用于材料是通过空间高频电场在空间不断变化方向，使物料中的极性分子随着电场作高频振动，由于分子间的摩擦挤压作用，使物料迅速发热而达到干燥的目的。因为日用陶瓷坯体中不同组分的极性是不同的，导致了微波吸收程度也不一样。一般来说，物料的分子极性越强，越容易吸收微波。水是极性物质，其吸收微波的能力远高于陶瓷坯体中的其他成分，所以水分子首先被加热。坯体含水率越高，其吸收微波的能力就越强。当干燥器内陶瓷坯体的含水率有差异时，含水率越高的部分会吸收更多的微波，温度高，蒸发快，因此在所干燥的物体内将起到一个自动平衡的作用，使坯体均匀干燥。另外，微波干燥时由于外部水分的蒸发，外部温度会略低于内部温度，热量由内向外传递，和水分的转移是同向的，这极大地提高了干燥效率。

尽管微波干燥有利于减少日用陶瓷在干燥过程中产生的缺陷，但是实际生产中也会发生产品的变形、开裂等缺陷。有关微波干燥产品产生开裂的原因及解决办法将在第10章进行详细的分析。

### 7.5.1.6 传统干燥方法中产品产生变形、开裂的原因及其解决方法

传统干燥过程中常见的缺陷也是坯体的变形和开裂。引起干燥变形和开裂的原因主要是

坯体受热不均匀、收缩不均匀引起的。下面讨论一下引起干燥收缩不均匀的因素。

（1）引起坯体干燥收缩不均匀的内部因素

① 坯体中塑性黏土的比例不当，过高和不足都会造成干燥的变形和开裂。

② 注浆泥料的加工工艺不合理，泥料太细或太粗，颗粒级配不合理，混合不均匀等因素，都会影响注浆成型后坯体的干燥质量。

③ 坯体的器型设计不合理，结构过于复杂，坯体的厚薄不均匀，某些交接处不够圆滑等，都是产生干燥收缩引起坯体变形和开裂的原因。

对于以上原因，目前国内的厂家分别从原料的选择、坯体的配方和调整、泥浆的加工工艺或者产品器型设计改进等几个方面进行控制和调整，改变了以前单纯从干燥制度方面解决问题的办法。

（2）引起坯体干燥收缩不均匀的外部因素

① 干燥制度设计不合理，或者虽然设计是合理的但实际操作中控制不当，造成干燥初期速率过快，收缩过大引起应力集中而开裂。在这方面虽然有先进的现代化干燥设备，但还必须有合理的适用于本厂坯体的干燥制度，才能控制坯体的干燥变形和开裂，达到提高干燥质量的目的。

② 坯体的各部位干燥不均匀，例如，气流只向一个方向流动，干燥器内部温度不均匀，石膏的垫板在一个部位吸水等因素，都可能造成各部位干燥不均匀。因此当干燥设备选定后，要控制干燥质量还有一个干燥操作的问题。

③ 坯体的放置不平或放置方法不妥，在干燥过程中由于坯体自身的重力作用引起变形，还有由于坯体与托板之间的摩擦阻力过大，阻碍了坯体的自由收缩，当摩擦阻力大于坯体本身的抗张强度时产生坯裂。

综合上述外部因素，为了控制影响质量的因素，必须确立科学的干燥制度。

### 7.5.2 干燥制度的科学化

干燥制度指根据产品的质量要求确定干燥方法及其干燥过程中的各阶段的干燥速率和影响干燥速率的参数。其中包括：干燥制度的温度、湿度、种类、流量与流速等。

（1）对干燥介质的温度、湿度进行分阶段有效控制 根据坯体干燥不同阶段的特征，最初采用低温度、高湿度，逐渐升温度减湿度，最后进入高温度、低湿度阶段。

（2）对干燥介质的流速和流量进行科学控制 坯体的水分向外扩散的速率除了受介质的温度、湿度的影响外，在很大程度上取决于干燥介质的流速与流量。在干燥的开始阶段，为了控制干燥速率，仅要低温度高湿度是不够的，而且还要控制热风的流量和流速，否则也会影响坯体开裂。相反，有些产品不宜在介质温度太高的场合下干燥，这时就可以采用加大介质流速和流量来提高干燥速率。

（3）在设计干燥曲线时，重视对坯体临界水分的研究 临界水分是坯体从等速干燥阶段向降速干燥阶段的转折点，即坯体干燥过程中，干燥收缩基本结束的临界水分状态点。在这一点之前，如果干燥速率过快，坯体容易开裂和变形；但如果过了临界水分状态点，由于坯体不再收缩，也就不会产生破坏应力，故可以加快干燥速率。许多工厂都对本厂坯体的干燥收缩时的临界含水量进行了实验测定，测出临界水分状态点，从而可以大胆地加快这一点后的干燥速率。

（4）根据不同的产品对干燥方式进行选择，从而决定不同产品的不同干燥制度 例如，对一些坯壁特别厚的坯体和器型特别复杂内有空腔的坯体，为了使坯体内的热扩散与湿扩散的方向一致，受热均匀，干燥速率快，一般采用热风介质的同时，采用微波干燥及远红外线干燥等。近年来社会各界对联合干燥的研究越来越多，这将对干燥制度的科学化提供有利的参考。

(5) 普通干燥与微波干燥相比产品产生缺陷的原因的差异　产品产生变形与开裂都是因为加热过程中产品的各部位温度不均匀导致温差过大或收缩不均匀造成的。其影响因素既存在内部因素又存在外部因素，影响因素众多而且复杂。然而两者毕竟有很大的不同。主要表现在以下几个方面。

① 产生温差的本质不同。传统干燥时由于热流是从物体的外部向内部流入，其温度是从外部高到内部低有一个明显的梯度，产品的温差是整体性的，由于陶瓷坯体一般是热的不良导体，这种温差一般在整个干燥过程中都很难消除。而对于微波干燥来说，它所产生的温差是由于局部材料对微波吸收的不一致导致的，这种温差是局部的，对于混料均匀的物料温度的平衡可以很快重新建立。传统干燥所涉及的主要是热的传导机理，而微波干燥却是极性分子对微波吸收机理。由于这个本质上的不同可以看到，为了使物料在干燥过程中不开裂、变形，传统干燥速率要受到很大的限制。而在微波干燥中微波可以穿透至物料内部，使内外同时受热，蒸发时间比常规加热大大缩短，可以最大限度地加快干燥速率，极大地提高生产效率。因此也节约了大量的能源消耗。而且微波干燥能源利用率高，对设备和环境不加热，仅对物料本身加热，运行成本比传统干燥低。

② 传统干燥中引起坯体干燥不均匀的内部因素主要是坯体中塑性黏土的比例不当，泥料太细或太粗，颗粒级配不合理，混合不均匀等造成干燥变形和开裂。而微波干燥时的不均匀性与塑性黏土的比例、颗粒级配没有关系，主要是物料内部与对微波有吸收作用的极性分子的分布有关。

③ 解决产品的变形、开裂在外部控制因素上，传统干燥的是热空气（或烟气）的温度、湿度、流场等影响干燥效果的主要因素；微波干燥的是微波的频率、功率、电磁场的均匀性等因素。

④ 传统干燥中坯体的形状、尺寸对干燥缺陷有很大的影响，形状越复杂、尺寸越大，越容易产生变形与开裂，而对于微波干燥来说则不存在这种情况。

⑤ 研究解决方法时两者所涉及的研究范围明显不同。传统干燥主要涉及的是材料学、流体学、传热传质学；微波干燥除了上述学科之外还包括微波电子学、微波技术与工程、电介质物理学。

# 7.6　CDS空气快速干燥器及在日用陶瓷干燥中的应用

少空气干燥工艺是英国"CDS"干燥设备有限公司经过四年研制、开发出的一种新型的干燥各种陶瓷产品和模具的革新工艺。

在中国传统干燥环节中主要选用的设备为隧道式干燥器、辊道式干燥器、室式干燥器和吊篮式干燥器，这些干燥设备在干燥过程中均采用连续供热和排湿。传统干燥设备由于热风与产品热交换时间短即排出，造成产品干燥能耗高、干燥周期长、干燥不均匀，最终导致产品局部收缩不均匀而开裂。尤其是对卫生陶瓷和高压电瓷这类干燥周期特别长的大件产品，造成干燥开裂现象尤为严重。随着陶瓷技术装备的发展，近年来国外推出了少空气快速干燥器，中国一些卫生陶瓷生产企业引进该设备并已取得了较好的效果，咸阳某研究设计院也开始研究开发少空气快速干燥设备，并取得了阶段性成果。该设备大大降低了干燥能耗和缩短了干燥周期，提高了产品的干燥合格率。

少空气快速干燥器除了适用于卫生陶瓷、电瓷外，还非常适用于日用陶瓷等可塑和注浆成型产品坯体的干燥；既能适用于陶瓷产品，也能适用于非陶瓷产品的干燥。在卫生洁具领域里的应用在第5章已有详细的介绍。现在已经证实效果明显且回报较高的两个方面：一是豪华卫生洁具（连体型坐便器）的干燥；二是石膏模具的干燥。少空气快速干燥器最大的特点是能耗低，干燥周期短，坯体干燥十分均匀，不会因干燥不均匀而造成坯体开裂等现象。少空气快速干燥器的热源配置有热风发生系统，其采用的燃料为柴油、石油、煤气和天然气。整个干燥系统运行采用全自动控制，已经在日用陶瓷行业得到广泛应用，并已取得非常好的经济效益和社会效益。

# 参 考 文 献

[1] 胡守真. 陶瓷干燥设备的发展历程 [J]. 佛山陶瓷，2006，(5)：35.

[2] Orth G, et al. Microwave heating：Industrial applications [J]. Electrowarme Interational edit, 1992, (B)：3.

[3] 池跃章. 无空气干燥箱 [J]. 建材工业信息，1999，(3)：26-30.

[4] 刘明福，贾书雄等. 少空气快速干燥设备的研制与开发前景 [J]. 陶瓷，2003，(2)：20-21.

[5] 华南工学院，清华大学编. 硅酸盐工业热工过程及设备——陶瓷工业热工设备 [M]. 北京：中国建筑工业出版社，1982.

[6] 蔡悦民主编. 硅酸盐工业热工技术 [M]. 武汉：武汉工业大学出版社，1995.

[7] 曾令可等. 陶瓷工业干燥技术及设备 [J]. 山东陶瓷，2003，26 (1)：13-17.

[8] 郁永章. 热泵原理与应用 [M]. 北京：机械工业出版社，1993：128.

[9] 郭胜利，张宝林. 微波干燥技术的应用进展 [J]. 河南化工，2002，(4)：1-3.

[10] 范红途，刘雅琴. 影响微波干燥各因素的分析及实验研究 [J]. 能源研究与利用，1994，(2)：24-28.

[11] 刘康时等编著. 陶瓷工艺原理 [M]. 广州：华南理工大学出版社，1989.

[12] 邹长元，姜赞平，吴从友. 微波干燥在日用陶瓷工业生产中的应用 [J]. 陶瓷工程，2001，(6)：25-26.

[13] 曾令可等. 陶瓷工业干燥技术和设备 [J]. 山东陶瓷，2003，26 (1)：14-18.

[14] 曾令可等. 微波干燥陶瓷产品产生变形、开裂原因和解决办法及其与传统干燥的比较 [J]. 陶瓷学报，2001，22 (4)：254-257.

[15] 曾金芳. 微波在复合材料领域中的研究与应用 [J]. 固体火箭技术，1998，21 (3)：58-63.

[16] 张兆镗，钟若青编译. 微波加热技术基础. 北京：电子工业出版社，1988，(10)：33.

[17] 曾令可等. 油烧辊道窑预干燥带干燥过程微观数学模型 [J]. 陶瓷学报，1998，(2)：61-64.

[18] 曾令可等. 辊道窑预干燥带干燥过程宏观数学模型 [J]. 陶瓷学报，1998，(5)：31-34.

[19] 贾书雄，刘明福等. 少空气节能快速干燥器系统及其应用 [J]. 陶瓷，2003，(4)：29-30.

[20] 高平良. 新型干燥技术在陶瓷工业中的应用——微空气流通干燥技术 [J]. 中国建材装备，1999，(3)：37-42.

# 第8章 陶瓷粉体制备过程中的干燥

## 8.1 喷雾干燥塔的结构及工作原理

在陶瓷产品生产过程中，制粉、成型、烧结是三个主要工艺环节。制粉是最基础也是最重要的环节之一，而喷雾造粒是制粉的一道重要工序。喷雾造粒制备的粉料质量直接影响着后续成型工序的压制性能、坯体均匀性及生坯的强度等，进而对材料性能、产品强度等也产生影响，所以喷雾造粒制备的粉料需具备一定的水分、合理的粒度及粒度分布、良好的流动性、一定的松装密度等特性。而且，在保证质量的前提下，也应充分发挥喷雾干燥塔的效率。这就要求对喷雾造粒系统的基本工作原理、控制方法有足够了解和认识。

### 8.1.1 喷雾干燥塔的结构

喷雾干燥塔的结构很多，主要结构如图8-1所示，通常主要由下面几部分组成。

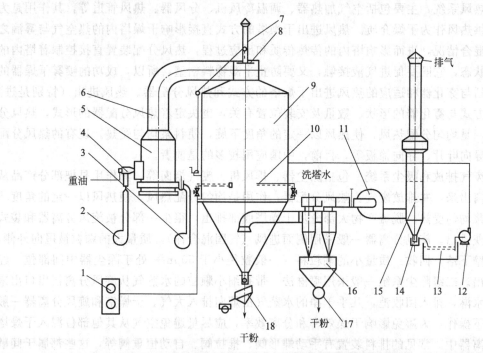

图 8-1 采用压力喷嘴式雾化器的喷雾干燥塔主要结构[4]

1—泥浆泵；2—雾化风机；3—调温冷风机；4—烧嘴；5—热风炉；6—热风管道；7—废气烟囱；
8—升降阀门；9—干燥塔；10—压力喷嘴式雾化器；11—排风机；12—循环水泵；13—沉淀池；
14—水封器；15—洗涤塔；16—旋风分离器；17—叶轮给料机；18—振动筛

(1) 料浆供给系统 包括浆池搅拌机、泥浆泵、料浆筛、输浆管路、流量计等，其作用是向雾化器供给料浆。

(2) 雾化器 它是喷雾干燥塔中最重要的部件，其作用是将输入的料浆雾化成微细的液滴，以便干燥。良好的雾化器应该能提供大小均匀的雾滴，雾化机理可分为滴状分裂、丝状分裂和膜状分裂。目前使用的几种基本类型的雾化器有旋转式雾化器、喷嘴式雾化器以及组合式雾化器。

(3) 干燥塔　干燥塔是整个工艺的主体设备，其作用是容纳雾化后的料浆液滴同输入的热风交汇，完成干燥过程。为了完成干燥任务，必须保证雾滴在干燥塔内有足够的停留时间。也就是说，在一定的操作任务下，塔体必须要有适宜的主体尺寸，即塔高和塔径。长期以来，主要依据实验室试验结果进行喷雾干燥器的设计和放大。目前，设计方法主要有干燥强度（单位体积单位时间内水分蒸发量）法、图解积分法和粒子运动轨迹法。但是，由于在喷雾干燥塔内空气与液滴之间的相对运动异常复杂，塔体的设计和放大依然存在很多问题，虽然可供参考的资料为数不少，但有关喷雾干燥器设计和特性估算的理论目前仍然很少，对于这些理论方法以及它们在设计和说明并流、对流或混合流的干燥器和可能采用的各种雾化器方面的使用价值还不能做出评价。即使在初步设计过程中也无法推荐使用哪一种理论。Kee 及 Pham 曾对喷雾干燥器设计进行过探讨：经验法和半经验法在实际使用中有一定的局限性，而依据单一雾滴大小或料雾分布进行分析的方法也只能部分适用，用现有的理论方法进行喷雾干燥器的设计因过于保守而不经济，但数值法（逐步逼近法）得到的结果较好。总之，干燥器的设计还存在诸多问题，仍然是喷雾干燥领域中一个比较活跃的研究课题。

(4) 热风系统　主要包括空气加热器、调温冷风机、分风器、热风管道等，其作用是为干燥塔提供热风作为干燥介质。热风进出干燥塔的方式直接影响干燥塔内的热空气与雾滴之间流动和混合情况，进而影响塔内的传热传质和反应过程，热风分配装置直接控制着塔内的热风流动状态，它既要促进气液接触，又要防止半湿物料粘壁，所以，成功的喷雾干燥器的设计应包括与雾化器相适应热风进出干燥塔的方式和热风分配器。热风进出（特别是进）干燥塔的方式与雾化器的形状、数量及安装位置有关，也决定着热风分配器的形式，热风分配器的作用是均匀分配热风，使热风以一定的角度下旋，使料浆均匀受热。现有的热风分配器主要有导向叶片、导向筛板等，目前，中国应用较多的是前者。

(5) 废气排放和吸尘系统　包括除尘器、排风机、废气烟囱等，其作用是把部分产品从废气中分离出来，并排放废气。热风分配器：作用是均匀分配热风，使热风以一定的角度下旋，使料浆均匀受热。脱硫产物大部分从干燥塔底部排出，很少一部分被旋风分离器和袋式除尘器捕获排出。旋风分离器一般采用侧面进风（气固混合体），质量大的颗粒被甩向外侧，沿除尘器壁下落，回收。质量小的颗粒料（一般粒径小于 $50\mu m$）处于除尘器中间部位，经引风机抽出。二级除尘系统一般采用喷淋法，带有细小颗粒的水蒸气从旋风分离器出口出来后，经过水淋，排入回收池，几乎干净的水蒸气由烟囱排入大气。干燥室和旋风分离器一般在低负压下操作，为避免影响干燥效率和分离效率，应尽量避免空气从其他部位漏入干燥塔和旋风分离器中。常见的排料装置有手动蝶形阀、推拉阀、自动恒重阀等，这些都属于间歇排料阀。另外，还有连续排料阀，用得最普遍的连续阀是旋转阀。干燥粒子的回收阶段需要满足干燥器的两个重要要求：①比较经济的产品回收方式；②废气中无陶瓷粉料粒子。

现有的回收设备主要有袋滤器和旋风分离器，至于选择什么样的回收设备主要从费用、收集效果以及被分离的陶瓷粉料要求的处理方式等方面加以考虑。

(6) 卸料及输送系统　包括卸料阀、振动筛、皮带输送机等，其作用是把产品从干燥塔内卸出，并筛分输送到料仓。

### 8.1.2　喷雾干燥塔的工作原理

其工作原理是用柱塞泥浆泵将料浆压至雾化喷嘴，一般喷嘴的孔径为 $2mm$，在压力为

2MPa的泥料通过喷嘴时就形成雾化，雾化角一般为53°的锥体形状，与热风炉产生的热风作相反方向的运动。热风从上面的分风器均匀地向下流动，而雾化的泥浆是由下向上喷洒，在瞬间就干燥成球形的颗粒。而这些颗粒在上升过程中速度逐渐变小，最后速度变为零，在重力的作用下落到塔底，从干燥塔底排出。经过粉料振动筛的筛选，得到标准的粉体。而随风带出的细粉，先经过旋风除尘器，使得稍微大一点的粉粒在重力作用下在旋风除尘器旋转中落到除尘器的底部，进行第一次除尘。伴有细微灰尘的热风再通过排风机进入湿式洗涤器，湿式洗涤器中部装有环形水管，上面开有很细的孔，通过循环水泵输送的水在水雾的洗涤下进行第二次除尘，最后排到大气中。最终完成整个喷雾造粒过程。喷雾干燥工艺原理如图8-2所示。

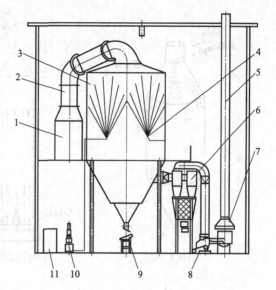

图 8-2　喷雾干燥工艺原理
1—热风炉；2—热风管道；3—干燥塔体；4—雾化喷嘴；
5—排风管道；6—旋风除尘器；7—水浴除尘器；
8—排风机；9—粉料振动筛；
10—柱塞泵；11—电气控制系统

喷雾干燥可分为四个阶段：料液雾化成雾滴；雾滴与空气接触（混合和流动）；雾滴干燥（水分蒸发）；干燥产品与空气分离。其中最主要的是液滴的雾化及与空气的接触和干燥过程，它们将直接影响干燥效果和干燥产品的质量。

### 8.1.2.1　料液的雾化

料液雾化的目的在于将料液分散为微细的雾滴，雾滴的平均直径一般为 $20\sim60\mu m$，因此具有很大的比表面积，当其与热空气接触时，两者之间发生传质传热，使得雾滴迅速汽化而干燥为粉末或颗粒状成品。雾滴大小和均匀程度对于产品质量和技术经济指标影响很大，特别是对热敏性物料的干燥尤为重要。如果喷出的雾滴大小很不均匀，就会出现大颗粒还没有达到干燥要求，而小颗粒却已干燥过度或受热变质。因此，使料液雾化所用的雾化器是喷雾干燥器的关键部件。

### 8.1.2.2　雾滴与空气的混合

雾滴与空气的接触方式是喷雾干燥设计中的一个重要因素，对于干燥室内的温度分布、液滴、颗粒的运动轨迹、物料在室中的停留时间以及产品性质有很大影响。空气和雾滴的运动方向，取决于空气入口和雾化器的相对位置。据此，雾滴与空气接触方式有并流式、逆流式、混流式三种。其中并流式又分三种情况：向下并流、向上并流和卧式水平并流。喷雾造粒系统气液两相流向示意图如图8-3所示。

上述几种流向各有特点，其中逆流式和混流式热利用率较高。如使用离心盘式雾化器，一般选用向下并流的形式；使用压力式喷嘴雾化器，则绝大多数采用混流式。

（1）并流运动　所谓并流运动，是指空气和雾滴在塔内均为相同方向运动。在并流系统中，最热的干燥空气与水分含量最大的液滴接触，因而迅速蒸发，液滴表面温度接近于空气的湿球温度，同时空气的温度也显著降低，因此从液滴到干燥成品的整个历程中，物料的温度不高，这对于热敏性物料的干燥是特别有利的。这时，由于迅速蒸发，液滴膨胀甚至破

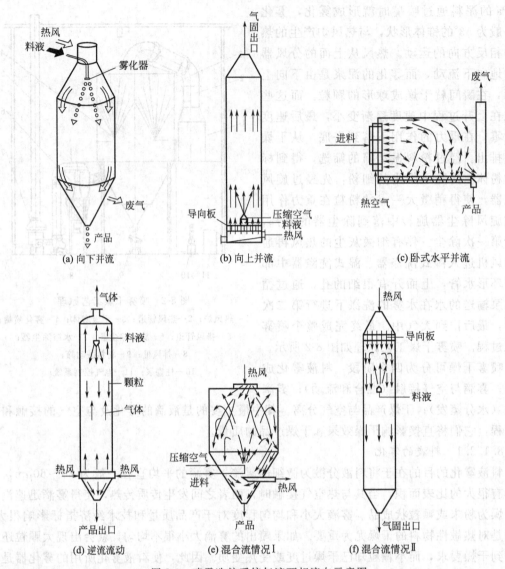

图 8-3　喷雾造粒系统气液两相流向示意图

裂，因此并流操作时所得产品常为非球形的多孔颗粒，具有较低的松装密度。

（2）逆流运动　所谓逆流运动，是指空气与雾滴的运动方向相反。在逆流系统中，平均温差和分压差较大，有利于传热传质，热的利用率高；将干燥好的含水较少的产品与进口的高温空气接触，可以最大限度地蒸发掉产品中的水分；由于气流向上运动，雾滴向下运动，这就延缓了雾滴和颗粒的下降速度，因而在干燥室内的停留时间较长，有利于颗粒的干燥。但逆流系统只适用于非热敏性物料的干燥，而且要保持适宜的空塔速度，若超过限度，将引起颗粒的严重夹带，给回收系统增加负荷。

（3）混合流运动　所谓混合流运动，是既有逆流又有并流的运动。混合流系统可用于比较小型的干燥室生产易于流动的粗粉，但粉料要经受较高的温度。混合流又分两种情况〔图8-3（e）、（f）〕。

① 喷嘴安装在干燥室底部，向上喷雾，热风从顶部进入，雾滴先与空气逆流向上运动，达到一定高度后又与空气并流向下运动，最后物料从底部排出，空气从底部的侧面排出。

② 喷嘴安装在塔的中上部，物料向上喷雾，与塔顶进入的高温空气接触，使水分迅速蒸发，具有逆流热利用率高的特点。物料已干燥到一定程度后，又与已经降低了很大温度的空气并流向下运动，干燥的物料和已经降低到出口温度的空气接触，避免了物料的过热变质，具有并流操作的特点。故此种类型适用于热敏性物料的干燥。

（4）旋转式喷雾干燥　在旋转式喷雾干燥室中，雾滴与空气的运动比较复杂，是既有旋转运动又有错流和并流运动的组合。塔内空气的流动形状，决定于空气分配器的结构，其流向如图 8-4 所示。由于雾滴主要是沿水平方向飞出的，故此类塔型为直径大而高度小。旋转式雾化器塔内的温度分布如图 8-5 所示。由图 8-5 可见，塔内各点温度分布是相当均匀的，尽管空气入口温度是 450℃，但一经与雾滴接触后，温度就迅速下降到接近于排风温度。这说明雾滴与空气间的热量、质量交换过程进行得很迅速。

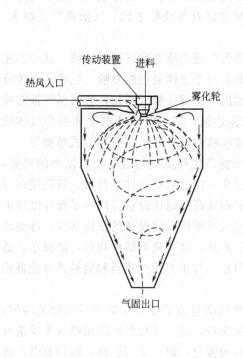

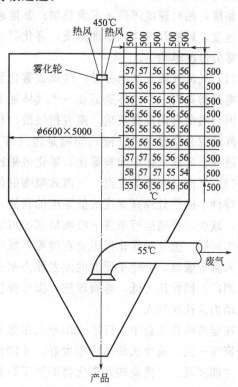

图 8-4　旋转式喷雾干燥室内气体与雾滴运动状况　　　图 8-5　旋转式雾化器塔内的温度分布

### 8.1.2.3　雾滴的干燥

雾滴干燥时，经历恒速（第一干燥阶段）和降速（第二干燥阶段）两个阶段。雾滴与空气接触，热量即由空气经过雾滴四周的界面层（即饱和蒸汽膜）传递给雾滴，于是雾滴中的水分汽化，通过界面层进入到空气中，因而这是热量传递和质量传递同时发生的过程。此外，雾滴离开雾化器时的速度要比周围空气的速度大得多，因此，二者之间还存在动量传递。雾滴表面温度相当于空气的湿球温度。在第一阶段，雾滴内有足够的水分可以补充表面水分损失。只要从雾滴内部扩散到表面的水分可以充分保持表面的润湿状态，蒸发就以恒速进行。当雾滴的水分不再能保持表面润湿状态，也就是达到临界点以后，雾滴表面形成干壳。干壳的厚度随着时间而增大，蒸发速率也逐渐降低。研究雾滴干燥主要是求出完成干燥要求所需的时间，由此求出干燥室的主要尺寸。

#### 8.1.2.4 产品与干燥介质的分离

雾滴干燥后的产品降落到干燥室的锥体四壁并滑行至锥底通过星形阀之类的排灰装置排出，少量细粉随空气流入旋风分离器中进一步分离。然后将这两部分成品输送到另一处混合后送入成品库中或直接送去包装成袋。还有一种分离方法是将锥底部分的粗细成品连同空气全部吸入旋风分离器或袋滤器中进行分离。

### 8.1.3 雾化器的分类及特点

目前所用的雾化器一般分三类：气流式雾化器、压力式雾化器和旋转式雾化器。

#### 8.1.3.1 气流式雾化器

也称气流式喷嘴。采用压缩空气或蒸汽以很高的速度（300m/s或更高）从喷嘴喷出，靠气液两相间速度差所产生的摩擦力，使液滴分裂为雾滴。雾滴的大小取决于相对速度和料液的黏度，相对速度越高，雾滴越细；黏度越大，雾滴越大。而料雾的分散度取决于气体的喷射速度、料液和气体的物理性质，雾化器的几何尺寸以及气液量之比，气液量之比越大，则喷雾分散度越均匀。

（1）气流式雾化器的分类　气流式雾化器还可分为二流式喷嘴和三流式喷嘴，其中二流式喷嘴是指具有一个液体通道和一个气体通道，即具有两个流体通道的喷嘴。二流式喷嘴分为外混合喷嘴和内混合喷嘴，前者指气液二相在喷嘴出口外部接触、雾化，后者指气液在喷嘴内部的混合室雾化。三流式喷嘴是指具有三个流体通道，即一个液体通道和两个气体通道，液体在两股气体中间被雾化，雾化效果比二流式喷嘴要好。此外还有四流式喷嘴等。

（2）气流式喷嘴的优点　气流式喷嘴的优点在于能产生高度均匀且平均粒度小的料雾，这种特性不论是处理高黏度或低黏度的料液，都可以在一定的运行条件下获得；料液喷射口较大，减少了普通运行条件下喷嘴堵塞的可能性；不需要高压输送设备，减少了操作维修中的许多问题。但这种雾化器需要在喷嘴系统中安装空气压缩机，使设备的投资加大；冷的流体进入到干燥器，会使干燥器的蒸发能力明显下降。此外，这类喷嘴结构简单，磨损小，适用范围广，操作压力低，雾滴较细，操作弹性大。但是，与压力式雾化器和旋转式雾化器相比，动力消耗比较大。

在建筑陶瓷工业中，砖坯成型绝大多数采用压制成型是为了使被压制的砖坯厚薄均匀，各处密度一致，故要求粉体成型度好，才能保证压制质量，这一过程只能采用喷雾干燥造粒技术才能实现。虽然旋转式雾化器能用于高黏度物料的雾化，但由于转速高，结构复杂，价格昂贵，限制了它的使用，利用压缩气体作动力将料液雾化的气流式雾化器可以解决这一问题。

#### 8.1.3.2 压力式雾化器

压力式雾化器将连续的液流雾化成细小液滴的基本原理是：由于受外力的作用，液体从喷嘴出口处不远的距离，克服表面张力，从液膜分裂成液线，加上湍流径向分速度和周围空气相对速度的影响，使液线再分裂成大小不同的液滴。液流的雾化主要取决于液流的湍流度。直接影响湍流度的因素有液流压力、流速、喷嘴孔径和几何形状以及流体的物性。

压力式雾化器的工作原理是：料浆用泵以较高的压力沿切线槽送入旋流室，在旋流室内，料浆高速旋转，形成近似的自由涡流；越靠近喷嘴中心，旋转速度越大而压力越小。结果在喷嘴的中心孔附近，料浆破裂，形成一股压力等于大气压力的空气柱，料浆在喷嘴内壁与空气柱之间的横截面中心以薄膜的形式喷出。喷出后，随着薄膜的伸长、变薄，拉成细丝，最后细丝断裂而成为液滴，因压力式雾化器中料浆的压力一般为 1.8～3.5MPa，磨损较大，故材质必须具有高的耐磨性。喷嘴材质一般有 TC（tungsten carbide）钨碳合金、CC（chrome carbide）铬碳合金和陶瓷（ceramic）等。

根据液体获得旋转运动的结构形式不同，压力喷嘴可粗略地分为旋转型压力喷嘴和离心型压力喷嘴。

（1）旋转型压力喷嘴　液体经过旋转室喷出的喷嘴称为旋转型压力喷嘴，旋转型压力喷嘴有两个特点：一是有一个液体旋转室；二是有一个液体进入旋转室的切线入口，考虑溶液的磨损问题，可采用镶嵌人造宝石的喷嘴孔，也可采用碳化钨材料制造。

（2）离心型压力喷嘴　具有使液体旋转的内插头喷嘴，称为离心型压力喷嘴。此类型的结构特点是在喷嘴内安装一插头，旋转型压力喷嘴和离心型压力喷嘴在雾化机理方面没有差别。

喷雾干燥时料液的雾化压力通常为 0.98～19.6MPa。喷嘴孔径一般为 0.5～6mm，特殊结构的大孔径喷嘴其直径可达 12mm。

压力式雾化器的特点是：雾化动力消耗小，产量可调，操作可靠，设备结构简单，操作时无噪声；改变喷嘴的内部结构，容易得到所需要的形状；大规模生产时可以采用多喷嘴喷雾。其缺点是：生产过程中流量无法调节，要调节流量，必须更换不同孔径的喷嘴；喷孔在 1mm 以下的喷嘴，在喷含有杂质的料液时极易堵塞；不适宜用于黏度高的胶状料液及有固相分解面的悬浊液的喷雾；喷嘴极易堵塞和磨损，需经常调换。高压泵制造维修复杂，高压操作隐患多。

从上述两种雾化器中喷出的粒子，由于具有很大的轴向速度，而使得干燥器具有较大的高度和较小的直径，使干燥器呈细长状。

### 8.1.3.3　旋转式雾化器

料液从中心输入高速旋转（圆周速度可达 90～140m/s）的转轮或转盘，然后在轮或盘的表面加速向外流到边缘，在离开边缘时分散成由微细的雾滴组成的料雾。这种雾化器产生的液滴大小和均匀性主要取决于转盘的圆周速度和液膜厚度，而液膜厚度又与溶液的处理量有关。圆周速度越低，雾滴越不均匀。有些旋转式雾化器圆周速度小于 50m/s 时，雾滴便很不均匀。通常操作时，盘的圆周速度为 90～140m/s，当进料速度一定时，要得到均匀雾滴，下列几个条件是十分重要的。

① 雾化轮转速高，转动平稳。

② 流道表面平滑，料液分布均匀。

③ 进料速度均匀。

旋转式雾化器形成一个低压系统，操作可靠、简单，可适应进料速度发生波动的情况，提高进料速度而无须增多雾化器，还可处理磨蚀性的物料。由于流出口较大，雾化轮几乎不会出现堵塞现象。最重要的一个特点是可以通过控制轮的转速来调节颗粒。平均粒度与进料速度及料液黏度成正比，与转轮速度和转轮半径成反比。

根据结构特点，旋转式雾化器分为光滑盘式雾化器和叶片式雾化器，简称光滑轮和叶片轮，光滑盘又包括平板型、盘型、碗型和杯型。叶片盘的雾化效果比平板型雾化器的雾化效果要好，但是结构复杂，要求较高。

与前两种雾化器相比，采用旋转式雾化器的喷雾干燥器可以在较大的进料速度范围内正常工作。从雾化器出来的粒子具有较大的切向分速度，在设置有旋转风场的干燥室内，与干燥空气之间的混合较充分，雾滴与干燥介质之间的热量、质量、动量交换过程进行得更迅速，干燥室内的温度分布较均匀，因而对干燥器壁的结构材料不必有过高的耐热要求。所有这些优点，使旋转式雾化器在工业生产上获得了越来越广泛的应用。

#### 8.1.3.4 气流压力复合式雾化器

如前所述，三类雾化器中，气流式雾化器动力消耗大，能量利用率只有约 0.5%，生产能力小，压力式雾化器需要一台高压泵作动力，难以广泛应用。喷孔小，易堵塞，磨损大，不宜处理高黏度液体。因此，人们综合了压力式雾化器与气流式雾化器的优点，设计了气流压力复合式雾化器，这种雾化器克服了上述雾化器的缺点，雾化效果好，应用范围广，体积小，易于制造、安装和使用。陈明功详细描述了这种雾化器的结构和工作原理，并分析了影响雾化效果的主要因素，认为这些因素主要如下。

① 雾化器几何尺寸，即气、液体通道面积。

② 料液的物理性质，如黏度、密度、表面张力、流量、压力等。

③ 动力气体的物理性质，如密度、流量、压力等。

#### 8.1.3.5 雾化器的比较和选择

除了上面讨论的多种雾化器，还有声波雾化器等，它们各有优缺点（表 8-1），选择什么类型的雾化器主要由待处理液体的属性以及对干燥产品的要求来确定，现有类型的雾化器在能量供应增大的条件下都能提供更加细小的雾滴。雾化程度还取决于液体进料的流动特性，在同样的能量供应条件下，黏度大、表面张力大的液体得到的雾滴尺寸会更大些。

表 8-1 三种雾化器的性能比较

| 比较的条件 | | 气流式 | 压力式 | 旋转式 |
|---|---|---|---|---|
| 料液的条件 | 一般溶液 | 可以 | 可以 | 可以 |
| | 悬浮液 | 可以 | 可以 | 可以 |
| | 膏糊状物料 | 可以 | 不可以 | 不可以 |
| | 黏度 | 改变压缩空气压力 | 难以控制，适于低黏度 | 改变转速，但有限制 |
| | 处理量 | 调节范围较大 | 调节范围最狭窄 | 调节范围广，处理量大 |
| 加料方式 | 压力 | 低压约 $3\text{kgf/cm}^2$ | 高压 $10\sim200\text{kgf/cm}^2$ | 低压约 $3\text{kgf/cm}^2$ |
| | 泵 | 离心泵 | 多用柱塞泵 | 离心泵或其他 |
| | 泵的维修 | 容易 | 困难 | 容易 |
| | 泵的价格 | 低 | 高 | 低 |
| 雾化器 | 价格 | 低 | 低 | 高 |
| | 维修 | 最容易 | 易磨损 | 容易 |
| | 动力消耗 | 最大 | | 最小 |
| 产品 | 粒度 | 粒度较细 | 粗大颗粒 | 微细颗粒 |
| | 体积密度 | 黏度影响很大 | 与雾化方法无关 | 与雾化方法无关 |
| | 含水量 | 黏度影响很大 | 与雾化方法无关 | 与雾化方法无关 |
| | 粒度均匀性 | 黏度影响很大 | 与雾化方法无关 | 与雾化方法无关 |
| | 最终含水量 | 不均匀 | 均匀 | 均匀 |
| | | 最低 | 较多 | 较低 |
| 塔 | 塔径 | 小 | 小 | 大 |
| | 塔高 | 低 | 最高 | 低 |
| | 热风 | 并流，逆流 | 并流，逆流 | 并流 |

注：$1\text{kgf/cm}^2=98.0665\text{MPa}$。

如果离心盘式雾化器和喷嘴式雾化器都能满足雾化粒子的尺寸要求。一般选择离心盘式雾化器，这是因为这种雾化器有更高的灵活性。离心盘式雾化器可以产生尺寸中等的雾滴（平均直径为 $20\sim150\mu\text{m}$），也可以产生更大的雾滴。但工业生产中，大的雾滴直径一般要求大直径的干燥器，最理想的雾化器应具有下列特征。

① 结构简单，检修容易，有足够的物料处理能力。

② 能产生大、小滴径的雾滴，调节容易。

③ 可采用标准抽吸设备、重力进料或虹吸进料系统。

气流式雾化器因动力消耗很大、产品粒度特别细等原因已很少使用。离心盘式雾化器工作时，料浆在离心盘里高速旋转，在离心力的作用下向圆盘边缘运动，在运动的过程中逐渐被加速并扩展成薄膜最后以很高的速度甩出而成为液滴。离心盘式雾化器不易堵喷枪，但因其高速运行，设备精密，造价较高。而压力喷嘴式雾化器的粉料粒度较离心盘式雾化器为粗且加上维修方便等原因，铁氧体材料行业多采用压力喷嘴式雾化器。

### 8.1.4　喷雾干燥的优缺点

喷雾干燥的一个最显著特征是将液体料浆雾化为非常微细的雾滴（$20\sim60\mu m$），因而具有很大的比表面积，显著地增大水分的蒸发表面，大大缩短干燥时间。喷雾干燥的很多优缺点都是与这一特征分不开的。

#### 8.1.4.1　喷雾干燥的优点

（1）在高温介质中，颗粒表面温度接近于纯液体的绝对饱和温度。由于瞬间干燥和物料表面温度低，喷雾干燥特别适宜于热敏性物料的干燥，物料的干燥时间很短（通常为15～30s，甚至只有几秒），而且有较高的热利用率。

（2）容易改变操作条件　以调节或控制产品的质量指标，例如粒度分布、最终湿含量等。

（3）可制成各种形状粉末　根据工艺上的要求，产品可制成粉末状、空心球状或疏松团粒状，通常不需要粉碎即得产品，而且能在水中迅速溶解，例如速溶脱脂奶粉、速溶咖啡等。

（4）简化了工艺流程　如采用喷雾干燥，则在干燥塔内可直接将溶液制成粉末状产品，这就节省了大批设备如蒸发器、结晶器、过滤机、粉碎机、振动筛等，还节省了管线、操作人员等。此外，喷雾干燥容易实现机械化、自动化，还能减轻粉尘飞扬、改善劳动环境，易于实现连续操作和全自动控制。

#### 8.1.4.2　喷雾干燥的缺点

（1）容积传热系数较小　对于不能用高温载热体（低于150℃）干燥的物料，所用设备就显得庞大一些。而在低温操作时，空气消耗量大，因而动力消耗量也随之增大。

（2）对气-固混合物的分离要求较高　对于很细的粉末状产品，要选择可靠的气固分离装置，以免造成产品的损失和对周围环境产生污染。因此，分离装置比较复杂。

### 8.1.5　喷雾干燥技术的进展

#### 8.1.5.1　发展历史

喷雾干燥是使陶瓷料浆液态物料经过喷雾进入热的干燥介质中转变成干粉的过程。喷雾干燥技术已有一百多年的历史，它在工业上的应用也有近百年的历史，开始只限于蛋粉、奶粉等少数产品的生产，随着不断深入研究和发展，现已在化学、食品、医药、农药、陶瓷、水泥、水产、林业、冶金等工业生产中广泛应用。目前，已从喷雾干燥发展到喷雾冷却、喷雾萃取和喷雾冷冻等。

一般认为，喷雾干燥技术的研究早在19世纪初期就开始了。最早是La Mont在1865年提出用喷雾干燥法处理蛋粉，但做出极为重要贡献的是美国的Sameul Percy的发明。他在 1872 年题为"干燥操作的改进及通过雾化将液体物料浓缩"的专利中清楚地论述了喷雾干燥过程的实质。1888 年 Bassler 提出了著名的喷雾浓缩法,他将喷嘴装在设备的顶部,按对流方式使料雾与热空气接触。

这些早期的专利几乎没有在工业上得到应用,可能是由于在干燥器中形成积垢后常需停机清洗,达不到将物料连续雾化和干燥的效果。直到 1905 年 Stauff 的专利被美国的 Merril-Soul 公司购买后,制造出一种乳制品生产的专用设备。这是当时美国第一个获得成功的喷雾干燥器,用它生产出质量远高于滚筒式干燥器生产出来的奶粉,说明喷雾干燥能成功地处理热敏性食品。1914 年 Gray 和 Jensen 联合开发出采用喷嘴式雾化器的著名的 Gray-Jensen 混合流式喷雾干燥器,控制了若干年的市场。

早期的喷雾干燥器大都是喷嘴式雾化器。但在 1911 年,Masters 提出了将液体加到转盘上的雾化设备,由此发展成 Kraus-Kestner 旋转的倒碗式雾化器,进而又出现了处理量大的带叶片或环形槽式雾化轮的设计思想。

工业上应用喷雾干燥器最早获得成效的是 20 世纪 20 年代的乳制品工业和洗涤剂工业。到 20 世纪 30 年代初期喷雾干燥已被公认是成功的干燥方法。但早期的干燥操作很保守,进料只限于低黏度的液体,产品的质量只能是"干了"或"未干"。到 20 世纪 30 年代中期,喷雾干燥技术和喷雾干燥器的设计才有了明显进步。这一时期可用喷雾干燥法来干燥热敏性的染料。旋转式雾化器和喷嘴式雾化器都在生产上得到了应用。干燥介质既可用蒸汽,也可用煤气或油将空气直接或间接加热。这时的文献都说明在第二次世界大战前夕,人们对喷雾干燥操作已获得大量理论方面的知识。

第二次世界大战的爆发,需要大量的脱水食品和各种形式的粉状制品,以降低产品重量及运输费用,使喷雾干燥的应用更为广泛,干燥的容量也变得更大,从而使喷雾干燥技术得到迅速发展。尤其是 20 世纪 50 年代前后,已有大量关于喷雾干燥技术的理论和试验研究的文献发表,如马歇尔、马斯托思等人的著作。中国的喷雾干燥技术起步比较晚,但自从 20 世纪 50 年代吉林染料厂引进第一台前苏联的离心盘式喷雾干燥器以来,中国的喷雾干燥技术发展也很快。

### 8.1.5.2 机理研究

关于雾化机理的研究,许多研究工作者已经做了大量工作。Rayleigh 在 1878 年首先提出了非黏性液束在层流状态下散裂的数学表达式,并得出了"当液束的长度大于周长时就会不稳定而易于散裂"的结论。虽然这些条件实际并不存在,但后来的理论中还是常引用这条古典理论。到 20 世纪 30 年代,液束的研究已达到考虑空气阻力对液束散裂影响的水平。Castleman(1931 年)认为雾化程度可从空气与液体之间的相对速度来调节,直接推论出"液束的稳定性是雷诺数的函数"。Ohnesorge(1936~1937 年)找到了与雷诺数的关联式。这是液体雾化过程的初步简化。对于工业雾化器,由于液体分散过程进行得太快,无法分清液体散裂时各个阶段的情况,各种液体性质所起的作用也模糊不清。但普遍认为雾化机理与雾化方法、操作条件以及流体的物理性质等因素有关。

关于雾化器雾化性能的研究,也有大量的理论分析和试验工作。对于气流式喷嘴,很多研究者提出了液滴直径的关系式,如 Cedik 和 Filkova(1985 年)就利用因次分析法对其雾化性能进行了理论分析,并通过试验加以验证,得到了计算液滴尺寸的关联式。而压力式喷嘴,Doumas 和 Laster(1953 年)对 Novikov(1948 年)模型做了经验修正,根据试验数据得到了流量系数和雾化角的关联图,为压力式喷嘴的设计计算提供了理论基础。Marshall 等人

（1950～1955 年）在旋转式雾化器的雾化理论及性能预测方面做了大量研究工作。Walton、Prewett（1949 年）和 Frazer（1956～1957 年）以及徐基漩等人（1986～1989 年）在这方面也做出了很大贡献。但是，旋转式雾化器的理论研究还远不及气流式雾化器或压力式雾化器，其雾化性能的计算值与实测值之间的差别还很大，大多数情况下的设计还是以经验为主。

喷雾干燥至今仍被认为是一种"技艺"，这是由于有些参数还很难预测，必须通过试验得到。但对喷雾干燥的理论研究一直都在进行。Marshall 等人在理论和试验研究方面做了大量工作。喷雾干燥器的设计及性能预测主要有三种方法。①经验和半经验法，如 Luikon（1955 年）提出的以容积传热系数表达的经验方程，Feder（1959 年）的图解法以及 Borde-Dolinsky（1964 年）的因次分析法，这些方程都做了大量简化假定，因此实际应用是有限的，只能得到一些变量影响的定性概念。②解析法，一种是考虑单个液滴大小的解析法，以最大液滴作为设计和操作的决定因素；另一种是考虑粒度分布的解析法，Shapiro 和 Frickson（1957 年）推导出一个在颗粒或雾滴的蒸发和加速情况下通用微分方程，后来许多研究者在此基础上，对这种方法做了进一步研究和发展。③数值法，又称分段法，由 Marshall（1955 年）提出，Keey 和 Pham（1976 年）加以发展和完善，Satija（1987 年）则提出了用于喷雾干燥塔进行放大计算的准一维模型。

但是，由于干燥过程中气液两相之间同时发生"三传"（质量传递、动量传递、热量传递）现象，迄今为止，用数学语言来做完全的描述还存在困难，效果也不理想。另外，由于不能精确表示出料雾与干燥空气在雾化器附近的接触情况和干燥室中液滴粒子与空气之间的流动特性，以及喷雾干燥器所处理物料的多样性和干燥器形式的复杂性，喷雾干燥的设计工作仍然很困难。所以，近二十年来，喷雾干燥的研究主要集中在对干燥器内的空气场流动特性以及液滴粒子在干燥室内的运动情况进行分析，并力图建立一个能准确描述喷雾干燥过程的数学模型，利用计算机进行数值模拟，从而实现干燥器的设计放大。既可以减少设计时间，提高设计效果，又使得设计有"据"可查，有"法"可依，这样就弥补了以往经验设计的不足。在这方面，D. E. Oakley 和 R. E. Bahu 等人做了较多的论述并取得了一定进展。

# 8.2　喷雾干燥塔用热风炉及燃料

干燥是利用热能使湿物料中的水分汽化，并排出生成的蒸汽，以获得湿分含量达到规定的成品的方法。将物料去除水分或其他挥发成分的操作，是一种应用范围非常广泛的单元操作之一。无论是何种形式的干燥都离不开热源，热源是干燥系统中重要环节之一，喷雾干燥也不例外。热风炉是喷雾干燥器的供热系统即干燥的热源。

传统的陶瓷生产企业所用的热风炉所采用的燃料有煤气、重油、水煤浆等。中国煤资源丰富，已探明的储量预计可使用 500～700 年，而石油资源相对短缺。所以，燃煤热风炉或燃水煤浆热风炉从 20 世纪末开始至现在已基本取代了燃油热风炉。

目前，用于喷雾干燥的燃煤热风炉主要有四种，即水煤浆方式、链条炉方式、手烧炉方式和燃煤粉方式。现在对这几种燃煤炉的结构、原理、使用性能以及投资和运行成本进行简单介绍。

### 8.2.1　几种热风炉的基本结构及工作原理

#### 8.2.1.1　水煤浆热风炉

水煤浆是一种固液两相分散体系，一般由 70％的超细煤粉、29％的水和 1％的添加剂经充分搅拌后，形成不易沉淀的流体，其黏度为 $1.0\sim1.5Pa\cdot s$，煤粉粒度上限为 $300\mu m$，其中小于 $74\mu m$ 的不少于 $75\%$，水煤浆发热量是重油的 $50\%$、煤的 $70\%$。添加剂的作用是防止发生沉淀，使水煤浆一方面具有剪切变稀的流变特性；另一方面使沉淀物具有松软的结构，防止产生不可恢复的沉淀。水煤浆的制备方法有干法和湿法两种。

(1) 水煤浆的制备 水煤浆的制备过程：将煤、水、添加剂以 $60\%$、$40\%$、$1\%$ 的比例加入球磨机中，运转 $6\sim8h$ 制得水煤浆。制备过程中对原料的要求如下。

① 对煤质的要求 应选用热量在 $(2.71\sim2.927)\times10^7J/kg$，杂质在 $10\%$ 以下，挥发分在 $30\%$ 以上的精洗煤（精洗煤的灰和硫成分大为降低）。有的煤转气的工厂把其制备过程所产生的酚水和焦油也加到水煤浆中，一方面增加水煤浆的热值；另一方面完全解决了制气过程产生酚水及焦油污染物难以解决的难题。

② 对添加剂的要求 选用苯磺酸钠、木质素、纤维素等化学原料制成的化工添加剂，它们都起到解凝剂的作用。水煤浆静止 $24h$ 有少许沉淀。

③ 对水质的要求 宜选用中性水，硬度不可太大。有的厂家甚至把煤转气中产生的废气也加进去，解决废气难以处理的问题。

(2) 水煤浆的工艺流程及工艺布置

① 水煤浆工艺流程 配料→过秤→球磨机→浆池→隔膜泵→振动筛→伺服罐→柱塞泵→热风炉。

② 水煤浆工艺布置如图 8-6 所示。

(3) 水煤浆旋风燃烧炉的组成 水煤浆旋风燃烧炉有 32 型、50 型，现有更大型号的燃烧炉仍在使用。32 型主要为 3200 型喷雾干燥塔配备，50 型主要为 4000 型以上喷雾干燥塔配备。

水煤浆旋风燃烧炉是水煤浆的燃烧设备，其结构由烟道、配风器、除尘室、燃烧室、除渣器等部分组成（图 8-7）。

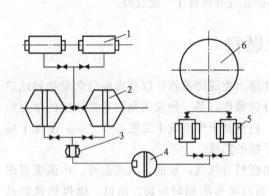

图 8-6 水煤浆工艺布置
1—球磨机；2—浆池；3—隔膜泵；4—伺服罐、
振动筛；5—柱塞泵；6—热风炉

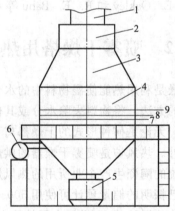

图 8-7 水煤浆旋风燃烧炉
1—烟道；2—配风器；3—除尘室；
4—燃烧室；5—除渣器；6—助燃风机；
7—水煤浆；8—柴油；9—压缩空气

① 烟道。这是水煤浆旋风燃烧炉最上面的一部分，另一端与喷雾干燥塔的分风器相连。配风后的热气（$600\sim700℃$）经此进入喷雾干燥塔。烟道内衬为轻质耐火砖，上有人孔，便于砌砖和检修。

② 配风器。通过调节闸板的开度大小来控制配入冷风的量，降低进风温度，调节喷雾干燥塔内及炉膛内的压力。

③ 除尘室。水煤浆燃烧炉内有射流风管，形成旋转气流，将煤燃烧所产生的煤粉尘、微细炉渣进行收集，以免污染粉料，除尘效率达98%以上。内衬为耐高温浇注料。

④ 燃烧室。燃烧室是水煤浆的主要燃烧空间，水煤浆技术的操作主要集中于此。

⑤ 除渣器。位于水煤浆燃烧炉的最下部，是内腔充水的冷却部分，也有定期清炉的人孔。下部有一水斗，加水起密封作用，防止冷空气进入，以便降低炉温及热量损失。

（4）水煤浆热风炉的主要设备　水煤浆热风炉的主要设备有助燃风机、空气压缩机、柱塞泵、油泵、伺服罐、振动筛、喷枪、辐射测温计、气动隔膜泵等。

① 助燃风机。助燃风机主要提供煤燃烧所需的助燃空气，同时提供除尘用风，其通过闸板进行控制。

② 柱塞泵。柱塞泵根据实际水煤浆的消耗量来选择。可选用85型柱塞泵，也可选用110型柱塞泵，有的企业选择140型柱塞泵。因煤燃烧不易点燃，要考虑备用柱塞泵，防止柱塞泵故障而死火。

③ 油泵。水煤浆不易点燃，点火使用柴油，待温度达到900℃时，方可打开水煤浆阀门。

④ 伺服罐、振动筛。伺服罐用于盛放过筛后的水煤浆，安装位置高于柱塞泵进浆口，以便通过自然压力使水煤浆进入柱塞泵。振动筛将水煤浆进行过滤，去除杂质。筛网目数为60～80目。

⑤ 搅拌机。水煤浆浆池、伺服罐应安装搅拌机，不断进行搅拌，使水煤浆保持均匀，防止沉淀。

⑥ 辐射测温计。用于测量炉膛内的温度，达到控制温度的目的。

⑦ 气动隔膜泵。建议使用M8型气动隔膜泵。

⑧ 喷枪。一种特制喷枪，从后部进水煤浆，从侧面进压缩空气，对水煤浆进行雾化。

⑨ 空气压缩机。提供0.6MPa的压缩空气作为雾化空气。陶瓷厂都配有空气压缩机，而且当时设计负荷已考虑到日后的发展要求，一般不考虑空气压缩机，否则应根据实际用气量来订购空气压缩机。

（5）水煤浆热风炉的工作原理　伺服罐中的水煤浆（已经过振动筛过滤）通过柱塞泵以1.0～2.0MPa的压力送至喷嘴，与此同时，由雾化风机经雾化风管送来的雾化风（压力0.6～0.7MPa）与之混合，使水煤浆充分雾化，在热风炉内形成很细的雾滴，然后与助燃风（由助燃风机产生，通过助燃风管送来的）相遇、燃烧，产生的热烟气经炉内除尘室，除去烟气中的大部分煤灰，再通过配风室、热风管道被送到喷雾干燥塔。

8.2.1.2　链条炉排热风炉

链条炉排热风炉（图8-8）直接燃烧原煤。其工作原理为：自动上煤机将煤加入链条炉的煤斗中，在炉排运行过程中，调节煤斗上的煤闸门高度，可控制炉排上煤层厚度，炉膛就设置在炉排上，在炉排运转时，炉排上的煤与来自炉排下面的助燃风（由鼓风机送来的）混合燃烧，产生的热烟气经除尘室、热风管道进入干燥塔。在炉排上，沿其运行方向煤的燃烧过程依次划分为预热区、预燃区、燃烧区、燃尽区和排渣区五个区。煤渣通过排渣区，在炉排尾部掉入出渣坑内的水中，被除渣机自动输送到炉外。

8.2.1.3　手烧热风炉

手烧热风炉是采用人工定时加煤、人工定时清渣的炉算子式热风炉。它由炉膛、炉算

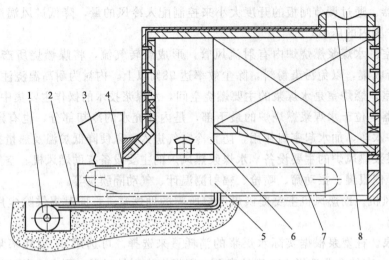

图 8-8　链条炉排热风炉

1—助燃风机；2—助燃风管；3—煤斗；4—煤闸门；5—炉排；6—炉膛；7—除尘室；8—热风管道

子和除尘室三部分组成。其工作原理为：人工加入炉膛的煤与通过炉算子进入炉膛的自然风混合、燃烧，产生的烟气经除尘室、热风管道进入干燥塔。

**8.2.1.4　煤粉热风炉**

（1）煤粉的制取方法　原煤粗碎→磁选、筛分（粒径不大于10mm）→粉磨（粒度120目）→储存→定量→燃烧。

（2）煤粉炉的工作原理　来自煤粉仓的煤粉与雾化风管送来的雾化风在燃烧器内搅拌混合均匀后，再与来自烧嘴外夹层的助燃风接触，喷入炉膛，充分雾化、燃烧，产生的热烟气经除尘室除尘后通过热风管道进入干燥塔。其结构与工作原理如图8-9所示。

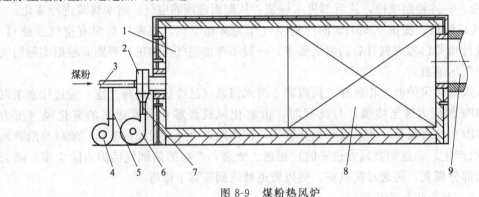

图 8-9　煤粉热风炉

1—炉膛；2—燃烧器；3—煤粉输送管道；4—雾化风机；
5—雾化风管；6—助燃风机；7—助燃风管；8—除尘室；9—热风管道

（3）煤粉热风炉的实例　图8-10为湖南某公司研制的煤粉热风炉系统结构，其工作原理如下：将在煤场粗碎、干燥后的煤加入破碎输送机1，破碎至粒度≤10mm，经固定式磁选筛2自动磁选和筛分后，再由斗式提升机3送至储煤仓4备用。煤仓与风扇式磨煤机5的料斗连通，煤量可自动补充。当系统运行时，风扇式磨煤机将煤磨成粒度≥120目的煤粉，用自身产生的一次风通过输煤管6自动输往预燃式燃烧器7；煤粉在燃烧器内经高温燃烧和气化反应后，以半气化状态喷入炉体10内实现完全燃烧；燃烧过程产生的粉煤灰部分由排

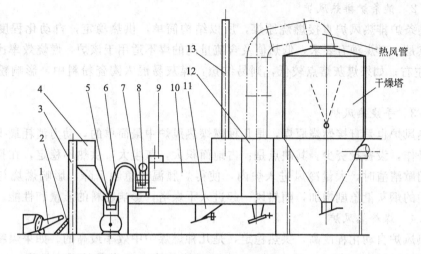

图 8-10 煤粉热风炉系统结构

1—破碎输送机;2—固定式磁选筛;3—斗式提升机;4—储煤仓;5—风扇式磨煤机;6—输煤管;
7—预燃式燃烧器;8—助燃风管;9—配风管;10—炉体;11—排渣机构;12—热风除尘器;13—排烟装置

渣机构 11 自行排出,部分随烟气经热风除尘器 12 排出;还有少量随烟气进入干燥塔内。图中排烟装置 13 仅用于炉子冷态点火过程的短暂排烟。该系统结构紧凑,造价低。采用煤粉预燃式燃烧器,可像油、气烧热风炉一样用油棉纱点火、自由调节炉温。炉膛排渣机构的设计和风扇式磨煤机的选用使系统的燃料从煤块的加入到燃烧、排渣等全过程均在封闭状态下连续自动完成。

图 8-11 是预燃式燃烧器结构。其工作原理是:由磨煤机连续供给的一次风和煤粉,通过燃烧器的蜗壳旋流器形成旋流,在预燃室内强烈旋转;来自高压助燃风机的二次风经过燃烧器的分配阀,分成切线风和直线风;切线风进入预燃室,与一次风和煤粉充分混合并加大其旋流强度,在预燃室中心造成局

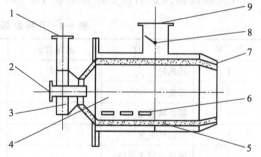

图 8-11 预燃式燃烧器结构

1—一次风与煤粉入口;2—点火观察孔;3—蜗壳旋流器;
4—预燃室;5—耐火衬里;6—二次切线风出口;
7—二次直线风出口;8—分配阀;9—二次风进口

部负压,形成回流区,建立起点火、稳焰条件;同时,旋流使煤粉停留时间延长,在高温下完成所需的燃烧和气化反应,形成 1200℃ 左右的半煤气化混合物喷入炉内;直线风从燃烧器出口四周引射,使半煤气燃烧完全并起降低燃烧器表面温度的作用。

### 8.2.2 几种热风炉的特点

#### 8.2.2.1 水煤浆热风炉的特点

水煤浆热风炉结构简单,易于操作,燃烧效率高,可达到 90%。其缺点是:水煤浆制备、运输及储存工艺较复杂,点火烘炉需要烧油,还得建造储油罐,铺设输油管道,这就增加了建造成本。水煤浆喷嘴易堵塞,磨损快,由于水煤浆喷入炉内后,在炉内火焰辐射热的作用下将水分蒸发而被引燃,其着火点较高。因而炉膛易结焦,从而影响雾化及燃烧效果,使大量未燃尽煤灰随热风进入干燥塔混入陶瓷料,影响粉料性能。

##### 8.2.2.2 链条炉排热风炉

由于链条炉排热风炉直接燃烧原煤，所以结构简单，供热稳定，自动化程度高，投资少。其缺点是：对煤种有要求，低热值及含硫量高的煤不适用于该炉，燃烧效率比较低，一般在75%左右；如果煤灰熔点较低，则易结焦，煤灰易混入陶瓷粉料中，影响粉料化学成分及质量。

##### 8.2.2.3 手烧热风炉

手烧热风炉也是直接燃烧原煤，是几种燃煤热风炉中最简单的，动力消耗最少，其全部采用人工操作，设备投资少。其缺点是：占地面积大，灰尘大，供热不稳定，在打开炉门间歇加煤、间歇清渣时，大量冷风进入炉内，使得炉膛温度急剧下降，影响燃烧与供热。此时，热风中的烟灰量急剧增加，随热风一起进入干燥塔，影响粉料的质量和性能。

##### 8.2.2.4 煤粉热风炉

煤粉热风炉自动化程度高，供热稳定，是几种燃煤炉中效率最高的。如果煤粉粒度很细（达到120目），燃烧效率可达到95%以上。炉膛温度高，对煤种的适应性强。由于燃烧完全，所以热风所携带的飞灰对干燥塔的粉料污染小。其缺点是：煤的深加工需要磨煤机等设备，投资比链条炉、手烧炉都大。但根据实际使用的经验，其经济效果比其他三种方式都好。

#### 8.2.3 投资概算及运行成本

几种燃煤热风炉的投资概算见表8-2（以4000型塔为例）。

表8-2 几种燃煤热风炉的投资概算　　　　　单位：万元

| 序 号 | 名 称 | 水煤浆炉 | 链条炉 | 手烧炉 | 煤粉炉 |
| --- | --- | --- | --- | --- | --- |
| 1 | 热风炉 | 17 | 22 | 14 | 12 |
| 2 | 燃烧器 | 0.70 | | | 0.45 |
| 3 | 雾化风系统 | 0.75 | | | 0.65 |
| 4 | 助燃风系统 | 0.7 | | | 0.65 |
| 5 | 磨煤及储送系统 | 16 | | | 16 |
| 6 | 土建工程 | 6 | 5 | 5 | 5 |
| 7 | 合计 | 41.15 | 27 | 19 | 34.75 |

这里所说的生产成本主要是指煤的成本，运行成本是指操作人员工资、水电费、设备配件及维护费等。在4种燃煤热风炉中，水煤浆热风炉工艺最为复杂，运行成本最高，其次是煤粉炉和链条炉，手烧炉运行成本最低。就生产成本来说，除了自身因素外，还与地理环境位置有很大关系。自身因素是指热效率而言，相比之下，煤粉热风炉效率最高，其次是水煤浆炉，链条炉和手烧炉最差。从燃烧情况看，水煤浆炉的燃烧效率比较高，但因为自身带进的水分蒸发要消耗一定热量，导致热效率降低。以4000型塔为例，每天需要消耗含水率30%，热值16.57~20.14MJ的水煤浆约20t，自身水分蒸发量6t，这部分热量消耗是无用的，因此降低了热能的利用率。

#### 8.2.4 直接加热式环保热风炉

前面介绍过的几种热风炉中，绝大部分都是间接加热式热风炉，主要由燃烧室和烟气-空气热交换器组成，即由燃烧室产生的高温烟气通过热交换器来间接加热空气，将得到清洁的高温热风作热媒，运用于工艺过程。间接加热法虽然能得到清洁的高温热风，但必须经过换热器环节，这样不但影响热效率，而且增加了庞大的换热装置。对于某些既需要热媒加热又对热风洁净度要求不是很高的应用领域，若将间接加热改变为直接加热，使高温烟气与被加热空气直接混合，不但能省去换热设备，而且大大提高了热效率。

### 8.2.5 解决喷雾干燥塔的"白烟"

陶瓷原料经喷雾干燥塔进行干燥时，由于靠高温烟气将含水量34％的泥浆干燥成含水量7％的泥粉，由此生成含硫、多尘、高温度、高湿度烟气，烟气经水幕喷淋的脱硫除尘塔处理后，将形成相对湿度90％、温度50℃左右的净化烟气。若将该烟气直接从烟囱排放到大气中，排出的烟气将形成"白烟柱"现象，即所谓的烟囱冒"白烟"。消除烟囱冒"白烟"采取"升温法"时，在环境温度大于28℃时，烟气排放不冒"白烟"的临界温度不小于70℃，烟气经升温到临界温度排放后，理论上能保证烟囱不冒"白烟"。为此有人专门设计出了一种用于加热烟气的燃油热风炉，该炉将净化烟气加热升温至70～90℃可调范围。经该炉升温的烟气排放后几乎没有"白烟"出现，达到预期效果。

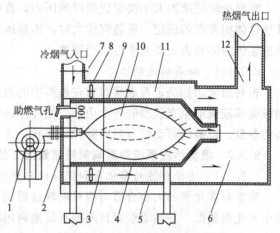

图 8-12　燃油热风炉结构示意图
1—燃烧器；2—炉前加固板；3—燃烧室；4—炉膛内胆；
5—炉体套筒；6—热风、烟气混合室；7—风门调节；
8—环形孔板；9—绝热材料；10—高温烟气；
11—环形通道；12—热风、烟气混合出口

此燃油热风炉（图 8-12）的工艺流程：燃油在燃烧室雾化喷燃，与助燃风机送风充分混合，生成的高温烟气与环形通道的部分被加热冷湿烟气在混合室充分混合，达到所需温度后由热风管送入烟囱。在烟囱上升过程中与大部分冷湿烟气充分混合、干燥之后排放入大气，部分冷湿烟气由地面烟囱引烟管引入环形通道，包围炉膛，经环形孔板均流后由前向后流动，通过吸热将炉体散热损失绝大部分回收，最后流入混合室与燃烧烟气混合。

# 8.3　影响制粉质量的工艺参数

### 8.3.1　粉料的性质对制粉质量的影响因素

#### 8.3.1.1　粒度和粒度分布

料浆粒度的大小及其分布直接影响陶瓷坯体的致密度、收缩率和强度。粉料料球是由许多单颗粒、水、空气和PVA等所组成的集合体。在软磁铁氧体磁性陶瓷产品的生产中，一般料球大小在0.05～0.5mm之间居多。陶瓷墙地砖的粉料粒度要求为：工艺上要求料球有适当的颗粒级配，即有适当比例的粗、中、细颗粒，这样可减少粉料堆积时的空隙，降低由于颗粒相互咬合形成拱桥空隙的概率，提高松装密度，有利于提高成型时坯体的致密度。料球的形状有圆球状、蘑菇状、椭圆形状等多种，一般以接近圆球状为宜。圆球形或椭圆球形颗粒之间的吸附力和摩擦力小，具有较好的流动性。不同的球磨分散剂及造粒的黏合剂对料球的形状有很大影响。用桃胶分散剂、高醇解度的PVA黏合剂做出的颗粒形状多呈苹果形，即顶部凹陷；若选择合适的分散剂和黏合剂则料球的形状将得到很大改善。

#### 8.3.1.2 粉料的含水率

粉料含水率的高低影响坯体的密度和收缩率。粉料水分分布的均匀程度对坯体质量也有很大影响。水分偏大，干压成型时易引起粘模；水分偏小，毛坯易产生微裂纹，在实际生产中多是根据粉料的性质和压机的情况来确定含水率。水分的波动范围要求越小越好。

#### 8.3.1.3 粉料的松装密度

粉料松装密度的大小决定成型时的压力，直接影响坯体的体积密度。一般情况下，为保证坯体体积密度的稳定，松装密度大时，压制压力减小；反之亦然。粉料的松装密度大小应依据坯体的体积密度要求进行适当调整。

#### 8.3.1.4 粉料的流动性

粉料的流动性决定着成型时它在模型中的填充速度及填充均匀性。流动性好的粉料在成型时能够较快地填充模型的各个角落，使坯体的密度分布保持稳定。流动性是一个综合性较高的参数。粉料的流动性及粉料颗粒的形状、大小、表面形态和粒度分布等因素有关。

### 8.3.2 喷雾造粒系统中影响制粉质量的工艺参数

#### 8.3.2.1 选择合适的雾化角和保证较充分的雾化程度

喷雾时雾化角的大小合适与否对喷料过程的控制和粉料质量有很大影响。雾化角过大，整个雾化面偏低，易粘塔壁而且不能有效地利用塔的顶部热空气分布较均匀的优势；雾化角过小，雾化面增高，料浆可能射向塔顶，也造成粘塔。上述两种情况会产生较多的落塔料。频繁的落塔不仅影响出料率，而且导致粉料的流动性有所降低，对压制成型产生不良影响。不充分的雾化会导致孪生颗粒的增多，甚至产生落塔料。喷雾时料浆雾化不均匀，丝状液滴相连，导致有较大的液滴存在，此液滴干燥相对较慢，在运动的过程中形成许多孪生颗粒。若颗粒较大，来不及干燥则粘塔壁的可能性将显著增大。另外，也会导致粉料颗粒粗细不均匀，分布不合理，流动性减小。

(1) 雾化器的喷嘴片与旋流室的合理组合，喷嘴片孔径与旋流室高度的合理组合　二者对雾化角的影响以水蒸发量为 200kg/h 的喷雾造粒塔为例加以说明（图 8-13）。其中曲线表示雾化角等值线，斜直线表示喷嘴片孔径。上述参数是在喷雾泵压 2MPa 下测定的。由图 8-13 可以看出，旋流室高度的减小及喷嘴片孔径的增大均能使雾化角增大，反之雾化角减小。

(2) 雾化器与泵压的合理组合　同样以水蒸发量为 200kg/h 的喷雾造粒塔的旋流室高度与泵压的关系为例说明二者对雾化角的影响，如图 8-14 所示。上述参数是在喷嘴片孔径约 1.0mm 条件下测定的，旋流室高度分别为 8mm、5mm 和 3mm，泵压由 1.8MPa 增加到 2.4MPa。由图 8-14 可以看到，当压力一定时，雾化角随旋流室高度的减小而增大，反之亦然；当旋流室高度一定时，雾化角随压力的增大而增大，反之亦然。

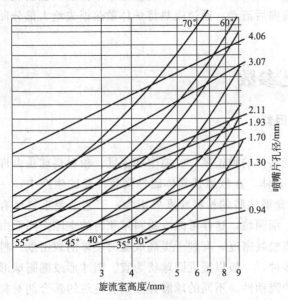

图 8-13　雾化角与旋流室高度、
喷嘴片孔径之间的关系

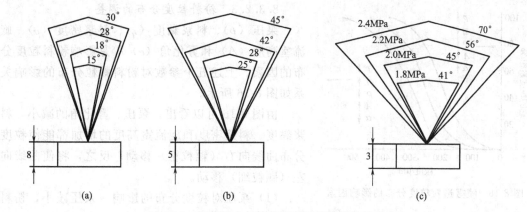

图 8-14　料浆压力与旋流室高度对雾化角的影响

为了保证较充分的雾化程度，首先，泵压不能太低，对于水蒸发量为 200kg/h 的喷雾干燥塔，泵压一般应在 1.8~2.4MPa 为宜。其次，泵压要保持稳定，才会有较稳定的雾化角和雾化程度；第三，在喷料过程中，应防止料浆在搅拌过程中产生湍流或大量旋涡。料浆由于搅拌，在流动过程中，其边界影响产生的湍流或因振动而产生许多小旋涡，由于小旋涡要吸收或消耗料浆体系的能量，减弱料浆的流动性等，这将造成料浆在喷雾造粒过程中不易雾化。另外，料浆的黏度过大、温度过低或者料浆中析出 PVA 胶絮等也直接影响雾化的均匀程度。

### 8.3.2.2　水分的调整

喷雾造粒出来的粉料质量参数中以粉料水分为最重要，是控制的主参数。目前连续测定水分的仪器已很先进，但实际用于生产控制的还不普遍。由于喷雾干燥塔排出的废气温度在一定程度上可以反映粉料水分，所以一般采用控制离塔废气温度作为被调参数，使之稳定，可以满足生产要求。

控制水分的通常方法是稳定进料量，调整进风温度以控制废气温度，即以进风温度作为信号，通过温度变送器、调节器、执行器成比例地调节燃油量和空气量或分别对二者进行调节，以稳定进风温度，最终达到废气温度的稳定，从而保证水分的工艺要求。这也是常采用的调控方式。例如，废气温度过高时，粉料在下落时非结合水将会进一步失去，甚至导致部分结合水的丧失，结果粉料水分偏小，不能满足工艺要求；而且在此情况下还将导致大量热量的浪费。这时可适当降低热空气温度（燃油量和空气量同步减少）；也可对料浆流量进行微调，适当增大泵压、提高塔的蒸发量从而使废气温度降低。现在较为复杂的调控系统是把废气温度作为主参数，进风温度作为副参数，进行串级调节，如图 8-15 所示。

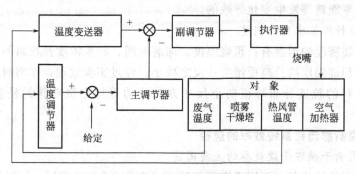

图 8-15　料球水分串级调控系统方框图

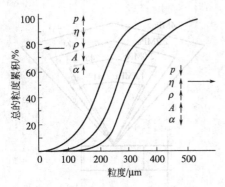

图 8-16　喷雾造粒粒度分布的影响因素

### 8.3.2.3　粉料粒度分布的调整

泵压（$p$）、料浆黏度（$\eta$）、料浆密度（$\rho$）、旋流室高度（$A$）和雾化角（$\alpha$）等是影响粉料粒度分布的因素。上述五个参数对粉料颗粒分布的影响关系如图 8-16 所示。

由图 8-16 可以看出，泵压、雾化角的减小，料浆黏度、料浆密度和旋流室高度的增加都能使粒度分布曲线向右（颗粒粗）移动；反之，将使曲线向左（颗粒细）移动。

（1）泵压对粒度分布的影响　泵压减小，粉料中的大颗粒明显增多。粒度分布向颗粒粗方向移动，见表 8-3。

表 8-3　泵压对粒度分布的影响　　　　　　　　　　　　　　　　　　单位：%

| 泵　压 | 粒　度　分　布 | | | | | | | |
|---|---|---|---|---|---|---|---|---|
| | $>450\mu m$ | $450\sim401\mu m$ | $400\sim301\mu m$ | $300\sim201\mu m$ | $200\sim126\mu m$ | $125\sim98\mu m$ | $97\sim63\mu m$ | $<63\mu m$ |
| 2.0MPa | 5.90 | 9.84 | 8.81 | 26.06 | 33.28 | 7.93 | 5.60 | 2.58 |
| 1.4～1.6MPa | 19.78 | 17.64 | 13.11 | 26.68 | 17.56 | 2.99 | 1.63 | 0.71 |

（2）黏度对粒度分布的影响　黏度增大，粉料中的大颗粒增多。粒度分布向颗粒粗方向移动，见表 8-4。但黏度如果过大，可能产生大量的落塔料。

表 8-4　黏度对粒度分布的影响　　　　　　　　　　　　　　　　　　单位：%

| 黏　度 | 粒　度　分　布 | | | | | | | |
|---|---|---|---|---|---|---|---|---|
| | $>450\mu m$ | $450\sim401\mu m$ | $400\sim301\mu m$ | $300\sim201\mu m$ | $200\sim126\mu m$ | $125\sim98\mu m$ | $97\sim63\mu m$ | $<63\mu m$ |
| 80mPa·s | 0.07 | 0.32 | 0.57 | 4.01 | 46.25 | 18.44 | 24.32 | 6.02 |
| 300mPa·s | 0.47 | 1.42 | 3.58 | 22.80 | 49.89 | 13.17 | 6.70 | 1.97 |

（3）料浆密度对粒度分布的影响　料浆密度增大，粉料中的大颗粒增多，粒度分布向颗粒粗方向移动；反之亦然。

（4）$A$、$\alpha$ 的作用　旋流室高度（$A$）、雾化角（$\alpha$）对粒度分布也有一定的作用，$A$ 增大、$\alpha$ 减小都有使分布向颗粒粗方向移动的趋势。

（5）塔内负压的影响　通过引风机对塔内负压的调控，细粉料的进一步抽出，也会对分布有一定影响。料浆在喷雾的过程中，随着时间的推移，粗颗粒有增多的趋势，同时引起热空气进口温度的升高。冬天料浆温度低时尤为明显。这主要是因为料浆随环境温度的降低而引起的黏度、体系能量等发生变化导致的。

### 8.3.2.4　粉料松装密度的调整

影响粉料松装密度的因素有：预烧温度、球磨时间、料浆浓度及粉料的粒度分布等。粉料松装密度随着预烧温度的升高而增大；反之减小。经过实验发现，球磨时间的延长、料浆浓度的增大及粉料的粒度分布峰值向小尺寸方向移动等均会使粉料的松装密度有增大的趋势。

## 8.3.3　提高喷雾造粒系统效率的途径

### 8.3.3.1　影响干燥塔干燥效率的主要因素

影响干燥塔干燥效率的主要因素有料浆浓度（含固量）、喷雾压力、进塔热风温度和废气排出温度等。料浆的浓度大小对所得粉料的体积密度、产量及能耗都有直接影响。料浆含固量增大，粉料的体积密度提高，产量增大，能耗降低，从而降低成本。但含固量应适当，否则将导致料浆黏度增大，进而导致雾化困难使粉料的体积密度发生变化；雾化压力越大，产量越大，但同时雾化角也变大，所得粉料越细；进塔热风温度主要影响粉料的含水率和体积密度。根据实验测得，提高热风温度，可以提高塔的产量，但要适宜。否则如果热风温度过高，雾滴与高温度热风接触时表面迅速生成一层硬壳，阻碍了雾滴的收缩，使粉料的体积密度下降。另外，适当增大进浆量，增大塔内负压，提高废气温度，可以提高塔的效率。总之，一般调整要考虑蒸发量的限制因素，综合调整，在保证粉料工艺质量的前提下，尽量发挥喷雾造粒系统的效率。

### 8.3.3.2 提高出料率的一般途径

① 料浆黏度合理，雾化角大小合适，雾化均匀。

② 在满足成型工艺要求的前提下，粉料水分控制尽可能小些，可以提高出料率。

③ 尽量减少造粒黏合剂 PVA 在料浆中以胶皮的形式析出。如冬季料浆温度低，需做好料浆池及管路的保温工作，或者采用加热料浆，或者在料浆中加入能促进 PVA 胶液溶解的添加剂，或者在能满足工艺的前提下，选用醇解度较低的 PVA 或其他黏合剂。

以上方法能有效地减少粘塔现象和落塔料的产生，从而保证和提高出料率，对系统效率的提高也有促进作用。

通过对喷雾造粒系统的调整，能有效地保证和提高粉料的工艺性能和喷雾造粒系统的干燥效率。只有认真了解喷雾造粒系统的结构、工作原理以及对系统的调整方法，才能提高粉料的质量和提高系统的干燥效率，从而满足生产的需要。

### 8.3.4 干燥塔增产改造实例介绍

茂名市某陶瓷厂在年产 120 万平方米瓷质外墙砖的基础上增加一条利用小辊距窑炉、无托板烧年产 100 万平方米彩玛砖生产线，但原料车间生产粉料的是 1500 型的喷雾干燥塔，正常生产情况下该塔产量只能满足一条生产线对粉料需求，急需增加一座新喷雾干燥塔。根据预算可知，一座新 2500 型干燥塔购进及安装、保温、耐火材料等费用需 80 万元以上，而且需要建造干燥塔厂房，厂房造价 40 万元以上。为了解决既要确保供应两条生产线的粉料，又不用新增加干燥塔的课题，必须对喷雾干燥塔进行改造。

(1) 物料衡算过程　根据计算，年产 120 万平方米的瓷质外墙砖产量为 3700m²/天（按330 天计），按粉料 18kg/m² 计（含损耗），每天需消耗 70t 左右的粉料，而新增加的年产100 万平方米的彩玛砖产量为 3100m²/天（按 330 天计），按粉料 15kg/m² 计（含损耗），每天需消耗 50t 粉料。两条生产线同时生产需 120t/天左右的粉料供给，而 1500 型喷雾干燥塔正常生产的产量是 70～80t/天，这样原来的 1500 型干燥塔要满足两条生产线的粉料供给尚差 30～40t。

(2) 设计和施工　通过反复考虑，在少投入的前提下，对原来的 1500 型干燥塔进行技改，使粉料产量从每天 70t 增加到 120t，以满足两条生产线对粉料的需求。方法是采用降低抽风机转速，提高扭矩增加抽风风量，并且新增加一座热风炉，在喷雾干燥塔筒体四周均匀增加 4 支喷枪，生产时同时采用两座热风炉供热风进塔体的方案。因为要增加干燥塔的产量就必须增加 4 支喷枪与原来 12 支喷枪同时喷浆，并且增加一座新热风炉与原来旧热风炉同时使用供热风给塔体，这样就可以达到增加喷雾干燥塔产量的目的。

技改后的 1500 型喷雾干燥塔，运行正常，各项性能指标都达到或超过预期目标。粉料产量从每天 70~80t 提高到 130t 左右，产量提高了 60%~70%，生产每吨粉料的重油消耗也较原来降低了 2~4kg，粉料的水分、颗粒级配、容重等质量指标也满足了生产工艺要求。此技改项目花费的资金主要用于新增加一座热风炉，约 8 万元左右，大大节省了资金，对 1500 型喷雾干燥塔如此进行技改，达到如此高的产量是少见的，尤其这种敢于突破常规的技改值得行业借鉴。

# 8.4 节能降耗的技术措施

干燥是能耗大的单元操作之一，据资料记载，在工业发达国家，干燥操作消耗的能量约占总能耗的 13%~20%。统计表明，中国陶瓷行业干燥操作所消耗的能量约占陶瓷总能耗的 10%~20%。所以节能是十分重要的，尤其是在能源价格日益上涨的今天，能量消耗是直接关系到经济性操作的一个重要指标，在操作过程中应尽可能地降低能耗。

喷雾干燥塔是陶瓷行业的耗能大户，其节能降耗一直是各用户最为关心的大事。但是，许多企业由于采取的措施不够妥当，节能效果甚微，因此进一步研究喷雾干燥塔的节能降耗措施有其重要意义。

## 8.4.1 喷雾干燥塔节能降耗的基本措施

主要从以下三方面对喷雾干燥塔的能耗进行分析并得出相应的节能措施。

### 8.4.1.1 从喷雾干燥的工艺原理出发来分析

喷雾干燥塔是一种连续式的泥浆烘干设备，其干燥工艺过程是将含水率为 33%~40% 的泥浆，由泥浆泵压送至雾化器，在塔内雾化成 50~300μm 的雾滴群与干燥介质接触，剧烈地进行热交换，泥浆雾滴脱水，迅速被干燥成含水率在 6% 左右的空心球状粉料，在重力作用下聚集于塔底，由卸料装置（翻板下料器）卸出。含有微细粉尘的废气经旋风除尘器和水浴除尘器除尘，达到对空排放的标准，由排风机经排风管道排入大气。整个系统采用负压操作。

由于系统采用负压操作，若有漏风就会增加能耗，所以设备各部位及连接法兰处、热风炉、热风管道、排风管道的热电偶插孔、塔体上的负压测量孔，以及塔体下锥翻板下料器出料口、旋风除尘器下料口等部位必须密封好，不能漏风，以免影响塔内的温度及温度的均匀性。

### 8.4.1.2 从喷雾干燥系统各环节的设备来分析

组成喷雾干燥系统的设备有：燃烧器、热风炉、热风管道、干燥塔体、排风管道、旋风除尘器、排风机、水浴除尘器、柱塞泵和雾化喷嘴、电气控制装置等。下面就每个环节的节能方法分别进行讨论。

(1) 燃烧器和热风炉 为了节省能耗，节约燃料，必须调节好燃料量、雾化风量和助燃风量，以及配风量的比例，确保燃料在热风炉内充分燃烧。根据实际经验，炉膛温度应保持在最佳为 900~1200℃，并且火焰呈白色，此时燃烧效果最佳，燃料才能充分燃烧；并且由分风装置混入适当比例的空气而形成进塔热风。为了保证燃油喷嘴雾化好，一般雾化空气压力控制在 5500Pa 左右，流量为 60~80m³/min，其压力和流量由高压离心风机出口阀控制。如果燃油为重油，需采用电加热法或水加热法加热油管，温度（100±10）℃为宜，供油量应结合炉内温度加以控制。

(2) 热风管道 为了减少热风管道的热损失，热风管道的保温层厚度视所用保温材料的种类和性能不同而异，一般的保温材料厚度为 200～230mm 时保温效果较好。

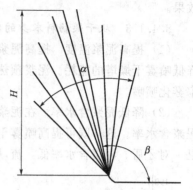

图 8-17　喷枪喷射高度及喷枪
角度示意图
$\alpha$—雾化角；$\beta$—喷枪角度；
$H$—喷射高度

（3）干燥塔体、柱塞泵和雾化喷嘴　热风在塔体内部的流向是从塔顶进入，经热交换后从塔体下锥排风口排出。与此同时，料浆经柱塞泵被压送到雾化喷嘴，从塔的筒体下部向上喷成雾状与热风进行热交换。为了达到节能降耗的目的，必须做到以下几点。

① 塔顶分风器结构要合理，分风均匀，确保通过塔的筒体横截面的热风均匀。

② 雾化喷嘴的雾化角（$\alpha$）为 90°～120°，喷射高度（$H$）为 4～4.5m，喷枪喷射高度及喷枪角度如图 8-17 所示。为了保证各喷嘴有足够的雾化空间，喷嘴在塔内沿周向分布间隔要合理，喷枪角度（$\beta$）保持在 110°～120°之间，以保证物料与热风进行充分的热交换。如果雾化喷嘴在塔内分布不合理或喷枪角度有问题，就会造成雾化区重叠（发生在两个或多个喷嘴之间）而影响干燥效果，会使下锥出料口流出的粉料中含有太湿的颗粒或湿块，还可能出现塔体粘壁现象。

③ 塔体内壁、塔门密封性要好，塔体保温层保温性能也要好；定期检查塔体内壁焊缝是否有开裂、漏风现象并及时补焊，检查塔门四周的密封条是否完好。塔体保温一般采用保温棉或珍珠岩粉，保温层厚度为 120～200mm，在开机使用一段时间后，塔的筒体保温材料会由于重力作用而下沉，从而造成筒体上部缺少保温材料，热损失变大，这时就要添加一些保温材料。

④ 对于陶瓷行业用的喷雾干燥塔，进塔热风温度一般控制在 450～550℃，出塔排风温度为 85～95℃。进塔热风温度越高，干燥的热效率就越高，但进塔热风温度不可过高（不超过 600℃），温度太高，就会烧坏塔顶分风器。出塔排风温度越低，喷雾干燥的热效率越高。但排风温度也不可过低，低于 75℃时粉料太湿，影响正常干燥。排风温度也不可过高，温度过高粉料太干，不利于成型且浪费热能。

⑤ 泥浆雾化压力为 1.4～2.0MPa 比较适宜。雾化压力越大，雾化喷嘴的喷射高度越低，雾化角也就越大。

⑥ 塔内负压保持在（98～294）×10⁻⁶MPa 较佳。在不影响喷雾干燥塔正常工作的情况下，应使塔内负压尽可能小。塔内负压不能过大，如果负压过大，热风在塔内停留时间就减少，即泥浆雾滴与热风的接触时间缩短，物料干燥不完全，成球性能不好，并且细粉末较多，而干燥后的细粉末易被尾气带出塔体，降低了喷雾干燥的热效率。

（4）定期检查　定期检查排风管道、旋风除尘器和水浴除尘器的焊缝是否有开裂，并及时维修。

（5）电气控制部分　电气控制装置、电气控制元件对喷雾干燥塔的影响也十分重要。如果某个电气控制元件有问题，测温不准或测压不准，按其结果指导生产就会误导，引起误操作从而增加能耗甚至发生事故。电气控制元件对粉尘比较敏感，电气控制元件表面积灰太多会影响其灵敏度甚至损坏。所以最好将喷雾干燥塔的电气控制柜封闭在一个操作间里，定期校核各仪表的灵敏度、准确度，检查干燥塔各测量点的热电偶、压力传感器是否完好。若有条件，对喷雾干燥系统的热风温度和燃料供应量实施自动控制，可获得较佳的节能降耗效果。

**8.4.1.3 从干燥物料本身的特征来分析**

（1）提高泥浆温度 提高泥浆温度（可采用喷雾干燥的尾气余热或蒸汽间接预热），可降低喷雾干燥塔的能耗。泥浆预热，可降低泥浆黏度，改善雾化性能，防止因泥浆结晶而堵塞雾化喷嘴。

（2）降低泥浆含水率 在泥浆制备过程中，通过加入陶瓷减水剂（又称电解质）来降低泥浆含水率。这样既可提高喷雾干燥产量，又可降低燃料消耗。但是，泥浆含水率和流动性是一对矛盾。泥浆含水率低，流动性变差，难于雾化；泥浆含水率高，流动性好，但蒸发水分消耗热量大，能耗高。从节能的观点出发，希望泥浆含水率低，能耗低，流动性还要好。在实际生产中，往往通过添加电解质来改善泥浆流动性及适当增加泥浆浓度以达到节能目的，效果较好。

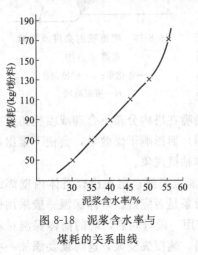

图 8-18　泥浆含水率与煤耗的关系曲线

常用的电解质有水玻璃、纯碱、腐殖酸钠。将浓度为 0.5%～1% 的水玻璃加入泥浆中，不仅提高了球磨效率，而且对降低泥浆含水率、降低泥浆黏度有显著效果，添加电解质的泥浆含水率为 30%～45% 时流动性仍然较好。

图 8-18 是某厂泥浆含水率与燃料消耗量（煤热值 $Q$ 低，为 $2.31 \times 10^4$ kJ/kg）的关系曲线。

从图 8-18 可以看出，泥浆含水率从 45% 降低到 30%，每吨粉料的煤耗由 112kg 降低到 71kg。可见降低泥浆含水率，对节能降耗效果非常明显。目前，该厂泥浆含水率稳定地控制在 30% 左右。

**8.4.2 节能降耗的工艺措施**

**8.4.2.1 提高热风的进塔温度**

理论及实践经验证明，在热风的离塔温度（又称排风温度）恒定不变的情况下，热风的进塔温度（又称进风温度）越高，传递给泥浆雾滴的热量就越多，单位热风所蒸发的水分也越多。在生产能力恒定不变的情况下，所需热风风量减少（即减少了热风离塔时所带走的热量），降低喷雾干燥制粉的热量消耗，提高热风的利用率及热效率。某喷雾干燥塔的热风进塔温度与热量消耗的关系见表 8-5，热风进塔温度与热效率的关系见表 8-6。

表 8-5　某喷雾干燥塔的热风进塔温度与热量消耗的关系

| 热风进塔温度/℃ | 200 | 240 | 350 | 400 |
|---|---|---|---|---|
| 水分蒸发量/(kg/h) | 1000 | 1000 | 1000 | 1000 |
| 蒸发 1kg 水的热量消耗/(kJ) | 4878 | 4355 | 3726 | 3517 |
| 热风消耗量/(kJ/h) | 34200 | 24800 | 15900 | 13250 |

注：环境温度 20℃，热风离塔温度 100℃，陶瓷泥浆含水率 33%，陶瓷粉料含水率 5%。

表 8-6　某喷雾干燥塔的热风进塔温度与热效率的关系

| 热风进塔温度/℃ | 150 | 200 | 250 | 300 | 350 | 400 | 500 | 600 | 700 |
|---|---|---|---|---|---|---|---|---|---|
| 热效率/% | 38.5 | 55.5 | 65.2 | 71.4 | 75.7 | 79.0 | 83.3 | 86.2 | 88.2 |

注：环境温度 20℃，热风离塔温度 100℃，陶瓷泥浆含水率 33%，陶瓷粉料含水率 5%。

由表 8-6 可见，提高热风进塔温度能显著提高喷雾干燥塔的热效率，降低能耗。

### 8.4.2.2  降低热风的离塔温度

在热风的进塔温度恒定不变的情况下，降低热风的离塔温度，即减少热风离塔时所带走的热量，能最大限度地利用热风的热量干燥泥浆雾滴，单位热风所蒸发的水分较多，热效率较高。某喷雾干燥塔的热风离塔温度与热效率的关系见表 8-7。

**表 8-7  某喷雾干燥塔的热风离塔温度与热效率的关系**

| 热风离塔温度/℃ | 150 | 140 | 130 | 120 | 110 | 100 | 90 | 80 | 70 |
|---|---|---|---|---|---|---|---|---|---|
| 热效率/% | 60.6 | 63.6 | 66.7 | 69.7 | 72.7 | 75.7 | 78.9 | 81.8 | 84.8 |

注：环境温度 20℃，热风进塔温度 400℃，陶瓷泥浆含水率 33%，陶瓷粉料含水率 5%。

### 8.4.2.3  增大进塔热风与离塔热风之间的温差

通过提高热风的进塔温度或降低热风的离塔温度，增大进塔热风与离塔热风之间的温差，充分利用热风的热量蒸发泥浆雾滴的水分，以达到提高喷雾干燥塔的热效率、降低能耗的目的。某喷雾干燥塔的进塔热风与离塔热风之间的温差与热量消耗的关系见表 8-8。

**表 8-8  某喷雾干燥塔的进塔热风与离塔热风之间的温差与热量消耗的关系**

| 进塔热风与离塔热风之间的温差/℃ | 170 | 200 | 230 |
|---|---|---|---|
| 蒸发 1kg 水的热量消耗/kJ | 3015 | 2489 | 2701 |

注：环境温度 20℃，进塔热风温度 400℃，陶瓷泥浆含水率 33%，陶瓷粉料含水率 5%。

### 8.4.2.4  循环利用部分离塔热风（废气）

陶瓷泥浆经喷雾干燥制粉后，离塔热风（废气）通常经除尘后直接排入大气中，这样大约损失喷雾干燥制粉生产工序总热量消耗的 10%～20%；当离塔热风（废气）的温度较高时，其热量损失就更大。实际测试表明，若热风离塔温度高于 100℃ 时，采用部分废气循环利用技术（如循环利用 50% 的废气），喷雾干燥塔可以节约约 15% 的燃料消耗。某喷雾干燥塔的废气循环利用与热量消耗的关系见表 8-9。

**表 8-9  某喷雾干燥塔的废气循环利用与热量消耗的关系**

| 项　　目 | 热风消耗量 /(kg/h) | 热风温度/℃ | | 蒸发 1kg 水的热量消耗/kJ |
|---|---|---|---|---|
| | | 进塔 | 离塔 | |
| 废气不循环利用 | 2105 | 600 | 90 | 715 |
| 50% 的废气循环利用 | 2105 | 600 | 90 | 685 |

注：环境温度 20℃，陶瓷泥浆含水率 33%，陶瓷粉料含水率 5%。

### 8.4.2.5  利用热交换器回收废气余热

余热回收的空气-空气换热器如图 8-19 所示。通过热交换器将进入喷雾干燥塔的新鲜空气进行预热，可减少热风加热器的能源消耗。由于板式换热器的散热面积大，换热效率高，目前国内外喷雾干燥塔通常利用空气-液体-空气型板式换热器回收废气余热。某喷雾干燥塔利用热交换器回收废气余热与热量消耗的关系见表 8-10。例如，约 95℃ 的离塔热风（废气）通过板式换热器后，废气可冷却到 45℃ 排入大气中；新鲜空气（即进塔热风）将被加热到 65℃，这样可节约热风加热器能源消耗的 25% 左右。

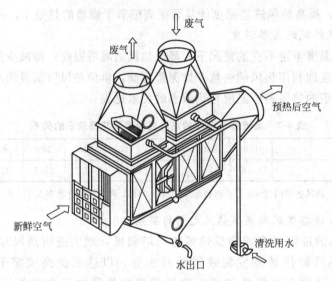

图 8-19　余热回收的空气-空气换热器

**表 8-10　某喷雾干燥塔利用热交换器回收废气余热与热量消耗的关系**

| 项　　目 | 热风消耗量/(kg/h) | 热风温度/℃ | | 蒸发 1kg 水的热量消耗/kJ |
|---|---|---|---|---|
| | | 进塔 | 离塔 | |
| 不回收废气余热 | 31500 | 500 | 95 | 1215 |
| 回收废气余热(板式换热器) | 31500 | 500 | 45 | 885 |

注：环境温度 20℃，陶瓷泥浆含水率 33%，陶瓷粉料含水率 5%。

# 8.5　陶瓷减水剂的制备及应用

　　陶瓷添加剂是陶瓷工业生产中为满足工艺要求和性能需要所添加的化学添加剂的通称，其作用主要体现在两个方面：一是作为过程性添加剂，如改善加工条件，加快设备运行速度，简化工艺等；二是作为功能性添加剂，如加入后使产品具有一些特定的功能。在陶瓷工业生产中，正确选择和使用添加剂，已经成为提高陶瓷产品质量的关键因素之一，因此，了解添加剂的性能特点和它们与陶瓷材料的作用机理，对于提高陶瓷加工水平和质量具有十分重要的意义。

　　陶瓷减水剂是陶瓷添加剂的一种，亦称解凝剂、分散剂、稀释剂或解胶剂，是目前应用非常广泛的一种陶瓷添加剂。陶瓷减水剂的作用是通过系统的电动电位，改善釉料的流动性，使其在水分含量减少的情况下，黏度适当，流动性好，避免出现缩釉等现象，提高产品的质量；同时，还能减少釉层的干燥时间，降低干燥能耗，降低生产成本。目前，在建筑陶瓷工业中一般使用喷雾干燥的方法制造粉料，用这种方法制备出来的粉料具有良好的流动性，适合流水线生产要求，可压出高强度的坯体。但是，喷雾干燥工艺耗能很大。据统计，入塔泥浆平均含水率约 40%，粉料产品离塔平均含水率约 7%，约 33% 的水分被蒸发，其所需的能耗约占生产总能耗的 1/3 左右。因此，希望进入喷雾干燥塔的泥浆含水率尽可能低而泥浆的流动性又好，这就需要减水剂来发挥作用。因此，使用优良的减水剂，能促进陶瓷生产向高效益、高质量、低能耗的方向发展。

### 8.5.1 陶瓷减水剂的分类

根据组成不同，可将陶瓷减水剂分为无机减水剂、有机减水剂和高分子减水剂。

(1) 无机减水剂 主要是无机电解质，一般为含有 $Na^+$ 的无机盐，如氯化钠、硅酸钠、偏硅酸钠、六偏磷酸钠、碳酸钠、三聚磷酸钠等，适用于氧化铝和氧化锆等浆料。其中应用最多的是三聚磷酸钠，其价格低，综合性能相对较好。无机减水剂在水中可电离起调节电荷作用，如与表面活性剂复配，可帮助降低表面活性剂的临界胶束浓度，改善分散效果。但是无机减水剂由于受分子结构、分子量等因素的影响，其分散作用十分有限，而且用量较大。

黏土胶粒的吸附层和扩散层构成黏土胶粒的扩散双电层，这两层电荷或者厚度增加，粒子间排斥力增大，粒子容易相对滑动，不易因碰撞而黏结聚沉，这样就能提高泥浆的稳定性和流动性。黏土吸附不同的阳离子会使胶核附近的吸力和斥力发生变化，吸力大时泥浆容易絮凝沉淀，斥力大时才能使泥浆解凝，保持良好的悬浮状态，黏土中三价阳离子的吸力>二价阳离子的吸力>一价阳离子的吸力，所以减水剂选用含一价阳离子的盐。在同价离子中，离子半径越小，活性越大，表面电荷密度越高，水化后水化膜越厚，即从泥浆含水量中吸过来的结合水量增多，此时与黏土的斥力增大，吸力下降，有利于双电层增厚。所以选用含 $Na^+$ 的电解质。但若加入阳离子浓度太大，又会因离子扩散困难，有可能把扩散层的离子压缩至吸附层，双电层厚度变小使胶粒有凝聚的可能。可见只有加入适当种类和数量的含有 $Na^+$ 的减水剂才能获得泥浆稳定性和流动性的最佳值。在一定加入量下，含 $Na^+$ 越多的减水剂，其减水效果越好。

(2) 有机减水剂 主要是低分子有机电解质类分散剂和表面活性剂分散剂，前者主要有柠檬酸钠、腐殖酸钠、乙二胺四乙酸钠、亚氨基三乙酸钠、羧乙基乙二胺三乙酸钠等。后者作为分散剂的多为阴离子表面活性剂和非离子表面活性剂，阳离子表面活性剂和两性表面活性剂使用较少。阴离子表面活性剂较多使用的主要有羧酸盐、磺酸盐、硫酸盐等。非离子表面活性剂可分为聚氧乙烯型、多元醇型和聚醚型三类。

(3) 高分子减水剂 主要是水溶性高分子，如聚丙烯酰胺、聚丙烯酸及其钠盐、羟甲基纤维素等。在陶瓷浆料中添加的高分子分散剂一般分为两类：一类是聚电解质，在水中可电离，呈现不同的离子状态，如聚丙烯酸钠；另一类是非离子高分子表面活性剂，如聚乙烯醇。高分子陶瓷减水剂由于疏水基、亲水基的位置和大小可调，分子结构可呈梳状，又可呈现多支链化，因而对分散微粒表面覆盖及包封效果要比前者强得多，加之其分散体系更易趋于稳定、流动，高分子陶瓷减水剂已经成为很有前途的一类高效减水剂。

### 8.5.2 国内外陶瓷减水剂的发展状况

国外对新型陶瓷添加剂的研究起步较早，一些大型新型陶瓷添加剂公司如德国 Zschimmer & Schwarz 公司、Bad 公司、意大利 Lamberti 公司等，对陶瓷添加剂的研究处于世界领先地位。德国 Zschimmer & Schwarz 公司的 PC-67 减水剂在佛陶公司不少厂家的应用实验表明，加入 0.1%~0.2%，釉浆流动性有明显的改善，但因价格高且供应不便，因而在中国推广使用受到限制。

与发达国家相比，中国陶瓷减水剂的总体研究水平不高。1993 年以前，中国常用的减水剂有水玻璃、碳酸钠、三聚磷酸钠、腐殖酸钠、焦磷酸钠等，以单一形式或复合形式加入。1993 年以后，取而代之的新型减水剂包括腐殖酸盐-硅酸盐合成物、腐殖酸盐-磷酸盐合成物、磷酸盐-硅酸盐合成物、合成聚电解质等。新型解凝剂一般以单一形式加入，效果良好。随着对陶瓷减水剂重要作用的进一步认识，国内科研工作者已经开始了对新型高效陶瓷减水剂尤其是聚羧酸系减水剂的初步研究。陶瓷厂常用的传统减水剂见表8-11。

表 8-11　陶瓷厂常用的传统减水剂

| 类别 | 名称 | 主 要 性 状 | 使用特点（如加入量） |
|---|---|---|---|
| 无机电解质 | 水玻璃 | 浅黄黏稠液 | 0.1%～0.5% |
| | 碳酸钠 | 白色吸水性粉末或颗粒 | 0.1%～0.3%可与水玻璃合用 |
| | 磷酸钠 | 白色粉末 | 0.05%～0.2% |
| | 焦磷酸钠 | 白色粉末 | 0.05%～0.2% |
| | 六偏磷酸钠 | 白色粉末 | 0.05%～0.2% |
| | 三聚磷酸钠 | 白色粉末 | 0.05%～0.1% |
| | 氢氧化钠 | 白色片状或粉末，易潮解 | 0.05%～0.1%与其他减水剂合用 |
| 有机电解质 | 草酸钠 | 白色粉末 | |
| | 草酸铵 | 白色颗粒或片状 | |
| | 腐殖酸钠 | 黑色颗粒或粉末 | 0.1%～0.2%与水玻璃合用 |
| | 柠檬酸钠 | 白色结晶颗粒或粉末 | 0.2%～0.5% |
| | 单宁酸钠 | 白色粉末 | 0.2%～0.5% |

孙晓然、樊丽华等人采用溶液聚合法合成了聚丙烯酸钠陶瓷减水剂，加入量在0.05%～0.5%较宽范围内均可获得良好的减水效果；胡建华、汪长春等人在氧化还原的引发体系中，合成出了直链含羧基、羟基、磺酸基等官能团，支链含醚基的多官能团共聚物，取得了良好的分散效果；赵石林、岳阳、黄小彬等人对水溶液体系合成低坍落度损失的聚羧酸盐高效减水剂，研究了影响分子量、聚合度的因素，研究了羧酸盐共聚物单体组成变化对分散性能的影响，以及复配对高效减水剂性能的影响；公瑞煜、李建蓉、肖传健等人以聚氧乙烯甲基烯丙基二醚（APEO-n）、顺丁烯二酸酐（MAn）、苯乙烯（St）等为共聚单体合成了一系列聚羧酸型梳状共聚物。其结果表明，接枝链的长度和密度影响分散剂的性能，当接枝链长度为20～60，St摩尔分数为5%～20%时分散性能良好。

### 8.5.3　黏土矿物微观结构与陶瓷减水剂的选择

黏土矿物原料在陶瓷生产中是一种重要原料，在坯料配方中占有很大比例，故在球磨工艺中对泥浆性能有较大影响。但因黏土矿物形成的地质年代不同、地域不同，在结构和性能上会有较大差别。人们在宏观上选择黏土矿物的类型和性能，其实是对黏土矿物微观结构上的一种要求，如有的黏土矿物塑性好，有的黏土矿物烧失量少，有的黏土矿物悬浮性好等，这些都与黏土矿物的微观结构相关。这里就黏土矿物的微观结构与减水剂的选择加以分析，以说明如何根据制浆中所用黏土矿物的类型选择不同类型的减水剂，从而提高减水剂的使用性能。

#### 8.5.3.1　黏土矿物的微观结构特点

黏土的种类很多，其结构也各不相同。但概括起来主要有三大类：高岭石类、蒙脱石类和伊利石类。在微观结构上，高岭石类属于单层结构，即由一层水铝氧八面体层 $[Al(OH)_4O_2]$ 和一层硅氧四面体层 $[SiO_4]$ 构成，单网层之间主要是通过氢键联结（OH—O），虽然键力不强，但水分子不易进入。在高岭石类微观结构中，离子取代现象较少，故其晶体结构比较完整；而蒙脱石类属于复网层结构，即由一层水铝氧八面体层 [AlO₄(OH)₂] 和两层硅氧四面体层 [SiO₄] 构成，复网层之间存在较大的斥力，再加之微观结构中存在较多离子取代现象，通常是低价离子 $Na^+$、$K^+$、$Mg^{2+}$、$Ca^{2+}$ 取代高价离子 $Al^{3+}$、$Si^{4+}$，使电价平衡受到破坏，进一步增加了复网层之间的排斥作用，致使复网层间空隙加大，易吸附大量的水分子，使层间结合力进一步减弱，易产生解理；伊利石类也具有复网层结构，但复网层之间主要是通过 $K^+$ 来联结的，虽然也存在较多的离子取代，但由于 $K^+$ 的存在使伊利石类矿物复网层之间的排斥作用受到抑制，故极性水分子不易进入复网层中，表现为吸水性较差。这三类黏土矿物的微观结构示意图如图 8-20 所示。

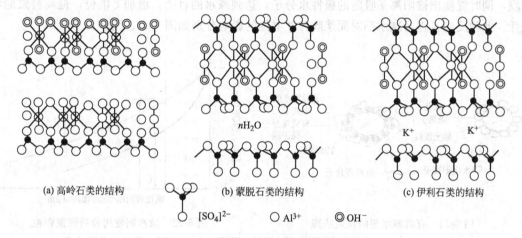

（a）高岭石类的结构　　　　（b）蒙脱石类的结构　　　　（c）伊利石类的结构

● [SO₄]²⁻　　○ Al³⁺　　◎ OH⁻

图 8-20　三类黏土矿物的微观结构示意图

### 8.5.3.2　水在黏土中的结合形式

水加入到黏土中，会被黏土颗粒吸附。水与黏土颗粒的结合形式主要有两种：一种是牢固结合水，即黏土颗粒表面有规则排列的水层，有人测得其厚度为 3～10 个水分子层，性质不同于普通的水分子，其密度为 1.28～1.48g/cm³，冰点较低；另一种为松结合水，即从规则排列到不规则排列的水层。此外，黏土中还有一种更主要的水存在形式，即通过水化阳离子吸附的水。使用减水剂的目的就是要将水化阳离子吸附的水分子释放出来，增加泥浆中自由水的含量，使泥浆在低含水率的情况下，具有较好的流动性，以降低陶瓷生产中制粉和干燥过程的能耗，降低生产成本。表 8-12 为不同阳离子水化时所吸附的水分子数比较。

表 8-12　不同阳离子的水化后半径、水化膜中水分子数的比较

| 离子种类 | 离子半径/Å | 水化后半径/Å | 水化膜中水分子数 |
|---|---|---|---|
| Ca²⁺ | 1.06 | 4.2 | 10 |
| Mg²⁺ | 0.78 | 4.4 | 12 |
| K⁺ | 1.33 | 3.1 | 4 |
| Na⁺ | 0.98 | 3.3 | 5 |
| 碳氢链 | 2.6 | — | — |

注：1Å=0.1nm。

### 8.5.3.3　减水剂的种类及其在黏土-水系统中的反应机理

陶瓷减水剂主要有三类：无机减水剂、有机减水剂、高分子减水剂。在无机减水剂中主

要有水玻璃、纯碱、焦磷酸钠、三聚磷酸钠、六偏磷酸钠等；在有机减水剂中有单宁酸钠、腐殖酸钠、二萘甲烷磺酸二钠盐等；高分子减水剂中主要是聚丙烯酸钠，而复合减水剂是几种减水剂的适当混合。

无机减水剂和有机减水剂的作用机理不完全一样。无机减水剂的反应机理实质是间接阳离子置换反应，使水化层分子数多的阳离子如 $Ca^{2+}$、$Mg^{2+}$ 等吸附的水释放出来，而增加泥浆中自由水的含量，达到减水的效果，同时还会使电位升高，提高泥浆的动力学稳定性。而有机减水剂的反应机理有两种情况：一种与无机减水剂相同；另一种为置换-吸附作用及形成憎水保护膜，即有机减水剂的阴离子极性端与黏土颗粒上吸附的阳离子通过静电引力相结合，形成保护膜，同时置换出被阳离子吸附的极性水分子，达到减水的目的，增加 $\zeta$ 电位，提高料浆的稳定性。此种反应机理及减水剂对泥浆颗粒 $\zeta$ 电位的影响分别如图 8-21、图 8-22 所示。

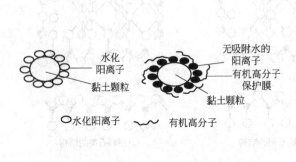

图 8-21　有机减水剂的反应机理

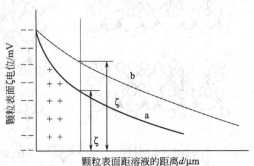

图 8-22　减水剂使用前后泥浆颗粒的 $\zeta$ 电位的变化示意图
a—减水剂使用前；b—减水剂使用后

#### 8.5.3.4　陶瓷泥浆制备中减水剂的选择

减水剂通过化学反应，释放出黏土颗粒所吸附的水分，以减少水的添加量，同时提高泥浆中黏土颗粒的 $\zeta$ 电位，保证泥浆的稳定性。在泥浆制备中，有机减水剂的使用对黏土的种类选择不太敏感，但无机减水剂的选择与黏土矿物的种类有很大关系，因为不同类型的黏土其吸附的离子种类是不同的，有的为 H—黏土，有的为 Na—黏土，有的为 Ca—黏土，为此就要选择不同的减水剂，否则，就不会得到理想的使用效果。一般 Na—黏土、Ca—黏土多为蒙脱石类，而 H—黏土多为高岭石类，因此黏土矿物所吸附的阳离子类型与其微观结构相联系。针对上述黏土类型，所选择的减水剂反应如下：

$$Ca—黏土 + R—COONa \longrightarrow (R—COO)Ca + Na—黏土 \tag{8-1}$$

$$H—黏土 + NaC_{14}H_9O_9 \longrightarrow Na—黏土 + HC_{14}H_9O_9（单宁酸） \tag{8-2}$$

$$H—黏土 + NaOH \longrightarrow Na—黏土 + H_2O \tag{8-3}$$

$$H—黏土 + Na_2SiO_3 \longrightarrow Na—黏土 + H_2SiO_3 \tag{8-4}$$

### 8.5.4　几种新型陶瓷减水剂的制备及性能

#### 8.5.4.1　微波辐射制备陶瓷减水剂的研究

（1）实验

① 实验药品　腐殖酸钠、丙烯酰胺、丙烯酸钠、过硫酸钾、氢氧化钠。

② 实验设备　LG 微波炉、WS70-1 型红外线快速干燥器（上海市吴淞五金厂）、涂-4杯（唐山市中亚材料实验机厂）。

③ 在装有一定量水的特制容器中，加入定量的丙烯酰胺、丙烯酸钠，用 20% NaOH 中和至 pH 值为 7，再加入腐殖酸钠和引发剂，混合均匀，放入微波炉内，微波加热反应 20min，制得腐殖酸钠-丙烯酰胺-丙烯酸钠共聚物，真空干燥，研磨成粉末。

陶瓷粉体 100g 加水 80g，搅拌均匀，测流出时间为 23s，作为对比实验的基准；将不同配比的三聚物分别加入 100g 陶瓷粉体中，搅拌均匀，测流出时间，当流出时间与基准相同时，记录加水量 $m$，计算减水率，减水率＝$(80-m)/m×100$%。

(2) 结果和讨论

① 单体配比对泥浆黏度的影响　采用不同单体配比制备的减水剂的减水性能进行测试，结果见表 8-13。

**表 8-13　单体配比对减水效果的影响**

| 单体配比 | 加水量/g | 减水率/% | 单体配比 | 加水量/g | 减水率/% |
| --- | --- | --- | --- | --- | --- |
| 1:0.2:0.2 | 61.5 | 30.1 | 1:0.6:0.6 | 57.8 | 38.4 |
| 1:0.4:0.4 | 58.9 | 35.9 | 1:0.8:0.8 | 59.3 | 35.2 |

注：减水剂添加量 0.25%。

从表 8-13 中可以看出，单体配比对减水剂的减水性能有一定影响，最佳配比为 1:0.6:0.6。

② 中和 pH 值的影响　制备的减水剂 pH 值对减水效果也有一定影响，当 pH 值在 7 左右时，减水效果最佳。pH 值大于 9 时，由于 NaOH 的强碱性破坏了丙烯酸钠的对悬浮粒子的保护膜，导致胶体颗粒重新聚沉，流动性变差；pH 值过小时，可电离的钠离子较少，体系中—COOH 含量较多，由于氢键的作用使自由水的释放减少，解凝效果差。

③ 减水剂加入量与泥浆黏度的关系　将不同比例减水剂加到陶瓷泥浆中，减水效果见表 8-14。

**表 8-14　减水剂添加量对减水效果的影响**

| 减水剂添加量/% | 加水量/g | 减水率/% | 减水剂添加量/% | 加水量/g | 减水率/% |
| --- | --- | --- | --- | --- | --- |
| 0.05 | 65.1 | 22.8 | 0.3 | 57.1 | 40.1 |
| 0.1 | 63.2 | 26.6 | 0.35 | 58.2 | 37.4 |
| 0.15 | 60.5 | 32.3 | 0.4 | 59.0 | 35.6 |
| 0.2 | 59.0 | 35.5 | 0.45 | 60.5 | 32.3 |
| 0.25 | 57.8 | 38.4 | 0.5 | 61.3 | 30.4 |
| 0.3 | 56.6 | 41.3 | | | |

注：单体配比 1:0.6:0.6。

由表 8-14 可知，随着减水剂的加入，泥浆黏度先增加后下降。这是因为随着减水分散剂用量的增加，体系吸附作用的不断增强，引起了双电层的增厚，导致静电斥力的增大，同时随着高分子数量增加，在浆料胶粒表面形成一层有机保护膜，胶粒之间碰撞聚沉困难，从而引起浆料黏度的降低，使其流出时间减少，即减水性能增强。但是，随着减水分散剂用量的增大，浆料的黏度会再次增大。主要原因有：一方面，过量的分散剂有机物的离子部分充当了自由离子，增加了浆料的离子浓度，从而压缩了双电层，降低了颗粒之间的静电斥力；另一方面，过剩的减水分散剂分子相互之间会发生桥连作用而形成网络结构，极大地限制了陶瓷粉体微粒的运动，从而引起了浆料的絮凝，导致悬浮体系的黏度升高，在减水率方面反映为减水率的降低。

④ 减水机理的探讨 陶瓷浆料由黏土矿物颗粒（胶粒）和瘠性原料及辅助原料（非胶粒）组成。不加减水剂，自由水易吸附于上述颗粒上，需大量水稀释才能使浆料具有流动性。当加入腐殖酸钠-丙烯酰胺-丙烯酸钠共聚物减水剂时，水中的坯体颗粒黏附在高分子链节上，使粒子形成保护膜，抑制了水的吸附，使自由水含量增加，流动性变好，达到解凝目的；同时，该减水剂是一种聚电解质，其中 $Na^+$ 具有较强水化作用，可使胶团扩散层增大，也使浆料流动性增强。

### 8.5.4.2 新型聚羧酸系高效减水剂（MPC）的研究

#### (1) 实验

① 实验原料 坯料，使用佛山某陶瓷企业墙地砖的坯用原料，成分见表 8-15。

表 8-15 坯用原料的化学组成 单位：%

| 化学组成 | $SiO_2$ | $Al_2O_3$ | CaO | MgO | $K_2O$ | $Na_2O$ | $Fe_2O_3$ | $TiO_2$ | I.L. |
|---|---|---|---|---|---|---|---|---|---|
| 含量 | 68.45 | 21.34 | 1.82 | 1.85 | 1.23 | 0.74 | 0.28 | 0.2 | 4.36 |

② 减水剂原料 丙烯酸（AA），化学纯，天津科密欧化学试剂开发中心；聚乙二醇400，进口分装，广东光华化学厂有限公司；对甲苯磺酸，化学纯，广州化学试剂厂；对苯二酚，化学纯，广州化学试剂厂；过硫酸铵，分析纯，上海凌峰化学试剂有限公司；三聚磷酸钠，分析纯，天津科密欧化学试剂开发中心；水玻璃，化学纯，广州化学试剂厂；甲基丙烯磺酸钠（MAS），山东淄博奥纳斯化工有限公司。

③ 主要设备及仪器 行星磨，QM-C1，南京大学仪器厂；电子天平，BS210S，北京赛多利斯天平有限公司；红外光谱仪，MAGNA760，Nicolet Instrument 公司（美国）；涂-4杯，天津试验仪器厂。

#### (2) 实验步骤

聚羧酸系减水剂分子结构自由度比较大，合成上可控制的参数多，高性能化的潜力大。通过控制主链的聚合度、侧链（长度、类型）、官能团（种类、数量及位置）、分子量大小及分布等参数可对其进行分子结构设计，可以制造出性能优异的陶土外加剂。李崇智、Kinoshita Mitsuo 等人曾研究了聚羧酸系减水剂的分子设计、合成工艺及在混凝土中的应用情况。结合理论分析，聚羧酸系减水剂也能在黏土体系中起分散与减水作用，这是研究的动机和原因所在。聚羧酸系减水剂的合成分两步进行：第一步是用丙烯酸与聚乙二醇在催化剂的作用下进行酯化反应，合成聚氧乙烯基烯丙酯大单体（PA）；第二步由聚氧乙烯基烯丙酯大单体、甲基丙烯磺酸钠和丙烯酸共聚得到所需的聚羧酸系减水剂。

① 聚氧乙烯基烯丙酯大单体（PA）的合成 有机酸和醇的酯化反应是可逆的，必须在酸的催化及加热下进行，否则反应速率极慢。实验采用酸性很强但氧化作用较弱的对甲苯磺酸作催化剂，并使丙烯酸过量以提高酯化产率。反应到一定程度时移去反应过程中所产生的水，使反应向右移动。丙烯酸及其产物聚氧乙烯基烯丙酯都极易聚合，合成过程中采用对苯二酚作阻聚剂。反应方程式如下：

$$HO-(C_2H_4)_n-H+H-(CH-CH)-COON \underset{\text{催化剂}}{\overset{\text{阻聚剂}}{\rightleftharpoons}}$$

$$H-(CH=CH)-COO-(C_2H_4)_n-H+H_2O \qquad (8-5)$$

在酯化反应过程中将温度控制在 80℃，聚乙二醇与丙烯酸摩尔比为 1：1.5，催化剂（对甲苯磺酸）用量为聚乙二醇质量的 10.0%，阻聚剂（对苯二酚）用量为聚乙二醇质量的

0.4%，反应时间为 4h。

② 聚羧酸系减水剂的制备　采用过硫酸铵作引发剂，在 70～75℃下进行自由基水溶液共聚。其单体配比如下：MAS∶AA∶PA=1.5∶5.0∶1.25，引发剂过硫酸铵用量为单体总质量的 15%，反应时间为 4h。反应结束后保温 1～2h，冷却后用浓度为 30% 的 NaOH 水溶液将 pH 值调节到 7～8，得到棕红色水溶液产物。反应产物结构式如下：

$$H-(CH_2-\overset{\overset{\displaystyle R^1}{|}}{\underset{\underset{\displaystyle OM}{|}}{\underset{\displaystyle C=O}{|}}}C)_m-(CH_2-\overset{\overset{\displaystyle R^1}{|}}{\underset{\underset{\displaystyle OR^2}{|}}{\underset{\displaystyle C=O}{|}}}C)_n-(CH_2-\overset{\overset{\displaystyle R^1}{|}}{\underset{\underset{\displaystyle SO_3M}{|}}{\underset{\displaystyle X}{|}}}C)_1-(CH_2-\overset{\overset{\displaystyle R^1}{|}}{\underset{\underset{\displaystyle (OCH_2CH_2)_pOR^3}{|}}{\underset{\displaystyle Y}{|}}}C)_k-(Z)_j-H$$

X=CH₂,CH—〈苯环〉；Y=CH₂,C=O；Z=其他单体；M=H,Na；

$R^1$=H,CH₃；$R^2$=CH₃；$R^3$=$C_qH_{2q+1}$

③ 测定减水剂的减水效果　将坯料过 40 目标准筛，将过筛后的坯料与水按照 1∶0.43 的质量比混合，并分别加入三聚磷酸钠、水玻璃、MPC 三种减水剂（变量），倒入球磨罐中，其中坯料∶球=1∶2.5，球级配大∶中∶小=5∶2∶3，球磨机转速设定为 350r/min。球磨 15min 后的泥浆过 80 目标准筛，筛余量约 1%。将过筛以后的浆料倒入涂-4 杯，测定泥浆的流出时间。

④ 机理讨论　MPC 减水剂的分子结构中含有磺酸基、羧酸基、羟基、聚氧化乙烯基和其他基团。其中—COOH、—OH、—SO₃H 等极性基团的电离作用使泥浆颗粒表面带上电性相同的电荷，并且电荷量随减水剂浓度增大而增大，直至饱和，从而使泥浆颗粒之间产生静电斥力，使泥浆颗粒絮凝结构解体，颗粒相互分散，释放出包裹于絮团中的自由水，从而有效地增大泥浆的流动性。

MPC 减水剂主链分子的疏水性和侧链的亲水性以及侧基—(OCH₂CH₂)—的存在，为其提供了立体稳定作用，在泥浆颗粒表面形成有一定厚度的聚合物分子吸附层，这虽然使泥浆颗粒的 ζ 负电位降低较少，而静电斥力较小，但是由于其主链与泥浆颗粒表面相连，支链则延伸进入液相形成较厚的聚合物分子吸附层，从而具有较大的空间位阻斥力，所以在掺加量较少的情况下便对泥浆颗粒具有显著的分散作用。

**8.5.4.3　磺化三聚氰胺-甲醛树脂（SMF）减水剂的研制**

(1) 实验部分

① 主要原料　陶瓷坯料，西安高压电瓷厂提供；三聚氰胺、甲醛、亚硫酸氢钠为工业纯；氢氧化钠、乙酸、九水合硅酸钠为分析纯。

② 合成实验　通过分子设计，将亚硫酸氢钠（S）与三聚氰胺（M）按不同比例进行反应，制备出一系列不同磺化度的三聚氰胺-甲醛树脂，其制备过程分为四步：羟甲基化反应、磺化反应、缩合反应及稳定重整。

③ 分析测定

a. 磺化率的测定。黏度：NDJ-4 旋转式黏度计，上海精密科学仪器天平厂生产。

b. 减水率。将 SMF 以不同比例加入陶瓷坯浆中（添加剂的加入量以绝干坯料为基准），快速混合均匀后测泥浆黏度，以泥浆黏度减少的幅度来反映添加剂加入后的减水效果［注：减水率=(标准坯浆含水量-试样坯浆含水量)/标准坯浆含水量］。标准坯浆为：100g 绝干坯料加 80mL 水，含水量为 44.4%，绝对黏度为 2.4Pa·s。

c. 悬浮性的测定。用 100mL 量筒盛装已加入添加剂的坯浆，静置一段时间后，分别测上层和下层悬浊液容重（用移液管吸取各 25mL 称重），$\Delta\rho = m/v$。

d. 触变性的测定。将 SMF 以不同比例加入坯浆中，搅拌均匀后立即测量黏度 $\eta_1$，静置 1min 后再测量黏度 $\eta_2$，用两次测定值的差值来反映坯浆触变性的相对大小。

（2）分散机理研究　坯浆分散机理可用静电斥力理论和水化膜润滑作用理论来解释。陶瓷坯浆因加入减水剂后，减水剂分子定向吸附在坯浆颗粒表面，部分极性基团指向液相。由于亲水极性基团的电离作用，使坯浆颗粒之间产生静电斥力，颗粒絮凝结构解体，颗粒相互分散，释放出包裹于絮团中的自由水，从而有效地增加其流动性。同时，由于极性基团的亲水作用，使坯浆表面形成一层具有一定机械强度的溶剂化水膜。水膜的形成也可破坏坯浆颗粒的絮凝结构，释放出包裹于其中的拌和水，使坯浆颗粒充分分散，宏观上表现为坯浆流动性增加。

### 8.5.5 复合添加剂的运用现状

在佛山某陶瓷集团经过半年的小试、中试及大试后，应用某种新型陶瓷复合减水剂，每吨干料中加入添加剂成本节约 3.98 元/t，节约球磨时间 5h，每吨粉料节电 16.5 元/t。喷雾干燥塔水分由 39.5% 减至 36%，产量增加 18.8%。综合以上各项，每吨粉料节约 38.91 元。按该陶瓷集团每天产出粉料 122t 计，一年（按 11 个月计）可节约 156.65 万元，效益显著，减水明显，生产质量稳定。

#### 8.5.5.1 新型陶瓷减水剂球磨玉晶料 14t 球磨机实验数据

工艺车间、原料车间、成型车间协助，从铲料、球磨到制粉，由操作工负责和工艺员测试，在球磨机上球磨干基 16.5t，另加水量 7.0t，加入新型陶瓷复合减水剂。入磨时间 12.5h，按生产线流程，测试方法完全由工艺员实施。实验结果数据见表 8-16。

表 8-16　实验结果数据

| 序号 | 方案 | 含水率/% | 筛余量/% | 流动性/s | 球磨时间/h | 抗折强度/MPa | | 备注 |
|---|---|---|---|---|---|---|---|---|
| 1 | 试方料 | 37.5 | 0.4 | 35.79 | 12.5 | 0.9<br>1.35<br>1.42 | 平均 1.22 | 企业生产标准为：0.8~1.3 MPa |
| 2 | 生产线 | 40 | 1.0 | 193.11 | 16 | 1.15 | | |
| 3 | 生产线 | 39 | 1.2 | 77.57 | 15 | 1.48<br>1.22 | 平均 1.28 | |

烧成试样结果在工艺车间由对色员测试下对比，发现其对烧成温度和白度等均无明显影响；并且实验可重复性好，减水明显。

#### 8.5.5.2 复合陶瓷添加剂球磨玉晶料成本节约预算

（1）复合添加剂成本节约（表 8-17）　表 8-17 是复合添加剂在每吨干料中加入的添加剂成本预算明细，总成本对比企业中原来用的添加剂可以节约：28.56 － 24.58 ＝ 3.98 元/t。其中，XTP1 和 XTD2 为外加添加剂。

（2）球磨节电（表 8-18）　采用复合添加剂和现有生产线对比，可节约球磨时间 5h 左右。球磨机使用功率平均为：90kW/h × 90% ＝ 81kW/h。因此，可以得出球磨每吨干料节约电费为：81kW/h × 5h × 0.73 元/(kW·h) ÷ 16.5t 粉 ＝ 17.92 元/t。

（3）喷雾干燥塔节能预算　球磨是耗能大户，球磨工艺是陶瓷生产企业主要耗能之一，

表 8-17　添加剂成本预算（以每吨干基计）

| 生产线 | 甲基 | 水玻璃 | 三聚物 | — | 总计/(元/t) |
|---|---|---|---|---|---|
| 价格/(元/t) | 9.72 | 3.75 | 15.09 | — | 28.56 |
| 试方料 | 甲基 | 水玻璃 | XTP1 | XTD2 | 总计/(元/t) |
| 价格/(元/t) | 1.08 | 1.50 | 13.25 | 8.75 | 24.58 |

表 8-18　球磨成本预算

| 类　别 | 球磨时间/h | 备　注 |
|---|---|---|
| 原生产线 | 16 | 1. 球磨机功率 90kW/h |
| 试方料 | 11 | 2. 利用率按 90% 计 |

因此，要降低能耗，就必须减少料浆的水分，使得蒸发相同的水分生产出更多粉料。通过添加复合添加剂已经可以把含水率减少 3.5 个百分点。

喷雾干燥塔的粉料产率计算公式如下：

$$P = \frac{EC_1}{C_2 - C_1} \tag{8-6}$$

式中　$P$——粉料的生产率，kg/h；

$C_1$——料浆中的固体含量，%；

$C_2$——喷雾干燥后，粉料中的固体含量，%；

$E$——喷雾干燥塔内水的标准蒸发能力，kg/h。

喷雾干燥塔型号为 3200 型，即 $E=3200$kg/h。粉料的水分为 7%，即 $C_2=93$%；浆料的水分平均为 39.5%，即 $C_1=60.5$%。

① 水分为 39.5% 时的生产率：生产线粉料的生产率 $P=3200$kg/h×0.605/(0.93−0.605)=5957kg/h。

② 水分降到 36% 时的生产率：试方料粉料的生产率 $P=3200$kg/h×0.64/(0.93−0.64)=7062kg/h。

③ 产量增加率为：[(7062−5957)/5957]×100%=18.5%。

产量的增加相当于降低了单位产量的能耗。实际上车间 1h 产粉 10t，按每吨粉成本为 100 元，则 1h 成本 1000 元。减水后折算成本为每吨：1000/(10×1.188)=84.18 元。则每吨粉成本减少为：100−84.18=15.82 元。换算成干基成本为：17.01 元/t。

综上所述，每吨粉节约总计为：3.98+17.92+17.01=38.91 元。玉晶料按一天生产 122t 计算，则一年 11 个月计节约成本为：122t×30 天×11 月×38.91 元/t=156.65 万元。

### 8.5.6　高效减水剂研究的发展趋势

随着陶瓷工业的迅速发展，传统的陶瓷添加剂已不能适应需求。世界各国都在积极研究和应用新型高效陶瓷减水剂。作为代表的聚羧酸系减水剂的研究发展很快，目前对聚羧酸系减水剂的合成、作用机理探讨等方面只是建立在合理推测阶段，存在很多无法预测的因素，不少理论尚待深入研究论证，深入研究新型高性能减水剂仍具有重要的理论意义和实用价值。尽管系统研究新型高性能减水剂仍存在很多困难，但其发展前景是相当广阔的。

## 8.6　喷雾干燥塔废气污染的治理

陶瓷行业中的废气主要来源于窑炉烧成及干燥阶段的烟气，陶瓷厂喷雾干燥塔排放大量的生产废气对大气环境造成了一定程度的污染，由此引发的各类环境问题日益突出，已成为制约该行业可持续发展的主要因素。为解决这一污染问题，改善大气环境质量，促使经济持续发展，近年来，中国各级环保部门下决心对喷雾干燥塔生产废气进行全面、彻底的整治并建立起相应的除尘脱硫示范工程，致力研究和寻找治理喷雾干燥塔废气的有效途径。在佛山地区经多次监测和对比分析，认为采用半干法治理陶瓷厂喷雾干燥塔废气技术新颖、实用、工艺简单、处理效率高，取得很好的经济效益和环境效益，有推广应用的价值。本节将以半干法为例介绍废气处理的工艺过程。

### 8.6.1 现有的烟气治理方法

随着科学技术的发展，人们已经发展了许多废气治理的方法。早期的治理方法是提高排放高度，但这些高空排放的气体在大气中扩散到远方，仍然要对环境造成很坏的影响。比较现代化的烟气治理方式最早出现于 20 世纪 30 年代，当时用于处理冶炼废气，经过人们的不断努力，已经出现了将近 100 种工艺，但进展不一，有的还处在试验阶段，有的则处在中试阶段，也有的正在被商业应用，但大部分已经被淘汰，现在应用的大约有 15 种。虽然脱硫方法很多，但是废气的脱硫问题还没有真正解决，即使其中较好的方法也存在很多缺点和局限性，因此不可能提出一种适合任何条件的脱硫方式。一般认为，选择烟气脱硫方法时应遵循以下原则：脱硫效率符合环保要求；能进行综合利用；不产生二次污染；有一定的经济效益，力求降低治理费用，最好能盈利；因地制宜选择治理方案，发挥优势，扬长避短。

目前，按照脱硫的机理，这些方式大致可以分为三种：湿法烟气脱硫、干法烟气脱硫和半干法烟气脱硫。

#### 8.6.1.1 湿法烟气脱硫

湿法烟气脱硫最早出现于 20 世纪 60 年代的美国，又分为石灰石（石灰）-石膏脱硫法、海水脱硫和磷铵复肥脱硫法等。湿法脱硫占据了烟气脱硫产业的绝大部分市场，但设备庞大、易腐蚀、易结垢、脱硫产物需经渣水分离以及浆液循环、塔压降大等，使得投资费用和运行费用高。湿法脱硫除尘实际上是污染物的转移，即将污染物从烟气转移到了除尘器排水中，大量含硫废水不宜直接排放，湿法的应用受到了一定限制，目前在用的湿法脱硫工艺主要有石灰石-石膏法、海水烟气脱硫等。

（1）石灰石-石膏法　这种方法已经有 40 多年的历史，是目前应用最广泛的烟气脱硫工艺。这种工艺中，烟气中的固体颗粒和 $SO_2$ 经过在两级洗气塔中循环石灰浆的洗涤而除去，石灰或石灰石在加入储罐之前预先被水化并加入添加剂以提高脱硫剂的脱硫效果。脱硫产物是硫酸钙和亚硫酸钙，作为废物被处理掉。这种方法脱硫效率受到 pH 值、温度、二氧化硫浓度、脱硫剂颗粒大小和类型以及吸附剂的种类等参数的影响，选择这种脱硫方式时主要考虑的因素是经济问题。如果确定用石灰浆作为脱硫剂，则要考虑石灰的煅烧、运输和水化等的成本。此方法脱硫效率高于 90%，吸收剂利用率可超过 90%。还有一种石灰石-石膏法，就是给燃烧炉配置袋滤器，将烟气增湿后，气流中喷入干燥的碱性固体。但酸碱反应只在袋滤器表面进行，要防止碱性脱硫剂落到气流之外并在袋滤器上积累，做到这一点比较困难。石灰-石膏法的主要优点是：适用范围广，脱硫效率、吸收剂利用率、设备运转率、工作可靠性等都很高（目前最成熟的烟气脱硫工艺），脱硫剂石灰石来源丰富且价廉。其缺点也比较明显，初期投资费用和运行费用高，占地面积大，系统管理操作复杂，磨损腐蚀现象比较严重，副产物石膏和产生的废水很难处理，基本上等于把有害物质从气相转移到液相，并且脱硫后烟气温度较低，不利于烟囱排烟扩散，设备易结垢、腐蚀、堵塞等。

（2）海水烟气脱硫　这是近年发展起来的一项新技术，由于海水具有一定的碱性（碱度约为 1.2～2.5mmol/L）和特定的水化学特性，而且所含碳酸盐对酸性物质有缓冲作用。于是，人们就利用海水的碱度能吸收烟气中 $SO_2$ 的性质，开发了海水吸收 $SO_2$ 的工艺。在实际应用中，还要向海水中加入石灰或石灰与石灰石的混合物以提高海水的脱硫效果，减少海水用量。海水中的含镁物质（$MgCl_2$ 和 $MgSO_4$）与加入的碱性物质反应生成 $Mg(OH)_2$，$Mg(OH)_2$ 可以与烟气中的 $SO_2$ 很快反应生成 $MgSO_3$，此产物可以再生利用。海水脱硫工艺主要有工艺简单、系统可靠、脱硫效率高（一般可达 85％ 以上，也有 96％ 以上的报道）等优点，但其必须应用于沿海区域，因此受到地理位置的限制。

### 8.6.1.2　干法烟气脱硫

干法烟气脱硫在 20 世纪 70 年代同时出现于美国和欧洲，主要有炉内喷钙脱硫法、电子束烟气脱硫法和催化联合脱硫-脱氮法。干法烟气脱硫以其脱硫效率高、脱硫剂可再生重复使用、硫可回收利用、成本较低等优势而成为国内外研究热点。但高效脱硫剂合成困难，脱硫剂再生条件苛刻，限制了它的使用。目前应用较多的是炉内喷钙脱硫法。石灰石在适当的温度区域喷入炉膛后，煅烧分解出 CaO 和 $CO_2$，CaO 与烟气中 $SO_2$ 在氧化气氛中生成 $CaSO_4$；未反应的 CaO 随烟气进入尾部增湿活化器水合为 $Ca(OH)_2$，再与烟气中 $SO_2$ 反应生成 $CaSO_3$ 和 $CaSO_4$。

炉内喷钙脱硫有以下几个特点：能以合理的钙硫比得到较高的脱硫效率；工艺流程简单，占地面积小，费用低；适用于高、中、低硫煤，适用于新建大型电站锅炉、现役锅炉脱硫技术改造及中小型工业锅炉，但脱硫剂利用率低。

### 8.6.1.3　半干法烟气脱硫

早期的干法脱硫工艺运行费用高，稳定性低，而且烟气处理的副产品都作为垃圾被弃掉，随着人们对价廉高效脱硫工艺的追求和研究，人们开发了半干法烟气脱硫技术，它包括循环流化床烟气脱硫（CFB-FGD）、喷雾干燥烟气脱硫、干吸收剂喷入等方法。

喷雾干燥脱硫法把一种常用的喷雾干燥方法与脱硫技术结合，在取得湿法脱硫工艺高脱硫效率的同时，避免了大量循环水的使用，主要采用石灰乳液作脱硫剂与 $SO_2$ 反应。半干法烟气脱硫主要使碱与烟气中的酸性气体反应，生成物经干燥成固体颗粒。这些工艺因具有结构简单、运行费用低等特点而备受国内外研究者青睐。

（1）循环流化床烟气脱硫和气体悬浮吸收烟气脱硫技术　循环流化床烟气脱硫技术是最新发展起来的烟气脱硫技术（CFB-FGD），通过吸收剂 ［主要是 $Ca(OH)_2$ 的悬浊液］ 在反应塔内多次再循环，使烟气中的酸性气体与吸收剂充分接触，水分则不断蒸发。在这种工艺中，脱硫剂与烟气的接触时间多达 30min，大大地提高了吸收剂的利用率，在 Ca/S 为 1.2～1.5 时，该工艺的脱硫效率可达 93％～97％，相当于湿法脱硫工艺的高水平。这种脱硫工艺结构紧凑，占地面积小，设备使用少，投资和能耗都比较低。但是，设备放大还存在很多困难，操作弹性低。

（2）烟气脱硫　该工艺简称 SDA 技术，于 20 世纪 70 年代中期在美国和欧洲同时开展。美国 Northern State Powers 于 1980 年首次把 SDA 技术应用于燃煤锅炉作烟道气脱硫处理。1981 年，欧洲也开始在电站上应用这项新技术。自 SDA 技术开发以来，由于它比传统的湿法脱硫技术操作简单、可靠性高和运行费用低而很快被工业界接受。这种工艺在美国、德国、法国、瑞典、日本等国家约 115000MW 容量的电站锅炉、工业锅炉和焚烧炉上运行或在建当中。通过浆液配制工艺以提高吸收剂活性，通过脱硫产物的再循环或高倍率循环以提高吸收剂利用率，增强塔内传质过程以促进吸收反应的进行等几方面是半干法脱硫工艺的努力方向。喷雾干燥器加布袋除尘工艺，脱硫效率可达到 90％以上，允许煤的含硫量可达 3％。近年来，喷雾干燥脱硫还采用固体内循环系统，提高吸收剂的利用率，在欧洲已有配用于 350MW、600MW 机组的喷雾干燥设备。喷雾干燥烟气脱硫的主要特点如下：

① 吸收塔出来的废料是干的，与湿法相比可以省去庞大的废料后处理系统，使工艺流程大为简化，占地面积小，经济合理，无废水排放，处理后的烟气不需再加热；

② 适当条件下系统（包括设备和管道等）基本不存在结垢、堵塞、腐蚀等问题，可用碳钢制造，但是对控制系统要求较高；

③ 主要缺点是设备的设计和制造技术有待改进。

以上列举的脱硫方式是当今世界上应用比较多的脱硫方式，另外还有生物脱硫法等，它们各有优缺点，有的缺点远远多于优点，急需改进，如湿法脱硫方式，虽然占全球脱硫工艺的 82.5％，但是由于缺点明显，有可能被逐渐淘汰。干法脱硫虽然避免了废水问题，但由于脱硫剂与烟气在干燥环境中接触，脱硫剂利用不充分，而且要求的反应温度比较高，不是十分理想；半干法脱硫在某种意义上讲综合了前两种方式的优点，不产生废水，也解决了设备腐蚀问题，应该是烟气脱硫的首选方式，虽然还有很多问题需要研究解决，但前景看好。对于那些技术含量高但是费用也偏高的脱硫方式（如电子束烟气脱硫）应有长远发展的目标，适当地加以应用并积极进行研究，以推动中国的科技发展。

### 8.6.2 喷雾干燥塔废气治理技术原理

陶瓷厂采用喷雾干燥法对传统陶瓷原料进行干燥，喷雾干燥塔排放废气主要含有烟（粉）尘和二氧化硫。将脱硫剂（纯碱）溶解于水后以一定比例加入陶瓷料浆中搅拌均匀，当料浆以细小液滴形式喷入干燥塔内与热风相遇时，两者发生传热传质过程：热风的热量传递给料浆液滴，液滴温度升高，表面水蒸气分压升高，水分吸热蒸发进入气相而令液滴降温，直至两相达到平衡；与此同时，碱液与热风中的 $SO_2$ 发生中和反应而将 $SO_2$ 从废气中脱除，大部分粉料与脱硫产物一起由排料器排出，废气夹带少量粉尘与脱硫产物进入袋式除尘器处理后高空排放。纯碱脱硫的化学机理如下：

$$Na_2CO_3 + SO_2 \longrightarrow Na_2SO_3 \downarrow + CO_2 \uparrow \tag{8-7}$$

$$4Na_2SO_3 \xrightarrow[O_2]{\triangle} 3Na_2SO_4 + Na_2S \tag{8-8}$$

由于液滴很细小，两相传热传质面积很大，在高温、碱性条件下，上述反应瞬间完成，反应产物 $Na_2SO_3$ 在高温有氧条件下迅速氧化为 $Na_2SO_4$ 和还原成 $Na_2S$。$Na_2SO_4$ 和 $Na_2S$ 比较稳定，熔点分别为 884℃和 1180℃，一般条件下不发生分解。

### 8.6.3 喷雾干燥烟气治理设备及工艺流程

#### 8.6.3.1 喷雾干燥烟气治理设备

在喷雾干燥烟气脱硫工艺中，主要设备有喷雾干燥器、颗粒回收装置等。其中喷雾干燥器的构造及工作原理在本章第一节中已经进行了详细介绍，下面重点介绍一下脱硫产物排出和回收装置。

脱硫产物大部分从干燥塔底部排出，很少一部分被旋风分离器和袋滤器捕获排出。干燥室和旋风分离器一般在负压下操作，为避免影响干燥效率和分离效率，应尽量避免空气从其他部位漏入干燥塔和旋风分离器中。常见的排料装置有手动蝶形阀、推拉阀、自动恒重阀等，这些都属于间歇排料阀。另外，还有连续排料阀，用得最普遍的连续阀是旋转阀。干燥粒子的回收阶段需要满足干燥器的两个重要要求：① 比较经济的产品回收方式；② 废气中无产品粒子。

现有的回收设备主要有袋式除尘器和旋风分离器，至于选择什么样的回收设备主要从费用、收集效果以及被分离的产品要求的处理方式等方面加以考虑。

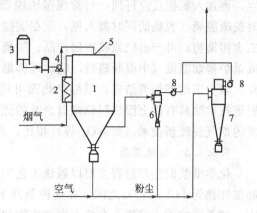

图 8-23　喷雾干燥烟气治理工艺流程
1—干燥器；2—电加热器；3—石灰浆储罐；
4—高压泵；5—雾化器；6—主旋风分离器；
7—副旋风分离器；8—引风机和过滤器

### 8.6.3.2　喷雾干燥烟气治理工艺

喷雾干燥烟气治理工艺流程如图 8-23 所示。半干法脱硫除尘工程工艺流程如图 8-24 所示。

烟气治理的基本工艺流程为：脱硫剂从石灰浆储罐 3 被高压泵 4 输送到雾化器 5 中雾化，在干燥器 1 中与从电加热器 2 来的具有一定温度的烟气混合接触，发生反应并干燥，干燥粒子进入主、副旋风分离器 6、7 中与气体进行分离。处理合格后的烟气被引风机 8 排入大气。

## 8.6.4　脱硫剂

在烟气治理过程中，脱硫剂对烟气治理的效果具有一定的决定作用，脱硫剂与烟气治理效果有很大关系，目前人们已经开发出了多种脱硫剂，这里简单介绍几种。

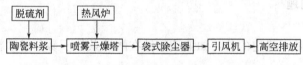

图 8-24　半干法脱硫除尘工程工艺流程示意图

### 8.6.4.1　石灰、飞灰脱硫剂

飞灰脱硫化学过程复杂，其中的 $CaO$、$MgO$、$Al_2O_3$ 和 $Fe_2O_3$ 等碱分都有不同程度的溶解并与 $SO_2$ 反应。20 世纪 80 年代末，美国、日本两国分别在实验室用石灰、飞灰等研究出脱硫吸收剂并成功进行了小型脱硫试验和现场中试试验。日本研究成功 ULAC 工艺（美国称 ADVANCED 工艺），活化吸收剂的制备主要是在消化器中进行，将石灰、脱硫副产品加水在一定条件下消化，使粉煤灰中的二氧化硅活化为硅系脱硫剂，从而减少石灰的消耗量。同时利用高效吸收剂的脱氮功能，实现硫氮联合去除。1993 年进行的 ULAC 工艺脱硫吸收剂管道喷射试验表明，在 Ca/S 为 2.5 时，脱硫效率可达 75％以上，脱氮率达 55％，试验显示出脱硫剂的技术优势和市场潜力。但由于存在脱硫效率偏低、吸收剂利用率低等问题，距离实用阶段尚有不少问题有待解决。这种脱硫剂可以通过粉煤灰（FA）和 $Ca(OH)_2$ 水合制得。FA 一般是由 80％的玻璃球状颗粒及 20％的蜂窝状颗粒组成，除颗粒间毛细孔隙外，还有颗粒内蜂窝状孔隙及破碎球体的洞穴，比表面积很大。目前国内外利用飞灰脱硫的研究主要停留在利用飞灰制备吸收剂及脱硫工艺中试阶段。真正用在生产中的报道还很少见。

### 8.6.4.2　$CuO/Al_2O_3$ 脱硫剂

这是一种应用在固定床中的可再生脱硫剂，其工艺流程为：烟气流过安装在低温省煤器后的 $CuO/Al_2O_3$ 反应床（床温为 300～500℃），烟气中的二氧化硫与氧化铜在氧化氛围中反应生成硫酸铜，从而达到脱除二氧化硫的目的。向硫酸盐化（简称硫化）的脱硫剂中通入还原性气体如氢气、甲烷或一氧化碳等，氧化铜被还原成单质铜，脱硫剂得到初步再生，然后脱硫剂返回反应床。再生单质铜被烟气中的氧气迅速氧化成氧化铜，此时脱硫剂完全再生，再加入脱硫反应行列，与常规湿法脱硫工艺相比，$CuO/Al_2O_3$ 法的突出优势在于可同时脱硫脱硝（脱硫的同时鼓入氨，氨在铜盐催化下将 $NO_x$ 还原成 $N_2$），不产生固态或液态二次污染物；可产出硫或硫酸副产品；脱硫后烟气无须再热；脱硫剂可再生循环利用；可降低锅炉排烟温度（中温脱硫后，锅炉尾部烟道气中二氧化硫浓度大大降低，相应降低了酸露点，减少了尾部烟道结露，尾部受热面可适量增大，排烟温度降低）等。$CuO/Al_2O_3$ 烟气脱硫技术除具有以上湿法脱硫难以企及的优势外，与当今已经成熟的烟气脱硫技术和正在开发的烟气脱硫新技术（如 $NO_x$ 等）相比，在投资费用和运行成本上优势明显。

### 8.6.4.3 造纸黑液

化学纸浆的生产过程主要以碱法工艺为主，原料和蒸煮液在加压和高 pH 值的条件下一起被加热到 $140\sim170℃$ 之间。在这种条件下，原料中除纤维素之外的物质都被溶解到黑液中，如果直接排入河流，会给水中的生物和沿岸的农田造成极大危害，对年产 1.7 万～2 万吨纸规模的中型造纸厂，采用传统的碱回收法（厂内治理），投资费用要 2200 万～2400 万元，这对中小型厂是难以接受的。根据黑液呈碱性的性质，它可能与烟气中的 $SO_2$ 反应。经过处理的黑液还可以与 $SO_2$ 反应生成木素磺酸盐，此产物有可能被作为添加剂加入到水泥中提高其性能，考虑到这些性质，如果能将黑液作为脱硫剂来治理烟气，副产物作为水泥添加剂，则在治理烟气的同时也实现了造纸厂废水的治理，可有效实现三废资源化治理，其经济效益和社会效益都是十分巨大的。

### 8.6.5 废气处理运行中应注意的问题

#### 8.6.5.1 严格控制料浆 pH 值

在脱硫过程中，脱硫中间产物一般是不稳定的盐，如亚硫酸钠在酸性条件下易分解重新放出 $SO_2$，见反应式 (8-10)。

$$SO_3^{2-} + 2H^+ \longrightarrow SO_2\uparrow + H_2O \tag{8-9}$$

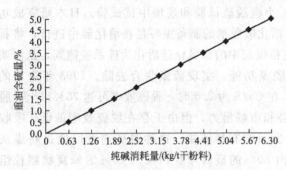

传统陶瓷原料主要以黏土（含水铝硅酸盐）、石英砂（$SiO_2$）、长石（$K^+$、$Na^+$、$Ca^{2+}$ 的无水铝硅酸盐）为主，企业根据各自的生产工艺要求在料浆中加入相应的添加剂，陶瓷料浆一般呈弱碱性，监测结果详见表 8-19。料浆中含有一定量的 $K^+$、$Na^+$、$Ca^{2+}$、$Mg^{2+}$ 等金属离子，在碱性条件下，有一定的脱硫作用。以纯碱为脱硫剂的企业可按照图 8-25 和物料衡算公式，结合料浆的化学特性，准确计算出料浆与纯碱的配比，控制好料浆 pH 值，以达到最佳的脱硫效果。

图 8-25 重油含硫量与纯碱消耗量的关系

**表 8-19　部分陶瓷厂料浆初始 pH 值监测结果**

| 企　　业 | A | B | C | D | E |
|---|---|---|---|---|---|
| 料浆 pH 值 | 8.29 | 8.37 | 8.00 | 8.38 | 8.00 |
| 企　　业 | F | G | H | I | J |
| 料浆 pH 值 | 8.54 | 8.95 | 9.61 | 8.35 | 9.79 |

图 8-25 是按照喷雾干燥塔的工艺要求，料浆的含水率约为 35%，以 4000 型喷雾干燥塔为例，干燥 1t 干粉料需重油约 38kg，根据物料衡算公式和化学计量原理，计算出燃料含硫

量、干粉料和脱硫剂（纯碱）三者之间的关系。

#### 8.6.5.2　确保工况正常

喷雾干燥塔在满负荷下运转时，可把足够料浆喷入塔膛使之形成致密"网状"，充分"捕获"并脱除二氧化硫。若喷雾干燥塔的喷枪分布不均匀，造成气流的"短路"，影响脱硫的效果。

#### 8.6.5.3　保证料浆与脱硫剂均匀混合

浓的 $Na_2CO_3$ 溶液会吸收 $CO_2$ 和 $H_2O$ 后转化成为 $NaHCO_3$ 形成白色沉淀，脱硫剂（纯碱）必须完全溶于水后再和料浆均匀混合，防止结块，保证料浆 pH 值的均匀一致性。

#### 8.6.5.4　控制燃料含硫量

根据图 8-25 的关系，燃料含硫量越高，$Na_2CO_3$ 用量越大，但实际中料浆中 $Na_2CO_3$ 用量不宜太大，否则因电负性过强而导致凝结，并会形成钙、镁盐沉淀，影响脱硫的效果。因此，还必须对燃料含硫量加以适当控制。

# 8.7　盘式干燥机在高纯陶瓷粉体干燥中的应用

在高纯陶瓷粉体的生产过程中，粉体饼的烘干是非常重要的一个工序，产品质量的优劣、生产成本的高低很大程度上取决于烘干方式的选择及烘干温度的控制。中国高纯陶瓷粉体制备厂家多采用喷雾干燥机烘干，其产品的分散性、细度较好，但动力消耗大、微尘后处理设备庞大，因而生产成本及投资费用较大。盘式干燥机是一种新型、高效、节能的干燥设备。盘式干燥机与其他形式的干燥机相比，具有许多突出的优点。①热效率高，能耗低，干燥时间短。其热效率可达 60% 以上。②可调控性好。加热盘的数量、加热介质的温度和物料停留时间，可根据需要进行调整，因此产品干燥均匀，质量好。③被干燥物料不易破损。④环境整洁。⑤无振动，低噪声，运转平稳，操作容易，占地面积小。因此，盘式干燥机被广泛应用于化工、染料、农药、塑料、医药及食品生产领域，并取得了很高的经济效益。同时盘式干燥机也已逐步应用于高纯陶瓷粉体的制备中，并逐渐体现出它在高纯陶瓷粉体生产中较其他类型的干燥机的优势。河北某化工集团高纯碳酸钡车间率先将盘式干燥机用于高纯碳酸钡的烘干，取得了很好的效果，产品质量有了很大提高。

#### 8.7.1　盘式干燥机的结构及工作原理

盘式干燥机是一种高效的传导型干燥设备，盘式干燥机主要分为常压型、密闭型、真空型三类，三种不同类型的干燥机适用于不同的使用要求。

（1）常压型　由于设备气流速度低，而且设备内湿度分布上高下低，粉尘很难浮到设备顶部，所以顶部排湿口排出的尾气中几乎不含有粉尘。

（2）密闭型　配备溶剂回收装置，可方便地回收载湿气体中的有机溶剂。溶剂回收装置简单，回收率高，对于易燃、易爆、有毒和易氧化的物料，可用氮气作为载湿气体进行闭路循环，使之安全操作，特别适用于易燃、易爆、有毒物料的干燥。

（3）真空型　在真空状态下操作的盘式干燥机，特别适用于热敏性物料的干燥。

鉴于三者的使用特点，密闭型和真空型这两类盘式干燥机在高纯陶瓷粉体制备中的使用较为常见，所以下面将对这两种类型进行介绍。

##### 8.7.1.1　密闭型盘式干燥机的基本结构与工作原理

封闭型盘式干燥机（图 8-26）主要由干燥盘、耙臂和装在耙臂上的若干耙叶、主轴、

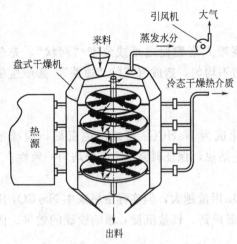

图 8-26 封闭型盘式干燥机结构示意图

转动装置、外壳等组成。干燥盘分为大盘和小盘两种，其内通入加热介质。湿物料自加料器连续地加到干燥器上部第一层干燥盘上，带有耙叶的耙臂作回转运动使耙叶连续地翻抄物料。物料沿指数螺旋线流过干燥盘表面，在小干燥盘上物料被移送到外缘，并在外缘落到下方的大干燥盘外缘，在大干燥盘上物料向里移动并从大干燥盘的里缘落到下一层小干燥盘的里缘。由于大小干燥盘交替排列，物料得以连续地流过整个干燥机，而加热介质如饱和水蒸气、导热油等自每层干燥盘内通过与盘面上的物料进行热交换，使物料被自上而下移送过程中得到干燥，已干物料从最后一层干燥盘落到壳体的底层，最后被耙叶移送到出料口排出。湿分从物料中逸出，由设在顶盖上的排湿口排出。从底层排出的干物料可直接包装。整个干燥过程密闭操作。封闭型盘式干燥机基本装置主要包括以下几部分。

（1）加料装置　加料装置由提升机和螺旋送料机组成。这部分设备将不规则的块状原料均匀搅拌粉碎，并通过无级变速螺旋送料器使其转变成连续的、可控制的原料流，以确保螺旋送料机的连续送料。

（2）干燥主机　这是一种带粉碎装置的立式层状干燥机，其结构及工作原理如前所述。

（3）加热器　燃煤导热油炉、油泵联合使用，导热油进、出口温度为 250℃、230℃，可有效地提高热风炉的热效率。

（4）电器、仪表控制台　电器、仪表控制台上设有工艺流程模拟图，采用发光管显示，该控制台用于集中控制干燥系统的电器、仪表，并自动记录。

8.7.1.2　真空型盘式干燥机的基本结构与工作原理

真空型盘式干燥机结构如图 8-27 所示，其由室体、进料装置、刮板装置、加热管路、加热圆盘、转座、驱动机构、出料装置及机架等组成。在盘式干燥机内部，最上一层是一小加热圆盘，第二层是一大加热圆盘，第三层是一小加热圆盘，依次交替排列。其中，小加热圆盘内缘有一围堰使物料不会从盘的内缘向下跌落，而大加热圆盘外缘有一围堰使物料不会从盘的外缘向下跌落。工作时，转轴在驱动机构带动下，连同固定在转轴上的带耙叶的刮板装置一起转动，而大小加热圆盘则静止不动。

盘式干燥机的工作原理如下：

湿物料自盘式干燥机顶部的进料装置连续

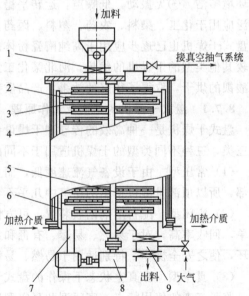

图 8-27　真空型盘式干燥机结构示意图

1—进料装置；2—刮板装置；3—加热圆盘；
4—室体；5—转轴；6—加热管路；7—机架；
8—驱动机构；9—出料装置

地加入到最上层小加热圆盘内缘处的盘面上，在带有耙叶的刮板装置上（耙叶可浮动且有方向性）作回转运动，一边连续地翻动搅拌，一边从加热圆盘内缘向外缘呈螺旋线状运动，而被干燥物料由加热介质经盘内传导的热量加热升温后，由小加热圆盘外缘跌落到下一层大加热圆盘外缘处的盘面上。在其耙叶刮板的推动下，物料由盘外缘向内缘呈螺旋线状运动，上层跌落物料再次由加热介质经盘内传导的热量加热升温后，再由大加热圆盘内缘跌落到下一层小加热圆盘内缘处的盘面上，最后从内缘跌落到下一层小加热圆盘内缘外的盘面上，如图 8-28 所示。如此内外交替，物料逐层自上而下运动，逐渐被加热干燥。其中，中空状的加热

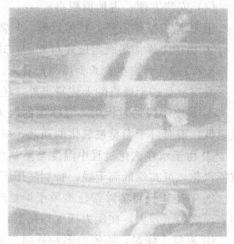

图 8-28　物料翻动跌落

圆盘内通入加热介质，加热介质形式有饱和蒸汽、热水和导热油，加热介质由干燥盘的一端进入，从另一端导出。因此，物料从最上一层加热圆盘逐渐加热干燥并落到室体的底部加热圆盘，最后被耙叶刮板装置移送到出料口排出。室体内加热湿分从物料中逸出，由设在室体顶部的排湿口排出，而被真空型盘式干燥机汽化的湿分则经由室体顶部的抽气口被真空抽气系统抽走。

### 8.7.2　盘式干燥机的特点

#### 8.7.2.1　一般盘式干燥机的特点

（1）调整容易、适用性强、干燥效果好

① 通过调整料层厚度、主轴转速、耙叶型刮板数量、耙叶形式和尺寸，使干燥效果达到最佳；

② 在加热圆盘中，物料被耙叶慢速推动，物料之间相互磨损很小，干燥前后物料的形状、大小变化很小，破损率极低，对晶体物料的表面质量几乎不会产生影响；

③ 每层干燥加热圆盘皆可单独通入介质，对物料进行加热或冷却，物料温度控制准确、容易；

④ 物料的停留时间可以精确调整；

⑤ 物料的流向单一，无返混现象，干燥均匀，质量稳定，不需要再混合。

（2）操作简便、容易

① 干燥机的开车、停车操作非常简单；

② 停止进料后，耙叶型刮板能很快地排空干燥机内的物料；

③ 通过特殊大规格检视门的视镜，可以对设备内进行很仔细的清洗和观察。

（3）低耗高效、热交换充分

① 料层很薄，主轴转速低，物料传送系统需要的功率小，而以传导热进行干燥，热效率高（其功能属对流方式，是其他传热设备功率的 1/6 左右），是一种节能、低耗的干燥设备，噪声小；

② 物料在加热圆盘中，沿阿基米德螺旋轨迹前进，所走路程为加热圆盘半径的 5～6 倍，逐层下落，物料接触加热盘面时间较长而且基本相同，热交换充分均匀，达到了设备体积小、干燥路程长、热交换充分的目的。

（4）安装方便、占地面积小

① 干燥机整体出厂，整体运输，只需吊装就位，安装定位非常容易；

② 由于干燥加热圆盘层式布置、立式安装，即使干燥面积很大，占地面积也很小。

### 8.7.2.2　真空型盘式干燥机的特点

真空型盘式干燥机除上述特点外，还具有以下特点：

① 真空干燥的过程中，室体内的压力始终低于大气压力，气体分子数少，密度小，含氧量低，因而可干燥易被氧化的药品，减少物料染菌的机会；

② 由于水在汽化过程中温度与蒸汽压力成正比，故真空干燥时物料中的水分在低温下就能汽化，可实现低温干燥，特别适用于热敏性物料的生产；

③ 真空干燥可消除常压热风干燥易产生的表面硬化现象，这是由于真空干燥物料内部和表面之间压差大，在压力梯度作用下，水分很快移向表面，不会出现表面硬化；

④ 真空干燥时，物料内部和外部之间温度梯度小，由逆渗透作用使得溶媒能够独自移动并收集，有效克服了热风干燥所产生的溶媒失散现象。

### 8.7.3　盘式干燥机在高纯碳酸钡干燥中的应用特点

盘式干燥装置特别适用于高含固量的热敏性、触变性物料，能满足处理干燥高黏性膏糊状物、潮湿的结晶物及滤饼等物料的需要。在高纯陶瓷粉体生产中很多厂家采用喷雾干燥器进行烘干，采用该方法需要将过滤后的高纯陶瓷粉体饼重新打浆，浆液含水量较高，需要提高干燥温度才能得到合格的高纯陶瓷粉体产品。从能耗上来说，这种方法是不经济的。利用盘式干燥装置对陶瓷粉体饼进行干燥则能较好地克服以上问题。下面以干燥高纯碳酸钡为例介绍一下盘式干燥机在制备高纯陶瓷粉体中的应用特点。

#### 8.7.3.1　干燥能力大、投资少

建一条年产 500t 的高纯碳酸钡生产线，若采用其他干燥设备需要投资 80 万元左右，需要建设 $500m^2$ 厂房。采用盘式干燥机，设备只需要投资 40 万元和建设 $70m^2$ 厂房。

#### 8.7.3.2　产品质量好

高纯碳酸钡进干燥机前含湿量为 30%～35%，物料流向单一，无返混现象。物料加热时间基本相同，受热很均匀，一次干燥后成品含湿量≤0.1%，较好地保证了产品质量。采用其他烘干方式生产的高纯碳酸钡产品平均化学指标见表 8-20，采用盘式干燥机生产的高纯碳酸钡产品平均化学指标见表 8-21。

**表 8-20　其他烘干方式生产的高纯碳酸钡产品平均化学指标**

| 指标名称 | 指标 | 指标名称 | 指标 |
|---|---|---|---|
| 主含量（$BaCO_3$） | 99.50% | 铁（Fe） | 0.0005% |
| 水分 | 0.15% | 盐酸不溶物 | 0.02% |
| 钙 | 0.04% | 氯化物（以 Cl 计）含量 | 0.03% |
| 锶 | 0.03% | 灼烧残渣失量 | 0.3% |
| 钠 | 0.01% | 平均粒径 | $1.5\mu m$ |
| 镁 | 0.005% | | |

#### 8.7.3.3　热效率高、生产成本低

采用盘式干燥机烘干高纯碳酸钡操作人员少，工资费用大大降低；能耗低，可使用劣质煤，采用燃煤导热油炉，使得热效率提高，因而热能和电能消耗大幅度下降；设备结构简单，烘干温度低，使设备故障率大大降低，使用寿命延长，从而降低了维修费用。有人作过

表 8-21　盘式干燥机生产的高纯碳酸钡产品平均化学指标

| 指 标 名 称 | 指　　标 | 指 标 名 称 | 指　　标 |
|---|---|---|---|
| 主含量($BaCO_3$) | 99.80% | 铁(Fe) | 0.0008% |
| 水分 | 0.10% | 盐酸不溶物 | 0.013% |
| 钙 | 0.04% | 氯化物(以 Cl 计)含量 | 0.02% |
| 锶 | 0.03% | 灼烧残渣失量 | 0.20% |
| 钠 | 0.01% | 平均粒径 | 1.5μm |
| 镁 | 0.005% | | |

对比，采用盘式干燥机比采用其他干燥设备每吨产品成本可降低 480 元。

#### 8.7.3.4　设备调控性能好

盘式干燥机操作简便、稳定，一台 $\phi2800mm \times 4000mm$ 干燥机只需一个操作用工。盘式干燥机可以根据产量的需求，在额定产量的 50%～100% 之间任意调整，提高了燃料的利用率。由于盘式干燥机没有任何过分集中热量的区域，干燥机工作寿命大大延长。每层干燥盘皆可单独地通入加热介质对物料进行加热，通过调整料层厚度、主轴转速、耙臂数量、耙叶形式和尺寸，可使干燥过程达到最佳，物料接触加热盘面时间基本相同，受热很均匀。被干燥的物料不会发生过热现象。

#### 8.7.3.5　设备适应能力强

盘式干燥机可干燥高纯碳酸锶、硫酸钡等多种产品，达到一机多用要求。

#### 8.7.3.6　物料无损失、环境保护好

设备为密闭操作，减少了粉尘向空气中的扩散，达到了环保要求。目前，中国高纯陶瓷粉体的烘干多采用喷雾干燥，由于采用喷雾干燥器，需要将陶瓷粉体饼重新打浆，浆液含水量较高，因此需要提高烘干温度才能得到合格的高纯陶瓷粉体产品。这不仅增加了能源的消耗量，同时设备长期在高温下运行，容易掉皮而混入产品，导致中国高纯陶瓷粉体质量普遍低于国外产品。采用盘式干燥机可以把高纯陶瓷粉体的制备成本降到最低限度，而产品质量可以赶上或超过国外产品。同时，盘式干燥机也可用于高纯碳酸锶、硫酸钡等黏性物料的干燥，效果均比较理想，应用前景广阔。

## 参 考 文 献

[1]　刘文权，刘立军. 喷雾干燥在陶瓷粉体中的应用 [J]. 江苏陶瓷，2001，34 (2)：28-30.

[2]　Keey R B，Pham Q. Trans Inst Chem Eng，1977，55：114.

[3]　廖传华. 喷雾干燥器轨迹法设计程序的编制和应用 [D]. 杭州：浙江大学硕士毕业论文，1997：39.

[4]　陈敏恒等. 化工原理 [M]. 北京：化学工业出版社，2000：180-181.

[5]　张润录. 喷雾干燥塔节能降耗途径探索 [J]. 陶瓷，2005，3：29-31.

[6]　肖芬. 物料粒度分布的试验分析和喷雾干燥设备的轨迹法设计 [D]. 杭州：浙江大学硕士毕业论文，2002.

[7]　郭宜祜，王喜忠编. 喷雾干燥 [M]. 北京：化学工业出版社，1983：1-51.

[8]　徐成武，马丽雅，周军师. 喷雾造粒系统的工艺原理及提高粉料质量和制备效率的探讨 [J]. 磁性材料及器件，2003，(2)：37-41.

[9]　[丹] 马斯托思著. 喷雾干燥手册 [M]. 黄照柏，冯尔健等译. 北京：中国建筑工业出版社，1983：272-273.

[10]　李祖兴. 陶瓷工业机械设备 [M]. 北京：中国轻工业出版社，1993：170-179.

[11]　郭宜祜，王喜忠. 喷雾干燥 [M]. 北京：化学工业出版社，1983.

[12]　陈明功. 气流-压力复合式雾化器 [J]. 化学工程，1998，(4)：27-29.

[13]　王宝和，王喜忠. 喷雾干燥技术的现状及展望 [J]. 化工装备技术，1997，18 (3)：46-50.

[14] Marshall W R. Ind Eng Chem, 1953, 45 (1): 47.

[15] Marshall W R. Chem Eng Prog Monograph, 1954, Series (2): 50.

[16] Masters K. Chem Proc Eng, 1968, 50 (10): 53.

[17] Masters K. Spray Drying Handbook [M]. 3rd edition. George Codwin Limited, 1979.

[18] 郭宜估, 王喜忠编. 喷雾干燥 [M]. 北京: 化学工业出版社, 1983: 39-44.

[19] Masters K. Ind and Eng Chemistry, 1968, 60 (10): 53-63.

[20] Keey R B, Pham Q T. The Chemical Engineering, 1976, (311): 516-521.

[21] Marshall W R. Trans of the ASME, 1955, 77 (8): 1377-1385.

[22] Sarija S. Drying Technology, 1987, 5 (1): 63-85.

[23] Oakley D E, Bahu R E. Spray/gas mixing behaviour with spray dryers [J]. Drying, 1991, 22 (5): 303-313.

[24] 刘广文. 喷雾干燥实用技术大全 [M]. 北京: 中国轻工业出版社, 2001: 331-336.

[25] 张润录. 喷雾干燥四种燃煤热风炉的比较 [J]. 陶瓷, 2005, (2): 29-31.

[26] 贾玉宝. 水煤浆技术在陶瓷工业中的应用 [J]. 陶瓷, 2003, (5): 39-41.

[27] 张少峰. 喷雾干燥器煤粉热风炉系统的研制 [J]. 中国建材装备, 1999, (6): 21-24.

[28] 聂玉强, 邝小磊. 直接加热式环保热风炉的设计与改进 [J]. 工业炉, 2006, 28 (2): 47-49.

[29] 姚增权. 湿烟气的抬升与凝结 [J]. 国际电力, 2003, (1): 42-46.

[30] 聂玉强, 邝小磊. 直接加热式环保热风炉的设计与改进 [J]. 工业炉, 2006, 28 (2): 47-49.

[31] 徐成武, 马丽雅, 周军师. 喷雾造粒系统的工艺原理及提高粉料质量和制备效率的探讨 [J]. 磁性材料及器件, 2003, (2): 37-41.

[32] 廖建洪. 压力式喷雾干燥器工艺原理及提高效率的探讨 [J]. 陶瓷工种, 1999, (4): 31-32.

[33] 王永贤, 况小成. 1500 型干燥塔增产改造 [J]. 山东陶瓷, 2006, 29 (2): 40.

[34] 张润录. 喷雾干燥塔节能降耗途径探索 [J]. 陶瓷, 2005, (3): 29-31.

[35] 蔡祖光. 喷雾干燥塔的节能措施 [J]. 佛山陶瓷, 2004, (9): 19-21.

[36] Bern G. Removing sulphurdioxide from flue gas [J]. Filtration and Separation, 1996, 33 (2): 116-127.

[37] 沈迪新, 刘光斌. 简易干法烟气脱硫技术的实验研究 [J]. 环境科学, 1996, (17): 13-15

[38] 钱海燕, 孔庆刚. 燃煤电厂烟气脱硫技术及其应用 [J]. 环境导报, 1999, (6): 11-14.

[39] 崔一尘. 燃煤烟气脱硫技术发展及其应用前景 [J]. 热电技术, 2001, (4): 19-25.

[40] Karlsson H T, Klingspor T. Absorption of hydrochlorid acid of solid lime for flue gas clean up [J]. Air Pollute Control Assoc, 1981, 18 (5): 239.

[41] 刘勇健, 庄虹. 稀土改性烟气脱硫剂脱硫作用的研究 [J]. 苏州城建环保学院学报, 2002, 15 (2): 12-17.

[42] 李艳萍, 李勇. 海水脱硫工艺及在我省沿海电厂的应用前景 [J]. 山东电力技术, 1999, (3): 11-46.

[43] 廖文卓, 陈松. 海水 pH 值对疏浚物中重金属释放的影响 [J]. 台湾海峡, 1994, 13 (4): 388-393.

[44] Tandon N, Ramalingam P, Malik A Q. Dispersion of flue gases from power plants in brunei darussalam [J]. Appl Geophys, 2003, 160: 405-418.

[45] 刘彤, 程金明. 烟气脱硫的新方法——海水烟气脱硫法的原理及应用 [J]. 电力环境保护, 1996, (1): 37-44.

[46] 程金明. 烟气脱硫的新方法——海水烟气脱硫法的原理及应用 [J]. 电力环境保护, 2003, 4: 7-10.

[47] 钱海燕, 孔庆刚. 燃煤电厂烟气脱硫技术及其应用 [J]. 环境导报, 1999, (6): 11-14.

[48] 王木中. 浅谈循环流化床锅炉的气体污染控制 [J]. 矿山环境, 2003, (2): 28-30.

[49] 汪波. 烟气脱硫技术的经济比较 [J]. 环境保护, 1997, (10): 36-41.

[50] 马果骏. 喷雾干燥烟气脱硫工艺的物料平衡计算 [J]. 电力环境保护, 1994, (10): 43-46.

[51] 管菊根. 烟气循环流化床脱硫技术 [J]. 电力环境保护, 1999, (3): 19-23.

[52] 马世昌. 基础化学反应 [M]. 西安: 陕西科学技术出版社, 2003.

[53] 夏玉宇. 化学实验室手册 [M]. 北京: 化学工业出版社, 2004.

[54] 廖传华. 喷雾干燥器轨迹法设计程序的编制和应用 [D]. 杭州: 浙江大学硕士毕业论文, 1997: 38-40.

[55] 余世清, 吴忠标. 飞灰及其混合脱硫剂浆液脱硫特性的实验研究 [J]. 环境污染与防治, 2002, (6): 335-338.

[56] 赵建海, 赵毅, 马双枕等. 粉煤灰在烟气脱硫方面的应用前景 [J]. 粉煤灰综合利用, 2000, (2): 50-52.

[57] 谭建文, 唐灿坚等. 陶瓷厂喷雾干燥塔废气治理技术研究 [J]. 环境与可持续发展, 2006, (2): 27-29.

[58] 冯晓波等. 排污收费制度 [M]. 北京：中国环境科学出版社，2003.

[59] 路琼华. 工科无机化学 [M]. 上海：华东化工出版社，1988.

[60] 沈一丁. 陶瓷添加剂 [M]. 北京：化学工业出版社，2004.

[61] 朱振华，徐成海. 盘式连续干燥器中物料在干燥盘上停留时间的研究 [J]. 长春理工大学学报，2004，27（3）：58-60.

[62] 李怀玉，陈英军. 盘式干燥机在高纯碳酸钡生产中的应用 [J]. 干燥技术与设备，2006，4（3）：166-168.

# 第 9 章　电瓷的干燥

## 9.1　电瓷的干燥

### 9.1.1　电瓷材料

电瓷是发展电力工业必不可少的绝缘材料，用它制成的绝缘子不仅广泛地用于电气设备各部分的绝缘，而且在高低压输电线路的架空导线上及有线与无线电工程中也是一种不可缺少的绝缘支持物。例如，在一条超高压输电线路上的绝缘子的用量少则几万片，多则几百万片。另外，绝缘子的造价也不可小视，在 132kV、275kV、400kV 和 750kV 等的架空线路上分别占输电线路造价的 11％、18％、22％和 24％。绝缘子的应用范围广、用量大、造价相对较高的特点促使了电瓷行业的迅速发展。

电瓷制品的种类很多，在低压环境下使用的电瓷称为低压电瓷或普通电瓷，由于对低压电瓷的性能要求不高，故在原料、制备工艺过程的方面与普通陶瓷相差不大。而对于高压电瓷而言，就要求它具有较高的性能，所以在原料配方及制备工艺等方面已超出了普通陶瓷的范畴而属于特种陶瓷的范围。

### 9.1.2　电瓷的干燥

电瓷干燥的目的是提高生坯的强度，为后续工序的顺利进行做准备。电瓷干燥是排出湿坯水分的工艺过程，在前几章介绍日用陶瓷及建筑陶瓷的干燥时，对干燥机理及基本影响因素方面都进行了较详细的论述，所以在本节对机理和影响因素就不再赘述。一般电瓷干燥分为热力干燥和工频电干燥，下面对这两类进行简单介绍。

#### 9.1.2.1　热力干燥

对流干燥是利用热风掠过湿坯体时，将溢出坯体表面的水汽带走而使坯体得以干燥的过程。

##### 9.1.2.1.1　热力干燥设备

采用热气体为干燥介质的干燥方法是电瓷坯体干燥的基本方法，干燥设备主要有间歇式干燥器、连续式干燥器及少空气快速干燥器。

（1）间歇式干燥器　间歇式干燥器工作过程是将湿坯体装进干燥室后，按照相应干燥制度规定，控制干燥介质温度、湿度及速率进行干燥，干燥结束后取出坯体，完成干燥过程。间歇式干燥器的特点是坯体放入干燥室后不再移动，由热风带来热能与坯体进行对流传热，使坯体干燥。这种方法相对简单、原始，但是随着温度、湿度自动检测设备的出现，对烘房干燥介质的主要工艺参数（温度、湿度，甚至气流流动速度）实现了连续的测定和调控，并利用热风机对烘房的热气流实现了一定程度强制性的循环与流动，部分地克服了烘房干燥周期长、能耗高的缺点。由于烘房干燥参数可调控，变化干燥制度方便，比较适合于干燥敏感性高、品种多的电站类电瓷和电器用电瓷坯体的干燥，是大棒形、套管类坯体的主要干燥设备。

（2）隧道式干燥器　隧道式干燥器是连续式干燥器的一种，工作过程是湿坯体连续不断地进入干燥器，在通过干燥器的不同区段时，与温度、湿度或流速不同的介质相遇，完成干缩很大，坯体变脆，但又不允许损伤坯体或改变坯体形状。如何采用适于相应形状的电极，国内各厂家进行了多种尝试，但迄今为止，尚未取得满意效果，也就不能得到统一认识。这是因为评价一种电极，既要从安全、简便及可靠方面考虑，又要从实用、经济及可能方面考虑。前面提到的帽子电极在充分考虑了既可用于棒形坯体的电干燥，又可用于套管坯体的电干燥前提下，综合了安全、简便、可靠、实用、经济、可能等多因素于一体，是一种可以推广应用的电极形式。

（2）提高电干燥的机械化操作　电瓷泥坯的电干燥工艺，现阶段基本上依赖于手工操作，其劳动强度，虽然算不上笨重，但却比较烦琐。根据工频电加热电瓷泥坯的特点，欲全面取消手工操作既不大可能，也没有这种必要。然而并不排斥对于工艺过程的某些环节，适当搞一点机械化。对中、大型实心毛坯的电阴干，有下面两种较好的装置。

① 中型实心毛坯电阴干装置　从真空练泥机挤制出来的泥段（毛坯），按工艺规格截取长度，随即竖放在一辆带有下部电极的特别专用小车上，下部电极在小车台面按坐标有序布置，毛坯依次排列，即正对电极平坐，满坐后，在毛坯的中腰用夹拦卡住，以保持稳定并确保每根毛坯的上端面与下部电极的坐标垂直重叠。然后将小车送入带有固定导轨的电阴干框架内，上部电极井然有序悬挂在框架上方的网篮中，其投影与小车上的下部电极及毛坯上端面也是重叠的。只需将处于悬挂状态的上部电极，通过滑轮驭动整个网篮带动上部电极下降至每一根毛坯上端面，即可接通电源进行电阴干工艺。阴干完毕后，再次通过滑轮驭动网篮带动上部电极上升复位，使上部电极一一脱离为止，拉出已经阴干好的毛坯小车，运往成型工位，即可进行修坯成型。整个阴干过程基本上实现了机械化运作（图9-5）。

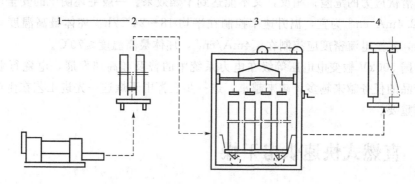

图9-5　中型实心毛坯电阴干机械装置
1—真空练泥机；2—带有下部电极的专用小车；3—带有导轨及上部电极的框架；4—修坯成型机

（2）大型毛坯层架式电阴干装置　大型毛坯的电阴干装置为层架式。大型毛坯首先通过手推车送入上料升降小车内，升降小车即将毛坯从不定高度根据需要升至所需送入各层的高度，然后上料小车台面自动定向倾斜，将毛坯滚动进入层架的链板上，每进一坯，链板连同毛坯水平步进一个节距，与此同时人工辅佐将毛坯两端的电极接近，即开始进行电阴干工艺。毛坯从进入层架开始，至脱离层架为止，即一个周期的时间可以根据实际需要来选定。在电阴干装置的尾端侧，也设置有毛坯下架的卸料升降小车，可以分别将层架上各层的毛坯一一卸下并起中转传递作用，将阴干后的毛坯转移至运坯车辆，供修坯备用（图9-6）。

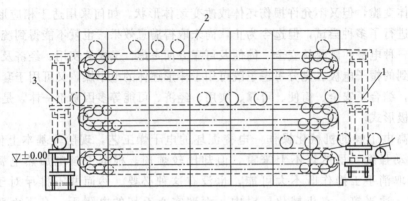

图 9-6　大型毛坯层架式电阴干机械装置

1—上料升降小车；2—步进式层架；3—卸料升降小车

电干燥是以内热进行工艺过程的，即热量先由坯体内部向外表传递，内部温度高于外表温度，电流在坯体截面上的分布有自行趋于均匀的特性，而促使整个坯体的干燥基本一致。这对毛坯阴干而言，就不易产生弯曲或变形，并克服了传统的外热干燥工艺导致毛坯外硬内软的所谓"糖包心"现象；对于湿光坯电干燥而言，在此过程中坯体将排出约 10％的水分（由 18％减至 8％左右），收缩增大，强度降低，采用电干燥工艺，有效地加强了坯体水分的均匀内扩散，使热量梯度与温度及湿度方向保持一致，从而避免内应力的产生，消除制品开裂的隐患。

电干燥的工艺控制方法比较简便，主要控制坯体单位面积上流过的电流量，电流密度是毛坯干燥温度的函数。如果电流密度过大，坯体内部温度过高，水分蒸发膨胀压力增大，有造成开裂或潜伏应力的危险；相反，又不能达到干燥效果。一般毛坯阴干的安全电流密度应控制在 $2\sim2.4mA/cm^2$ 为宜，温升速率控制在平均 $18\sim24℃/h$，坯体最高温度$\leqslant55℃$；对于光坯干燥，安全电流密度应控制在$\leqslant4mA/cm^2$，坯体最高温度$\leqslant70℃$。

随着中国 500kV 输变电电压等级在电力系统中的普及和高速发展，电瓷行业面临生产大型电瓷产品的任务越来越多，越来越重，进一步发挥电干燥这一先进工艺在生产发展中的作用就更加重要。

## 9.2　直燃式快速烘房干燥

国内电瓷行业传统的烘房采用缓慢升温，不排或很少排湿的干燥工艺模式。目前大部分烘房不同程度地存在温差大、湿度无法控制等缺陷，烘干速率稍有过快就会出现开裂、变形、掉伞等缺陷。这不仅使电瓷产品的生产周期拉得特别长，浪费了大量的原料、能源，并且浪费了很大的车间面积。长期以来，人们把改革工艺、提高装备水平的注意力放在成型和烧成设备的改造和提高上，却忽略了对干燥设备的节能改造和提高其技术性能水平的研究。中国某国际工程公司所属的中机工程（西安）窑炉技术有限公司针对电瓷行业的干燥工艺和设备进行了较长时间的研究和试验工作，结合各电瓷厂的干燥工艺和燃料种类，研制出具有自主产权的直燃式快速烘房技术，这种烘房的热源，可用各种燃气作为干燥介质，无须经过换热，直接送到烘房去干燥坯件。直燃式快速烘房可以对烘房内温度、湿度进行自动控制，是真正意义上实现了自动控制的快速烘房。

三年多来，经过在电瓷行业中多家企业的长期使用，普遍收到了节省干燥成本（约60%～70%），缩短干燥周期（约40%～50%），提高干燥合格率（约10%以上），实现了烘房温度、湿度自动控制等显著的经济技术效果。直燃式快速烘房的应用可以使电瓷生产周期缩短1/5以上，使电瓷生产更能适应市场经济模式，对电瓷行业的技术进步意义深远。

### 9.2.1 直燃式快速烘房设计原理及要点

#### 9.2.1.1 直燃式快速烘房的工作原理

直燃式快速干燥的工作原理是气体燃料燃烧的产物直接与空气混合后的热气体，作为干燥介质直接送入烘房进行对坯件的加热，通过热气体的内外循环，按程序规定的曲线逐步带出物料（坯件）内部的水分，使之达到最终干燥的目的。此种直燃式干燥方法省掉了蒸汽（锅炉房）和换热器，提高了热利用率；由于采用了温度、湿度自动控制系统以及烘房本体采用了绝热、绝湿结构，大大缩短了干燥周期，提高了干燥合格率，使干燥成本大幅度降低。传统干燥器热源流程如图9-7所示。

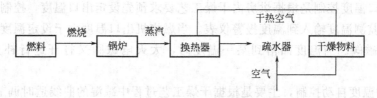

图 9-7　传统干燥器热源流程

直燃式快速烘房的核心技术之一是燃烧机。根据电瓷坯件干燥过程中不同阶段的干燥机理，燃烧机既要满足等速干燥阶段保持低温阶段温度相对恒定的较小热量需要，又可以满足快速升温的降速阶段的快速加热的热量要求，还要有自动调节温度波动的能力。

#### 9.2.1.2 直燃式快速烘房的设计要点

直燃式快速烘房主要由以下几部分组成。

（1）燃烧机　可适用于天然气、液化石油气、城市煤气以及发生炉煤气等气体燃料，燃烧机内部设有一套合理的燃烧结构，既能保证燃料和空气的充分混合燃烧，又要有一套吹不灭的稳焰装置可以根据烘房内对热量要求的变化，能自动控制系统，调节燃料供应量的增减。

（2）循环系统　循环系统包括了热风循环风机和管路，排湿管路，加热及混合管路，送、抽风管路等。燃烧机产生的燃烧产物通过混合装置与循环风混合后送入烘房进行加热。抽风管通过循环风机将烘房内的气体引出后再循环送入，坯件此阶段排出的水分连同燃料燃烧产生的水汽随着循环空气始终在坯件周围流动，这就很容易实现干燥过程中的等速干燥所要求的温度、湿度要求。待到一定温度后，根据干燥曲线规定，自动控制系统会自动适时地将排湿阀调节到一定开度或关闭以保持干燥过程对湿度的要求。

（3）烘房本体　烘房本体结构的基本要求是要尽可能地达到绝热、绝湿的效果。对于新建的烘房，可以用轻型有一定隔热层厚度的彩钢结构来建造，也可以由传统砌砖的方法砌筑，但必须采取绝热、绝湿措施处理。对于前种做法，应从结构上避免热短路的问题产生。

对于采用坯架的干燥产品，要求底层距地面高度应不少于200mm。送风管可以布置在地坪上；而用于大型陶瓷干燥的烘房，则要求送风管布置在地坪以下，地坪通常是由铸铁箅子板搭建而成。送风管布置在箅子板以下。

（4）烘房门　烘房门的形式有多种，直燃式快速烘房门一般采用手动液压平移式门，此门的优点是密封性好，结构紧凑，占地面积小。也有对开式门，但需要做好周边密封，无论是何种形式的门，密封效果对干燥效果的影响是不可忽视的。

（5）控制系统　直燃式快速烘房的控制系统由烘房温度和湿度的自动控制以及安全联锁控制几部分构成。

① 关于温度自动控制系统，是由对烘房内部温度测点的自动控制及燃烧机出口温度自动控制两部分构成。烘房内部温度设一个自动控制点和三个显示点。经验证明，此四个点基本可以反映出烘房内部温度的分布状况。

烘房内部温度的控制是根据干燥工艺要求的升温曲线来加热升温，而降温除有特殊要求外，基本采取密闭自然降温；加热升温采取脉冲式加热控制方式。工艺曲线输入到带编程的温控仪表中，仪表根据给定的曲线对采集的实测数据（烘房内温度自动控制点温度）与设定的曲线进行比较和运算后发出调节指令，当实测温度低于设定温度时温控仪输出信号，大火电磁阀打开，燃烧机加热系统启动；反之，关闭大火加热，仅用余火保持。

燃烧机出口温度控制是根据烘房内干燥工艺要求预先设定出口温度，控制系统采用温度上限报警法，监测温度输入到温度报警仪表。当燃烧机出口温度大于设定温度时，该仪表强制关闭大火电磁阀。当温度回落到某一温度时，大火电磁阀又打开进行补充加热，反复循环。

② 烘房的温度自动控制，主要是根据干燥工艺过程中减湿的曲线适时调节排湿阀开度。设在烘房顶部中央的湿度传感器的现场元件，将烘房内实际的温度信号传给传感器后变成电信号，再传给湿度控制仪，仪表对采集回来的湿度信号值与编辑的湿度控制曲线设定值的偏差进行运算后，输出标准电信号，控制设在循环风机出口端管路排湿管上的电动调节阀门的开度，实现自动排湿操作。

③ 该自动控制系统设有安全防爆系统，燃烧机燃烧系统中安装了离子式火焰监测器，运行中间意外熄火后，点火系统自动切断燃气供应并发出声光报警。稍停数秒时间后重新点火。系统安装时，将助燃风机、循环风机和电子点火系统联锁，只有当风机运行后，点火系统方能运行。

### 9.2.2　直燃式快速烘房的优点及经济效益

#### 9.2.2.1　直燃式快速烘房的优点

（1）节省燃料　燃料燃烧所产生的热量，直接用于烘房内加热坯件，没有从燃料烧锅炉到产生蒸汽经换热器加热空气，两次转换热效率造成的热损失问题，因此燃料消耗量少。

（2）缩短干燥周期，提高合格率　由于烘房结构设计考虑了可以实现温度、湿度的自动控制，烘房内各点温度差和湿度差较小，特别是在干燥过程中的等速干燥阶段，由于温度、湿度保持稳定，很少会出现坯体干裂问题，因此干燥周期短，干燥合格率高。

（3）质量稳定　由于实现了温度自动控制，干燥曲线输入到程控仪内，每个周期的可重复率高，对生产的质量稳定十分有益。

（4）自动加湿　燃料燃烧过程中大部分的燃气燃烧产物中都含有一定量的水汽，对坯件在等速阶段的保湿会有益处，因此，在低温不排湿的情况下，无须增湿设备，靠坯件自身的湿含量以及燃烧产生的水汽，即能达到湿度要求，并得以快速升温。

#### 9.2.2.2　直燃式快速烘房的经济效益分析

国内某合资电瓷厂生产 $110\sim500kV$ 套管及棒形绝缘子，进入烘房时的含水率为 $16\%\sim17\%$，要求出烘房时的含水率小于 $3\%$，以 $220kV$ 产品为例，在原有的传统烘房内烘干正常情况下，棒形坯件烘干周期约为14～16天，套管坯件烘干周期约为8～9天。每周期用蒸汽约为20t，蒸汽费用在2000元以上。而采用直燃式快速烘房干燥同样、同量的坯件，每干燥周期消耗天然气量约为200m³，总价格约为370元。烘干套管坯件周期仅为100～120h，棒形坯件烘干周期为160～170h。两者相比，干燥成本节省了70％以上，干燥周期缩短了近50％，干燥合格率提高了近10％。由此可见，直燃式快速烘房具有巨大的技术经济效益。

## 参 考 文 献

［1］ 杜海清主编. 电瓷制造工艺 [M]. 北京：机械工业出版社，1983：1.

［2］ 陈兴球. 电瓷泥坯工频电干燥的研究与实践 [J]. 电瓷避雷器，1994，(6)：24-28.

［3］ 王永侠，校康，李新军. 新建自动控制烘房及试运行 [J]. 电瓷避雷器，2004，(3)：15-17.

［4］ 安永欣. 直燃式快速烘房在电瓷生产中的应用 [J]. 中国陶瓷工业，2007，14 (6)：34-37.

# 第 10 章　微波干燥技术

微波加热干燥起源于 20 世纪 40 年代，到 20 世纪 60 年代国外才大量应用。由于微波干燥具有加热时间短、温度均匀、产品质量好、热利用率高以及具有某些有利的选择加热作用和易于实现自动控制等优点，所以发展很快，已在轻工业、食品工业、化学工业、农业和农产品加工业以及医疗、科学研究甚至家庭烹调等方面得到广泛应用。由于微波对水（及某些有机溶剂）有选择加热作用，故利用微波加热进行干燥特别适宜，例如粮食、油料作物、茶叶、蚕茧、木材、纸张、纤维、烟草、皮革、药品、化工产品、胶片、塑料、涂料、油墨等凡含水物质或含有某些有机溶剂的物质，均可用微波进行干燥。利用微波干燥，不仅效率高，所需时间短，而且产品质量好。20 世纪 70 年代以来，国外微波干燥的应用范围不断在扩大。而中国微波干燥技术的应用始于 20 世纪 70 年代初期，到目前已应用于轻工业、化学工业及农产品加工业等方面，是一项很有发展前途的技术。同时经过近 30 年来的发展，中国在微波加热设备方面已经完全能够国产化，磁控管的寿命和质量大大提高，整机生产技术已经过关并能向国外出口。相对来说，微波干燥的研究要滞后一些。为此，只有加快研究和开发的步伐，才能使微波能的应用取得更大的经济和社会效益。

## 10.1　微波加热性质

微波是一种频率极高的电磁波，其频率为 300MHz～300GHz，有时亦称为超高频电磁波，其波长很短，一般是用米、厘米甚至毫米计量。正由于波长极短，故称为微波。微波作为一种一定频率的电磁波，通过电磁力与这些微观粒子相互作用，这就是微波与物质相互作用的实质。当微波与物质相互作用时，物质的各种物理化学特性，如极化、电导、介电常数、介电损耗角正切、温度、湿度等都将发生变化。针对不同的物料，微波表现出反射、穿透和吸收的特性。因此，微波加热具有特殊的性质。

### 10.1.1　微波加热的瞬时性

按微波能量在物料内转换为热能（热量）的机理，基于组成物料的极性分子随微波电磁场交变的方向变更而交变（来回振动）转向，众多极性分子相互间摩擦转换成热能（即将微波能量转换为热能形式）加热了物料。由于微波电磁场方向变化的次数就是微波频率。国家准许使用的工业微波频率为 915MHz 和 2450MHz，其频率相当高，所以微波能量转化为热能可以说是瞬间的。由于微波透入物料内转换，其分布性是形成对物料整体瞬时加热的特征。

### 10.1.2　微波加热的整体性——体热源概念

物质对电磁波有反射和吸收现象，这是自然界的基本规律。微波作为电磁波，它受物质的反射和吸收也不例外，但是，物质反射和吸收微波的情况与对其他的电磁波有差别：以红外线与微波两种电磁波相比，前者的波长短，为微米级；而后者的波长可达米的数量级。两者被物质的吸收深度是不同的。按物理学规律指出，红外线被物质吸收，其深入的深度仅局限于物体表面层，而微波被物质吸收的深度将深得多，可达到几厘米左右。

从加热的角度来说，当物质吸收微波意味着微波能量传递给物质并转化为热能。因此，能深入物体的深度多少，就表示物体被加热的范围所在。所以，红外线加热与微波加热的范围是大不相同的，两者在加热方式上有着本质的区别，微波加热表现为物质深层范围的加热，物质出现体热源（范围）状况，而红外线加热近似对物质表层的加热，若欲使物体整体加热，则必须通过积累在物体表面的热量，依靠热传导方式逐次地向物体内层传递，最终才加热整个物体。这种依靠物体表面热传导的加热方式，称为常规加热方式。而微波加热，其加热过程在整个物体内同时进行，升温迅速，温度均匀，温度梯度小，避免了常规加热方式存在的一些问题，诸如需要预热、加热时间长和加热干燥速率慢等弊病。

### 10.1.3 微波加热的选择性

并非所有材料都能用微波加热，不同材料由于其自身的介电特性不同，其对微波的反应也不相同，根据材料对微波的不同反应，可将材料分为：微波反射型、微波渗透型、微波吸收型和部分微波吸收型。例如，金属不吸收微波，严格地说，微波遇到金属只能作浅表层的透射，大部分微波将反射回去，属于微波反射型，其反射规律如同光波在镜面上得到反射一样。非金属材料（即俗称非金属的普通物质）对微波能部分或全部吸收。例如，聚四氟乙烯、普通的聚乙烯塑料、玻璃或陶瓷等物质少量吸收微波；而水则较强烈地吸收微波。

必须指出，纵然是少量吸收微波的物料，在微波加热时也会表现出快速升温结果。因为这里所说的"少量吸收微波"是指"每一次"微波作用于物体的结果。实际上，物料处在微波加热作用区域内（该区域受微波加热箱体所框定），在微波加热过程中并不是仅受到微波的一次作用，而是连续不断地受到微波的多次作用，其中包括透射物料后未被物料（指较薄的物料或吸收量少的物料）全部吸收的微波，经箱体金属壁反射后又途经物料的部分。因此，可以说物料是多次吸收或者说是在一段时间内（加热时间内）累积吸收，最终将物料剧烈加热的。

由此可见，上述所谓物料吸收微波多少的差别，是指同一时间内物料之间吸收量的差异，并不代表总加热量的差别；或者说，由于微波传递速率如此之快（与光速相等），以致只要不同物料之间吸收能力差别不是极悬殊的话，达到总加热效果的所需加热时间可以略去不计，而且总加热时间与常规时间方式相比要短得多。

如上所述，不同的物料虽然之间有吸收微波性能的差别，但它们在微波加热时的加热效果，其中包括物料温升速率、加热力度和总加热时间长短都与常规的热传导方式有极大不同，于是需要抛弃常规加热工艺，制定与微波加热特点相适应的微波加热工艺。表 10-1 以简明的形式归纳制定微波加热工艺的一些原则。

表 10-1　红外线与微波加热的效果及微波加热工艺的制定原则

| 物料状况 | 红外线加热 | 微波加热 | 微波加热工艺原则 |
|---|---|---|---|
| 焦糊开始位置 | 表层 | 里层 | 不能从物料表面观察火候 |
| 预热时间长短 | 较长（min） | 短（s） | 几乎不需要预热时间 |
| 加热惯性状态 | 有 | 无 | 加热瞬时 |
| 温升状态 | 表面升温在先 | 里层升温高 | 表层不易结硬壳 |
| 温度梯度与方向 | 大，其方向由物料里层指向外层 | 较小，其方向由物料表层指向里层 | 均温时间短 |
| 干燥层扩展方向 | 由表及里 | 里层向表层 | 对低含水率物料干燥效率高 |
| 热量传递方式 | 表面热传导 | 透射物料中转换 | 整体加热 |

| 物 料 状 况 | 红外线加热 | 微 波 加 热 | 微波加热工艺原则 |
|---|---|---|---|
| 热量吸收与介质特性关系 | 有关 | 密切相关 | 因物而异 |
| 加热干燥与杀菌工序 | 分开 | 合一 | 省去杀菌工序 |
| 杀菌力度 | 热力杀菌 | 热力与非热力杀菌综合 | 杀菌力度大 |

### 10.1.4 微波加热的非热效应

微波对物料加热时，将同时出现热效应和非热效应（或称生物效应）。微波加热的热效应，指物料吸收微波能量转换成热量后，物料升温、物料内含的水分蒸发、干燥和脱水；若适当控制脱水速率还可造成物料的膨化，使其结构疏松。研究发现，微波加热物料时，对于生物体还存在有非热效应现象。它能使处在微波电磁场环境的生物体出现所谓应答性反应。即以最小的微波量造成生物体内存环境条件以及自身生理活动的改变。例如，破坏生物体细胞膜内外的电位平衡，阻断细胞膜与外界交换物质的离子通道的通畅性等。这些改变对生物体作用是致命的，它能在极短时间内让生物体（例如细菌）死亡。其致死原因为微波电磁场的热力与电磁力的共同作用结果。

由于电磁力作用的存在以及它对生物体的强烈影响，这是常规加热环境下所没有的因素，再加上微波加热存在体热源状态，不需要预热，又能在短时间内使物料整体升温等因素，致使微波杀菌和常规加热的其他杀菌法相比，微波杀菌效果极为显著。对于食品杀菌来说，能在较低的杀菌温度下，短时间内杀灭沾污在食品上的细菌，例如，大肠杆菌杀灭时间约 30s（理论值）。

杀菌温度低，杀菌时间短，就能最大限度保持食品的口感和营养成分。其次，微波杀菌属于物理性质的杀菌，对食品本身不存在放射性物质的残留和污染，也没有化学防腐剂成分，不会对人体造成危害。

### 10.1.5 微波加热能量利用的高效性

在常规加热中，设备预热、辐射热损失和高温介质热损失在总的能耗中占据较大的比例，而微波进行加热时，介质材料能吸收微波，并转化为热能，而设备壳体金属材料是微波反射型材料，它只能反射而不能吸收微波（或极少吸收微波）。所以，组成微波加热设备的热损失仅占总能耗的极少部分。再加上微波加热是内部"体热源"，它并不需要高温介质来传热，因此绝大部分微波能量被介质物料吸收并转化为升温所需要的热量，形成了微波能量利用高效率的特性。与常规电加热方式相比，它一般可以节电 30%～50%。

## 10.2 微波干燥原理

随着微波技术和微波管的迅速发展，微波干燥在很多领域内获得了广泛应用。

所谓"微波干燥"实际上就是利用微波加热促使水分（或其他液体）蒸发，使产品干燥。因此明确了微波加热的基本原理，也就不难弄懂微波干燥的原理。

### 10.2.1 微波加热原理

微波加热的原理基于微波与物质相互作用被吸收而产生的热效应。一般物质按其电性质大致可以分为两类。第一类是可以导电的物质，如银、铜、铝等金属，属良导体。微波在良导体表面产生全反射而极少被吸收（这与镜面反射光类似），所以良导体一般不能用微波直接加热。第二类是不导电的物质，如玻璃、陶瓷、石英、云母以及某些塑料等，微波在其表面发生部分反射，其余部分透过介质内部继续传播（这与光透过玻璃类似）。如果是良介质，则微波在其中传播很少被吸收，热效应极微，故良介质也不适宜用微波直接加热。但另一些所谓吸收性介质，微波在其中传播时会显著地被吸收而产生热，即具有明显的热效应，这类吸收性介质最宜于用微波加热。各种介质对微波的吸收各有不同，水能强烈地吸收微波，所以含水物质一般都是吸收性物质，都可以用微波来加热，用微波进行干燥也是根据这个原理。

在介质中微波能怎样转化为热能，换句话说热效应的机理究竟如何，下面以极性分子水分子在外电场作用下迅速转动来解释。电池通过一个换向开关与电容器的极板连接，极板之间放入一杯水。当开关合上时，两极板间产生的电场作用，使杯中的水分子带正电的氢端趋向电容器的负极，并使带负电的氧端趋向正极，这就使水分子按电场方向规则地排列（图10-1），于是杯中的水在外电场作用下产生了宏观的极化。如果换向开关打向相反方向，则电场方向转向，水分子正负端也跟着转向（图10-2），产生相反的极化。如果像这样迅速地来回转向，杯中的水分子就不断地改变方向而迅速地转动，但由于水分子的热运动和相邻分子间的相互作用，上述分子随外电场变化而转动的规则运动受到干扰和阻碍，产生了类似于摩擦的效应，结果是有一部分能量转化为分子的杂乱热运动的能量，使分子运动加剧，水的温度升高。这就是对介质在交变电场作用下热效应机理的大致描述。

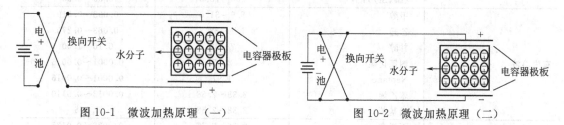

图 10-1　微波加热原理（一）　　　　　　图 10-2　微波加热原理（二）

从上述极性分子摆动的模型来看，不难定性地理解，如果极板间的外电场越强，分子摆动的振幅就越大，介质的极化能就越多，相应地其中转化为热能的那一部分也就越多。如果开关换向的速度越快，极性分子的摆动就越频繁，因此单位时间内由于摩擦而损耗的能量就越多。这就是说，高频电场越强，频率越高，介质吸收的微波功率就越多。此外，如果杯中盛的不是水，而是别的东西，则同样条件下吸收的微波功率当然也不一样，即吸收的微波功率还与介质的种类与电性质有关。即微波加热干燥具有选择性。对一定的介质或物料，介质吸收的功率与电源频率和电场强度成正比，其关系式为：

$$P_a = \frac{5}{9} f E^2 \varepsilon \tan\delta \times 10^{-12} \tag{10-1}$$

式中　$P_a$——单位体积介质在微波场中的微波功率，W/cm³；

　　　　$E$——电场强度有效值，W/cm；

　　　　$f$——频率，Hz；

　　　　$\varepsilon$——介质的介电常数；

　　$\tan\delta$——介质的介电损耗角正切。

为了提高干燥的功率，就需要提高吸收功率的能力，从式（10-1）可以看出，提高电场强度或提高工作频率都能达到这一目的。不过如果电场强度过高，电极间将会出现击穿现象，而提高工作频率到微波阶段则可以很好地解决这一问题。

表 10-2 为几种不同物料的介电常数 $\varepsilon$ 和介电损耗角正切 $\tan\delta$。

**表 10-2　部分介质的介电常数 ε 和介电损耗角正切 tanδ**（ f＝3000MHz）

| 类　　别 | 物料名称 | 介电常数 ε | 介电损耗角正切 tanδ |
|---|---|---|---|
| 介质 | 1.5℃ | 80.5 | 0.31 |
| | 5℃ | 80.2 | 0.275 |
| | 15℃ | 78.8 | 0.205 |
| | 25℃ | 76.7 | 0.157 |
| | 35℃ | 74.0 | 0.127 |
| | 45℃ | 70.7 | 0.106 |
| | 55℃ | 67.5 | 0.089 |
| | 60℃ | 64.0 | 0.076 |
| | 75℃ | 60.5 | 0.066 |
| | 85℃ | 56.5 | 0.057 |
| | 95℃ | 52.0 | 0.047 |
| 无机物固体 | NaCl | 5.90～5.98 | ＜0.0003 |
| | $Al_2O_3$ | 8.60～10.55 | ＜0.0001～0.0010 |
| | $SiO_2$ | 3.78 | 0.00005～0.0001 |
| | 冰 | 3.17～3.30 | 0.0007～0.0010 |
| | Se 晶体 | 1.04～11.00 | 0.10～0.25 |
| | S | 3.62 | 0.00004～0.00015 |
| | MgO | 9.65 | ＜0.0003 |
| | $(Ba,Sr)TiO_3$ | 200～7000 | 0.09～0.50 |
| 有机溶液 | 甲醇 | 8.9～31.0 | 0.008～0.810 |
| | 乙醇 | 1.7～22.3 | 0.063～0.270 |
| | 甘醇 | 7～39 | 0.16～1.00 |
| | 四氯化碳 | 2.17 | 0.0001～0.0016 |
| | Neptane | 1.97 | 0.0001～0.0016 |
| | 苯乙烯 | 2.38～2.58 | 0.0013～0.0110 |
| | 硝基苯 | 2.38～2.58 | 0.166 |
| 聚合物 | 丙烯类 | 2.36～2.75 | 0.0032～0.0185 |
| | 醇酸类 | 4.52～4.75 | 0.0180～0.0220 |
| | 酰胺类 | 3.53～3.03 | 0.0050～0.0057 |
| | 纤维素类 | 2.80～4.00 | 0.0179～0.1650 |
| | 环氧类 | 3.01～4.14 | 0.0180～0.0750 |
| | 酚类 | 3.08～5.81 | 0.0062～0.1910 |
| | 聚酯类 | 2.72～3.98 | 0.0080～0.0810 |
| | 聚硅氧烷类 | 3.51～4.02 | 0.0040～0.0078 |
| | 乙烯类 | | |
| | 　三氟氯乙烯 | 2.26～2.35 | 0.0028～0.0150 |
| | 　聚氯乙烯 | 2.60～2.84 | 0.0055～0.0280 |
| | 　四氟乙烯 | 2.04～2.10 | 0.00015～0.00051 |
| | 　聚苯乙烯 | 2.54 | 0.000147～0.000160 |
| | 　聚乙烯 | 2.26 | 0.00030～0.00035 |

### 10.2.2　微波干燥机理分析

微波加热造就物料体热源的存在，改变了常规加热干燥过程中某些迁移势和迁移势梯度方向，形成了微波干燥的独特机理。

微波干燥的物料在干燥过程中的干燥层首先在物料内层形成，然后由里层向外扩展。其原因为微波能透入物料内部被吸收，其能量瞬时转化为热能使物料整体升温（包括里层物料及其含有的水分温度）。在物料表面，由于蒸发冷却的缘故，使物料表面温度略低于里层温度，同时由于物料内部产生热量，以致内部蒸汽迅速产生，形成压力梯度。初始含水率越高，压力梯度对水分排出的影响越大，即有一种"泵"效应，驱使水分向物料表面排出。物料里层首先出现干燥层，并逐渐向外层扩展。图10-3(b) 为微波干燥层物料温度状态示意图。

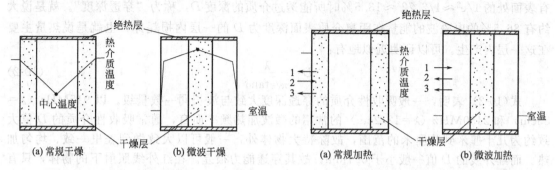

图 10-3　常规干燥和微波干燥的干燥层形成示意图　图 10-4　常规干燥与微波干燥机理以及热量和质量迁移方向模型示意图
1—温度梯度方向；2—热量传导方向；
3—蒸汽（质量）迁移方向

　　微波加热过程中，温度梯度、传热、蒸汽迁移方向均一致，存在压力迁移动力，因此显然优于常规干燥。

　　常规加热干燥物料表面易形成干燥硬壳，它不仅使被干燥物料的品质和外观均下降，也使物料内层的后续干燥过程缓慢，延长了物料整体的干燥时间。硬壳的形成原因是热介质向物料传递的热量受物料热传导能力限制，来不及全部向物料内层传去，造成在物料表面层的热量堆积，使该热量堆积处水分蒸发过度。而微波加热干燥物料不会出现这样的现象。从传热动力学观点来分析，常规加热法可使物料形成如图 10-4(a) 所示的状态。

　　其温度梯度由物料内层指向外层，而热量传导方向与蒸汽迁移方向相反，说明常规加热物料里外层温差大，整体温度分布极不均匀，而且传递热量受阻于质量的迁移，于是延缓了整体温升过程，即俗称为加热时间较长。对于微波加热来说，物料是整体加热温升，物料表面因水分蒸发而相对于里层的温度低些，其温度梯度由物料外层指向里层，而热量传导方向与蒸汽迁移方向相同。与常规加热相比，物料整体温度分布较均匀，传递热量和蒸汽迁移方向相同，互不影响。这样就避免了物料表层结硬壳的弊病。

### 10.2.3　微波干燥的特点

#### 10.2.3.1　就地发热，里外一起加热，干燥速率非常快

　　微波加热的最大特点为：热是在被加热物体内部就地产生的，而不是像常规加热那样从外部传入的。微波加热的热源分布在物体之内，这样里外一起加热，而且因为外部较易散热，故往往是内部的温度反而比外部高，这种"内高外低"的温度分布可以促使物体内部的水分迅速蒸发，并很快扩散到表面蒸发掉，这就使干燥时间大为缩短。常规加热则不然，温度是表面高、内部低，这种"外高内低"的温度分布，不利于内部的水分快速蒸发，故利用常规加热干燥产品往往需时很久，才能使其内部烘干。实践证明，改用微波加热以后，只需常规方法的 50% 或更少时间就可完成整个加热干燥的过程。

#### 10.2.3.2　穿透能力好，加热均匀，产品质量好

　　由式(10-1) 可知要提高单位体积内的吸收功率，较好的方法是提高频率。红外线比微波的频率高得多，照这样说采用红外线加热不是更有利吗？是的，在一定场强下从单位体积介质中获得高功率吸收这一点看，红外线似乎比微波有利。但从对物体的穿透能力以达到表里一致、均匀加热这一点看，红外线就远不如微波。所谓穿透能力就是电磁波穿透到物体内

部的本领，电磁波透过介质表面并在其内部传播时，由于能量不断被吸收而转化为热能，波所携带的能量就随着深入介质内从表面算起的距离以指数形式衰减，电磁波的能量衰减到只有表面处的 $1/e^2 \approx 1/2.72^2 \approx 13.5\%$ 时所能透过介质的深度 $D$，称为"穿透深度"。就是说大约有 $86.5\%$ 的电磁波的能量在距离介质表面深度为 $D$ 的一层内损耗掉，也就是说热量主要在这一层内产生。可以证明近似地有：

$$D = \frac{\lambda}{\pi\sqrt{\varepsilon}\tan\delta} \tag{10-2}$$

式(10-2)表明，一般吸收性介质的穿透深度大致与波长同一数量级。以 915MHz（$\lambda = 83$cm）和 2450MHz（$\lambda = 12.2$cm）的常用的微波加热频率而言，通常吸收性介质的 $D$ 值大致约为几十厘米到几厘米的范围，故除特大物体外，一般可以大致做到表里一致、均匀加热。而红外线的 $D$ 值一般小于 0.1mm，故其穿透能力很差。在红外线照射下的物体，只有表面一薄层发热，热量透入内部主要靠热传导，这实际上就是常规加热的情形，不仅加热时间很长，而且很容易成外焦里不熟，从而影响产品质量。

### 10.2.3.3 选择性加热干燥

式(10-1)中 $P_a$ 与介质的介电常数 $\varepsilon$ 和介电损耗角正切 $\tan\delta$ 之积成正比，表明微波加热的效果与被加热物质的电性质有密切关系。各种物质的介电常数 $\varepsilon$ 的值各不相同，由表 10-2 可以看出相对于其他种类的物质，水的 $\varepsilon$ 特别大，$\tan\delta$ 也大，故水能强烈地吸收微波。而一般含水量在百分之几到百分之几十的各种含水物质的 $\varepsilon$ 和 $\tan\delta$ 都相当大，都能有效地吸收微波，从而适合于用微波加热。这就是为什么微波加热特别适用于烘干水分的道理。而由金属或良介质做成的产品，则不适宜用微波直接加热。总之，不同的物质，微波加热的效果完全不同，这就是微波加热的选择性。在某些微波加热干燥产品过程中，选择性加热成为一个十分有利的因素，这是由于制品中的水分比其中的干物质对微波的吸收大得多，温度也就高得多，这种在制品内部的对水的选择加热的效果，使得水分很快蒸发而制品不致过热，这对于缩短干燥时间和提高产品质量均有好处。特别是在干燥某些不耐高温的产品时，选择性加热的优越性更为明显。例如，国外在某种特种纸发热干燥试验中发现，原来用红外线烘干，最后含水量只能降至 2%，而纸的纤维温度却高达 200℃，纸的质量明显降低；改用微波干燥以后，由于选择性加热，水比纤维先热，所以在较低的温度下干燥而不损伤纸的纤维温度。试验的结果是纤维温度最高不超过 125℃，而含水量可均匀降低到 0.5%，提高了纸的质量。在干燥某些不耐高温的产品如合成纤维、药品以及化工产品时，微波对水的选择性加热对于提高产品质量很有好处。

### 10.2.3.4 热效率高

微波加热的能量利用率高，得益于微波能被物料吸收，而且是透过物料被吸收的，它不受微波频谱中波频的限制，也不受物料热传导特性的限制，也没有里外层物料受热滞后的问题。微波加热与远红外线加热相比，节约能量 $1/3 \sim 1/2$。因此，微波加热干燥方式是一种能量利用率高、物料温升迅速的节能加热干燥方式。

# 10.3 微波干燥器

## 10.3.1 微波干燥器简介

### 10.3.1.1 微波干燥器的主要组成和分类

微波干燥设备主要由直流电源、微波管、传输线或波导、微波炉及冷却系统等几个部分所组成。

微波管由直流电源提供高压并转换成微波能量。目前用于加热干燥的微波管主要为磁控管，表 10-3 为国产连续波磁控管。

**表 10-3　国产连续波磁控管**

| 中心频率/MHz | 功率/kW | 效率/% |
| --- | --- | --- |
| 2450 | 0.2,0.6,0.8,3.0,5.0,10.0 | >70 |
| 915 | 5,10,20,30,60,100 | >80 |

微波能量通过连接波导传输到微波炉对被干燥物料进行干燥。冷却系统用于对微波管的腔体及阴极部分进行冷却。冷却方式可为风冷或水冷。图 10-5 为微波干燥设备组成方框图。

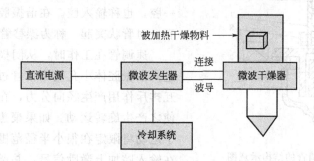

图 10-5　微波干燥设备组成方框图

微波干燥器有箱型、腔型、波导型、辐射型等几种（图 10-7～图 10-12）。表 10-4 为各类微波干燥器的性能比较。

**表 10-4　各类微波干燥器的性能比较**

| 形式 | 微波功率分布 | 功率密度 | 使用加热干燥物料 | 对磁控管的负载性能 | 使用干燥方式 |
| --- | --- | --- | --- | --- | --- |
| 箱型 | 分散 | 弱 | 大件、块状 | 差 | 分批或连续 |
| 腔型 | 集中 | 强 | 线状 | 差 | 连续 |
| 波导型 | 集中 | 强 | 粉状、片状、板状 | 好 | 连续 |
| 辐射型 | 集中 | 强 | 块状、颗粒状 | 较好 | 分批或连续 |

#### 10.3.1.2　微波能发生器的主要组成部件

微波加热干燥中，产生微波能的器件主要是磁控管及调速管。

（1）磁控管　磁控管有一个以高电导率材料做成的阳极，一个发射电子的直热式或间热式阴极。阳极同时是产生高频振荡的谐振回路。所谓间热式，即阴极由热子来加热，而热子就塞在阴极筒内。而直热式，即热子本身就用电子发射材料做成，既是加热体又是阴极。根据不同的设计，间热式阴极有氧化物阴极或以钨为基体渗有活性物质的阴极两种形式；直热式阴极有钍钨阴极和钝钨阴极两种形式。氧化物阴极工作温度低，因此耗电少，通常只在小功率磁控管中应用。在磁控管的两端设有电磁铁制成的磁极，并构成电子管外壳的一部分，这样就能保证作用的空间的磁场均匀及减少漏磁。

当磁控管阴极与阳极之间存在一定的直流电场时，从阴极发射的电子受阳极上正电位的加速而向阳极移动，移动速度正比于电压的 1/2 次方。由于空间存在着磁场，其方向与电场方向垂直，同时也与电子运动方向垂直。根据左手定则，从阴极发射的电子将受到磁场力的

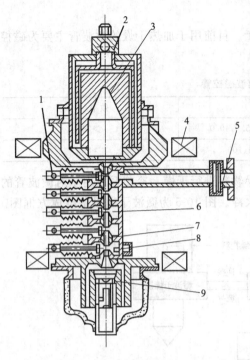

图 10-6　速调管的结构示意图

1—调频机构；2—冷却水套；3—收集极；
4—电磁铁线包；5—输出波导；6—谐振腔；
7—漂移管；8—同轴输入；9—电子枪

作用，结果使电子偏离原来的方向而呈圆周运动状态，在阳极上的谐振腔的作用下，即产生了微波能量。

（2）速调管　速调管结构比磁控管复杂，效率比磁控管略低。但由于单管可以获得功率大的效果，所以常被用于需要高频而又大功率的场合。图 10-6 为速调管的结构示意图。速调管主要由电子枪、谐振腔及输入、输出接头和收集极三部分组成。

谐振腔由 4～6 个腔组成，靠近阴极的为第一腔，也称输入腔。在谐振腔体小孔位置的两边有一对管状突起，称为漂移管。

速调管在工作时，从阴极发出的电子束，在进入谐振腔体小孔的漂移管过程中，由于电子相互排斥作用产生径向分力，在聚焦磁场的作用下使之产生旋转运动。如果聚焦磁场足够强时，电子运动将限定在很小半径范围内而不散开。如果在输入腔加上激励信号，并调到在信号的频率上谐振，则在腔体的漂移管缝隙间将激起微波电场。这一高频电场将使进入这一区域的电子束的速度受到调制，也就是使电子经过漂移管到达第二腔缝隙时已变成了"密度"调制的电子束。当这些电子束穿过第二腔时，将对第二腔感应起高频电压，这一电压又反过来再次对电子束进行速度调制。依次，经过几个中间腔的作用，可使加在第一腔微弱的高频信号的调制作用逐步加强，在输出腔上激起的高频能量，通过耦合孔而传输到波导，经过波导上的陶瓷真空密封窗就可以输送到管外，供加热干燥设备使用。

10.3.1.3　几种微波干燥器

（1）箱型微波干燥器　箱型微波干燥器由矩形谐振腔、输入波导、反射板、搅拌器等组成。箱型微波干燥器结构如图 10-7 所示。此种箱型微波干燥器是具有门结构的间歇操作的驻波场微波干燥器，微波经波导转输至矩形箱体内，其矩形各边边长都大于 1/2 波长，从不同方向都有波的反射，被干燥物料在腔体内各个方向均可吸收微波能，被加热干燥。没有被吸收的微波能穿过物料达到箱壁，由于反射又折射到物料，这样，微波能全部用于物料的加热干燥。箱壁通常采用不锈钢或铝板制作。在箱壁上钻有排湿孔，以避免湿蒸汽在壁上凝结成水而消耗能量。在波导入口处装置反射板和搅拌器。搅拌器叶片用金属板弯成一定的角度，每分钟转动几十次至百余次，激励起更多模式，以便使腔体内电磁场分布均匀，达到物料均匀干燥的目的。但当前市场供应的微波炉，大多没有搅拌装置，而设有放置物料的旋转托盘，以弥补温度场的不均匀。实际上距托盘中心的不同距离其温度也有所变化。另外，所谓的功率可调也是阶跃式的，所谓小功率只是供热时间短而功率峰值并没有下降。

（2）行波场波导型干燥器　使微波在波导内无反射地从一端向负载馈送，即构成行波场。使介质在波导内强电场处通过，可以使物料获得均匀的干燥。行波场波导型干燥器主要有以下几种形式。

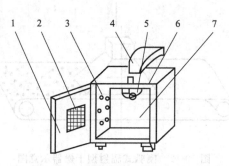

图 10-7　箱型微波干燥器结构示意图
1—门；2—观察窗；3—排湿孔；4—波导；
5—搅拌器；6—反射板；7—腔体

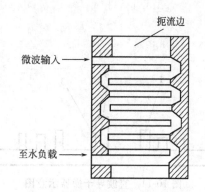

图 10-8　组合型蛇形波导干燥器

① 蛇形波导干燥器　蛇形波导干燥器是一种弯曲成蛇形的矩形波导。在波导宽边中间沿输送方向开槽缝，此处场强最大，被干燥物料从波导槽缝中通过，吸收微波能而被加热干燥。有时将两波导管合二为一，就构成了压缩曲折波导结构，组合型蛇形波导干燥器如图 10-8所示。

② V 型波导干燥器　V 型波导干燥器由 V 型波导、过渡接头、弯波导、抑制器等组成，是矩形波导的变形（图 10-9）。V 型波导为加热区，其截面如 B—B 视图，由两半组成，便于清除残留物料。传送带及物料在里面通过，达到均匀干燥。V 型波导到矩形波导之间设有过渡接头。抑制器的作用为防止能量的泄漏。

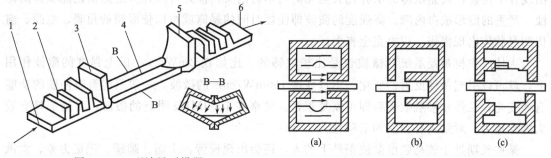

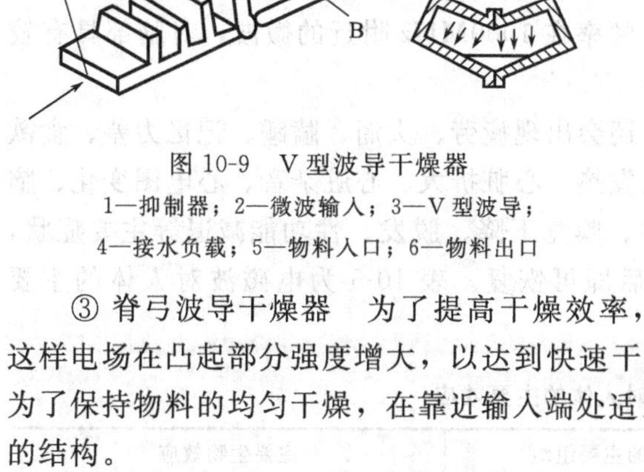

图 10-9　V 型波导干燥器
1—抑制器；2—微波输入；3—V 型波导；
4—接水负载；5—物料入口；6—物料出口

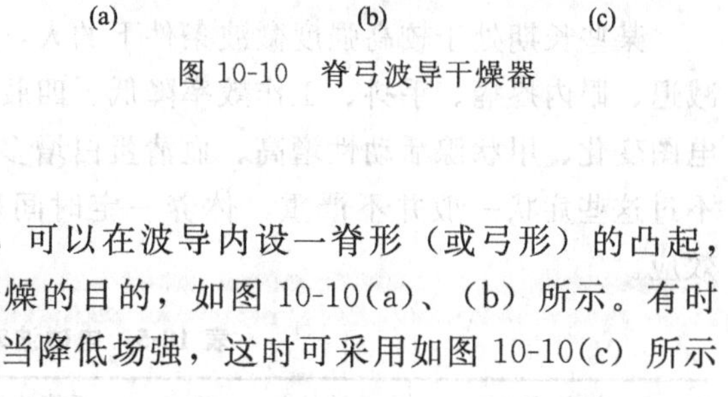

图 10-10　脊弓波导干燥器

③ 脊弓波导干燥器　为了提高干燥效率，可以在波导内设一脊形（或弓形）的凸起，这样电场在凸起部分强度增大，以达到快速干燥的目的，如图 10-10(a)、(b) 所示。有时为了保持物料的均匀干燥，在靠近输入端处适当降低场强，这时可采用如图 10-10(c) 所示的结构。

④ 直波导干燥器　直波导干燥器由主波导、激励器、抑制器及传送带组成，如图 10-11所示。微波场在激励器内建立高频电场，电磁波由激励部分分两路传输到主波导，物料在主波导内得到干燥。

（3）辐射型干燥器　图 10-12 为喇叭式辐射型干燥器示意图。这种辐射型干燥器的微波能量从喇叭口辐射到被干燥物料的表面，并穿透到物料的内部。这种干燥方法简单，容易实现连续加热。

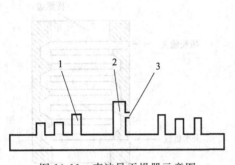

图 10-11　直波导干燥器示意图

1—抑制器；2—激励器；3—微波输入

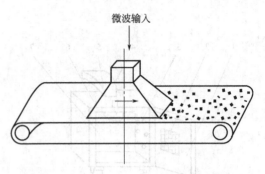

图 10-12　喇叭式辐射型干燥器示意图

### 10.3.2　微波对人体的伤害作用

由于辐射波对生物体的加热所造成的伤害作用和生理影响，统称为热效应。微波热效应的特点是穿透深度较深，因此，它不仅可以使人体皮肤表面发热，而且还可以使皮下深部组织加热。例如，1000MHz 以下频率的微波，照射于人体，往往可使处于比较接近皮肤表面脂肪层的温度升高值低于皮下较深处肌肉的温度升高值。有时，由于人体表面皮肤血管分布较密，在加热下血液流动较快，使微波的加热作用很快地消失掉，而皮下深部组织散热较慢，所以深部组织温度可以超过表面组织的温度。从而造成当人体皮肤还没有感到很痛的情况下，深部组织（它们没有痛觉感受器）就已被微波烧伤了。人就在不自觉的情况下受到了伤害。这一点对于血管分布较少、散热较慢的组织，如眼睛的表面部分组织（角膜等）没有出现什么伤害，而晶状体的水肿几天至几周内不会消失，而且可以几天之后出现晶状体的浑浊，严重的则形成白内障。高强度的微波即使短时间的暴露就可以使眼睛的角膜、虹膜、前房和晶状体出现损伤，视力完全丧失。

人体的中枢神经系统对微波也是比较敏感的。比如在 $2mW/cm^2$ 以上强度的微波作用下，就可以引起条件反射的变化。不过强度 $100mW/cm^2$ 的微波，一般只能暂时使脑的功能有些变化，在停止接触数周后即可恢复正常。频率在 1000MHz 附近的微波，对脑部具有较大的穿透力，对脑具有较大的危险性。

某些长期处于较高强度微波条件下的人，还会出现疲劳、头痛、瞌睡、记忆力差、食欲减退、眼内疼痛、手抖、工作效率降低、四肢发热、心脏扩大、心脏杂音、心电图变化、脑电图变化、甲状腺活动性增高、血清蛋白增多、嗅觉下降、脱发、性功能减退等主要症状，不过这些症状一般并不严重，休养一定时间后即可恢复。表 10-5 为电磁波对人体的主要效应。

表 10-5　电磁波对人体的主要效应

| 频率/Hz | 波长/cm | 受影响的主要组织 | 主要生物效应 |
| --- | --- | --- | --- |
| 100 以下 | 300 以上 | | 穿透不受影响 |
| 150~1200 | 200~25 | 体内器官 | 过热时引起各器官损伤 |
| 1000~3000 | 30~10 | 眼睛的晶状体、睾丸 | 组织的加热显著,特别是眼睛的晶状体 |
| 3000~10000 | 10~3 | 表皮、眼睛的晶状体 | 伴有温度感觉的皮肤加热 |
| 10000 以上 | 3 以下 | 皮肤 | 表皮部分吸收而发热 |

### 10.3.3　使用微波干燥器的安全标准

各国对微波安全剂量的标准并不一致,现将人体所能耐受微波的能力列于表 10-6,并将有关国家的微波安全标准列于表 10-7。

表 10-6　人体耐受微波的能力

| 照射部位 | 微波频率/MHz | 微波强度/(mW/cm²) | 效　　　应 |
|---|---|---|---|
| 头部 | 2450 | 2 | 总脑电图变化的阈值 |
| 头部 | | 5~10 | 可能引起条件反射变化的阈值 |
| 头部 | 1000~3000 | 10 | 大白鼠轻度神经组织受伤 |
| 耳 | 1310 | 0.4 | 微波听阈(刚能听见) |
| 耳 | 2980 | 2.0 | 微波听阈(刚能听见) |
| 性器官 | | 5~10 | 狗、兔、大白鼠的睾丸伤害阈 |
| 局部皮肤 | 10000 | 4~6 | 暴露时间 5s,皮肤温热感觉阈 |
| 局部皮肤 | 10000 | 10 | 暴露时间 0.5s,皮肤温热感觉阈 |
| 局部皮肤 | 3000 | 74 | 暴露时间 15~73s,皮肤温热感觉阈 |
| 局部皮肤 | 2456 | 110 | 长时间暴露,皮肤不可耐痛阈 |
| 局部皮肤 | 900 | 220 | 长时间暴露,皮肤不可耐痛阈 |
| 局部皮肤 | 3000 | 830 | 暴露时间 3min 以上,达皮肤不可耐痛阈 |
| 局部皮肤 | 3000 | 1000 | 暴露时间 2min,不可耐痛阈 |
| 局部皮肤 | 3000 | 3100 | 暴露时间 20s,不可耐痛阈 |
| 局部皮肤 | 2500 | 30 | 照射面积大于半身,人不可耐受 |
| 局部皮肤 | 2500 | 300 | 照射面积大于 100cm²,人不可耐受 |
| 局部皮肤 | 2500 | 1000 | 照射面积≤100cm²,人不可耐受 |
| 眼 | | 10~20 | 无限长时间暴露不产生晶状体伤害 |
| 眼 | 1000~2400 | 100 | 晶状伤害阈值 |
| 眼 | | 100 | 暴露几小时以上有可能产生白内障 |
| 眼 | | 20~300 | 可能造成轻度的可逆的晶状体伤害 |
| 全身 | <500 | <30 | |
| 全身 | 1000~3000 | <20 | 对人无害 |
| 全身 | >3000 | <10 | |
| 全身 | 30000 | 20 | 长时间连续暴露产生不可耐的体温升高 |
| 全身 | | 500 | 职业性暴露几个月,可能形成晶状体浑浊 |
| 不直接照射眼 | | | 职业性暴露几年,可能形成晶状体浑浊 |
| 全身 | | | |
| 不直接照射眼 | | 5000 | 职业性暴露 2 个月,可能形成白内障 |

表 10-7　各国的微波安全标准

| 国　　名 | 频率/MHz | 最大允许强度/(mW/cm²) | 备　　注 |
|---|---|---|---|
| 美国(1966 年) | 10~100000 | 10mV/(h·cm²) | 0.1h 的平均值 |
| 前苏联(1958 年) | 300~300000 | 0.01<br>0.1<br>1 | 整天<br>2~3h/天<br>15~20min/天 |
| 波兰(1971 年) | 300~300000 | 0.01<br>0.1<br>1 | 整天<br>8h/天<br>考虑时间因素 |
| 英国(1965 年) | 30~300000 | 10 | 整天连续照射 |
| 法国(1965 年) | | 10<br>10~100 | 1h 以上<br>军用标准<br>1h 以下 |
| 德国 | | 10 | 时间不限 |
| 中国 | | 0.038 | 8h/天 |

### 10.3.4 微波干燥器的防护措施

在设计微波干燥器时，结构上要尽量防止磁场泄漏，以达到安全防护的要求。

（1）加热设备的合理设计　对微波加热干燥装置，应根据微波传输的原理，正确设计并采用扼流门、抑制器、四分之一波长的短路线或开路线；对大型微波设备，可采用金属网或金属箔板，将微波加热干燥装置与操作人员隔开。

（2）屏蔽辐射和遥控　在安装微波加热设备时，应考虑操作人员尽量离开设备容易泄漏的部位，因为微波在空间传播以平方指数衰减，保持一定距离能有效地减少微波辐射剂量。可采取对微波工作封闭性的屏蔽，将微波加热器置于屏蔽室内，电源及其他控制部分放在屏蔽室外。对大型微波设备可以采用金属网或金属箔板。将微波加热装置与操作人员隔开。采用金属网屏蔽，既经济又易于实现，而且不妨碍从外面对加热状况进行观察。

（3）注意与微波加热设备隔离　微波加热设备和其他电气设备一样，可以采用遥控进行工作，实现操作人员与设备完全隔离。

（4）尽量减少泄漏　为减少微波源的漏能，可以将微波电子管放在电源箱内，利用矩形波导或同轴线将微波能馈送到加热器中，这样可减少微波管灯丝引线的辐射。对于微波管的灯丝部分还可以采用专门的屏蔽和滤波装置，以便减少漏能。

（5）采用防护用具　一般情况下，人员不应进入超出有害剂量的微波场范围内，但一些主要器官（特别是眼睛）戴上防护用具，或穿上涂银尼龙线纺织成的尼龙布衣服，对微波有良好的反射性能，但进入微波场范围的时间必须短暂。

（6）制定必要的安全操作规程　为正确地应用微波能，减少不必要的伤害，规定一定的维修和操作规程是必要的。此外，对操作人员进行专业知识培训，加强安全操作的教育，以正确使用及合理保养微波设备。

为了使人及时觉察微波的危险，可以采用微波指示器和警报器，在微波强度超过安全限度时，对人及时发出警报。

此外，在微波辐射不安全的区域，应当设置警戒标记，禁止一般人员进入。只有在出现事故的情况下，才允许指定的人员进入，天线的辐射方向附近，也应尽量避免人员进入这个区域。

# 10.4　微波辅助干燥

微波干燥是一种高度密集的，投资大、费用高的热处理方法，它具有一定的局限性所在，因而联合各种热质传递动力的混合式技术是很有潜力的。微波辅助干燥——高频电磁场能量可以应用于不同的干燥阶段，补充干燥空气所提供的热量。通过调节各构成技术的份额，有可能在过程有效性和费用方面优化此混合系统。基于微波辐射的多种混合式系统中，微波真空干燥和微波冷冻干燥已经在食品、医药、化工行业有了一定的应用。因此，这一节主要介绍微波辅助干燥的特点以及两种微波-气流组合干燥技术。

### 10.4.1 微波辅助干燥的特点

微波干燥的一些优点来源于体积加热而不是表面加热，以及由于功率穿透产生不同的温度分布。一方面极大地提高了干燥速率，这是由于相对大的温度梯度及同时发生的湿分梯度，或者气相和液相质量流动加入到毛细管和分子流动中。对于热传导性差的物料，干燥速率的提高最为明显，因为能量直接耗散于被干燥物料的湿区。另一方面能更加均匀地干燥和提高产品质量。因为扩散系数与温度之间的指数函数关系，对于一定的温度、浓度梯度，分子流动速率在物料的芯部比在表面区域高。结果，湿分分布曲线变得平坦，以抵补增加的扩散。这便有可能消除对流干燥诸如表面硬化、表面开裂或局部过热的缺点。因为电磁能量直接耗散于被干燥物料之内，热损失显著降低。因而，微波干燥的性能比传统的干燥方式更好。

纯微波加热干燥也存在一些不足之处。很容易出现过度加热，局部温度会超过100℃，导致某些被加热的物质特别是热敏性物料的品质变坏、营养风味的损失等。介电干燥的投资及操作费用比较高，所以微波加热作为唯一的能源并不经济，特别是对于干燥高湿含量的且具有长恒速阶段的物料。但是，它更适合于干燥低湿含量的产品，这种情况下对流传热效率极低。为了克服经济上的制约，微波干燥经常与热风或对流干燥相结合。在这样的组合中，空气流带走微波辐射蒸发的水分。

综上所述，微波辅助干燥结合了传统干燥和微波干燥的优点，补充了微波干燥的不足，其表现在以下几方面：

① 干燥速率快，可避免形成过高的温度梯度，对陶瓷产品加热更均匀，避免出现表面硬化、过热等现象；

② 微波辅助干燥能较好地阻止热量的散失，充分提高能源利用率；

③ 微波辅助加热应用范围更广，非常适合陶瓷粉料等热敏性物料的干燥。

### 10.4.2 微波-热风干燥与微波-对流干燥

单纯热风干燥干燥时间长，在干燥过程中易产生热损伤和过度氧化，很难保证产品的品质要求。微波干燥利用微波快速均匀加热，研究结果表明，利用微波干燥物料，干燥速率非常快，而且干燥产品具有良好的品质，但单纯利用微波干燥的产品存在着收缩率较大、复水速率较慢等特点。虽然热风干燥干燥时间长，干燥产品的品质较差，但热风干燥具有最小的收缩率和最快的复水速率。因此微波干燥和热风干燥具有一定的优势互补性。

微波-对流干燥是对传统的热气流对流干燥在理论上和应用上的一个重大突破，也是一项具有广泛应用前景的干燥节能新技术。利用微波加热和气流对流加热综合交叉进行，可以获得较高的干燥速率，同时又可以达到降低能耗、缩短干燥时间、提高干燥产品质量的目的。

微波-对流干燥过程可以描述为：微波作用于物料后，在很短的时间内，就将内部所含水分预热，并使之汽化，同时物料内部压力升高，并很快达到最大值。物料内部的湿热交换和湿扩散，从一开始就交织在一起。短时间内，物料内外建立起压力差，并迅速增大，由于压力作用进行的湿分迁移将逐渐增强，成为湿分迁移主要动力。这时湿分主要是以蒸汽形式迁移。当蒸汽迁移到物料表面后，遇到对流的空气，大部分蒸汽被空气带走，小部分在表面滞留。这时干燥速率很快，处于恒速干燥阶段。实验研究表明，最佳的微波-对流干燥的形式是：先进行初期的对流干燥，以除去被干燥物料的表层水分。当干燥速率开始受物料内部传质阻力的影响时，施行微波加热，迅速地将物料内部水分驱赶到表层，然后再施以对流干燥，从而达到强化干燥的目的，实际应用时可通过调节对流风速、风温、湿度和微波输入功率来获得最佳的干燥工况。

### 10.4.3 微波辅助干燥应用现状

#### 10.4.3.1 国外的研究和应用现状

目前，国外微波辅助干燥技术已在食品工业、农产品加工业、医药加工业等领域得到应用。土耳其的 Maskan 利用热风干燥、微波干燥、微波-热风组合干燥猕猴桃片，同时对其干燥、收缩、再水合性质进行了研究，发现不管哪种干燥方式，干燥过程发生在降速干燥阶段，微波干燥和微波-热风干燥都提高了干燥速率，干燥时间比热风干燥缩短了 40%～89%，微波-热风组合干燥猕猴桃片的收缩率（76%）小于单纯微波干燥（85%），颜色也有很大改善。与其他干燥方法相比较，使用微波干燥的猕猴桃片表现出较低的再水合能力和更快的吸水速率。Maskan 也对香蕉片进行了对流干燥、微波干燥、微波-对流组合干燥（前期用对流干燥一段时间，后期用微波干燥）的研究，也证实了微波-对流干燥与对流干燥相比不仅大大缩短了干燥时间，而且对最终产品的颜色影响很小（表 10-8）。巴西的 F. A. Silva 等人一方面证实了微波辅助热风干燥坚果的可行性，微波辅助干燥与传统干燥方法相比较，缩短了干燥时间，提高了工业产量和产品质量；另一方面分析和模拟了微波干燥坚果的动力学过程。印度的 G. P. Sharma 对蒜瓣分别进行了热风干燥和微波-热风组合干燥，以总干燥时间、干蒜瓣的颜色和香味强度三项指标来评价了微波-热风组合干燥和传统热风干燥的性能。热风对流干燥刚开始一段时间干燥速率较快，但当样品内湿度降低到一定程度时，干燥速率减慢。微波-热风组合干燥干燥速率快，比传统热风干燥节省了 80%～90% 的时间，最终产品质量好。此外，还有人进行了萝卜片、土豆片、葡萄、苹果、蘑菇、橘片、草莓、方便面等的微波辅助干燥研究。

**表 10-8　不同干燥方式对香蕉片的干燥时间和颜色变化的影响**

| 参数 | 干　燥　方　式 | | | | |
|---|---|---|---|---|---|
| | 对流干燥(60℃) | 微　波　干　燥 | | | 微波-对流干燥 |
| | | 700W | 490W | 350W | |
| 干燥时间/min | 482 | 13 | 18 | 27 | 172 |
| 颜色变化 $\Delta E$ | 31.17 | 20.53 | 18.56 | 20.41 | 9.89 |

W. A. M. McMinn 等人研究了药粉的微波-对流干燥，干燥曲线表明在两个降速干燥阶段之后，紧接着一个恒速干燥阶段，在初始干燥阶段气流速度对溶剂的蒸发影响较小，但在降速干燥阶段溶剂蒸发速率升高，提高气流温度可以增加干燥速率，与传统干燥方式相比，微波-对流干燥干燥时间减少了 78%。

#### 10.4.3.2　国内的研究和应用现状

原农业部南京农机化研究所的张晓辛等人对菊花的微波干燥、热风干燥及微波-热风组合干燥的方法、工艺、效果分别进行了研究，微波干燥由于干燥时间短，瞬间产生的热量大，致使物料温度过高，水分来不及排出，不能连续作业，也不能保证产品质量；热风干燥时间长达 6h；而利用微波-热风组合干燥技术可使干燥时间缩短到 4h 内，生产效率大大提高，并且干燥后的菊花花朵外形整齐，保持原型，达到色、味、形、成分四不变的标准，等级高，市场销售价格较常规传统干燥的提高了 5～10 倍。

四川大学的邓茉香等人采用微波干燥工艺对青稞营养麦片的生产工艺和配方进行了较为详细的研究。一次干燥为热风对流干燥，二次干燥为微波干燥，得到具有特有香味、漂浮性和水溶性好的麦片。

东南大学的施明恒等人以中成药丸为对象，对微波-对流组合干燥过程进行了研究。得出微波功率、物料尺寸、堆积密度、气流温度和气流速度都对微波-对流干燥的干燥速率有影响，影响最大的是微波功率，增加微波功率可以明显地提高物料的干燥速率，缩短干燥时间，但干燥终了时的物料温度较高，微波功率过高，物料将会出现烧焦变质的现象。

沈阳科技实业有限公司的卢英林采用微波-对流干燥技术对高含水量、高黏度的、过热表面易结壳的热敏性物料——聚丙烯酰胺进行了烘干试验，工艺流程为：首先对物料进行对流烘干，去掉物料的表面水，然后进行微波干燥，使物料内含水排到物料表面，再进行对流干燥，如此反复三个循环，取得了较好的实验效果；指出若采用单一微波干燥，烘干成本太高，特别是在烘干过程中，当物料含水量降至 20％以下时，物料温度上升较快，使物料质量降低。

东南大学的刘雅琴等人深入分析微波干燥过程的传质机理，应用非平衡热力学理论，提出了胶体类多孔介质物料微波-对流干燥过程的数学模型。通过数值模拟，分析了微波功率、物料特征尺寸、对流介质参数等因素对干燥速率的影响；并以土豆作为物料，进行了实验验证。南京航空航天大学的余莉等人通过对微波-对流联合工作机理的定性分析，建立相应的数学模型和微分控制方程组，并在此基础上对球形物料的微波-对流干燥特性进行了数值模拟，采用有限差分方法对其进行了离散求解，与实验结果吻合良好。南京化工学院的张建成也对多孔物料微波-对流干燥的模型进行了研究。

#### 10.4.4　微波辅助干燥在陶瓷坯体干燥方面的应用

在各种工业生产中，干燥过程能耗较大。据统计，陶瓷工业生产过程中用于干燥的能耗占燃料总消耗的比例超过了 40％。单纯依靠对流和传导的传统干燥技术能量利用率较低，最高不超过 30％，具有干燥废品多、干燥周期长、能耗大和劳动条件恶劣、劳动强度大等缺点，这些在很大程度上制约了陶瓷工业的发展。

近年来，微波干燥以其干燥速率快、产品质量较好的优点而备受青睐。但就目前的研究分析，很多时候由于微波设备所产生的电场强度不均匀和材料内部的介电常数、介电损耗不均匀时，都会产生因吸收的热量不同而导致温差，当温差超过陶瓷坯体所能够承受的程度时，产生的热应力导致了陶瓷坯体的破坏。因此，在微波干燥的实际应用当中也会发生产品变形、开裂等缺陷。单独运用微波干燥的投资和操作费用高。鉴于前面所提到的陶瓷生产过程中存在的一些实际问题，认为最好的解决办法是将微波与传统加热干燥技术相结合。传统干燥方法中物料与热风相结合而排出水分，干燥过程中引入微波能量，可以大大提高干燥速率，提高干燥质量，避免传统干燥方法干燥陶瓷坯体时出现的干燥不均匀，易开裂等现象。陶瓷坯体的微波辅助干燥一方面依靠利用了传统对流或传导方法疏导排出水分的优点，同时弥补了传统加热方法的供热不足而导致干燥周期长、干燥不均匀的弱点，今后这将可能成为中国陶瓷坯体干燥的一个研究方向。

总之，微波辅助干燥作为一项高新技术，研究仍不够完善，但从其干燥机理和诸多优点来考虑，它将为陶瓷干燥特别是坯体的干燥开辟出一条新途径，应用前景十分广阔。微波辅助干燥技术将在完善自身技术方法和设备的同时，不断与其他干燥技术结合，向着更广、更深的方向发展，目前微波＋真空、微波＋冷冻、微波真空＋热风等多种组合干燥技术的应用越来越多。

# 10.5　微波真空干燥技术

微波真空干燥是把微波干燥和真空干燥两项技术结合起来，充分发挥微波干燥和真空干燥各自优点的一项新的综合干燥技术。其传热和传质机理类似于前面所述的介电干燥，由于加热干燥的物料处于真空之中，水的沸点降低，水分及水蒸气向表面迁移的速率更快。因此微波真空干燥既降低了干燥温度，又加快了干燥速率，具有快速、低温、高效等特点，非常适合于热敏性物料的干燥。近年来，这一新技术在食品、医药、化工行业获得了广泛关注。

### 10.5.1　微波真空干燥的特点

#### 10.5.1.1　微波真空干燥与热风干燥的比较

热风干燥仍是目前运用最多、最为经济的干燥方法，但干燥温度高，干燥时间长，经热风干燥的食品，干燥后食品品质较差，颜色变化大，香味、维生素等热敏性营养成分或活性成分的损失均较大，组织结构变硬，复水性差。

#### 10.5.1.2　微波真空干燥与冷冻干燥的比较

冷冻干燥质量是最好的，基本上能保持食品、药品原有的色、香、味和营养成分或生物活性，在食品、医药行业被广泛应用。这一点也是传统的各种干燥工艺无法达到的。但冷冻干燥不论是设备投资和运转费用都较昂贵，进口的冷冻干燥设备一般要几十万美元，国产的冷冻干燥机也要几十万元至几百万元；操作费用高，冷冻干燥中要维持－25℃的低温，高真空，干燥时间20h左右，生产能力也有限。因此只适合于高值产品，纳米粉体、高性能陶瓷或特种陶瓷干燥很难采用冷冻干燥工艺。

#### 10.5.1.3　微波真空干燥与传统的真空干燥的比较

传统的真空干燥既可使物料在较低温度脱水，又可减少在干燥过程中的氧化作用。因而真空干燥的产品品质优良。虽然干燥温度较低，但由于干燥室内对流传热几乎不存在，能量的供应是以热传导为主，所以传热速率较慢，干燥时间较长，一般要5～7h甚至更长，干燥费用较高，对物料中色、香、味及生物活性成分的保留仍有较大的限度。

#### 10.5.1.4　微波真空干燥与微波干燥的比较

很多农产品如茶叶、谷物、蔬菜、水果、大豆等都已应用了微波辅助干燥。中国微波干燥的应用始于20世纪70年代，微波干燥的一个最大缺点是经常会出现过度加热，局部温度会超过100℃，容易导致食品、药品等热敏性物料的品质变坏，营养风味的损失等，但对陶瓷或陶瓷粉体的干燥有利。

#### 10.5.1.5　微波真空干燥与常规方法相比具有的特点

① 高效微波真空干燥采用辐射传热，是介质整体加热，无须其他传热媒介，所以传热速率快、效率高、干燥周期短、能耗低，可提高工效4倍以上；

② 加热均匀，微波加热是物料里外同时加热，物料的里外温差很小，不会产生常规加热中出现的里外加热不一致的状况，因而使干燥质量大大提高；

③ 易控制，由于微波功率具有可快速调整且无惯性的特点，易于即时控制，工艺参数调整方便，便于连续生产及实现自动化；

④ 环保，无有毒、有害、废水或气体的产生，工厂环境清洁卫生，能实现真正的清洁生产；

⑤ 产品质量好，微波真空干燥对物料中热敏性成分及生物活性物质的保持率，一般可达到90%～95%，微波真空干燥时间较冷冻干燥时间大大缩短，成品品质达到或超过冻干产品；

⑥ 微波具有消毒、杀菌的功效，产品安全卫生，并可延长保质期。

### 10.5.2　微波真空干燥的原理

在真空干燥过程中，随着容器内工作压强的降低，溶剂（例如水）的沸点下降，物料中的水分扩散速率加快。因此，真空干燥具有处理物料时所需温度低、干燥速率快、干燥后的物料品质好等优点。但是，真空干燥时物料的脱水机理是依靠热传导将外来热量传递给被干燥物料的，由于在低气压环境下，用对流方式向被加热物料传递外来热量非常困难，故热传递速率较慢。微波干燥是利用介电加热原理，依靠高频电磁振荡来引发分子运动，使被加热物料发热，加热方式有别于传统的对流、传导与辐射，系微波直接对物体进行加热，使物体本身成为一个发热体，传热这一限制因素被打破。微波真空干燥把微波干燥和真空干燥两项技术结合起来，充分发挥了微波干燥和真空干燥的各自优点，在真空环境下，水或溶剂分子的传热相对比较容易，因而大大缩短了干燥时间，提高了生产效率。

### 10.5.3　微波真空干燥设备

国外对微波真空干燥的研究 20 世纪 80 年代后期就有少量、零星的文献报道，到目前为止，微波真空干燥的研究仍不够全面和成熟，在实际应用中仍然很少。

#### 10.5.3.1　微波真空干燥设备组成

微波真空干燥设备主要由微波功率源、微波干燥器、波导元件、传感和控制及真空系统几个部分组成。

（1）微波功率源　一般用磁控管作振荡，在该管中，阴极受热发射电子，在强恒磁场作用下电子作圆周运动；磁控管内部的谐振腔使电子减速，将电子的动能转变为电磁波的能量，在谐振腔中积累，送入波导管中，再送入应用器供使用。磁控管需要高压供电、灯丝加热供电及恒磁场线圈供电并需要相应的保护和控制电路，组成微波功率源的整机。高压或恒磁场的励磁电流，均可控制微波功率的输出量。此外，不是 100% 的电子都能全部将自流能量转变为微波能，总有部分电子直接打到阳极块变成热能而使阳极升温，磁控管的功率转换只有 70%～85%，阳极块需要强力风冷或水冷。

（2）微波干燥器　可看成是扩大了的波导管，它是电磁波和物质相互作用的场所。除结构尺寸外，设计时还要考虑适应加上物料的形态和处理要求，可分为行波型和谐振型。

（3）波导元件　是微波功率源和应用器之间的连接部件，既为了解决让磁控管获得最佳的负载作条件，又为了使应用器能获得有效的馈入效果。从微波技术的角度来考虑，是通过多种波导元件和馈能结构来完成的，同时波导元件还可提供入射功率量和溢出反射功率量的数据。由于干燥室内需要抽真空，该馈能口还要实现气体密封，由于真空下介质的击穿场强极大地降低，馈能口容易拉弧放电。

（4）传感器的配置　配置传感器是为了考察场和物质作用的程度是否符合加工需要，如温度传感器、湿度传感器。设备可根据实时的传感数据和微波功率源的实时工作状态，对功率源的输出和传送速度等实施有效的控制。

#### 10.5.3.2　几种微波真空干燥设备

（1）简易微波真空干燥器　国外大多数学者最初使用如图 10-13 所示的实验设备。该设备使用现有的微波炉，简单易行，但由于玻璃罐与真空泵相连，玻璃罐和干燥物料无法随转盘转动，易导致加热不均匀，热点无法消除，干燥后期尤其严重影响干燥产品的质量，因而仍不能推广到实际应用中。

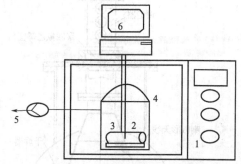

图 10-13　简易微波真空干燥器

1—微波炉；2—样品；3—光纤荧光传感器；
4—玻璃罐；5—真空泵；6—计算机

（2）微波真空/转鼓干燥器　Kaensup 等人报道了一种微波真空/转鼓干燥试验设备，如图 10-14 所示，该设备物料随转鼓转动，加热较为均匀，热点也可避免，但物料与转鼓之间存在相对运动，易机械损坏物料，此外由于水蒸气容易在转鼓上冷凝，冷凝水又会粘到物料上。

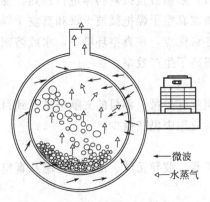

图 10-14　微波真空/转鼓干燥器

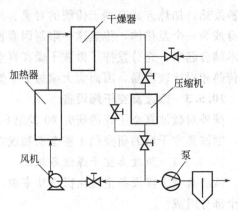

图 10-15　微波-真空-对流干燥器
示意图（Heindl，1993 年）

（3）微波-真空-对流干燥器　如图 10-15 所示为一中等规模的微波-真空-对流干燥器，对于颗粒状物料，其干燥速率比空气干燥和冷冻干燥高。在这种装置中，调湿的干燥介质在干燥室内循环，保持室内压力降低到 100～400mbar 的水平。图 10-16 包含一个标准系统，其中发生器（2450MHz，功率为 1.2kW）、循环器、耦合器、调谐器以及喇叭形天线，用来向干燥室供给微波能。这三种干燥技术的结合使产品质量相当于或超过冷冻干燥的产品质量，并且使能量利用更为优化和经济。微波-真空-对流干燥装置虽然在食品干燥上有很大优势，但直到现在还很少有工业性设备的运行。

（4）旋转架式微波-真空干燥器　如图 10-17 所示为带有旋转架的微波-真空干燥器示意图。这个系统包括水平真空室、旋转架、微波功率供给装置、真空泵、控制板。被干燥的物料放置在玻璃纤维强化的聚四氯乙烯托盘内，为了确保微波能在室内均匀分布，16 个对称隔开的微波输入口通过波导与分离的磁控管（1.5kW，2450MHz）连接。

10.5.3.3　微波真空干燥系统经济效益分析

（1）设备成本投资　资本投资可以认为是设备的投资费用。举个例子来说，一个微波干燥系统能够显著地提高产量，因此就有必要额外添置包装设备、传送带、上料系统等。在这种情况下，总的资本投资就远大于单纯的微波真空干燥

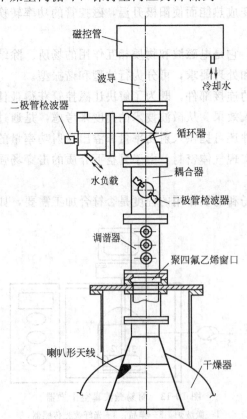

图 10-16　微波-真空-对流干燥器的微波装置

器的费用。

通常，人们仅关注于主要干燥系统的费用，比如发生器、磁控管、应用器、控制系统、传送带等。在这种情况下，就可以得到一些粗略的数字。微波系统的费用在 $10000\sim50000$ 元/kW 之间变动，在较高功率时相对费用会低一些，高的设备费用还和设备的耐用性和自动化程度有关。但是随着国产元器件技术的进步及价格的下降，预计其成本还会继续降低。因此，对一个干燥系统来说，如果假定 1kW 微波能量 1h 能干燥 1.5kg 水的话，就可对某一干燥过程应用微波能的可能性有一个粗略的了解。如果发现需要 100kW 的微波能量干燥水的话，设备投资就不合适。特别需要

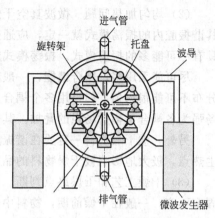

图 10-17 旋转架式微波-真空干燥器示意图

注意的是并不一定所有的水都要用微波来去除，应该和普通能量形式间隔使用。在这种情况下，可能微波只用来去掉物料中最后几个百分点的水分，这样资本投资就会大大降低。

（2）微波管的费用 微波管的价格变动很大，主要取决于输出功率。最便宜的是 750W 的微波炉磁控管，以低于 120 元的价格就可以买到。然而高功率的磁控管就昂贵多了。表 10-9 是微波管更换费用和磁控管的寿命。

表 10-9 微波管的更换费用和磁控管的寿命

| 功率/kW | 类型 | 频率/MHz | 估计寿命/h | 实际费用/元 | 每小时操作费用/元 |
|---|---|---|---|---|---|
| 2.5 | 磁控管 | 2450 | 4000 | 12000 | 1.2 |
| 6.0 | 磁控管 | 2450 | 6000 | 26500 | 0.8 |
| 50 | 磁控管 | 2450 | 25000 | 550000 | 0.5 |
| 30 | 磁控管 | 915 | 8000~10000 | 42500 | 0.2 |
| 50 | 磁控管 | 915 | 6000~8000 | 48000 | 0.2 |

（3）能量消耗 以前有种观念认为使用大功率的微波干燥系统价格太昂贵，但是现在随着石油、天然气的价格不断上升，特别是当微波真空干燥能够获得更高的加热和干燥速率时，相比来说，使用微波就不显得那么昂贵了。因为价格变化很大，比较天然气、石油、电的费用是不实际的。但是可以考虑微波系统的能量转化效率。通常电能到微波能的转化效率是 $45\%\sim50\%$，其中包括从交流电到直流电的损失，从直流电到微波的损失，再经波导传输到干燥室的损失。

### 10.5.4 微波真空干燥中重要技术问题探讨

（1）真空度 压力越低，水的沸点温度越低，物料中水分扩散速率加快。微波真空谐振腔内真空度的大小主要受限于击穿电场强度，因为在真空状态下，气体分子易被电场电离，而且空气、水汽的击穿场强随压力而降低。电磁波频率越低，气体击穿场强越小。

气体击穿现象最容易发生在微波馈能耦合口以及腔体内场强集中的地方。击穿放电的发生不仅会消耗微波能，而且会损坏部件并产生较大的微波反射，缩短磁控管使用寿命。

所以正确选择真空度大小非常重要，真空度并非越高越好，过高的真空度不仅能耗增大，而且击穿放电的可能性增大。一般微波频率 2450MHz 时，选择真空度 $2\sim4$kPa 已足够，2kPa 时水的汽化温度是 20℃，4kPa 时水的汽化温度约为 28℃，如果设备设计和操作合理，完全可以保证干燥前期的干燥温度在 30℃左右。

(2) 均匀加热问题　微波真空干燥器的谐振腔一般为矩形或圆形，其边尺寸一旦固定，其谐振腔内的振荡模式就一定，应通过计算机程序，正确确定谐振腔的边尺寸，使谐振腔中具有尽可能多的振荡模式。振荡模式越多，其腔内能量分布也就越均匀。

尽可能采用多口耦合馈能，一般在微波耦合口附近的场强较大，单个耦合口激发的场强分布不可能很均匀，如果用多个耦合口馈能，并使这些耦合口按一定要求分布，谐振腔中总场强为各耦合口辐射场强的叠加，其合成场强分布的均匀性就大大提高。

另外，被干燥物料一定要在谐振腔中能够运动，如果物料静止不动，在干燥后期必然产生热点，极大地影响被干燥物料的品质。这是微波真空干燥设备设计的关键要点之一。

(3) 干燥工艺和干燥终点判断　由于物料种类和状态千差万别，微波真空干燥工艺并非固定不变。一般在干燥前期，物料中水分含量较高，输入的微波能可高些，可采用连续微波加热，这时大部分微波能被水吸收，水分迅速迁移和蒸发；在等速和减速干燥期间，随着水分的减少，需要的微波能也少，可采用脉冲间隙式微波加热。微波功率密度、脉冲间隙时间大小及干燥时间等参数都要通过试验来合理确定。由于还缺少在线快速检测水分的手段，干燥终点的判断还比较困难，只能通过干燥工艺的研究或通过数学模型进行预测。

(4) 微波真空干燥装置的改进　目前国内外微波真空干燥装置的结构形式还比较单调，技术性能还有许多地方需要完善。要针对产品的性状，在符合微波原理的前提下，开发多种结构形式。针对微波真空干燥后期温度不易控制的问题，可开发组合式干燥器，如微波真空与热风干燥的组合。

# 10.6　微波冷冻干燥技术

冷冻干燥有许多独特的优点，已广泛应用到工农业的各个领域，特别是食品、药品、生物和材料等领域。由于真空状态下物料干层的热导率非常小，干物料可承受温度又比较低，导致常规冻干的干燥速率低、周期长、能耗大、产品成本很高，限制了它的进一步推广。

微波冷冻干燥是为克服上述缺点而发展起来的一项新技术。微波加热是容积加热，可以在小温度梯度下强化物料内部供热，从而可以大大提高干燥速率，缩短干燥时间。微波冷冻干燥过程的干燥时间只有常规辐射加热时间的 $1/7 \sim 1/3$。此外，微波加热还有许多优点，如电能利用率高，加热速率快，占地面积小，清洁卫生、无污染，可精确控制和使用等。微波冷冻干燥具有诱人的发展前景。

## 10.6.1　微波冷冻干燥过程传热传质的理论模型

从 King 和 Sandall 等人最早提出的冰前沿均匀退却（URIF）模型到升华、解吸两阶段模型，吸附-升华模型等，早期理论的传热传质部分均基于上述模型。1997 年王朝晖、施明恒提出了升华-冷凝模型，对微波冷冻干燥过程中的传热传质过程进行了较好描述。他们认为处于真空条件下的冻结含湿多孔物料在受到加热时，从物料表层开始，冰晶逐渐升华成蒸汽而逸出，冰晶升华后形成的孔隙成为后续蒸汽逸出的通道，冰晶全部升华后，形成多孔结构的干区。在冻干过程进行中，饱和含湿多孔介质内部会出现干区、升华区和冻区三部分。对于非饱和含湿多孔介质冻干过程，物料内部也会形成类似上述的干区、升华面和冻区，升华面逐渐向内推进，所不同的是在冻区内，由于未充满冰的孔隙中有蒸汽存在，因此在气体压力及蒸汽浓度梯度作用下，蒸汽会发生运动，从而引起冻区内的冰晶升华或蒸汽冷凝现象。在微波加热时，由于内热源的作用，冻区内冰晶也会升华。升华或冷凝的出现，使冻区内冰饱和度增大或减小。当冰饱和度减小时，冻区的这一部分也可称为升华区；而冰饱和度增大的区域，则可称为冷凝区；饱和度不变处为升华区和冷凝区的分界面。在升华前沿处，传热传质过程最为激烈，有质量流的突变，且与升华冷凝区之间存在质量交换。从升华冷凝区产生的蒸汽将汇入升华前沿的蒸汽流 $J_{vf}$ 中，再经干区传递出多孔体；而升华前沿产生的部分蒸汽也有可能向相反方向运动，

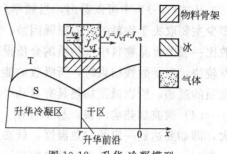

图 10-18　升华-冷凝模型

进入升华冷凝区被冷凝。如图 10-18 所示，图中 $J_{vs}$ 是由升华冷凝区进入干区的蒸汽质量流。

### 10.6.2　微波冷冻干燥的特点

（1）改进了传统冷冻干燥的缺陷，干燥速率快　冷冻干燥时间往往需要十几小时以上，有实验证明，在低含水率（小于 6%）时，干燥 6% 残余水分所需的干燥时间，与含水率 94% 降为 6% 所需的干燥时间几乎相等。这是由于冷冻干燥所需的升华能量是由物料表面热传导的方式得到的，随着物料干燥层的增厚扩大，这种多孔海绵状结构干燥层的热阻增加。

图 10-19 模拟了冷冻干燥和微波冷冻干燥物料内温度分布状况。

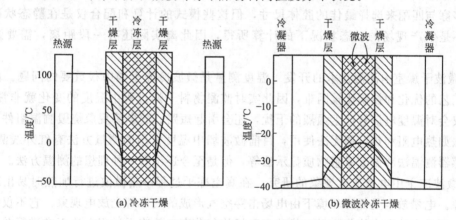

图 10-19　冷冻干燥和微波冷冻干燥物料内温度分布状况

常规冷冻干燥冻品内层温度比其表面低，表明热量的传递方向与水汽迁移方向相反，存在着第二种热量传递阻力，妨碍热源向冻品内层的传热。因此，在物料低含水率干燥区段，冷冻干燥时间较长。

微波加热不需要热介质，能使冻品在干燥时继续处于冷冻低温状态，特别是冻品表层部位。微波冷冻干燥的冻品表面温度低于里层，其热量传递方向与质量（水汽）迁移方向相同，形成其他方法所没有的迁移动力，以及干燥层首先在物料里层形成，故消除了冷冻干燥的热阻现象。因此，微波冷冻干燥时间可比常规冷冻干燥的时间缩短一半以上。

（2）自动平衡微波能量的分配　微波在介质中传播时，单位体积中的功率损耗可表示为：

$$P = \alpha\gamma\delta E^2 \tag{10-3}$$

式中　$\alpha$——比例常数；

$\gamma$——微波频率；

$\delta$——介质损耗因数；

$E$——电场强度有效值；

$P$——功率。

从式(10-3) 中可以看出，当频率和电场强度一定时，在干燥过程中物料吸收微波能的多少主要取决于物料的介质损耗因数。不同物料的介质损耗因数是不同的，水的介质损耗因数比一般的食品物料中干物质的介质损耗因数大 10 倍左右。所以在干燥初始阶段，水分蒸发较快，当干燥快结束时，所吸收的能量也随着下降，不会集中在已干部分，可以避免已干物质的过热。所以微波加热具有自动平衡能量分配的作用。

(3) 微波加热响应快，易于控制　电加热、蒸汽或热风加热等常规加热方法的惯性较大，即如要达到一定的加热温度，就必须要有较长的预热时间。相反如果不需要热量，停止加热时，由于热源设备本身的热容量，热源温度也不会立即降下来。采取微波加热可以实现即开即可加热，即关即可停止加热，控制调节非常方便。

### 10.6.3　微波冷冻干燥技术存在的问题

微波冷冻干燥在技术上具有明显的优势，但仍不够成熟，特别是在中国还处于刚刚起步阶段，应用上还存在一些问题，主要包括以下几方面。

① 微波升温的不均匀性　造成微波升温的不均匀性有两个原因：a. 由微波升温的选择性造成；b. 电场的尖角集中性。由于干燥物料的含水状况复杂，各部分成分状态也不同，要完全消除加热不均匀性是不可能的。目前已经提出一些解决措施，如通过设计计算谐振腔的模式多寡与匹配来选择最佳的腔体尺寸，但这些模式的计算和配合仅是在静态状况下所得，还不是生产现场的动态状况下的计算所得，因此离实际还有一段距离，需要进一步探讨。

② 微波干燥室内测温技术的开发　温度测量是微波冷冻干燥中很重要的问题。由于微波冻干工艺的优化和控制比较困难，因此实时监测物料干燥过程中温度的变化就非常重要。微波不仅会对温度电信号产生强烈的干扰，还会引起短路、放电等现象烧毁测温组件，因此常规方法如热电阻和热电偶无法使用，目前微波场中温度常用的测量方法有红外线测温法、光纤传感器测温法和温度敏感物质显示法等，但是至今还没有一种理想的测温方法。

③ 微波冻干中电晕放电现象的研究　在真空冻干过程中用微波进行加热时易出现电晕放电现象。电晕放电是低压环境下由电场击穿空气形成的气体辉光放电现象，它不仅损耗微波能量，而且在放电点灼伤物料，扰乱电磁场均匀分布，使冻干过程无法正常进行并引起一系列问题。因此，有必要研究电晕放电的发生机理、防止电晕放电的措施以及如何控制干燥室内的压强、微波电场强度等。

④ 成本高、运转费用大　成本高、运转费用大仍是微波冷冻干燥技术的最大缺点，如何减少能耗、降低成本将是 21 世纪微波冷冻干燥技术研究的关键课题。

## 10.7　微波干燥陶瓷产品产生变形、开裂原因

陶瓷的传统干燥方法是相对于最近出现的微波干燥方法而言的。它一般是采用热空气或热烟气作为介质，把热量传给待干燥的坯体，使其内部的水分受热而蒸发，同时把蒸发出来的水蒸气带走。这种热量由外向坯体内部传递而水蒸气从内向外的逆向传递为其基本特征，这个基本特征决定了被干燥的坯体内部温度不易均匀，易产生不一致的收缩而导致产品的变形或开裂。

在新兴的微波干燥技术中所用的微波是一种波长极短、频率非常高的电磁波，波长在 1mm～1m 之间，其频率在 300MHz～300GHz 之间。微波作用于材料是通过空间高频电场

在空间不断变换方向，使物料中的极性分子随着电场作高频振动，由于分子间的摩擦挤压作用，使物料迅速发热。可见，此种加热干燥方式与传统的干燥方法是完全不同的两种干燥方式。

因为陶瓷坯体中不同组分的物料分子的极性是不一样的，导致了对微波吸收程度不一样。前面已介绍水是分子极性非常强的物质，其吸收微波的能力远高于陶瓷坯体中的其他成分，所以水分子首先得到加热。物料含水量越高，其吸收微波的能力越强，含水量降低，对微波的吸收也相应减少。当干燥器内陶瓷坯体的含水量有差异时，含水量较高的部分会吸收较多的微波，温度高、蒸发快，因此在所干燥的物体内将起到能量自动平衡作用，使物体干燥平衡。另外，微波加热时，由于外部水分的蒸发，外部温度会略低于内部温度，热量由内向外传递，水分的转移同样由内向外，传质与传热是同向的，极大地提高了干燥速率；而传统干燥过程中，陶瓷坯体的温度梯度是外高内低，热量由外向内传递，水分自内向外转移，传质与传热逆向，干燥速率大大降低。微波还可以降低水分子（尤其是结合水）与物料分子间的亲和力，使水分子容易脱离物料分子而向外逸散。由于这些特点，使微波非常适合于陶瓷坯体干燥。

然而，在微波干燥的实际应用当中也会发生产品变形、开裂等缺陷。为了更好地运用微波干燥技术，下面对产生缺陷的原因进行分析。

### 10.7.1 微波干燥产品变形、开裂原因的理论分析

理论上可以从以下四个方面进行分析。

(1) 微波干燥陶瓷坯体中陶瓷材料吸收微波能量（W/m³）

$$P = kfE^2 \varepsilon_r \tan\delta \tag{10-4}$$

式中　$k$——常数；

　　　$f$——微波辐射频率，Hz；

　　　$E$——电场强度，V/m；

　　$\tan\delta$——介电损耗角正切；

　　　$\varepsilon_r$——材料的介电常数，N/m。

材料吸收微波能的能力取决于材料的介电常数、介电损耗及微波电磁场中频率的大小、电场的强弱；微波辐射频率（$f$）、电场强度（$E$）代表微波方面的作用特性；当它们不变时介电损耗角正切（$\tan\delta$）、材料的介电常数（$\varepsilon_r$）就决定了材料所吸收的能量。

从式（10-4）中可以看出，当微波设备所产生的电场强度不均匀和材料内部的介电常数、介电损耗不均匀时，都会产生吸收热量的不同而导致温差，当温差超过陶瓷坯体所能够承受的程度时，产生的热应力导致了陶瓷坯体的破坏。尤其是当部分材料的介电常数随温度忽然增大，吸收微波能忽然增大，产生"热过冲"现象，此时控制不好往往陶瓷坯体就被破坏。

(2) 微波能内外均衡加热　微波具有穿透性的特征，微波可以直接穿透进入陶瓷坯体内部，对内外均衡加热，从而大大缩短了加热时间。然而它存在一个穿透深度的问题，微波穿透深度计算公式为：

$$D = \frac{9.56 \times 10^7}{f\sqrt{\varepsilon_r} \times \tan\delta} \tag{10-5}$$

式中　$f$——微波频率；

　　　$\varepsilon_r$——相对介电常数；

　　$\tan\delta$——介电损耗角正切。

式(10-5) 指出，功率渗透深度随着频率的降低而增大。通常，当频率低于100MHz时，渗透深度约为米量级。因此，除非损耗因数过高，否则功率会渗透至很深。当频率接近微波加热范围时，渗透深度相应地减少，经常相对于被处理材料的尺寸量级，尤其当材料很湿时，它比 $D$ 大许多倍，并且在温度分布方面会产生不能接受的不均匀性。

（3）最大不均匀度　物体在 $t$ 秒内所能够承受的最大不均匀度即温差 $\Delta T$ 有如下公式：

$$\frac{\Delta T}{t} = \frac{0.556 \times 10^{-10} \varepsilon'' f E^2}{\rho C_p} \tag{10-6}$$

式中　$\varepsilon''$——包括电导效应在内的有效损耗因数；

$\rho$——材料的密度，$kg/m^3$；

$C_p$——材料的比热容，$J/(kg \cdot ℃)$。

当材料的密度与比热容的乘积($\rho C_p$) 越大，材料所能够承受的温差就越小，较小的不均匀度就可能引起材料的破坏。

（4）体积热源　从热和质量的转移现象来看，微波加热的能量是通过湿物料的体积而被吸收的，因此会在材料中产生一体积的热源。高频电磁能的体积吸收在适当的条件下不会导致湿物料的温度达到液体的沸点。在物体微隙内的水分蒸发而产生的蒸汽会引起内部气体压力的增加，驱使水分从物体内部向外部扩散。

当蒸发发生在材料表面上时，由于蒸发冷却使得表面温度较低，这种内外温度差别形成了温度梯度，这种梯度帮助水分向外表迁移。但是，过大的能量耗散对于干燥高密度、无空隙及易碎介质时是不利的，因为黏滞阻力阻止了水分向表面迁移，在极端情况下，内部沸腾可以产生很高的内部压力足以使材料破裂。

从以上四点的理论分析可以看出，微波干燥并不能完全解决传统干燥出现的变形、开裂等问题，仍旧需要人们从各种角度考虑，提出相应的办法以解决干燥产品的变形与开裂问题。

### 10.7.2　微波干燥所产生缺陷的解决办法

根据以上理论分析可以看出，影响微波干燥的因素很多。从材料内部来看有混料不均匀导致极性分子分布不均匀、含水率太高、材料密度太大、比热容太大、混入了金属颗粒杂质以及材料的介质特性的复杂性使其不易掌握等原因。从外部来分析有微波频率选择不当、微波干燥器产生的电磁场的不均匀性、微波功率控制不当、外界气流速度过快等原因。对于如何解决产品变形、开裂问题可以从以上原因着手分析，提出如下解决方法。

（1）原料颗粒问题。对于陶瓷原料要尽量粉碎，混合均匀，尤其是对于介电性能相差较大的原料，不能使它们有较大的颗粒。

（2）与传统干燥相结合。对于含水率过高的陶瓷材料可以考虑先采用传统干燥方法，当材料降至一个临界湿度时再用微波干燥，此临界湿度标志着自由水与束缚水的边界，尽管不很明显，但可以给人们确定干燥工艺以参考。另外，从生产成本来看，先采用低成本系统的传统干燥方法进行干燥，既可以有效地去除水分，又可以降低成本。

（3）避免混入金属杂质。

（4）选用合适的微波频率。微波干燥器的频率选择要考虑以下几个因素。

① 加工物料的体积及厚度。由于微波穿透物料的深度与加工所用的频率直接相关，如果体积较大，厚度一般也较大，这些因素将导致微波不能透入物料内部进行加热，导致内外温差过大而破坏材料。此时应选择较低频率的微波。

② 物料的含水率及损耗因数。一般来说，如果加工物料的含水率较大其损耗因数就较大，当物料的损耗因数大于 5 时，就很有可能会出现渗透密度问题，这时由于材料对微波辐射的强烈吸收，入射能量的大部分被吸收在数毫米厚的表层里，而其内部则影响甚小，这就造成了不希望出现的不均匀的加热后果。此时选择频率较低的微波可以减缓影响。

③ 投资成本。频率、功率越高，微波设备就越昂贵。然而提高微波频率对改善微波加热的均匀性有一定作用。工厂、企业应该辩证地分析微波频率问题，根据自己的实际情况来选择。

(5) 正确进行微波设备的选型。微波干燥腔体装置有以下三种形式：行波加热器、多模炉式加热器、单模谐振腔式加热器。行波加热器应用很少，而多模炉式加热器应用最广泛，用于陶瓷研究的微波加热器大都采用这种方式。多模炉式加热器是借助于某些方法从振荡源将功率耦合进来的一个密封的金属箱，箱体尺寸至少在两个方向上应具有几个波长的长度，这样的箱体将在给定的频段上维持谐振模式。多模谐振腔的特点是结构简单，适用各种加热负载，但由于腔内存在着多种谐振模式，加热均匀性差，而且很难精确分析，完全靠实验设计。单模谐振腔式加热器具有易于控制和调整，场分布简单、稳定，在相同的功率下比另外两种加热器具有更高的电场强度等优点，所以适宜于加热低介电损耗的材料。但其加热区太小，比较适用于实验室小型试件样品的微波干燥或微波源功率不大的情况。

(6) 改善微波电磁场的不均匀性。对于如何解决多模炉式加热器存在的最重要的问题即微波场的不均匀性，目前人们大多采用两种方法：一种是在干燥过程中不断移动试样，使试样各部分所受到的平均电场强度均等；另一种是采用模式搅拌器，周期性地改变腔体工作模式，改善均匀性，但这种作用也较为有限。最近，又有人提出另外的一种方法即提高工作频率，如美国的 Oka Ridge 实验室采用 28GHz 微波源，并扩大腔体，使腔体尺寸与微波波长之比大于 100，形成非谐振腔（实际上是谐振模式个数趋于无限多）来实现整个腔内场分布的均匀性。这种方法的缺点是设备造价高昂，运行费用大。

(7) 适当延长干燥时间，降低干燥速率。因为过快的加热速率会在材料内部形成很大的温度梯度，因热应力过大而引起材料开裂。然而这将会导致生产效率的降低和能耗的增高，因此选择合理的干燥时间和加热速率是取得满意干燥效果的必要条件。

(8) 严格控制微波功率。由于微波加热具有响应快的特性，微波加热的时滞极短，加热与升温几乎是同时的，功率的增大立即就会导致材料的升温速率增大，所以要严格控制微波功率，尤其是要防止微波功率的突然增大。这一点对于损耗因数会在最高干燥温度以下突变的材料显得更重要。损耗因数的忽然增高将导致吸收热量忽然增大，极易产生"热过冲"现象。

(9) 适当控制外界气流的速度。当气流速度过快时，物料表面的水蒸气被迅速带走，表面收缩过快产品易变形或开裂。

### 10.7.3 仿天然纹理石瓷砖的微波干燥

许多陶瓷厂生产的抛光砖大同小异，陶瓷墙地砖，无论是瓷质砖、炻瓷砖，还是细炻砖生产都是通过喷雾造粒，制备粉料，经干压成型制成陶瓷墙地砖坯料，再经干燥、烧结制得陶瓷墙地砖。现在市场上瓷质渗花砖系列很多，但每种印花模板只能生产一种花色的砖，线条不清晰。微粉砖虽然立体感较强，但是没有明显的自然线条效果。"淋浆砖"色彩鲜艳，具有清晰、自然流畅的线条纹理，目前深受消费者的喜爱。"淋浆砖"系列产品是不需要制备粉料、不需要干压成型，即可制备出仿天然表面纹理，并同时具有低吸水率和高硬度的抛光瓷质砖，淋浆砖的创新构思体现了瓷质砖生产的突破点。该系列产品应用广泛，前景广阔，可以作地板砖、贴墙砖，亦可作桌面装饰。

国内一些企业和科研单位曾尝试过"淋浆砖"的研究，但都没有成功。利用传统的陶瓷生产工艺和技术装备不能满足仿天然纹理的"淋浆砖"要求，其中存在的根本问题在于采用普通干燥，"淋浆砖"表面特别容易变形和开裂，产生的毛孔较多，吸水率大。国内目前还没有关于表面淋浆微波干燥成型的相关报道。该实验室利用多种颜色陶瓷浆料，在混合或半混合状态下，喷淋或淋釉于干燥的砖坯表面，由于原砖坯已经过干燥，砖坯内含水分少，而淋釉砖含水分达70％以上，如果淋釉后水分干燥慢便会渗入砖坯内，很难干燥，而且渗入的深度不一，干燥的难度也不一，更容易引起坯裂或卷釉、裂釉等。该实验室创新性地利用微波干燥技术进行微波快速干燥，经烧成、抛光后，制备出了一种色彩鲜艳、纹理清晰、自然流畅、效果类似于天然石材的陶瓷墙地砖。陶瓷浆料喷淋于砖坯表面，浆料在坯体表面自行流动，一般浆料厚度为几毫米。正如前面所述，传统干燥时干燥层温差大，整体温度分布极不均匀，而且传递热量受阻于质量的迁移，干燥时间较长，受浆料组成、温度、湿度等因素的影响很大。而微波干燥，物料是整体加热温升，与常规加热相比，物料整体温度分布较均匀，干燥速率快，这就在一定程度上避免了干燥层出现变形、开裂。图10-20、图10-21分别为目前陶瓷行业引进的高湿陶瓷坯体微波干燥器和陶瓷厚板微波干燥器。

图 10-20　高湿陶瓷坯体微波干燥器

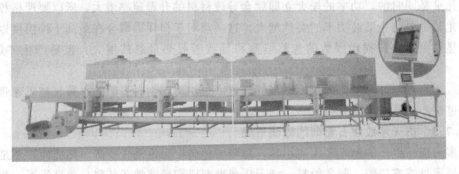

图 10-21　陶瓷厚板微波干燥器

## 参 考 文 献

[1] 王绍林. 微波加热技术的应用——干燥和杀菌 [M]. 北京：机械工业出版社，2003.

[2] 牟群英，李贤军. 微波加热技术的应用与研究进展 [J]. 物理学和高新技术，2004，33 (6)：438-442.

[3] 应四新. 微波加热和微波干燥 [M]. 北京：国防工业出版社，1976：29.

[4] 钱鸿森等编. 微波加热技术及应用 [M]，哈尔滨：黑龙江科学技术出版社，1985.

[5] 金国淼等编. 干燥设备 [M]. 北京：化学工业出版社，2002：375-378.

[6] 刘相东. 常用工业干燥设备及应用 [M]. 北京：化学工业出版社，2005：126-129.

[7] 上海科学技术情报研究所译编. 国外微波干燥技术进展 [M]. 上海：上海科学技术情报研究所，1975.

[8] 祝圣远，王国恒. 微波干燥原理及应用 [J]. 工业炉，2003，25（3）：42-45.

[9] 潘永康. 现代干燥技术 [M]. 北京：化学工业出版社，1998.

[10] 库德 T，牟久大 A S 著. 先进干燥技术 [M]. 李占勇译. 北京：化学工业出版社，2005.

[11] 段碧林，曾令可. 微波辅助加热技术的应用现状 [J]. 陶瓷，2005，（12）：11-15.

[12] 段碧林，曾令可. 微波辅助加热技术在无机材料中的应用 [J]. 陶瓷学报，2006，27（1）：120-125.

[13] 张国琛，毛志怀. 微波真空与热风组合干燥扇贝柱的研究 [J]. 农业工程学报，2005，21（6）：144-147.

[14] Maskan M. Drying, shrinkage and rehydration characteristics of kiwifruits during hot air and microwave drying [J]. J Food Engineering，2001，（48）：177-182.

[15] Maskan M. Kinetics of color change of kiwifruits during hot air and microwave drying [J]. Journal of Food Engineering，2001，48：169-175.

[16] Maskan M. Microwave/air and microwave finish drying of banana [J]. Journal of Food Engineering，2000，（44）：71-78.

[17] Silva F A，Marsaioli A，Maximo G J，et al. Microwave assisted drying of macadamia nuts [J]. Journal of Food Engineering，2006，（77）：550-558.

[18] 张晓辛，肖宏儒. 利用微波-气流组合干燥技术干燥菊花的试验研究 [J]. 农业工程学报，2000，16（4）：129-131.

[19] 邓荣香，刘学文. 青稞麦片生产新工艺开发研究 [J]. 食品工业科技，2004，25（10）：102-105.

[20] 施明恒，余莉，刘雅琴. 中药丸微波对流干燥的实验研究 [J]. 南京林业大学学报，1997，（21）：147-15.

[21] 卢英林. 微波-对流干燥技术在聚丙烯酰胺生产中的应用 [J]. 沈阳化工，1998，27（2）：43-44.

[22] 刘雅琴，范红途. 胶体类多孔介质微波对流干燥的研究 [J]. 山东轻工业学院学报，1996，10（1）：57-60.

[23] 曾令可，罗民华，黄浪欢. 微波干燥陶瓷产品产生变形、开裂原因和解决办法及其与传统干燥的比较 [J]. 陶瓷学报，2001，22（4）：224-228.

[24] 税安泽，王书媚，刘平安等. 微波辅助干燥技术应用进展 [J]. 陶瓷，2007，（3）：5-8.

[25] 张柏清，黄志诚. 微波干燥技术及其在陶瓷坯体干燥中的应用研究 [J]. 中国陶瓷，2004，40（3）：17-21.

[26] 崔正伟，许时婴. 微波真空干燥技术的进展 [J]. 粮油加工与食品机械，2002，（7）：28-30.

[27] Kiranoudis C T，Tsami E，Maroulis Z B. Microwave vacuum drying kinetics of some fruits [J]. Drying Technology，1997，15（10）：2421-2440.

[28] Kaensup W，Chutima S，Wongwises S. Experimental study on drying of chilli in a combined microwave-vacuum-rotary drum dryer [J]. Drying Technology，2002，20（10）：2067-2079.

[29] 张国琛，徐振方. 微波真空干燥在食品工业中的应用与展望 [J]. 大连水产学院学报，2004，19（4）：292-296.

[30] 施明恒，王朝晖. 多孔介质微波冷冻干燥的升华-冷凝理论 [J]. 东南大学学报，1995，25（4）：92-99.

[31] 李素云，贺艺. 微波真空冷冻干燥的典型问题研究 [J]. 河南科技大学学报，2004，24（3）：68-71.

[32] 张兆键，钟若青编译. 微波加热技术基础 [M]. 北京：电子工业出版社，1988，10：33.

[33] 曾令可等. 油烧辊道窑预干燥带干燥过程微观数学模型 [J]. 陶瓷学报，1998，（2）：61-64.

[34] 曾令可等. 辊道窑预干燥带干燥过程的宏观数学模型 [J]. 陶瓷，1998，（5）：31-34.

[35] 曾令可，王慧等. 微波碳热还原合成碳氮化物的研究 [J]. 材料导报，2007，21（11A）：71-73.

[36] 王书媚，税安泽，曾令可等. 表面活性剂对纳米氧化锌粉体分散性的影响 [C]. 中国（传统）陶瓷科技发展大会暨中国硅酸盐学会陶瓷分会 2007 学术年会论文集. 2007：108-111.

# 第 11 章　纳微米粉体干燥技术

纳米粉体一般是指粒径尺寸在 $1\sim100nm$ 之间介于宏观物质与微观原子、分子的中间区的超细微粒。由于其本身具有表面效应、体积效应、量子尺寸效应和宏观隧道效应等，使其在光、电、磁、力学及催化等方面表现出不同于常规材料的优异性能，被认为是 21 世纪的新材料，在化工、电子、冶金、宇航、生物和医学等领域展现出广阔的应用前景。

制备纳米粉体的方法有许多，其中液相合成法是目前合成纳米粉体常用的方法，该方法中反应物以分子或离子状态存在于液体中，它们之间互相接触紧密、混合均匀，不需要高温就能进行反应，而且能够通过调节工艺条件来控制产物的粒度和形态。目前液相合成法是一种非常实用的粉料合成法。但该法在制备纳米粉体的整个工艺过程中，从化学反应成核、晶粒生长到前驱体的洗涤、干燥以及粉体的焙烧，每一个阶段均可能使粉体产生团聚。液相合成法制备纳米粉体的过程中产生团聚主要是因为在固-液分离过程中，随着最后一部分液相的排除，在表面张力的作用下固相颗粒不断靠近，并最后紧紧地聚集在一起。如果液相为水，最终残留在颗粒间的微量水通过氢键将颗粒和颗粒紧密地黏结在一起；如果液相中含有微量盐类物质（如氯化物），则会形成"盐桥"，更是把颗粒相互黏结牢固，这样的团聚过程是不可逆的。而在粉料的煅烧过程中，残余水在表面张力的作用下，导致粉末形成新的团聚，以及使已经形成的团聚体因发生局部烧结而结合得更牢固，产生硬团聚，大大恶化粉末的成型、烧结性能。因此，如何去除邻近胶体分子间的水分子成为减少粉末团聚、制备纳米粉末的关键。

## 11.1　纳米粉体干燥技术的理论研究

关于纳米粉体干燥技术理论的研究，目前主要集中在探讨凝胶干燥理论、纳米颗粒团聚机理等方面。下面就凝胶干燥理论进行讨论。

### 11.1.1　凝胶干燥的物理过程

一般认为，凝胶在常规干燥情况下要经历三个阶段，即恒速干燥阶段、第一降速干燥阶段和第二降速干燥阶段。

（1）恒速干燥阶段　此阶段为干燥的初始阶段，在这个阶段干燥速率与时间及样品厚度无关，凝胶体积收缩速率等于液体蒸发速率，液体的凹液面在凝胶体的表面。在收缩发生的最初阶段，凝胶的骨架较软，体系中的毛细管力也小，随着收缩过程的进行，凝胶的骨架变"硬"，对收缩应力的抵抗能力也增强，毛细管压力也随之增加。在恒温干燥阶段，凝胶孔隙内液体流向表面的速率几乎等于液体的蒸发速率。孔内液体向外传递主要通过流动方式实现，扩散起的作用很小。

（2）第一降速干燥阶段　随着液体溶剂的蒸发，凝胶体不断收缩，凝胶的固态网络结构强度也在不断增加，直到可承受足够大的压缩应力时，其体积收缩量不再能维持液体的凹液面在凝胶体的表面，便进入干燥的第二阶段，即第一降速干燥阶段。在临界点（即恒速干燥阶段的终点，第一降速干燥阶段的起点）处，弯液面的曲率半径等于凝胶孔洞半径。如果接触角为 0°，这时毛细管力达到最大值，从而使凝胶的体积收缩量小于其体内液体溶剂的挥发量，凹液面进入到凝胶体的内部。在临界点之后，蒸发速率开始降低，液体的蒸发虽然已经进入到凝胶体相内，但液体的蒸发绝大部分仍在凝胶的表面进行。不饱和的内壁被一薄层连续的液体层所覆盖，这一薄层液体可为孔内液体的传递提供一个连续的通道，因此，在第一降速干燥阶段，凝胶孔内液体的传递主要仍是以流动方式为主，同时伴随着蒸汽的扩散传递。在第一降速干燥阶段，由于凝胶孔洞大小不一，因此不同孔洞内凹液面造成的表面张力大小也不一。当相邻孔洞所受的张力之差大于固态网络骨架的承受力时，便发生开裂。所以凝胶的开裂总是出现在这一干燥阶段，并且与凝胶厚度关系不大。

（3）第二降速干燥阶段　在第一降速干燥阶段，凝胶孔的非饱和区被一薄层液体所覆盖，所以，凝胶的外表面并不会马上变干，只要液体量与蒸发速率具有可比性，这一状态就可以一直维持下去。但随着蒸发过程的进行，外表面到干燥前沿的距离越来越远，压力梯度也越来越小，从而使液体的流动速度减慢。液体在外表面的分布慢慢呈现不连续状态，只有少量残存在孔洞内壁及一些基干微孔中，这时凝胶的干燥进入第三阶段（即第二降速干燥阶段）。在这一阶段，蒸发完全在凝胶体相内进行，蒸发速率对外部条件不敏感，凝胶孔内靠近外表面的液体呈不连续状态，液体的传递以流动和扩散两种方式进行，以扩散为主。干燥进行到第二降速干燥阶段，作用在凝胶上的总应力大大缓和，因此，凝胶会稍稍扩张。由于骨架在未干燥侧受到的压缩应力比干燥侧要大，产生的应力差可能使凝胶发生弯曲变形。在这一阶段，凝胶的体积不再变化，但质量仍继续减小。随着这部分液体溶剂的挥发，孔洞将进一步发生不同程度的坍塌，其中的坍塌消失使原来的网络结构缩成一个个体积较大的纳米颗粒。

## 11.1.2　凝胶结构坍塌破坏机理

### 11.1.2.1　毛细管力理论

凝胶孔隙中溶剂液体的蒸发使固相暴露出来，固-液界面将被能量更高的固-气界面所取代。为阻止系统能量的增加，孔内液体将向外流动以覆盖固-气界面。由于蒸发已使液体体积减小气-液界面必须弯曲才能使液体覆盖固-气界面，由此产生毛细管力 $P$ 为：

$$P = \frac{-2\sigma}{r} \tag{11-1}$$

式中，$\sigma$ 为气-液界面能（或表面张力）；$r$ 为曲率半径，当为凸液面（曲率中心在液相内）时 $r > 0$，若为凹液面（曲率中心在气相内）时 $r < 0$。显然当曲率半径 $r$ 最小时，毛细管力最大。对于理想的柱状孔，凹液面曲率半径为：

$$r = \frac{-r_p}{\cos\theta} \tag{11-2}$$

式中　$r_p$——孔半径；

$\theta$——接触角。

由式(11-1)和式(11-2)可得：

$$P = \frac{2\sigma\cos\theta}{r_p} \tag{11-3}$$

由式(11-3)可见，要防止干燥过程中凝胶骨架及微孔结构的坍塌破坏（或纳米粉体颗粒的团聚），就必须设法降低其毛细管力，即降低表面张力，改变润湿角使其接近于 90°，适当增大孔洞直径且使其分布更均匀。

#### 11.1.2.2 引起凝胶结构破坏的理论模型

关于干燥过程中的凝胶结构破坏的原因众说纷纭，也建立了许多理论模型，其中最有代表性的是宏观模型和微观模型。

（1）宏观模型 这个模型的理论认为，干燥应力是引起凝胶开裂的主要原因。根据这一理论，Scherer 推算出在中等干燥速率一块厚度为 $2L$ 的凝胶块，其表面产生的总应力：

$$\sigma_x = C_N \left( \frac{L \eta_L V_E^o}{3D} \right) \tag{11-4}$$

式中　$C_N$——系数，$C_N = (1-2N)/(1-N)$；

　　　$N$——骨架的横向变形系数；

　　　$V_E^o$——蒸发速率；

　　　$D$——渗透率；

　　　$\eta_L$——液体的黏度。

如图 11-1 所示，这里 $\sigma_x$ 是指作用在骨架和液体上的应力之和，所以 $\sigma_x$ 有可能为正值。

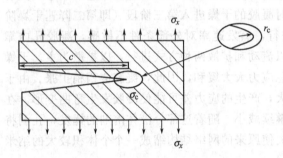

图 11-1　宏观模型示意图

而作用在骨架上的应力 $\sigma_x$ 则一定为负值，因为骨架总是处于被压缩状态，很多人认为 $\sigma_x$ 是造成凝胶开裂的原因。宏观模型理论则认为作用在裂纹尖端的总应力 $\sigma_c$ 才是导致凝胶开裂的根本原因。在图 11-1 所示中，假设凝胶中有一条长度为 $c$ 的裂纹，当 $\sigma_x > 0$ 且足够大时，干燥使裂纹尖端产生的应力 $\sigma_c = 2A\sigma_x \sqrt{c/r_c}$，其中，$A$ 为常数（$\approx 1$）；$c$ 为裂纹长度；$r_c$ 为裂纹尖端

的半径。$\sigma_c$ 的产生使裂纹扩张，最终导致凝胶的开裂。研究表明，当 $\sigma_x > [(2/\sqrt{\pi}) K_{Ic} - \sigma_x \sqrt{r_c}]/(2A\sqrt{c} - \sqrt{r_c})$ 时裂纹会发生扩张，其中，$K_{Ic}$ 为临界应力强度。由于 $r_c$ 非常小，上式可简化为 $A\sigma_x \sqrt{\pi c} > K_{Ic}$。人们一般常将此式作为凝胶是否开裂的判据。由此，人们知道降低干燥速率、增大孔径有利于减少开裂。

总之，这一理论认为干燥过程中产生的应力是宏观的，作用在整个凝胶体上，而不是作用在被干燥体的某个局部区域。其实验依据是干燥后的凝胶块或保持完整状态或发生弯曲变形或开裂成几块，但绝不会变成粉末。这一理论还给出了凝胶开裂与蒸发速率、凝胶块厚度及渗透率之间的定量关系，并且能很好地解释许多干燥现象。但它也存在一定的局限性，例如，这一模型不能解释为什么许多凝胶会在临界点处发生开裂，因为按照这一模型，在临界点处并不存在一个增加的突变使凝胶开裂。

（2）微观模型 微观模型认为，凝胶的开裂是由于孔径的不均匀造成的。根据这一模型，当干燥到临界点后，液体总是先从较大的孔中向外蒸发，因此，大孔中的应力受到缓和，而小孔中的应力仍然存在，从而使小孔大幅度收缩，引起开裂。

这一模型认为干燥过程产生的应力是微观的，是由凝胶微观结构的局部不均匀性引起的并且产生的应力作用于该区域，在该区域造成开裂。因此，孔径分布越宽的凝胶，干燥过程中越容易发生开裂。这一模型能够很好地解释为什么凝胶往往在临界点处发生开裂。但这一模型同样存在很大的不足，比如，它不能解释为什么降低干燥速率和凝胶的尺寸可以减少

开裂。

### 11.1.3 减少凝胶开裂的措施

在保证凝胶完整性的基础上提高干燥速率是溶胶-凝胶工艺实现工业化的前提要求，各国科技工作者在这方面做了大量的实验和理论研究。归纳起来看，这些研究主要是围绕增强骨架强度和减小毛细张力两个方面进行的。

#### 11.1.3.1 增强骨架强度

目前采取的措施主要有以下三种。

(1) 调变水解条件　研究发现通过水热处理和化学处理来改变凝胶的水解条件能加速凝胶合成过程中的缩聚反应，制得高交联度和高聚合度的缩聚物，从而使凝胶网络的强度增加。

(2) 对凝胶进行陈化　陈化是凝胶粒子溶解和再沉淀的过程，这个过程能使凝胶骨架之间的连通性增加，同时使凝胶变硬，强度增大。

(3) 添加控制干燥的化学添加剂（DCCA）　常用的 DCCA 有甲酰胺、二甲基甲酰胺、丙三醇、草酸等几种。DCCA 的添加，一方面，能够抑制醇盐的水解而提高缩聚速率，从而生成强度更高的凝胶网络；另一方面，还能使凝胶孔径分布均匀，从而大大减小干燥的不均匀应力，缩短干燥时间。但 DCCA 的添加也会给凝胶带来一些不利影响，首先这些有机物不易除去，会在烧结过程中产生泡沫；其次这些有机物在高温下容易炭化，使制品带黑色。

#### 11.1.3.2 减小毛细张力

目前采取的措施主要有以下五种。

(1) 增加凝胶的孔径　根据 Laplace 方程毛细张力 $p = -2\gamma_{LV}/r$，其中，$\gamma_{LV}$ 为表面张力。显然增加凝胶的孔径可以减小毛细张力，同时孔径的增加还可以使渗透率 $D$ 增加，从而由式(11-4)可知减小干燥应力 $\sigma_x$。

(2) 添加表面活性剂　对于孔内含液是醇、水混合物的凝胶，由于醇比水易挥发，干燥过程中醇（$\gamma_{LV} \approx 0.025J/m^2$）先挥发，在孔内留下大量的水（$\gamma_{LV} \approx 0.072J/m^2$）。水的表面张力很高，使凝胶在干燥过程中易发生开裂，如果干燥前在体系中加入低挥发度、低表面张力的表面活性剂，如二甲基甲酰胺（DMF），先挥发出去的就会是水、醇等高挥发度物质，剩下的是表面张力低的低挥发度物质，从而开裂的可能性也就减小了。

(3) 采用超临界干燥法　超临界干燥法就是将凝胶中的液体加热加压至超过临界温度和临界压力，使系统中的液-气界面消失，从而消除毛细张力的干燥方法。鉴于水和醇的临界温度和临界压力都很高（水 $T_c = 374℃$，$p_c = 22MPa$；甲醇 $T_c = 240℃$，$p_c = 7.93MPa$；乙醇 $T_c = 243℃$，$p_c = 6.36MPa$），通常先用液态 $CO_2$（$T_c = 31.1℃$，$p_c = 7.36MPa$）取代醇和水，再实施超临界干燥。用超临界干燥法制备的干凝胶孔隙率高，孔结构与湿凝胶基本相同，并且干燥时间大大缩短，这对制备大块凝胶是极为有利的。

(4) 采用冷冻干燥法　冷冻干燥法主要用于制备冻凝胶（cryogel），操作时将凝胶冷冻至液体正常熔点温度之下，依靠结晶作用达到干燥的目的。由于消除了气相，理论上这种方法也可以避免液-气界面的张力，从而减少开裂。研究表明，这种方法中的液体流动与蒸发干燥过程中的液体流动颇为相似，因此也会产生应力，导致凝胶开裂。

(5) 添加有机改性剂　常用的有机改性剂是一些具有可聚合基团的有机化合物，这些物质的添加可以使凝胶网络具有有机/无机基团桥接的结构，从而大大增加网络的弹性，即提

高网络的 $K_{Ic}$ 值，也即抑制了开裂。

## 11.2　纳米颗粒团聚机理

### 11.2.1　团聚的分类

在一般的超细粉末中，常会有一定数量的以一定作用力结合的微粒团，即团聚体。按作用力的性质分为两种形式：一是硬团聚；二是软团聚。

（1）硬团聚　一般是指颗粒之间通过化学键力或氢键作用力等强作用力连接形成的团聚体。这种团聚体内部作用力大，颗粒间结合紧密，不易重新分散，粉体的活性差，烧结性能差，在纳米粉体材料制备过程中应该尽量避免产生这种硬团聚。

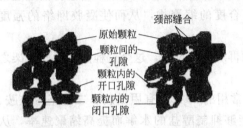

颈部缝合
原始颗粒
颗粒间的孔隙
颗粒内的开口孔隙
颗粒内的闭口孔隙

(a) 软团聚体　　　　(b) 硬团聚体

图 11-2　粉末软团聚体和硬团聚体的结构

（2）软团聚　一般是指颗粒之间通过分子之间的作用力以及颗粒间的毛细管力等连接产生的团聚体。这种团聚体内部作用力相对较小，粉体比较疏松，比较容易重新分散。

图 11-2 为粉末软团聚体和硬团聚体的结构。

### 11.2.2　团聚机理

对于粉体的软团聚机理，人们的看法比较一致，是由纳米粉体表面分子或原子之间的范德华力和静电引力导致的。对于硬团聚，不同化学组成、不同制备方法有不同的团聚机理，无法用统一的理论来解释。下面分别介绍。

#### 11.2.2.1　软团聚的团聚机理

经典的 DLVO 理论可以解释液相反应阶段产生的软团聚。溶胶在一定条件下能否稳定存在，取决于溶胶中分散相颗粒之间的相互作用。图 11-3 为胶体体系中分散相颗粒间的相互作用能曲线，横坐标 $r$ 表示颗粒间的距离，纵坐标 $\psi$ 表示溶胶中两分散相颗粒间的相互作用势能。总势能曲线上出现的峰值 $\psi_{r2}$ 称为位垒，位垒的大小是胶体体系能否稳定存在的关键因素。从液相生成固相微粒后，由于布朗运动的驱使，固体微粒相互接近。若微粒有足够的动能能够克服阻止微粒发生碰撞在一起形成团聚体的位垒（或者位垒很小甚至不存在），则粒子的热运动和布朗运动碰撞可以克服它形成软团聚。

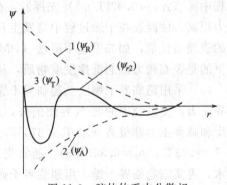

图 11-3　胶体体系中分散相颗粒间的相互作用能

1—颗粒间的相互排斥势能 $\psi_R$；2—颗粒间的相互吸引势能 $\psi_A$；3—两颗粒间总的作用势能 $\psi_T$

#### 11.2.2.2　硬团聚的团聚机理

目前，人们对粉体硬团聚的形成机理还没有一个统一的认识，存在几种不同的看法，如晶桥理论、毛细管吸附理论、氢键作用理论和化学键作用理论等。

（1）毛细管吸附理论　该理论认为纳米粉体材料自溶剂中分离和干燥过程中产生的硬团聚主要是因为排水过程中的毛细管作用造成的。含有分散介质的粉体在加热时吸附液体介质开始蒸发，随着水分的蒸发，颗粒之间的间距减小，在颗粒之间形成了连通的毛细管，随着介质的进一步蒸发，颗粒的表面部分裸露出来。而水蒸气则从空隙的两端出去，这样由于毛细管力的存在，在水中形成静拉伸压力，它能导致毛细管孔壁的收缩，图11-4为含水的圆柱形空隙的剖面图。

图11-4中 $r$ 为空隙半径；$\gamma_{gv}$、$\gamma_{sl}$、$\gamma_{lv}$ 分别为固-气、固-液和液-气界面能；$\phi$ 为润湿角；$p$ 是液体的静压强。由图分析可知，由于毛细管力的存在，在水中形成一个静拉伸压强 $p$，$p$ 值正比于 $\gamma_{sv}-\gamma_{sl}$，它能导致毛细管空隙壁收缩。因此认为毛细管作用力 $p$ 是导致硬团聚形成的直接

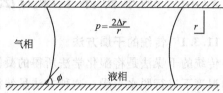

图11-4　含水的圆柱形空隙的剖面图

原因。按照这种理论，无论何种分散介质，所引起的硬团聚大体相同。而事实上，对许多纳米粉体，特别是氧化物纳米粉体，以水作为介质和以与水表面张力相近的有机溶剂获得的纳米粉体的团聚状态有很大差异。所以，毛细管作用虽然在粉体的团聚中起到一定的作用，但并不是引起硬团聚的根本原因。

（2）氢键理论　该理论认为，陶瓷超细颗粒之间硬团聚的主要原因是颗粒之间存在的氢键。显然，这种理论是不完整的。如果颗粒之间的作用力仅是氢键，那么在完全脱水后，粉体之间的氢键是完全可以消除的，而实际上，脱水不会引起团聚程度的降低。所以，对大多数硬团聚现象，氢键理论并不适用。

（3）晶桥理论　在纳米粉体的干燥过程中，毛细管力使颗粒相互靠近，颗粒之间由于表面羟基和部分原子在介质中的溶解-沉淀形成晶桥而变得更加紧密，在这些晶桥的作用下，纳米颗粒相互结合，从而形成较大的块状聚集体。这种观点是建立在纳米粉体在分散介质特别是水中有一定溶解现象的基础上。事实上，对于氧化物-水系统，当颗粒尺寸在纳米级时，由于表面原子处于高能量状态，会进入分散介质特别是水中形成溶解-沉淀过程。

（4）化学键作用理论　化学键作用理论认为纳米颗粒表面存在的与金属离子结合的非架桥羟基是产生硬团聚的根源，当相邻胶粒表面的非架桥羟基发生如下反应：

$$Me—OH+HO—Me \longrightarrow Me—O—Me+H_2O$$

Me—O—Me基团导致了硬团聚体的形成。化学键作用理论从表面原子键合的角度解释了纳米粉体间的团聚行为，应该说，化学键作用是产生硬团聚的根本原因。

（5）表面原子扩散键合机理　大多数液相合成的纳米粉体，在液固分离后一般是氢氧化物、盐、金属有机化合物等被称为前驱体的化合物。这些化合物必须在一定温度下分解后得到所需的纳米粉体。在高温分解过程中，由于刚刚分解得到的粉体颗粒表面原子具有很大的活性，并且颗粒为纳米级，表面断键引起原子的能量远高于内部原子的能量，容易使颗粒表面原子扩散到相邻颗粒表面并与其对应的原子键合，形成稳固的化学键，从而形成永久性的硬团聚。

实际上，单一的理论很难解释团聚体的形成机理。大多数人把硬团聚形成的原因归于单纯由于干燥过程的毛细管力收缩作用，但毛细管吸附理论并不能解释为什么采用表面张力相近但性质不同的有机试剂脱水得到的凝胶，在干燥后其团聚状态却有很大的差异。如果颗粒之间仅靠氢键作用相互聚集，显然这种干凝胶聚集体在水溶液中会很容易被分散，但实际上很难。所以，这种硬团聚体的形成仅靠氢键作用是不够的。此外，非架桥羟基在通常的凝胶干燥温度是不会被排除的，因此，Me—O—Me键只有在煅烧过程中才能形成，但实际上

凝胶在干燥过程后已经形成坚硬的团聚体。总之，颗粒团聚的机理仍然不够明确，也有可能是多种理论的综合。

# 11.3 纳米粉体干燥方法

### 11.3.1 传统的干燥方法

传统的干燥法是将湿化学法所得的凝胶或沉淀物暴露于大气环境下，或置于烘箱中于一定的温度下进行脱水干燥。这种方法虽然操作简单、生产成本低、设备投资少，但很容易引入杂质且干燥不均匀，所得纳米粒子团聚较严重。

该法产生团聚的原因是：干燥过程中由于凝胶中气-液界面的形成，在凝胶的孔中因液体表面张力的作用产生一个弯月面，随着蒸发干燥的进行，弯月面消退到凝胶本体中，作用在孔壁上的力增加，使凝胶的骨架塌陷，导致凝胶收缩团聚，使粒径长大，一般干燥法难以得到粒径小的超细粉体。

### 11.3.2 超临界干燥法

超临界流体干燥法（supercritical fluid drying，SCFD）是制备纳米材料的一种新方法。

（1）超临界干燥原理　超临界流体是指温度和压力处于临界温度及临界压力以上的流体，如图11-5所示，其物理和化学性质介于液体和气体之间，并兼有二者优点。超临界流体的密度与液体相近，比一般气体大2个数量级，临界点附近温度和压力发生微小的变化时，其密度就会发生显著的变化。密度增大对溶质的溶解度就增大，有利于溶质的转移；其黏度比液体小1个数量级，近似于普通气体；扩散系数比液体大2个数量级，因而有较好的流动、渗透和传递性能。

超临界流体具有极好溶解特性（它能够溶解常规溶剂不能溶解的物质），液体间不存在气-液界面，故当干燥介质处于超临界状态时，气-液界面消失，表面张力为零，因而可以避免物料在干燥过程中的收缩和碎裂，从而保持物料原有的结构和状态，防止纳米粒子的团聚。

（2）超临界干燥实验装置　超临界干燥工艺是目前获得气凝胶的最好方法。典型的超临界干燥装置如图11-6所示，该装置的关键部分是温度的控制和压力的控制。温度控制通过电炉和控温器来达到，气体钢瓶通过减压法调节输入干燥容器的压力，根据干燥介质的特定临界参数，调节超临界干燥装置中所需要控制的温度和压力。

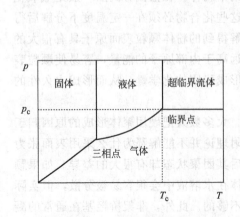

图11-5　纯物质的相图

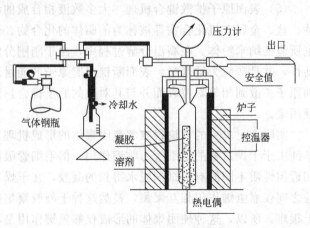

图11-6　超临界干燥装置

（3）超临界干燥介质的选择　一个理想的超临界干燥介质应具备以下条件：

① 具有化学稳定性，对设备无腐蚀性；

② 临界温度不能太高或太低，应接近室温；

③ 临界压力要低，不易燃；

④ 容易得到，价格便宜；

⑤ 操作温度要在被干燥物料的变质温度以下；

⑥ 对于食品、医药制品、生物制品等物料的干燥，超临界干燥介质要无毒；

⑦ 临界温度和临界压力比要除去的液体溶剂低；

⑧ 与液体溶剂间的溶解度要大，对固体（如凝胶的网络骨架）要具有惰性。

表 11-1 列出的是一些干燥介质的临界参数。目前最常用的干燥介质是甲醇、乙醇和二氧化碳三种，由于甲醇、乙醇易燃、易爆，故大规模制备时仍采用二氧化碳。二氧化碳不仅具有无毒、不燃、价廉等特点，而且其临界温度和临界压力都比较低（$T_c = 31.1℃$，$p_c = 7.2MPa$），这提高了设备的安全可靠程度，也更适用于具有热敏性和生物活性的物质。

**表 11-1　一些干燥介质的临界参数**

| 化　合　物 | 沸点/℃ | 临界温度/℃ | 临界压力/atm | 临界密度/(g/cm³) |
|---|---|---|---|---|
| $CO_2$ | −78.5 | 31.0 | 72.8 | 0.468 |
| $H_2O$ | 100.0 | 374.1 | 217.6 | 0.322 |
| $CH_3OH$ | 64.6 | 239.4 | 79.9 | 0.272 |
| $C_2H_5OH$ | 78.3 | 243.0 | 63.0 | 0.276 |
| 正丙醇 | 97.2 | 263.5 | 51.0 | 0.275 |
| 异丙醇 | 82.2 | 235.1 | 47.0 | 0.273 |
| 苯 | 80.1 | 288.9 | 48.3 | 0.302 |

注：1atm=101325Pa。

（4）超临界干燥特点　超临界流体干燥技术与传统的干燥过程相比，具有如下优点：

① 可以在温和的条件下进行，故特别适用于热敏性物料的干燥；

② 能够有效地溶解并提取大分子量、高沸点的难挥发性物质；

③ 通过改变操作条件可以容易地把有机溶剂从固体物料中脱去；

④ 干燥过程中不会因有表面张力作用而使凝胶骨架塌陷和发生凝胶收缩团聚使颗粒长大的现象，因而可制得多孔、高比表面积的纳米粉体。

但由于超临界流体干燥一般都在较高压力下进行，所涉及的体系也比较复杂，需要进行工业放大过程的工艺和相平衡研究才能保证提供工业规模生产的优化。

（5）超临界干燥操作过程中的注意点

① 用干燥介质（液态二氧化碳）替换凝胶中乙醇溶剂的速率必须足够缓慢，以保证凝胶中乙醇溶剂被液态二氧化碳完全取代，溶剂替换过程一般约需 8～48h。

② 凝胶中的液体达到临界状态需要一个稳定过程，以使各部分都达到临界条件，因此必须在临界状态下保持一定时间。

③ 在保持临界温度不变的条件下缓慢地释放出流体，使体系点沿着临界等温线变化，以防止临界流体逆转为液体。

④ 在溶剂交换和超临界干燥过程中往往会有易燃、有毒溶剂的蒸气释放出来，因此要注意安全问题。

### 11.3.3 冷冻干燥法

冷冻干燥法（freeze drying process，FDP）将凝胶冷冻使其中水分冻结成冰，然后在低温低压下升华除水干燥，一方面水在冻结成冰时体积膨胀，另一方面这种工艺没有形成气-液界面，因而避免了液相水的表面张力影响。胶粒之间距离处于疏松状态不至于聚集成大颗粒，控制了团聚。

（1）冷冻干燥原理　冷冻干燥原理可用图 11-7 说明：图中的①是在室温和大气压下调

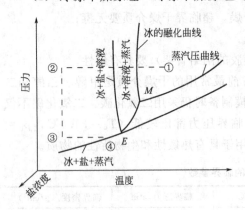

图 11-7　盐水溶液的温度-压力图

$M$—三相点；$E$—四相点

制的盐水溶液（或胶体），将它急速冷冻，由①变成②的状态，成为冰和盐（或胶体粒子）的固体混合物，保持冷冻状态减压到四相点 $E$ 以下，变成③的状态后慢慢升温，在④的位置升华干燥，除掉冰和盐混合物中的冰后，即得到无水的粉体颗粒。

冷冻干燥过程利用了水的特性和表面能与温度的关系，当水冷冻成冰时，体积膨胀变大，水在相变过程中的膨胀力使得原先相互靠近的胶体颗粒被胀开，同时冰的生成使胶粒在其中的位置被固定而限制了胶粒的布朗运动及相互接触，从而防止了纳米粒子在干燥过程中的聚集，有效地

防止团聚的形成。

（2）冷冻干燥装置　真空冷冻干燥器（简称冻干机）的组成如图 11-8 所示，主要有液压系统、冻干箱、捕水器（水汽凝结器）、真空系统、加热系统、制冷系统、电控系统等。

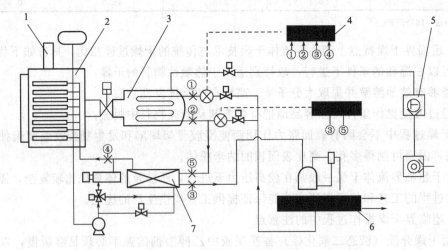

图 11-8　真空冷冻干燥器的组成

1—液压系统；2—冻干箱；3—捕水器；4—电控系统；5—真空系统；6—制冷系统；7—加热系统

（3）真空冷冻干燥的特点

① 物料在低压下干燥，使物料中的易氧化成分不致氧化变质，同时因低压缺氧，能灭菌或抑制某些细菌的活力。

② 物料在低温下干燥，使物料中的热敏性成分能保留下来，营养成分和风味损失很少，可以最大限度地保留食品原有成分、味道、色泽和芳香。

③ 真空冷冻干燥过程物料的变化状态如图 11-9 所示。由于物料在升华脱水以前先经冻结，形成稳定的固体骨架，所以水分升华后，固体骨架基本保持不变，干制品不失原有的固体结构，保持原有形状。多孔结构的制品具有很理想的速溶性和快速复水性。

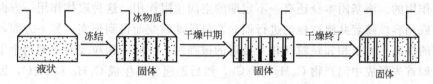

图 11-9　真空冷冻干燥过程物料的变化状态

④ 由于物料中的水分在预冻以后以冰晶的形态存在，原来溶于水的无机盐之类的溶解物质均匀分配在物料之中。升华时溶于水中的溶解物质就地析出，避免了一般干燥方法中因物料内水分向表面迁移所携带的无机盐在表面析出而造成表面硬化的现象。

⑤ 脱水彻底，重量轻，适合长途运输和长期保存，在常温下，采用真空包装，保质期可达 3～5 年。

该法的主要缺点是工业装置造价高、能源利用率低、冻干过程时间长，对设备和技术操作要求也较高，因而没有能够大规模应用于生产中。

（4）冷冻干燥中溶剂的选择　冷冻干燥法中溶剂的选择非常重要，一般要求溶剂的熔点接近室温和具有较高的气压，现在广泛采用水作溶剂。李革胜等人以化学沉淀法-静态冷冻干燥法制取 $TiO_2$ 超细粉，并分析了以液氮、干冰两种冷媒进行冷冻干燥对所制得粒子的粒度分布的影响。结果表明，以干冰作冷媒时冷冻速率较慢，平均粒度大于以液氮为冷媒制得的粉体。这说明不同的冷媒产生不同的冷冻速率，冷冻速率越快，所产生的颗粒越小，团聚也越少。栾伟玲等人在溶胶-沉淀法制备 $BaTiO_3$ 纳米粒子时，选用叔丁醇作为溶剂进行冷冻干燥。叔丁醇比水具有更高的熔点和气压，可以简化冷冻过程、加速干燥。实验发现，以叔丁醇为溶剂的冷冻干燥法与正丁醇共沸蒸馏法相比，更能有效地防止硬团聚。其主要原因是在冷冻干燥过程中，颗粒间通过 C—OH 基与羟基氢键桥接的可能性更小，团聚程度更低。

### 11.3.4　共沸蒸馏干燥法

（1）共沸蒸馏原理　共沸蒸馏（azeotropic distillation）的原理是：当有机溶剂与水蒸气气压之和等于大气压时，二相混合物开始共沸，随着蒸馏的进行，混合物中水的含量不断减少；随着这种混合物组分的变化，混合物的共沸点不断升高，直到等于有机溶剂的沸点。共沸蒸馏的目的是使胶体中包裹的水分以共沸物的形式最大限度地被脱除，从而防止在随后的胶体干燥和煅烧过程中硬团聚的形成。共沸蒸馏法脱水效果非常明显，能有效地防止硬团聚的形成。且所用设备简单，所以目前被广泛地应用于纳米粉体的干燥过程中。

通常在湿胶体中，多余的自由水分子与胶体颗粒表面的自由羟基以氢键相互作用，当颗粒紧密接近时，颗粒间发生由于这种水分子和相邻两个颗粒表面上羟基氢键作用而产生的桥接作用，这些桥接水分子在胶体开始干燥时可被脱除，但导致颗粒间的进一步接近而发生两个颗粒表面上的羟基的氢键作用。进一步的脱水过程，如煅烧将导致颗粒间真正的化学键的产生，从而形成硬团聚，如下式：

$$M—OH+HO—M \longrightarrow M—O—M+H_2O$$

共沸蒸馏以后，胶体间多余的自由水分子被脱除，而且表面的 —OH 基团被 —$OC_4H_9$ 基团所取代，因此颗粒间的相互接近和形成化学键的可能性几乎被消除，这是因为首先多余的正丁醇分子不能在颗粒间形成氢键而将它们联结起来，其次，在随后的溶剂脱除过程中，颗粒表面不会相互间形成氢键作用，因为表面的羟基已被丁氧基取代，而丁氧基之间是不会发生氢键作用的。该基团本身还有一不定期的空间位阻作用，这种取代作用一方面可由体系的分散性或相容性随着共沸过程的进行而非常显著地改变而得到证实；另一方面，随着脱水加热温度的提高，由于相邻颗粒间相互接近的被抑制，在同一颗粒表面上的两个丁氧基发生了反应，即首先形成中间产物 $C_4H_9OH_9C_4$，然后迅速分解生成 $C_4H_8$ 和 $H_2O$，因此经共沸蒸馏处理后，颗粒表面间形成化学键的可能性被极大地降低，从而消除了硬团聚形成的可能性。

（2）共沸蒸馏工艺路线　共沸蒸馏的第一步就是要选择一种合适的有机溶剂，使它能与水形成二元的共沸体系，所形成的共沸体系组成中的含水量最大，这样就能最有效地将胶体中的水分脱除出来。共沸蒸馏常用的溶剂有正丁醇、异戊醇、异丙醇、丙醇、乙二醇、乙醇、苯、甲苯等，最常用的是正丁醇，因为正丁醇与水在 93℃ 形成共沸物中的含水量达到 44.5%（质量），冷凝后下层的富水相组成中含水量达到 92.3%（质量）。

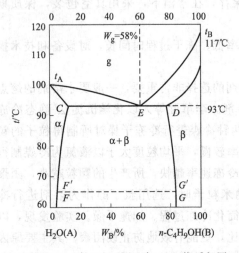

图 11-10　水（A）-正丁醇（B）物系相图

正丁醇与水的二元共沸体系［水（A）-正丁醇（B）］如图 11-10 所示，当正丁醇与水的组成在曲线 FC 以右和曲线 GD 以左的范围内，二者能完全互溶。在两条曲线之间时仅能部分互溶，并形成两个液相，下层为水相（α），上层为醇相（β），只要正丁醇含量在 CD 两点之间时都可以在 93℃ 形成共沸物，共沸物中水 42%，共沸物被冷凝分层，下层水相（α）被排去，上层醇相（β）回流入蒸馏瓶内，从而实现脱水作用。

由于室温下仅有 10%（质量）的水与正丁醇混溶，因此开始时胶体的水相颗粒表面是与正丁醇不相溶或不浸润的，因此需要使用强烈的机械搅拌作用才能使正丁醇与湿胶体形成大胶体颗粒悬浮液，随着共沸过程的进行，胶体中的水分逐渐被脱除，颗粒表面的—OH 基团逐步被丁氧基所取代，悬浮液的分散性显著地提高，颗粒表面与溶剂之间形成一相溶界面，最终当水分完全脱除后，形成一个非常稳定的氢氧化物-正丁醇溶胶体系。

（3）共沸蒸馏实验装置　共沸蒸馏实验装置如图 11-11 所示。将均匀分散的凝胶移入盛有正丁醇的三口烧瓶内。当升温至水-正丁醇共沸温度 93℃ 时，凝胶内的水分以共沸物的形式被夹带出而脱除。当凝胶内水分几乎全部被脱除后，蒸馏温度继续上升至 117℃ ，到达正丁醇沸点。

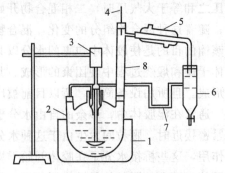

图 11-11　共沸蒸馏实验装置

1—电热锅；2—三口烧瓶；3—电动搅拌器；4—温度计；5—冷凝管；6—正丁醇-水分离器；7—回流管；8—精馏柱

### 11.3.5　微波干燥法

正如前面所介绍微波干燥（microwave drying）

是利用微波与水、极性溶剂、被处理的物料等物质分子相互作用，产生分子极化、取向、摩擦、吸收等微波能使自身发热，整个物料同时被加热，即所谓的"体积加热"过程。

（1）微波干燥的基本原理　微波是指波长为 $0.001\sim1m$、频率为 $300MHz\sim300GHz$ 的具有穿透特性的电磁波，在微波作用下，物料中的极性分子（如水）的极性取向随着微波场极性的快速变化而急剧变化，使分子急剧摩擦、碰撞，而使物料产生热化和膨化等一系列过程而达到微波加热目的。微波干燥利用的是介质损耗原理，由于水是强烈吸收微波的物质，因而水的损耗因数比干物质大得多，能大量吸收微波能并转化为热能。因此，物料的升温和蒸发是在整个物体中同时进行的。由于微波与物料的作用是内外同时产生的，而物料表面的散热条件又好于中心部分，则中心部分温度高于表面，同时由于物料内部产生热量，以至于内部蒸汽迅速产生，形成压力梯度，因而物料的温度梯度方向与水汽的排出方向是一致的，从而大大改善了干燥过程中的水分迁移条件。物料初始含水率越高，压力梯度对水分排除的影响越大，驱使水分流向表面，加快干燥速率。同时由于压力迁移动力的存在，使微波干燥具有由内向外的干燥特点，即对物料整体而言，将是物料内层首先干燥。这就克服了在常规干燥中因物料外层首先干燥而形成硬壳板结而阻碍内部水分继续外移的缺点，且由于微波能在瞬间渗透到被加热物体中，无须热传导过程，数分钟就能把微波能转换为物质的热能，加热速率快，干燥效率高，并且减小了颗粒长大和团聚的可能性，从而更易得到颗粒均匀的纳米粒子，故微波干燥常适用于陶瓷纳米粉体的干燥。

（2）微波干燥系统　微波干燥系统主要由微波发生器（包括直流电源、微波源等）、波导装置、微波应用装置（或称微波炉体）及冷却系统、传动系统、控制系统以及安全保护系统等部分组成，如图 11-12 所示。

（3）微波干燥的特点　微波干燥不仅适用于含水物质，也适用于许多有机溶剂、无机盐类药物的加热干燥。特别对于一些易爆、易燃及温度控制不好易分解的化工产品的干燥，采用微波干燥较为安全。

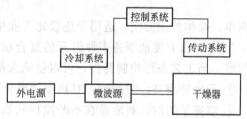

图 11-12　微波干燥系统组成示意图

与传统干燥相比，微波干燥纳米粉体具有以下特点。

① 干燥速率快。仅需传统加热干燥法 $1/100\sim1/10$ 的时间就可以完成。

② 干燥均匀，产品质量好。微波加热干燥是从物料内部加热干燥，不会引起外焦内生。

③ 选择性加热干燥。微波加热干燥与物料性质有密切的关系，介电常数高的介质很容易用微波来加热干燥。

④ 热效率高。由于热量直接来自干燥物料内部，因此热量在周围大气中的损耗极少。

⑤ 控制灵敏。开机数分钟即可正常运转，调整微波输出功率，加热情况无惰性改变，关机后加热也无滞后效应。

采用微波干燥主要的缺点是费用较贵，因一旦电磁波泄漏对人体器官的伤害很大，所以对微波干燥设备的安全防护措施要求高。

### 11.3.6　喷雾干燥法

（1）喷雾干燥的基本原理及工艺设备　正如前面章节所述喷雾干燥法（spray drying，SD）是将过滤洗涤处理后的沉淀物配制成一定含固量的浆料，以一定压力喷射成雾状并与高温热源接触，小液滴内水分被迅速加热蒸发，从而使沉淀物得以干燥。原料液可以是溶液、乳浊液、悬浮液，也可以是熔融液或膏糊液。干燥产品根据需要可制成粉状、颗粒状、空心状或团粒状。

图 11-13 为喷雾干燥原理示意图。在干燥塔顶部导入热风，同时将料液泵送至塔顶，经过雾化器喷成雾状的液滴，这些液滴群的表面积很大，与高温热风接触后水分迅速蒸发，在极短的时间内便成为干燥产品，从干燥塔底部排出。热风与液滴接触后温度显著降低，湿度增大，它作为废气由排风机抽出。废气中夹带的微粉用分离装置回收。

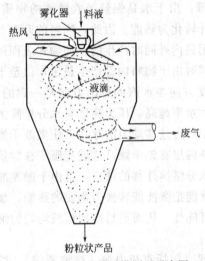

图 11-13 喷雾干燥原理示意图

物料干燥分等速阶段和减速阶段两个部分进行。

等速阶段，水分蒸发是在液滴表面发生，蒸发速率由蒸汽通过周围气膜的扩散速率所控制。主要的推动力是周围热风和液滴的温差，温差越大蒸发速率越快，水分通过颗粒的扩散速率大于蒸发速率。当扩散速率降低而不能再维持颗粒表面的饱和时，蒸发速率开始减慢，干燥进入减速阶段。此时，颗粒温度开始上升，干燥结束时，物料的温度接近周围空气的温度。

（2）喷雾干燥的特点　该法结合了物理法和化学法的诸多优点，尤其在制备及干燥纳米粉体时，其优点更为突出。

① 喷雾干燥可使制粉、干燥一步完成，生产过程简单，操作控制方便，适用于连续化工业生产，易实现自动化。

② 可以很方便地制备多种组元的复合粉末，不同组元在粉体中的分布非常均匀；颗粒形状好，当工艺条件控制得当，可以使绝大部分颗粒呈球形或近球形。

③ 干燥速率高，时间短，对热敏性成分影响较小，因而特别适用于热敏性物料的干燥。

④ 喷雾干燥时，料液是在不断搅拌状态下喷成雾化分散体，瞬间完成干燥，因此均匀度较好。

⑤ 在喷雾干燥中，由于溶剂迅速气化，成品为疏松的细小颗粒，在与溶剂接触时，溶剂易进入颗粒内部，不需进一步处理也可以获得好的分散性和好的溶解性。

⑥ 由于喷雾干燥是一种连续的密闭式生产，使产品纯度高，杜绝了在生产环境中暴露及与操作者接触的机会，减少了环境污染。

喷雾干燥法易于实现连续生产，但需要专用设备（如喷雾干燥器），对操作条件及过程控制要求较高，还需颗粒收集和废气处理等后续工序。

## 11.4　纳微米粉体干燥的应用

### 11.4.1　陶瓷粉体的干燥

纳米陶瓷粉体的干燥是陶瓷生产工艺中非常重要的工序之一，陶瓷产品的质量缺陷有很大部分是因干燥不当而引起的。陶瓷粉体的干燥经历了自然干燥、室式烘房干燥，到现在的各种热源的连续式干燥器、远红外线干燥器、喷雾干燥器和微波干燥技术等。干燥是技术相对简单而应用却十分广泛的工业过程，不但关系着陶瓷的产品质量及成品率，而且影响陶瓷企业的整体能耗。据统计，干燥过程中的能耗占工业燃料总消耗的 $15\%\sim20\%$，而在陶瓷行业中，用于干燥的能耗占燃料总消耗的比例远不止此数，故干燥过程的节能是关系到企业节能的大事。陶瓷的干燥速率快、节能、优质、无污染等是 21 世纪对干燥技术的基本要求。

溶液制备的陶瓷粉体时，一般的方法是通过干燥处理，直接生成复合金属盐或直接煅烧为氧化物粉体。干燥方法大多采用热风干燥、喷雾干燥、冷冻干燥等几种。

热风干燥即热空气干燥，是利用热空气作干燥介质对粉体进行干燥的方法，需在特定的干燥器中进行。根据热空气温度和湿度的不同进行控制，主要有三种干燥工艺制度。

（1）低湿度高温度干燥　该方法是采用低湿度的干热空气作介质，使粉体在整个干燥过程中始终处于湿度低、温度高的干燥环境。由于热空气湿度低、温度高，在干燥过程中，粉体表面水分蒸发很快，因而传到粉体内部的热量较少，这样就容易形成内低、外高的温度梯度，引起热扩散的方向向内而阻碍内扩散的顺利进行。粉体层厚时，这种作用就越发显得突出，以致内扩散速率小能赶上外扩散对水分蒸发的需求，造成粉体"干面"现象。因此，这种方法只适于薄粉体层的加热干燥。

（2）低湿度逐渐升温干燥　该方法是在干燥过程中，使热空气始终保持低的湿度，而使其温度逐渐升高，目的是使粉体的干燥速率由小至大渐进增加，从而减小粉体的内外温差和内扩散阻力，以保证粉体内外扩散速率的相互适应，避免粉体出现"干面"现象。此法多用于厚粉体层的加热干燥。但其干燥时间长，干燥效率也低。

（3）控制湿度干燥　该方法是按照干燥过程的规律与特点，通过对干燥介质湿度的控制，合理调节粉体在不同干燥阶段的干燥速率。干燥初期，粉体处于预热阶段，为使粉体内外能够均匀受热，此时需要保持介质的高湿度，以限制粉体表层的水分汽化与蒸发，从而使介质提供的热量通过粉体表面循序渐进地传向粉体内层，达到良好的预热目的。当粉体内外被均匀预热后，再把介质温度降低到一定程度，使之顺利进入等速干燥阶段。此时，由于坯体内外温度均匀一致，而使水分的内扩散能够满足外扩散需求，使内外扩散协调而顺利地进行。干燥后期，即当干燥过程由等速阶段进入降速阶段以后，可将干燥介质的湿度降至最低并提高温度，以加快粉体的干燥速率。这种方法，制度合理，适用于量大、粉体层厚的干燥，但需要具备能调控干燥介质湿度和温度的干燥设备。

用热风干燥法干燥粉体时速率快，可连续大量干燥。缺点为用热风干燥法干燥粉体时需要粉碎，对块状的干燥效果不理想。

随着工业的发展，喷雾干燥已成为建筑陶瓷及新型陶瓷生产的基本工艺过程。由于喷雾干燥过程是在单一、连续、自动控制的设备中完成，而且制备出流动性好，水分和体积密度均匀的球形粉末，因此对于造粒或陶瓷原料经过湿磨后制备干压粉末是最有效的方法。

近几年来，随着研究人员对喷雾干燥技术的深入研究，喷雾干燥的应用越来越多。F. Bezzi 等人以锆和铅的硝酸盐溶液、钛的异丙醇盐以及碳铵为原料，利用喷雾干燥技术合成了球形、中空、多孔的 PZTN 粉料。G. Bertrand 等人研究了利用喷雾干燥制备两种陶瓷粉料，$Al_2O_3$ 和 $Y_2O_3$-$ZrO_2$，并考察了料浆性质与颗粒形状的联系。刘文权讨论了喷雾干燥塔在陶瓷制粉中的作用，主要从加大热风炉燃烧体积，提高喷枪的高度，控制出塔热风温度和提高泥浆浓度入手，使粉料的含水率和流动性达到满意的效果。初小葵等人研究了 $Al_2O_3$ 陶瓷粉料的喷雾干燥工艺要点，阐述了喷雾造粒过程中的相关制备工艺，制得适合大批量干压工艺所要求的氧化铝含量 95% 粉料，其松装密度为 $1.1g/cm^3$，烧结密度为 $3.70g/cm^3$。刘少恒采用喷雾干燥法合成了超细、均匀、性能优越的超细铌酸镁（$MgNb_2O_6$）粉体。喷雾干燥法合成的铌酸镁粉体与传统的固相法合成结果相比，粉体煅烧温度降低了近300℃，生产工艺简单并降低了生产成本。

冷冻干燥法是一种直接从溶液中提取超微粉的方法，具有制得粉末尺寸细小、形状规则、分布均匀、团聚少等优点，是一种极具前景的制备纳米陶瓷粉料的方法。国内外一些学者采用冷冻干燥法制备了 $Al_2O_3$、$ZrO_2$、$Ba_2Cu_3O_{7-\delta}$、$ErBaCuO_{7-\delta}$ 等陶瓷超细粉。C. Weyl 等人改变工艺，利用冷冻干燥法制备了不同组成的 YBaCuO 微粉，粒径约为150nm。另外 S. Nakane、Kawabata 等人也有这方面的研究。国内如刘军以无机盐硫酸铝为原料，首次选取次乙酸铝为前驱体，采用真空冷冻干燥法制备出氧化铝纳米微粉。由样品的TEM 图像可以看出，粉体微粒粒径均匀，形状规则，粒径尺寸在 $10\sim20$nm 范围内，分散性好，无硬团聚。王西成利用改进的湿化学方法，严格控制共沉淀物生成、洗涤，分散液的选配及冷冻干燥条件，制成化学组成均匀分布、不含有硬团聚体、高烧结活性的 $Pb(Zr_xTi_{1-x})O_3$ 陶瓷微粉。李革胜等人也采用冷冻干燥法制备 $TiO_2$ 超细粉，并研究了冷冻速率（冷媒种类）对粉体粒度的影响。

冷冻干燥过程中，含水物料在结冰时可以使固体颗粒保持其在水中时的均匀状态，冰升华时，由于没有水的表面张力作用，固相颗粒之间不会过分靠近，因而冷冻干燥可较好地消除粉料干燥过程中的团聚现象。用冷冻干燥法制备的陶瓷粉料具有如下优点：① 纯度高，化学均匀性好，它可以严格按照化学式来配料，各种组分以原子、离子或分子态进行混合，比化学键的成分偏离小，也没有球磨的磨屑沾染；② 细度高，粒径分布较集中，它可以得到 $0.01\sim0.05\mu m$ 级的超细粉末，粒径分布范围集中；③ 比表面积大，化学活性好，它和传统陶瓷工艺相比，可以降低烧结温度50～150℃，缩短烧结时间5～10h，这对于易挥发和烧结温度较高的电子陶瓷具有很大的现实意义；④ 晶粒较细，密度较高。用冷冻干燥法制备的粉料所生产的电子陶瓷的晶粒为微米级，密度达理论密度的99％以上。如果与等静压连用，还可以取得更好的效果。因此，采用冷冻干燥技术是获得高密度细晶粒电子陶瓷的重要途径。但在工业生产中，由于冷冻干燥的溶剂较难选择，溶剂的pH值较难控制；还包括前面提到的冷冻干燥设备的投资较高，工艺控制比较复杂，成本较高，不能连续处理等方面的缺点，其应用受到了很大限制。

目前，超临界干燥和微波干燥在陶瓷粉体制备的应用仍不多。

### 11.4.2 纳米材料干燥方法的比较

目前，纳米材料的制备基本上还处于实验室研究阶段，其干燥方法和规模大多处于实验室研究阶段。由于各个研究者所用的物料、制备方法和条件、干燥方法、干燥实验设备与实验条件都不尽相同，所以很难对他们所得的实验结果进行比较。下面主要对同一研究者以相同物料用不同干燥方法所得的结果作比较。

张文博等人以均匀沉淀法制备出氢氧化镁沉淀，再分别采用烘箱直接干燥、共沸蒸馏干燥、微波干燥。超临界二氧化碳干燥除去沉淀中的水分。干燥条件与产品粒径见表 11-2。烘箱干燥得到的纳米氧化镁粉体直径最大，团聚严重且形状不规则，粉体尺寸分布也不够均匀，产品结晶状况也比较差。共沸蒸馏干燥和微波干燥较烘箱干燥在这些方面有一定程度的改善。溶剂置换超临界二氧化碳干燥制备出的纳米氧化镁颗粒小，分散性好，这是由于超临界干燥能有效地避免毛细管力在干燥过程中对颗粒的影响，而且干燥温度低（60℃），这些都是制备高质量、高分散纳米氧化镁颗粒的必要条件。

表 11-2　不同干燥方法制备的纳米氧化镁晶粒尺寸比较

| 样品代号 | 溶剂置换方式 | 干燥方式 | 温度/℃ | 晶粒尺寸/nm |
|---|---|---|---|---|
| 1 | 无 | 烘箱 | 90 | 38 |
| 2 | 乙醇 | 烘箱 | 90 | 26 |
| 3 | $N,N$-二甲基乙酰胺 | 烘箱 | 90 | 23 |
| 4 | 正丁醇 | 共沸蒸馏 | 97~120 | 27 |
| 5 | 正丁醇+乙醇 | 共沸蒸馏 | 97~120 | 29 |
| 6 | 乙醇 | 微波干燥 | 180 | 32 |
| 7 | 乙醇 | 超临界干燥 | 60 | 18 |

唐中坤等人以 $Sb_2O_3$ 为原料,在分散剂、稳定剂存在下,用 $H_2O_2$ 氧化法制备得 $Sb_2O_5$ 水凝胶。由电镜分析图得出直接蒸发法所得干粉平均粒径 30nm,喷雾干燥法所得干粉平均粒径 40nm,他们认为喷雾干燥使颗粒长大的原因是干燥温度较高(进口空气温度为 180~200℃,出口废气温度为 80~90℃),使颗粒表面部分分散剂、稳定剂被氧化分解或脱附所致。

董国利等人考察了采用不同干燥工艺制备的 $TiO_2$ 粉体在粒子形貌、颗粒大小与分布、晶相组成以及比表面积和孔结构等织构和结构性质方面的差异。结果表明,利用常规的干燥方法,由水凝胶脱水所得的颗粒,颗粒间严重团聚,颗粒粒径大且分布不均匀,比表面积和孔体积最小,由醇凝胶直接脱水,则可以显著提高粉体的织构性能。而采用超临界流体干燥法则可以进一步提高粉体的性能,比表面积由水凝胶的 $4.88m^2/g$ 增大到 $113.8m^2/g$,提高了近 30 倍;孔体积由 $0.027cm^3/g$ 增大到 $0.41cm^3/g$,大约提高了 15 倍,而且其能够有效地防止粒子间的团聚,较好地保持了湿凝胶的网络结构,使颗粒尺寸降低且分布均匀,可重复性好。

栾伟玲等人对溶胶-凝胶法制得的 $BaTiO_3$ 前驱体,分别采用冷冻干燥、共沸蒸馏干燥和烘箱直接干燥进行处理。冷冻干燥法得到的粉体晶粒直径约为 30nm,晶型规整;烘箱直接干燥法得到的粉体晶粒直径约为 80nm,颗粒团聚比较明显;而共沸蒸馏干燥法得到的粉体晶粒直径在以上两者之间,粉体存在部分团聚。另外,烧结实验结果表明,三种粉体的烧结活性存在极大的差异,冷冻干燥法的粉体在 125℃ 即达到较高的密度,比常规方法的低几百摄氏度;共沸蒸馏干燥法比直接烘箱干燥法得到的粉体烧结活性也有提高。三种干燥方法得到的粉体粒径和烧结活性存在较大差异,主要原因是粉体中团聚程度的不同。

肖锋等人利用化学沉淀法首先合成羟基磷灰石前驱体,然后用无水乙醇将需要烘箱干燥、微波干燥的样品洗涤两次,需要冷冻干燥的样品不做处理。再分别经过烘箱干燥、微波干燥、冷冻干燥,之后经 700℃ 煅烧得到羟基磷灰石粉体,所得产品性能见表 11-3。烘箱干燥由于在干燥过程中热量是由外向湿凝胶内部传递而乙醇蒸气从内向外逆向传递,因此容易引起干燥不均匀,干燥后的粉体团聚较严重;微波干燥过程中热量和乙醇的传递都是由内向外,传质与传热是同向的,因此极大地提高了干燥速率和干燥的均匀性,粉体的团聚程度有所减轻,冷冻干燥先将凝胶态物料冻结成固体,有效地使凝胶粒子重新聚集,防止收缩和

表 11-3　不同干燥方式制备的羟基磷灰石粉体性能比较

| 干 燥 方 法 | 比表面积/(m²/g) | 当量直径/nm |
|---|---|---|
| 烘箱直接干燥(80℃) | 21.47 | 88 |
| 微波干燥 | 24.36 | 78 |
| 冷冻干燥 | 32.56 | 58 |

硬团聚的形成，减弱粉体的团聚效果最明显，得到的粉体比表面积较高。

玉占君等人采用氨水为沉淀剂，通过醇水沉淀法合成 $Y_2O_3$ 粉体，并用直接干燥法和丁醇共沸蒸馏干燥法对其进行预处理。采用共沸蒸馏干燥法制备粉体粒径最小，粒径在350nm 左右，而直接干燥法则制备出 $2\mu m$ 以上的大颗粒。烘箱直接干燥过程中在颗粒表面形成大量的氧桥键，从而形成颗粒间的硬团聚。而共沸蒸馏干燥法将前驱体分散到有机溶剂中，胶体中的水可被丁醇所取代，此时颗粒表面的—OH 基被有机基团所取代，使颗粒间相互接近和形成化学键的可能性几乎消除，大大降低了硬团聚的形成，从而形成的颗粒粒径较小。但共沸蒸馏干燥过程中部分丁醇仍残留在粉体中，造成了粉体在焙烧的开始发生燃烧，产生较高的温度，使部分粉体团聚，这就是实验所得粉体粒径较大的原因。

王宝和等人以 $MgCl_2 \cdot 6H_2O$ 和 $CO(NH_2)_2$ 为原料，采用均匀沉淀法制备出氢氧化镁沉淀，分别经直接干燥法、置换干燥法和改性干燥法除去沉淀中的湿分，再将干燥的氢氧化镁粉体经马弗炉煅烧得到纳米氧化镁粉体。结果表明，当干燥方法相同时，纳米氧化镁晶粒直径和颗粒团聚程度规律基本一致（超临界 $CO_2$ 萃取干燥除外）。其顺序（晶粒直径从大到小，颗粒团聚从重到轻）为：水洗、乙醇洗涤、DMA 表面改性、正丁醇共沸蒸馏。当干燥前进行的预处理方式相同时，纳米氧化镁颗粒的团聚程度与干燥方法有关，其顺序（从重到轻）为：直接煅烧、烘箱干燥、微波干燥、超临界 $CO_2$ 萃取干燥（对于乙醇洗涤而言）。正丁醇共沸蒸馏和 DMA 表面改性两种处理方法得到的纳米氧化镁晶粒直径与干燥方法关系不大；简单水洗和乙醇洗涤两种处理方式得到的纳米氧化镁晶粒大小与干燥方法有关，其顺序（从大到小）为：直接煅烧、烘箱干燥、微波干燥、超临界 $CO_2$ 萃取干燥（对于乙醇洗涤而言）。

### 11.4.3 纳微米材料干燥方法的选择

纳米材料干燥方法的选择是一个很复杂的问题，目前还没有一个统一的选择依据，一般应根据物料的试验结果并结合实际需求、实践经验来确定。不过，通过上述对纳米材料干燥方法的讨论和分析比较，基本可以得出以下初步结论，并以此作为选择纳米材料干燥方法的参考。

① 直接干燥法操作简单、生产成本低、设备投资少，但一般很难得到高质量、高分散的纳米材料。

② 共沸蒸馏干燥法是颇有潜力的一种干燥方法，但溶剂回收困难，常用溶剂正丁醇不利于粉体的分散以及环保，因此寻找一种合适的共沸试剂是该法需要解决的主要问题。

③ 目前超临界干燥法所得产品质量最好，其次是冷冻干燥法、微波干燥法，但都存在设备成本高、操作费用高的问题，对实现工业化造成了阻力。

④ 微波干燥法具有加热均匀、干燥时间短等特点，很有发展潜力。

### 参 考 文 献

[1] 陈小兵，余双平，邓淑华等. 纳米粉体干燥方法的研究进展 [J]. 无机盐工业，2004，36（1）：7-9.

[2] 杨应国，胡小华，庞明. 干燥技术在制备纳米粉体中的应用 [J]. 安徽化工，2005，(134)：28-30.

[3] 王宝和. 纳米材料干燥技术的研究和发展 [J]. 通用机械，2004，(12)：12-13.

[4] 王宝和，张伟. 纳米材料干燥技术进展 [J]. 干燥技术与设备，2003，(1)：15-16.

[5] 王宝和，于才渊，王喜忠. 纳米多孔材料的超临界干燥 [C]. 第八届全国干燥大会论文集. 2002：22-31.

[6] 奚红霞，黄仲涛. 凝胶的干燥 [J]. 膜科学与技术，1997，17（1）：2-9.

[7] 李召好，李法强，马培华. 超细粉末团聚机理及其消除方法 [J]. 盐湖研究，2005，13（1）：31-36.